Die Bahnmotoren

für Gleichstrom.

Ihre Wirkungsweise, Bauart und Behandlung.

Ein Handbuch für Bahntechniker

von

M. Müller und **W. Mattersdorff**

Oberingenieur der Westinghouse-Elektrizitäts-Aktiengesellschaft.

Abteilungsvorstand der Allgemeinen Elektrizitäts-Gesellschaft.

Mit 231 in den Text gedruckten Figuren und 11 lithograph. Tafeln, sowie einer Übersicht der ausgeführten Typen.

Springer-Verlag Berlin Heidelberg GmbH
1903

ISBN 978-3-642-52520-9 ISBN 978-3-642-52574-2 (eBook)
DOI 10.1007/978-3-642-52574-2

Vorwort.

Die vorliegende Arbeit soll bei ihrer Beschränkung auf ein Spezialgebiet den Bedürfnissen möglichst weiter Kreise dienen. Dementsprechend ergab sich in erster Linie die möglichste Einfachheit der Darstellungsweise und die Abrundung des Stoffes, um auch dem weniger Vorgebildeten das klare Verständnis der verschiedenen Erörterungen zu ermöglichen.

Von der vorliegenden Literatur wurden die einschlägigen Artikel der verschiedenen Fachzeitschriften, ferner das Buch von G. Hanchett: „The modern electric railway-motors“, und das ausführliche Werk von Blondel-Dubois: „La traction éléctrique“ benutzt, insbesondere wurden die Daten der Einleitung aus diesem letzteren Werke entlehnt. Außerdem wurden umfassendere Arbeiten über elektromechanische Probleme, wie z. B. von Arnold, Kapp u. a. an geeigneter Stelle verwertet.

Die Angaben des siebenten Teiles stützen sich auf unmittelbare Mitteilungen der einzelnen Firmen und möchten wir denselben an dieser Stelle unseren Dank für die freundliche Unterstützung ausdrücken.

Berlin, im Januar 1903.

M. Müller. W. Mattersdorff.

Inhaltsverzeichnis.

IV.

Wirkungsweise der Nebenschlufsmotoren.

V.

Bauart der Bahnmotoren.

VI.

Behandlung und Untersuchung der Motoren.

VII.

Übersicht ausgeführter Motortypen der verschiedenen Konstruktionsfirmen.

Tafelverzeichnis.

Abkürzungen.

A. E. G. = Allgemeine Elektrizitäts-Gesellschaft, Berlin.
E. & H. = Electricité et Hydraulique, Charleroi.
G. E. = General Electric Co.
S. & H. = Siemens & Halske A. G., Berlin.
Union = Union Elektrizitäts-Gesellschaft, Berlin.
E. A. G. = Elektrizitäts-Aktien-Gesellschaft.
Lahmeyer, Schuckert, Rieter u. s. w. bedeuten:
E. A. G. vorm. W. Lahmeyer & Co. u. s. w.
V. D. E. = Verband Deutscher Elektrotechniker.
ETZ = Elektrotechnische Zeitschrift.
V. D. I. = Verein Deutscher Ingenieure.

Berichtigung.

Auf Seite 284 Zeile 1 muß es heißen: pro Minute, statt: pro Sekunde.

Einleitung.

Die historische Entwickelung der elektrischen Bahnen und der Bahnmotoren.

Die Idee, die Elektrizität für die Fortbewegung von Fahrzeugen zu benutzen, liegt weiter zurück als gewöhnlich angenommen wird und überholte gleichsam die Entwickelung der Elektrotechnik insofern, als sie zu einer Zeit auftrat, wo ein auch nur einigermaßen geeigneter Motor noch nicht vorhanden war.

Im Jahre 1835 wurde nämlich auf der Ausstellung in Springfield in Massachusetts eine elektrische Lokomotive gezeigt, welche von dem amerikanischen Schmied Thomas Davenport entworfen wurde und dazu dienen sollte, Wagen durch elektrische Kraft zu befördern. Als Stromquelle wurden Primärelemente verwendet. Der Elektromotor war eine unvollkommene Magnetomaschine. Diese Lokomotive wurde dann später auch in Boston vorgeführt, wo sie auf einer kleinen Rundbahn im Betriebe gezeigt wurde.

Im Jahre 1838 konstruierte ein Schotte, Robert Davidson, eine elektrische Lokomotive, welche von einem Jacobischen Motor angetrieben wurde und mit Einschluß der zur Stromerzeugung verwendeten Elemente 5 t wog. Diese Lokomotive war längere Zeit im Betriebe auf der Eisenbahn von Edinburgh nach Glasgow und bewegte sich mit einer Geschwindigkeit von 6 km in der Stunde. Sie wurde indes bald durch Schiffer und Flößer in Stücke zerschlagen, und die Idee der elektrischen Lasten- und Personenbeförderung wurde wieder für längere Zeit vergessen. Erst im Jahre 1850 wurde dem Professor C. G. Page vom Smithonian Institut eine Subvention von 120000 Mark seitens des Kongresses der Vereinigten Staaten für den Bau einer elektrischen Lokomotive bewilligt, welche durch einen Pageschen Motor angetrieben wurde. Als Stromquelle wurde eine Batterie von 100 Groveelementen verwendet und die Versuche am 29. April 1851 auf der Eisenbahn von Washington nach Bladensburg aufgenommen. Die stündliche Geschwindigkeit betrug 30 km.

Zur selben Zeit wurden Lokomotiven auch von Moses G. Farmer und Thomas Hall konstruiert, die letztere angetrieben durch einen Clarkemotor. Die Batterie, welche als Stromquelle für diese Bahn diente, war nicht auf der Lokomotive angebracht, sondern stationär, und wurde der Strom durch die Schienen dem Fahrzeug zugeführt. Diese letztere Idee wurde auch Heinrich Pinkus (1840) und Lilley und Colton (1847) in Pittsburg patentiert. Patente auf diesem Gebiete nahmen übrigens auch Swear und Bessolo (1855) und Casal (1864).

Diese Versuche waren damals wenig aussichtsreich, da zunächst eine kräftige Stromquelle nicht zur Verfügung stand, wie auch die Motoren für den schwierigen Betrieb heutzutage als vollkommen ungeeignet bezeichnet werden müssen.

Eine weitere Entwickelung war also erst zu erwarten, als Pacinotti im Jahre 1864 das Prinzip der elektrischen Dynamomaschine entdeckte und Werner Siemens und Gramme die Idee des Italieners für die Technik verwerteten. Siemens verdankt man die erste elektrische Bahn, welche sich in ihren Grundideen schon vollkommen mit den heutigen modernen Ausführungen deckt. Die Firma Siemens & Halske ließ nämlich auf der Industrieausstellung in Berlin im Jahre 1879 eine elektrische Lokomotive verkehren, welche 3 kleine Waggons für etwa 20 Personen mit einer Geschwindigkeit von 12 km pro Stunde beförderte. Die Lokomotive trug eine gewöhnliche 2-polige Dynamomaschine, welche mit Stirnrädervorgelege und Kegelrädern die beiden Achsen antrieb. Als Stromquelle wurde eine Dynamo benutzt, und geschah die Stromzuführung nach dem erst in letzter Zeit wieder recht modern gewordenen System der dritten Schiene, welche in der Mitte zwischen beiden Fahrschienen angeordnet war. Die Fahrschienen wurden als Rückleitung benutzt.

Die erste größere Installation datiert vom Monat Mai 1881, zu welcher Zeit Siemens & Halske eine Linie in Groß-Lichterfelde bei Berlin mit elektrischen Motorwagen ausrüstete. Gegenüber der Ausstellungsbahn ist bei dieser Ausführung eigentlich ein Rückschritt insofern zu verzeichnen, als die Stromzuführung nicht wieder mit isolierter dritter Schiene erfolgte, sondern von den beiden Fahrschienen bewirkt wurde; ein Fortschritt liegt dagegen insofern vor, als das Prinzip der Beförderung mit Lokomotiven aufgegeben und der Motor unter dem Wagen angebracht wurde. Dieser Motor arbeitete mit Stahldrahtseilen auf die beiden Achsen. Die Geschwindigkeit des Motorwagens betrug 20 km in der Stunde, doch konnte sie in der Horizontalen bis zu 40 km gesteigert werden. Das gesamte zu befördernde Gewicht betrug 4800 kg, der Motor wog 500 kg und entwickelte bei 90—100 Volt etwa 5 Pferdestärken.

Andere elektrische Bahnen wurden von Siemens & Halske in Meran in Tirol, in Portrush in Irland und Zauckenrode in Sachsen (1883), Neu Staßfurt (1883), Hohenzollern bei Beuthen (1884), Mödling bei Wien (1884) und auf der Linie Frankfurt a. M. — Offenbach eingerichtet; allerdings ist ein Teil dieser Bahnen nicht für den Transport von Reisenden bestimmt, sondern als Grubenbahnen ausgeführt.

Zur selben Zeit, nämlich im Mai 1881, konstruierte Raffard einen Motorwagen mit einem Fassungsraum von 50 Personen für die „Compagnie générale des omnibus" in Paris, welcher auf deren Linie nach Vincennes in Betrieb genommen wurde. Der Antrieb geschah von einer gewöhnlichen Dynamomaschine, welche mittels einer Räderübersetzung und Gallscher Kette mit den Achsen gekuppelt war. Als Stromquelle wurden Akkumulatoren verwendet. Im Jahre 1883 schlug Raffard dann eine Lokomotive für den Schnellbahnverkehr vor, welche für die Kenntnisse der damaligen Zeit mit viel Geist entworfen war, aber leider niemals zur Ausführung kam, da die damalige Technik den Gedanken des Erfinders nicht folgen konnte.

Andere erste elektrische Bahnen von 1883 ab wurden erbaut in Brighton (1883), Bessbrook-Newry (1885), Ryde (1886), Blackpool (1886) und Vevey-Montreux (1886).

In Amerika wurde zur selben Zeit verhältnismäßig wenig getan. Edison reichte 1880 ein Patent ein, und erfuhr dabei, daß unmittelbar vorher Stephan D. Field ein Patent genommen hatte, welches denselben Gegenstand betraf und dem die Priorität zuerkannt wurde. Die beiden Erfinder einigten sich schließlich, und es wurde nun im Jahre 1883 durch die „Electric Railway Company" in Chicago, später in Louisville, eine elektrische Lokomotive ausgestellt, welche imstande war, einen Wagen von 16 Sitzplätzen bei einer Spurweite von nur 0,9 m zu befördern. Die Stromzuführung wurde durch eine mittlere Schiene bewirkt, während die Rückleitung durch die Fahrschiene erfolgte. Interessant ist zu erwähnen, daß bei dieser Gelegenheit die erste Anwendung der Schienenverbinder erfolgte.

1883 zeigte C. J. van Depoele auf der Chicagoer Ausstellung einen elektrischen Wagen, der von einem 3-pferdigen Motor angetrieben wurde. Später konstruierte er in Torronto in Canada eine Linie mit unterirdischer Stromzuführung und wandte dabei eine Spannung von 2500 Volt an.

In derselben Zeit liegen auch die Versuche von Leo Daft auf der Saratoga and Mount Mc. Gregor Railroad. Er verwendete eine elektrische Lokomotive, welche von einem 12-pferdigen Motor getrieben wurde und einen Wagen von 10 t schleppte, welcher 68 Reisende fassen konnte. Die Geschwindigkeit, welche hierbei erreicht wurde, betrug 13 km in der Stunde bei einer Steigung von $17^1/_2\,^0/_{00}$.

Im Jahre 1884 endlich erschien in den Vereinigten Staaten die erste elektrische Tramway, nämlich in Cleveland, erbaut von Bentley & Knight.

Zu erwähnen sind in derselben Zeit, Ende 1884, die Versuche von Henry in Kansas City, welche namentlich deswegen bemerkenswert sind, weil die Stromzuführung mit zwei oberirdischen Kupferdrähten erfolgte, der Antrieb der Achse mittels Zahnräder vom Motor aus und die Aufhängung mittels eines besonderen Rahmens, der an der Achse und an dem Wagenfußboden befestigt war.

Als nächste wichtige Installation ist dann im Jahre 1885 die elektrische Ausrüstung der Baltimore Union Passenger Railway auf der Strecke Baltimore—Hampden zu bezeichnen, welche mittels Lokomotive bewirkt wurde, die mit je einem Motor von 8 Pferden ausgerüstet war, welcher mit einfacher Übersetzung (Übersetzungsverhältnis 9:1) die Achse antrieb. Das gesamte Gewicht der Lokomotive war 9100 kg, das Gewicht des Motors 500 kg. Die Regulierung der Geschwindigkeit erfolgte durch Änderung des magnetischen Feldes.

Zur selben Zeit ließ van Depoele einen kleinen Zug mit 3 Wagen in Torronto laufen, welcher von einer elektrischen Lokomotive gezogen wurde. Die Stromzuführung erfolgte mit an Masten aufgehängtem Kupferdraht bei einer Spannung von 1000 Volt. Bei diesem und bei dem Versuch von Daft wurde übrigens die Stromabnahmevorrichtung mit Rolle, welche sich von unten gegen den Draht anpreßt, verwendet.

Auch Sidney H. Short unternahm zu dieser Zeit Versuche in Denver, und ebenso Frank J. Sprague.

Trotz des großen Interesses, welches die Erfinder dem neuen Industriezweig entgegenbrachten, waren 1885 in Amerika nur 3 elektrische Linien in Betrieb mit einer Gesamtlänge von 12 km und einem Gesamtbestand an Betriebsmitteln von 13 Wagen.

Auch in den folgenden Jahren waren die Fortschritte sehr gering. Im Jahre 1886 kamen zu den genannten Linien 5 neue dazu, im Jahre 1887 7, und betrug zu dieser Zeit die Gesamtzahl der Wagen etwa 130. Der beispiellose Aufschwung, den der elektrische Straßenbahnbetrieb in Amerika in den folgenden Jahren nahm, beginnt eigentlich mit der Erbauung der elektrischen Straßenbahn in Richmond, welche am 2. Februar 1888 in Betrieb gesetzt wurde. Diese Bahnlinie ist als die erste bedeutende in Amerika zu bezeichnen und wurde unter großen Schwierigkeiten und bei den ungünstigsten Betriebsverhältnissen von der Sprague Company ausgeführt. Die Gesamtlänge der Linie betrug 19 km und kamen Steigungen von 3—10 % vor. Die kleinsten Kurvenradien betrugen 8—9 m, wobei die Steigung in den Kurven noch bis 8 % betrug. Außerdem waren die Straßen sehr schlecht unterhalten, wenigstens während der Regenzeit, in welcher gewisse Teile derselben eigentlich beständig unter Wasser standen. Erst in jüngster Zeit wurde in einer amerikanischen Zeitschrift die Erinnerung an die Eröffnung dieser Bahn wieder wachgerufen und damit zugleich die Erinnerung an die primitiven Zustände, die damals vorhanden sein mochten. Sprague erzählt nämlich von der ersten Probefahrt, die mit dem elektrischen Wagen unternommen wurde, wobei er nach jeder Steigung anhielt, weil er Zeit gewinnen wollte, um die Motoren abkühlen zu lassen, was er unter dem Vorwand erreichte, daß er die umstehenden Straßenpassanten zur Besichtigung der Wageneinrichtung einlud. Als aber der Wagen die letzte Steigung hinaufgeklommen war, konnte er den Kontroller drehen, wie er wollte, ohne daß mehr die geringste Bewegung des Wagens erfolgte. Er erzählte nun den Umstehenden, daß irgend eine kleine Störung passiert sei, und gab seinem Gehilfen laut vor den Gaffern den Auftrag, doch in die Zentrale zu gehen und einige Instrumente zu holen. Dann legte er sich über eine Stunde in den Wagen in der Hoffnung, daß die Gaffer sich zerstreuen würden, was aber zu seinem Leidwesen nicht geschah. Nach fast 2 Stunden kam endlich sein Gehilfe zurück mit den „Instrumenten“, nämlich 4 tüchtigen Mauleseln, welche den Wagen in die Wagenhalle zurückbrachten.

Trotz dieser anfänglichen Schwierigkeiten beginnt von der Erbauung der Bahn Richmond in Amerika an eine Entwickelung des elektrischen Straßenbahnwesens, die ihres gleichen in der Geschichte der Industrie wohl kaum findet. Im Jahre 1888 nämlich waren im ganzen 33 elektrische Linien vorhanden mit insgesamt 210 km Gleis und 265 Wagen. Im Jahre 1889 betrug die Gleislänge 1032 km, die Wagenanzahl 965; am 1. Januar 1890 betrug die totale Länge 1142 km, die Anzahl der Wagen 1230. Im Juli 1891 stieg die totale Gleislänge auf 4600 km, die Anzahl der Wagen auf 4513 und bereits 1892 waren insgesamt 6534 km Gleis und 8892 Wagen für den elektrischen Betrieb eingerichtet. Im Jahre 1897 aber zählte man schon ca. 23000 km Gleis und ca. 40000 Wagen.

In Europa war inzwischen ein stationärer Zustand eingetreten. So zählte man Ende 1890 in ganz Europa nur 71 km Gleis und etwa 140 elektrische Wagen. Im Jahre 1894 waren etwa 305 km Gleis vorhanden, von denen Deutschland allein etwa 100 km aufwies. Die Anzahl der Motorwagen und Lokomotiven betrug 538. Im Jahre 1897 zählte man 150 Linien mit 1459 km und 3100 Wagen. Die erste ausgedehnte Tramwayanlage in Deutschland wurde im Jahre 1891 von der Allgemeinen Elektrizitätsgesellschaft in Halle errichtet.

Schon in früherem nahmen wir Gelegenheit darauf hinzuweisen, daß die für den Antrieb der Fahrzeuge verwendeten Motoren, wenn man von der vor der Entdeckung von Pacinotti liegenden Epoche absieht, einfache Dynamomaschinen vorstellten, die zunächst in keinerlei Weise für ihren besonderen Zweck ausgebildet waren. Die Übertragung des Antriebes geschah hauptsächlich durch Ketten oder sogar durch Riemen, wohl auch durch Friktionsrollen und in späterer Zeit durch Schneckenantrieb und mittels des sogenannten Sperryschen Getriebes. Diese letztere Antriebsart, die eine Zeitlang eine ziemlich große Verbreitung gefunden hat, ist dadurch charakterisiert, daß die Motorachse in der Längsrichtung des Wagens angeordnet ist und an jedem ihrer beiden Enden einen konischen Trieb trägt, welcher auf beide Achsen mittels auf dieselben fest gekeilter konischer Zahnräder wirkt. Auch bei den früher erwähnten Antrieben ist es bezeichnend, daß der Motor stets zwischen beide Achsen gesetzt wurde und auch beide Achsen gleichzeitig antrieb. Auf diese Weise wurde das volle Adhäsionsgewicht des zweiachsigen Wagens ausgenutzt. Vielfach fand auch eine der Sperryschen Anordnung ganz ähnliche Kupplung zwischen Motor und Achse statt, bei welcher indes statt des konischen Getriebes Schnecke und Schneckenrad Verwendung fand, wodurch allerdings der Vorteil erreicht wurde, daß eine ziemlich hohe Übersetzung vom Motor zur Achse möglich war. Die damaligen Motoren waren nämlich alle für große Umdrehungszahlen entworfen, da sie in der älteren Zeit durchaus zweipolige Motoren waren. Wenn also auch, wie nicht selten, Stirnrädergetriebe zur Kuppelung zwischen Motor und Achse verwendet wurden, so waren diese durchweg mittels Vorgeleges, also mit Doppelübersetzung ausgeführt.

Der erste Versuch, einen speziell für Bahnzwecke geeigneten Motor auszuführen, geht auf Sprague zurück, welcher eine Grammemaschine der bekannten Hufeisentype für diesen Zweck verwendete. Derselbe umfaßte mit dem Fuß des Joches die Achse selbst und war an seinem anderen Ende federnd gegen einen Querträger des Untergestelles gestützt. Eine Eisenumhüllung war unzulässig, da sie natürlich eine erhebliche magnetische Streuung verursacht hätte. Die Spulen der Hufeisenschenkel lagen daher vollkommen offen, und auch der Anker ragte an seinen Stirnseiten und mit dem Kommutator frei aus den umhüllenden Polschuhen heraus. Durch die ziemlich große Längsentwickelung des Motors ergab sich dann zwischen Ankerwelle auf der einen Seite und Achse auf der anderen Seite unter dem Motor selbst der Raum für die Vorgelegewelle.

Diese horizontale zweipolige Type wurde außer von Sprague auch gebaut von Bentley & Knight, Thomson Houston, Westinghouse, Reckenzaun und Örlikon, letzterer Motor mit Anwendung eines Schneckengetriebes.

Eine zweite Grundform gaben dem Bahnmotor Siemens & Halske durch die Type, welche in Budapest, Mühlhausen und Basel Anwendung fand. Der Motor besitzt seitlich angeordnete Erregerspulen, welche ähnlich wie bei der Manchestertype zwei vertikal über und unter dem Anker liegende Folgepole erzeugen. Diese Konstruktion wurde gleichfalls von vielen Konstrukteuren aufgenommen, wie von Daft, Field und Schlesinger. Eine Konstruktion mit Flachringanker wurde ferner von Raffard angegeben, gelegentlich des früher erwähnten Entwurfes für die Schnellbahn-Lokomotive; doch erwies sich die Konstruktion derartiger Motoren, wenn sie auch gewisse Vorteile bot, hauptsächlich aus dem Grunde als ungeeignet, weil infolge des seitlichen Spieles der Luftzwischenraum zwischen Anker und Magnet zu groß gehalten werden mußte.

Den ersten hervorragenden Fortschritt auf dem Gebiete der Konstruktion von Bahnmotoren bot der Wenström-Motor, welcher vor allem die folgenden neuen Vorzüge aufwies: Er besaß vier Pole und infolgedessen eine bedeutend geringere Umdrehungszahl als die bisher erwähnten Motoren. Das Magnetgestell umhüllte teilweise den Anker und bot so einigermaßen Schutz gegen Staub und Feuchtigkeit. Der Anker besaß Windungen, welche in Nuten eingelegt waren, der Luftzwischenraum war außerordentlich gering ($1^1/_2$ mm), die Wickelung derartig, daß nur zwei Bürsten nötig waren, und schließlich war infolge der geringen Tourenzahl die Anwendung eines einfachen Zahnradgetriebes möglich. Die normale Geschwindigkeit betrug etwa 400 Touren, die maximale Leistung 25 Pferde und das ungefähre Gewicht etwa 1000 kg, das Zahnradgetriebe nicht inbegriffen.

Dieser Motor wurde nach seinem Bekanntwerden sofort von den hervorragenden Konstrukteuren dieser Zeit nachgebaut, so insbesondere von der Edison Sprague-, von der Thomson Houston-, von der Westinghouse-Gesellschaft u. a. m., und diese Nachahmungen sind wieder der Ausgangspunkt für die moderne Motorkonstruktion geworden.

Der Motor Edison Sprague war vierpolig und besaß Folgepole ebenso wie der Wenström-Motor. Der Anker, ein Ringanker, hatte vier Bürsten. Das Magnetfeld, welches als ein rechteckiger Rahmen den zylindrischen Teil des Ankers umhüllte, trug auf der einen Seite die Achslager, auf der anderen einen Anguß für die Aufhängung.

Der Thomson Houston-Motor (S. R. G. Type) besaß nur eine Erregerspule und einen Folgepol (vergl. Teil V), durch welche Anordnung eine Entlastung der Ankerlager erreicht werden sollte, allerdings auf Kosten der Kommutation infolge des ungleichen Feldes. Das Magnetfeld umhüllt bei dieser Konstruktion den Anker noch in höherem Grade als bei der vorhergehenden. Der Anker, wiederum ein Ringanker, ist für zwei horizontal eingestellte Bürsten gewickelt. Das Gehäuse wurde in drei Teile geteilt, zwei, welche das Magnetfeld bilden, und einem jochartigen Gußstück, welches gleichzeitig Anker und Achslager enthält und an das Magnetfeld durch scharnierartige Ansätze angeschlossen wurde. Dieser Motor wurde insbesondere auf dem großen Netz der Bostoner Straßenbahn angewendet.

Eine weitere selbständige Durchbildung erfuhr der Wenström-Motor in dem Westinghouse-Motor No. 3, welcher sich vor allem dadurch auszeichnet, daß vier selbständige, mit Erregerspulen versehene, radial angeordnete Pole vorhanden sind, welche eine vollkommene Symmetrie des Feldes ermöglichen. Ein weiterer Fortschritt ist die horizontale Teilung des Gehäuses, welches aufklappbar konstruiert wurde. Die Aufhängung geschah mittels eines besonderen Rahmens, welcher die Lager für den Anker und für die Wagenachse enthielt. Der Anker war ein Trommelanker und mit einfacher Reihenwickelung versehen; die Anordnung der Wickelung geschah nach dem Prinzip von Eickemeyer. Dieser Motor näherte sich also bereits sehr der modernen Form.

Die letzte Ausgestaltung erfuhr diese Form durch den Motor W. P. der Thomson Houston Company, welcher zum erstenmal ein bis auf einen kleinen Teil über dem Kommutator vollkommen geschlossenes Gehäuse besitzt. Er ist zweipolig ebenso wie der S. R. G. Motor, ist horizontal geteilt, und die beiden Hälften sind mit Scharnieren verbunden. Der untere Teil trägt die Achs- und Ankerlager und ist zugleich so durchgebildet, daß er als Bahnräumer Verwendung finden kann. Dieser Motor wurde auch für Schmalspur konstruiert, wurde dann für 200—250 Volt gewickelt, hat ein Gewicht von 300 kg und war verwendbar bis zu 450 mm Spurweite.

An die Bestrebungen Wenströms, eine geringere Tourenzahl

zu erreichen, knüpften dann andere Konstrukteure an, um Motore zu konstruieren, welche überhaupt ohne Übersetzung arbeiten, indem der Anker direkt auf der Wagenachse angebracht ist. Diese Konstruktionen, welche sich bisher nur in Spezialfällen ein Feld zu erobern wußten, sind namentlich vertreten durch Sydney H. Short, welcher seinen ersten „gearless“-Motor im Jahre 1890 konstruierte. Derselbe hatte einen Flachringanker, besaß ein ringförmiges Magnetfeld, ein Gewicht von 3200 kg bei 25 PS. Leistung und hatte nur 60 % Wirkungsgrad.

Im Jahre 1892 legte Short auf dem Kongreß der amerikanischen Straßenbahnen eine neue Konstruktion vor, welche bei derselben Leistung nur 2100 kg wog und eine sehr geniale Anordnung des Magnetfeldes in dreieckiger Form mit drei Erregerpolen und drei Folgepolen zeigte (siehe Teil V).

Ein weiterer wichtiger Motor ohne Zahnradübertragung ist der Eickemeyer-Motor (1891). Derselbe hat ein zweipoliges Magnetgestell mit einer einzigen Erregerspule, welche nach dem bekannten Eickemeyer-Prinzip derart angeordnet ist, daß der Anker in den Windungen der Erregerspule eingebettet liegt. Es muß demnach die Erregerspule aus zwei Teilen zusammengesetzt sein, damit die Ankerwelle die Spule durchdringen kann. Der 25-pferdige Motor dieser Type wog 1800 kg und machte 160 Umdrehungen in der Minute. Der Wirkungsgrad betrug 70 % bei 130, und 80 % bei 230 Umdrehungen.

Weitere Motoren ohne Zahnradübersetzung wurden von der Westinghouse-Gesellschaft, von Hopkinson, van Depoele, Thomson Houston und anderen ausgeführt.

I.

Die Arbeitsbedingungen für den Bahnmotor.

Bewegungswiderstand. Wenn ein Fahrzeug irgend welcher Art motorisch fortbewegt werden soll, so muß der betreffende Motor, mit dem das Fahrzeug ausgerüstet ist, natürlich im stande sein, die der Bewegung des Fahrzeuges entgegenstehenden Widerstände, die Bahnwiderstände, zu überwinden. Diese Widerstände sind mannigfacher Art, teils auf der Fahrbahn selbst zu suchen, wie die rollende Reibung, teils im Mechanismus des Wagens, wie Achslagerreibung, teils im widerstehenden Mittel, wie der Luftwiderstand, teils in zufälligen Formen der Fahrbahn, wie in Steigungen oder Kurven etc. Nennen wir die Summe aller dieser Widerstände den Bahnwiderstand und versuchen wir im folgenden die einzelnen und hauptsächlichsten Teilwiderstände, aus denen er sich zusammensetzt, zu ermitteln.

Die einzelnen Summanden selbst lassen sich in zwei Gruppen trennen, derart, daß in der ersten Gruppe alle jene Widerstände zusammengestellt werden, die von der Bewegung des Fahrzeugs untrennbar sind und sie stets begleiten, während die der zweiten Gruppe die Bedeutung von Zusatzwiderständen haben, die nur in besonderen Fällen und nur vorübergehend auftreten.

Die Widerstände der ersten Art sind:

1. Die rollende Reibung der Räder gegen die Schienen (w_r).
2. Die Reibung in den Achslagern (w_z).
3. Der Luftwiderstand (w_l).

Als Widerstände der zweiten Art sind zu betrachten:

4. Der Widerstand in Steigungen und im Gefälle (w_s).
5. Der Widerstand in Bahnkrümmungen (w_c).
6. Der Widerstand der Beschleunigung (w_b), der auch negativ als treibende Kraft der Verzögerung betrachtet werden muß.

1. Rollende Reibung. Aus Versuchen läßt sich zeigen, daß runde Körper, etwa zwei durch eine Achse verbundene Räder, die auf Schienen ruhen, ein gewisses Drehmoment benötigen, bevor sie in Bewegung gesetzt werden. Am einfachsten zeigt sich dies, wenn man das Räderpaar auf eine geneigte Bahn bringt. Bei schwachem Neigungswinkel, bei welchem doch das im Schwerpunkt angreifende Gewicht schon außerhalb des Unterstützungspunktes fällt und infolgedessen ein Drehmoment gegen diesen Unterstützungspunkt besitzt, wird trotzdem noch nicht Bewegung eintreten. Es muß vielmehr die Schwerkraft einen bestimmten Hebelarm gegen den Unterstützungspunkt haben, bevor dies stattfindet. Diesen Hebelarm δ nennt man den Hebelarm der rollenden Reibung.

Es läßt sich theoretisch entwickeln, daß δ der Quadratwurzel aus dem Radhalbmesser r proportional ist,[1]) so daß sich

$$\delta = k\sqrt{r}$$

setzen läßt. Dupuit gibt für Eisen auf Eisen $k = 0{,}0007 = 0{,}7\,^0/_{00}$ an. Nach Versuchen an Eisenbahnrädern von Wood und von Poirée würde $k = 0{,}00058$ bis $0{,}00066 = 0{,}58$ bis $0{,}66\,^0/_{00}$ anzunehmen sein, während nach Grashof k etwa $= 0{,}00075 = 0{,}75\,^0/_{00}$ zu setzen wäre. Es ist übrigens ohne weiteres klar, daß k von der Zusammendrückbarkeit des Materials abhängig ist und mit steigender Härte desselben kleiner wird.

Der Widerstand der rollenden Reibung läßt sich nun, wenn wir mit G das Gewicht des rollenden Körpers bezeichnen, als diejenige Kraft definieren, welche, am Radmittelpunkt im entgegengesetzten Sinne wirkend, dem Drehmomente $G\delta$ das Gleichgewicht hält.

Es ist also

$$w_r \cdot r = G\delta$$

oder

$$w_r = \frac{G\delta}{r} = \frac{Gk}{\sqrt{r}}.$$

Die rollende Reibung ist nach dieser Formel dem Gewicht direkt und der Quadratwurzel aus dem Radhalbmesser umgekehrt proportional. Wir ziehen es vor, G in t statt in kg einzusetzen, so daß für k der Wert in $^0/_{00}$ zu setzen wäre, während r in m einzusetzen ist. Ist ein bestimmter Radhalbmesser gegeben, so ist also

$$w_r = \zeta_r G\,, \quad \zeta_r = \frac{k}{\sqrt{r}},$$

---

[1]) Siehe Bödecker, Wirkungen zwischen Rad und Schiene. Hannover 1887.

wobei ζ_r den Koeffizienten der rollenden Reibung vorstellt. Berechnet man ζ_r unter Zugrundelegung etwa eines Wertes von $k = 0{,}7\,^0/_{00}$ und eines Radhalbmessers von 0,4 m den üblichen Ausführungen für Straßenbahnen entsprechend, so findet man $\zeta_r = 1{,}1\,^0/_{00}$.

Praktische Versuche haben indes ergeben, daß ζ_r bei Straßenbahnen zwischen $1{,}5\,^0/_{00}$ und $7\,^0/_{00}$ schwankt, also in jedem Falle außerordentlich höher liegt als der oben ermittelte theoretische Wert. Der Grund hierfür ist zunächst darin zu suchen, daß für diese Größe die Beschaffenheit der Schienen wesentlich in Betracht kommt. Auf den Schienen liegender Staub, Schmutz und andere Fremdkörper beeinflussen den Wert ζ_r sehr erheblich. Ferner kommt die Wirkung der Schienenstöße in Betracht und die seitliche Reibung der Radflanschen an den Schienen. In Wirklichkeit bewegt sich nämlich ein Motorwagen nicht genau parallel dem geradlinigen Schienenweg, sondern vollführt auch bei ganz geradlinigem Gleis eine Wellenbewegung, derart, daß er abwechselnd an den einen und anderen Schienenstrang anprallt. Daraus folgt aber weiter, daß auch bei der geradlinigen Bewegung ähnlich wie in Kurven ein Gleiten der Räder auftritt, welches einen Widerstand der gleitenden Reibung hervorruft, der gewöhnlich in ζ_r mit einbezogen wird. Schließlich wird ein solches Gleiten auch durch ungleich abgenutzte Laufräder verursacht u. s. w.

2. Achslagerreibung. Bezeichnet d den Achsschenkeldurchmesser, G_1 das auf demselben ruhende Gewicht (also G_1 = Wagengewicht weniger Gewicht der Radsätze), so ist bekanntlich das Moment der Zapfenreibung

$$M = \mu G_1 \frac{d}{2},$$

wobei μ den Koeffizienten der Zapfenreibung vorstellt.[1]).

Der Bewegungswiderstand, der durch das Zapfenreibungsmoment verursacht wird, stellt sich dann dar als jene Kraft, welche, im entgegengesetzten Sinne im Radmittelpunkt wirkend, bezogen auf den Auflagerungspunkt des Rades diesem Moment das Gleichgewicht hält.

Es ergibt sich also

$$w_z = \frac{\mu G_1 \frac{d}{2}}{r} = \mu G_1 \frac{d}{2r} = \mu G_1 \frac{d}{d_r},$$

wobei d_r den Laufraddurchmesser vorstellt.

---

[1]) Über diesen Koeffizienten siehe Bach, Maschinenelemente. 8. Aufl. 1901 Seite 410 ff.

Setzen wir wieder $\mu \frac{d}{d_r} = \zeta_z$ so ist

$$w_z = \zeta_z G_1.$$

Nach den älteren Versuchen von Kirchweger für Eisenbahnwagenachsen mit Reibkissenschmierung ist μ für Hartblei oder Kompositionslager etwa 0,009 bis 0,01, für Bronzelager 0,014. Diese Werte wollen wir der Bestimmung von ζ_z zu Grunde legen, weil die neueren Versuche zu einer endgültigen Formulierung der Beziehung zwischen μ, der Flächenpressung, der Geschwindigkeit und Lagertemperatur bisher noch nicht geführt haben. Natürlich stellen daher die eben erwähnten Kirchwegerschen Werte nur eine rohe Annäherung vor, in Wirklichkeit ist μ überhaupt nicht konstant, sondern sowohl von der Art der Schmierung, wie auch von den anderen oben angeführten Größen abhängig.

Das Verhältnis $\frac{d}{d_r}$ kann für normale Ausführungen etwa gleich 0,09 gesetzt werden, so daß sich ζ_z etwa zu 1,3 bis 1,5 $^0/_{00}$ berechnet.

Dieser Wert gilt jedoch nur für einen nicht mit Motoren ausgerüsteten Wagen, also z. B. für die Anhänge- oder Beiwagen, ferner auch für jenen Teil des Motorwagengewichtes, welcher auf den nicht motorisch angetriebenen Achsen ruht. Für diejenigen Achsen jedoch, welche mit Motoren ausgerüstet sind, vergrößert sich ζ_z insofern, als hier noch die Reibung der Wagenachsen in den Lagern der Motoraufhängung hinzukommt, wenn die Motoren, wie dies derzeit ausschließlich üblich ist, die Wagenachse mit besonderen Lagern umgreifen.

Nennt man G_1 wieder das Wagengewicht minus Gewicht der Radsätze, G_m das Motorgewicht, welches auf den Achsen ruht, μ den Zapfenreibungskoeffizienten für die Achsschenkellager, μ' den entsprechenden Koeffizienten für die Aufhängungslager der Motoren, d den Achsschenkeldurchmesser, d_r den Raddurchmesser, d' den Durchmesser der Wagenachse, so ist offenbar:

$$(G_1 - G_m)\,\mu \frac{d}{d_r} + G_m \mu' \frac{d'}{d_r} = G_1 \zeta_z$$

oder:

$$\zeta_z = \frac{\mu d}{d_r} + \frac{G_m}{G_1}\left(\frac{\mu' d' - \mu d}{d_r}\right).$$

Zur Beurteilung der Vergrößerung, die ζ_z erfährt, setzen wir, normalen Ausführungen entsprechend, etwa

$$\frac{\mu d}{d_r} = 1,5\ ^0/_{00};$$

$$\frac{G_m}{G_1} = \frac{1}{9}, \quad \mu' = 0{,}07 \text{ bis } 0{,}1 = 70 \text{ bis } 100\,{}^0/_{00};$$

$$\frac{d'}{d_r} = 0{,}12.$$

Dann ergibt sich

$$\zeta_z = 2{,}3 \text{ bis } 2{,}7\,{}^0/_{00}.$$

Der Widerstand infolge der Lagerreibung ist also bei Motorwagen etwa 1 bis 1,5 kg pro Tonne Wagengewicht höher zu veranschlagen als bei Anhängewagen, vorausgesetzt, daß sämtliche Achsen des Motorwagens mit Motoren ausgerüstet sind. Ist dies nicht der Fall, so ist das Gewicht des Wagens annähernd auf die Achsen zu verteilen und der Widerstand der angetriebenen Achsen mit dem höheren, der Widerstand der nicht getriebenen Achsen mit dem niedrigeren Koeffizienten gesondert zu ermitteln. Die Summe beider Widerstände gibt dann den Widerstand für den ganzen Wagen.

Es ist interessant zu beachten, daß ζ_z mit abnehmendem Verhältnis $\frac{G_m}{G_1}$ abnimmt, d. h. werden die gleichen Motoren für schwerere Wagen verwendet, so findet sich ein kleinerer Koeffizient für die Lagerreibung. Diese theoretische Erwägung wurde durch Versuche der Compagnie des Tramways de Paris bestätigt.[1])

3. Der Luftwiderstand. Wenn der Luftwiderstand auch für Straßenbahnen nicht von der Bedeutung ist, die ihm bei Vollbahnen zukommt, so ist er doch selbst bei den kleinsten üblichen Geschwindigkeiten von nur 10 bis 12 km in der Stunde schon eine nicht mehr zu vernachlässigende Größe, um so weniger aber für Außenstrecken von Stadtnetzen, die eventuell mit einer Geschwindigkeit von 20 bis 25 km befahren werden.

Seinem Wesen nach analysiert sich dieser Widerstand als diejenige Kraft, die aufgewendet werden muß, um einerseits die vor dem Wagen befindlichen Luftteilchen zu verdrängen, d. h. ihnen Geschwindigkeit zu erteilen, andererseits um die Reibung der Seitenwände des Wagens an diesen Luftteilchen zu überwinden. Eine Trennung dieser Teilwiderstände ist rechnerisch und experimentell schwer möglich; der Gesamtwiderstand dagegen war Gegenstand zahlreicher Versuche.

---

[1]) Siehe Sarcia, Tramways à accumulateurs, industrie électrique 10. Dec. 1895.

Bezeichnet man mit F die Vorderfläche des Wagens in qm, mit v die Geschwindigkeit in m per Sek., so ist

$$w_l = \zeta_l F v^2,$$

wobei ζ_l einen Erfahrungskoeffizienten vorstellt, der in erster Linie von der Form der Vorderfläche abhängig ist.

Für Geschwindigkeiten bis zu 50 km in der Stunde ist diese Formel genügend durch Versuche bestätigt. Für höhere Geschwindigkeiten liegen übereinstimmende Versuchsresultate nicht vor. Während Langley, Smeaton und Hagen die Newtonsche Formel $\zeta_l F v^2$ annähernd auch für solche Geschwindigkeiten bestätigt fanden, widersprechen die Versuche von Crosby[1]) und Desdouits[2]) diesen Resultaten. Bezüglich der Einzelnheiten muß auf die Zeitschriftenliteratur verwiesen werden.[3])

Für unsere Zwecke genügt es die oben angegebene Formel zu Grunde zu legen. ζ_l wird für ebene Flächen von Poncelet mit 0,088, in der „Hütte" mit 0,12248 angegeben. Man rechnet etwa mit einer ebenen Vorderfläche von 6,5 bis 7 qm.

Für jeden Anhängewagen rechnet man etwa 0,1 bis 0,12 des für den Motorwagen ermittelten Widerstandes.

Volkers[4]) gibt dagegen als Widerstand für den Anhängewagen etwa 0,3 des Motorwagenwiderstandes.

Der Bequemlichkeit halber geben wir im Nachfolgenden eine Zusammenstellung der nach den obigen Angaben für verschiedene Geschwindigkeiten berechneten Widerstände.

Geschwindigkeit		Luftwiderstand bei	
in km/St.	m/Sek.	$\zeta_l = 0{,}088$	$\zeta_l = 0{,}12248$
		6,5 qm Vorderfläche[5])	
6	1,66	1,43	2,2
8	2,22	2,56	3,9
10	2,78	4,02	6,1
12	3,33	5,77	8,8
14	3,88	7,84	12,0
16	4,44	10,25	15,7

---

[1]) Crosby, Engineering. 30. Mai, 6. und 13. Juni 1890.

[2]) Revue général des chemins de fer 1890.

[3]) Siehe auch Diskussion zwischen Davis, Dr. Lundie, Dr. Bell, S. T. Dodd, Armstrong, H. V. Wille in Street Railsway Journal 1902 unter Train resistance (Mai-Juni-Juli-Heft), Reichel ETZ 1901, Heft 34, und Lochner, Glasers Annalen 1902, 15. Mai und 1. Juni.

[4]) ETZ 1901. Heft 24.

[5]) Die Tabellen von Volkers, E. T. Z. 1901, Heft 24, sollen sich auf 7 qm Vorderfläche beziehen, entsprechen aber infolge der vorgenommenen Abrundung bei der Berechnung nur 6,33 qm.

Geschwindigkeit in km/St.	m/Sek.	Luftwiderstand bei $\zeta_l = 0{,}088$ (6,5 qm Vorderfläche)	$\zeta_l = 0{,}12248$ (6,5 qm Vorderfläche)
18	5,00	12,96	19,8
20	5,56	16,07	24,5
25	6,95	25,12	38,4
30	8,33	36,08	55,0
35	9,72	49,20	75,0
40	11,11	64,2	98,0
45	12,50	81,4	124,0
50	13,88	100,2	153,0
55	15,27	121,2	185,8
60	16,66	144,3	220,0
65	18,05	169,4	259,0
70	19,44	196,5	300,0
75	20,83	225,6	345,0
80	22,22	256,7	392,0
85	23,61	289,8	436,0
90	25,00	325,0	495,0
95	26,38	361,9	551,0
100	27,76	400,7	612,0

Es ist aus dem Vorhergehenden klar, daß ein dem Fahrzeug entgegenwehender Wind den Bahnwiderstand eventuell erheblich vermehren kann, wie umgekehrt derselbe wesentlich vermindert wird, wenn der Wind in der Fahrtrichtung weht. In diesen Fällen ist statt der Wagengeschwindigkeit die Summe resp. die Differenz aus Windgeschwindigkeit und Wagengeschwindigkeit in Rechnung zu ziehen. Für seitlich wehenden Wind kann man annähernd die Projektion der Windgeschwindigkeit auf die Fahrtrichtung als die für den Widerstand maßgebende Windgeschwindigkeit annehmen.

4. Der Widerstand in Steigungen und Gefällen. In Steigungen wird zu den bisher besprochenen Widerständen noch ein neuer dadurch hinzukommen, daß der Wagen auf eine gewisse Höhe gehoben, d. h. die Schwerkraft überwunden werden muß. Umgekehrt wird der Widerstand im Gefälle vermindert werden dadurch, daß nun die Schwerkraft, die den Wagen nach abwärts zieht, den Bahnwiderstand ganz oder teilweise ausgleicht.

Die Widerstände dieser Art sind also zum Teil auch negativ, d. h. stellen keine Vermehrung des Widerstandes, sondern eine Verminderung desselben vor, die so weit gehen kann, daß überhaupt kein Bahnwiderstand, sondern nur noch treibende Kraft vorhanden ist, d. h. daß der Wagen ohne Antrieb das Gefälle hinabrollt.

Stellen wir uns einen Motorwagen vor, der auf einer geneigten Ebene in Bewegung ist, welche den Winkel α mit der Horizontalen einschließt, dann können wir die auf den Wagen wirkende Schwerkraft, d. h. das Gewicht des Wagens, in zwei Komponenten zerlegen, von denen die eine senkrecht, die andere parallel zur schiefen Ebene gerichtet ist. Der Druck des Wagens gegen die Schienen wird durch die senkrechte Komponente $G \cos \alpha$ dargestellt, während die zweite Komponente $G \sin \alpha$ eine in der Richtung des Gefälles wirkende Kraft vorstellt, welche bei der Bewegung des Fahrzeuges nach aufwärts sich zu dessen Bahnwiderstand addiert und daher diesen vermehrt, bei der Bewegung nach abwärts sich aber von diesem subtrahiert, d. h. ihn vermindert.

Achslagerreibung und Luftwiderstand werden offenbar in der Steigung oder im Gefälle nicht verändert. Die rollende Reibung wird eigentlich etwas vermindert, da der Druck gegen die Schienen jetzt nur $G \cos \alpha$ beträgt, gegen G in der Horizontalen. Indessen ist der größte Winkel α, der für Adhäsionsbahnen in Betracht kommen kann, etwa $7^1/_2{}^0$, ein Winkel also, dessen cosinus 0,99144 ist, so daß er mit genügender Genauigkeit gleich Eins gesetzt werden kann. Der zusätzliche Widerstand der Steigung resp. die Widerstandsverminderung im Gefälle ist also $w_s = \pm G \sin \alpha = \zeta_s G$, wenn $\zeta_s = \sin \alpha$. In der Praxis ist es üblich, die Steigung in $^0/_{00}$ anzugeben in der Weise, daß man z. B. unter $5^0/_{00}$ Steigung jene Neigung versteht, bei welcher für 1000 m Länge horizontal gemessen eine Niveaudifferenz der beiden Endpunkte von 5 m besteht. Das Verhältnis der Niveaudifferenz zur horizontal gemessenen Länge ist aber nichts anderes als die trigonometrische Tangente des Neigungswinkels α. Man begeht nun für die in Betracht kommenden Winkel nur einen sehr geringen Fehler, wenn man statt $\sin \alpha$ $\operatorname{tg} \alpha$ setzt, denn für den früher als maximal genannten Winkel von $7^1/_2{}^0$ ist z. B. $\sin \alpha = 0{,}130526$, dagegen $\operatorname{tg} \alpha = 0{,}131653$. Führt man aber für ζ_s die tg ein statt des sin, so kann man auch dafür direkt die $^0/_{00}$ der Steigung einsetzen, wenn man unter G das Gewicht in Tonnen statt in Kilogramm versteht. Ein Wagen von 8000 kg Gewicht wird also in der Steigung von $12^0/_{00}$ einen zusätzlichen Widerstand von $8 \times 12 = 96$ kg erfahren. Um denselben Betrag vermindert sich dagegen sein Widerstand, wenn er das Gefälle hinabrollt.

5. Der Widerstand in Bahnkrümmungen. Der Widerstand in Bahnkrümmungen findet seine Erklärung darin, daß ein teilweises Gleiten der Räder stattfinden muß und zwar sowohl in der Richtung der Bewegung, um die Differenz der Längen zwischen äußerem und innerem Schienenstrang auszugleichen, wie auch senkrecht zur Be-

wegungsrichtung, um eine Drehung des Wagens um den Kurvenmittelpunkt zu bewirken. Die mathematische Entwicklung der verschiedenen Bewegungswiderstände ist ziemlich kompliziert[1]) und die theoretisch ermittelten Formeln sind umfangreich und wenig handlich. Von vornherein ist jedoch klar, daß dieser Widerstand von der Spurweite und dem Kurvenradius abhängig sein muß, da die Gleitlänge zum Teil durch diese Größen bestimmt wird, und zwar wird der Widerstand mit wachsender Spur größer und mit wachsendem Kurvenradius kleiner werden.

Um eine einfache Berechnung zu ermöglichen, wurden empirische Formeln aufgestellt auf grund zahlreicher, sorgfältiger Versuche, die sich allerdings leider durchweg nur auf die bei Vollbahnen üblichen Verhältnisse beziehen. Eine der am meisten verwendeten diesbezüglichen Formeln lautet $w_c = 500 \frac{S}{R_c}$, wobei S (die Spurweite) und R_c (der Kurvenradius) in m einzusetzen ist.

Die Straßenbahnverwaltungen, für die dieser Widerstand insofern an Bedeutung gewinnt, als sie genötigt sind, zumeist sehr kleine Radien (bis herab zu 15 m) zu verwenden, haben diesem Gegenstand bedauerlicherweise bisher nicht die gleiche Aufmerksamkeit gewidmet, wie die Vollbahnen.

Blondel-Dubois geben für Straßenbahnen die Formel

$$w_c = 300 \text{ bis } 400 \frac{S}{R_c} \text{ kg}$$

pro Tonne Wagengewicht, wobei S und R_c dieselbe Bedeutung haben wie oben.

Dupuy dagegen schlägt für Normalspur die Formel

$$w_c = \frac{370}{R_c - 10} \text{ kg}$$

pro Tonne vor.

Aus beiden Formeln ist der Einfluß des Radstandes und des vorhandenen Spielraumes zwischen Räder- und Schienenspurweite nicht zu erkennen. Die nachfolgende, aus Blondel-Dubois „La traction électrique“ übernommene Tabelle gibt die in Kurven von 10 bis 500 m Radius auftretenden Zusatzwiderstände nach der einen und anderen Formel berechnet.

---

[1]) Siehe Bödecker, Wirkungen zwischen Rad und Schiene. Hannover 1887.

Radius der Kurve	Zusatzwiderstand in kg pro Tonne nach Formel $\frac{400\,S}{R_c}$ Spurweite 1,00	1,435	nach Formel $\frac{370}{R_c - 10}$ Spurweite 1,435
10	40	57,4	∞
15	26,6	38,26	74
20	20	28,7	37
25	16	22,96	25
30	13,3	19,13	19
35	11,6	16,4	15
40	10	14,35	12
50	8	11,48	9
60	6,6	9,56	7,5
70	5,7	8,2	6
80	5	7,17	5
90	4,4	6,37	4,5
100	4	5,74	4
150	2,6	3,82	2,6
200	2	2,87	1,9
250	1,6	2,29	1,5
300	1,3	1,91	1,2
400	1	1,43	0,9
500	0,8	1,14	0,7

Um auch einigermaßen bezüglich des Einflusses des Radstandes, sowie des Spielraumes zwischen Schienen- und Räderspur zu orientieren, geben wir ferner eine theoretische Formel, die aus den von Bödeker gewonnenen Resultaten dadurch abgeleitet ist, daß zylindrische (nicht konische) Laufkränze der Einfachheit halber vorausgesetzt wurden.

Bedeutet D den Radstand, R_c den Kurvenradius, σ den Spielraum zwischen Räder- und Schienenspur, S Spurweite (und zwar alle diese Größen in m ausgedrückt) und f den Koeffizienten der gleitenden Reibung, der im Mittel etwa mit 0,25 anzunehmen ist, und definiert man eine Größe A durch die Gleichung:

$$A = \frac{m + \frac{S^2}{2\,D}}{\sqrt{m^2 + \frac{S^2}{4}}} + \frac{\frac{S^2}{2\,D}}{\sqrt{q^2 + \frac{S^2}{4}}},$$

wobei

$$m = \frac{D}{2} + \frac{R_c \sigma}{D}$$

und
$$q=\frac{D}{2}-\frac{R_c\sigma}{D},$$

so ist der Zusatzwiderstand der Kurve in kg pro Tonne

$$w_c=250\frac{f(A+1)}{1-f^2A}\cdot\frac{D}{R_c}+500f\frac{S}{R_c}.$$

Diese Formel zeigt zugleich, welch' komplizierten Problemen hier die Theorie gegenübersteht, obwohl bereits eine außerordentliche Vereinfachung der Bödekerschen Gleichungen vorgenommen wird.

Vernachlässigt man den Einfluß des Spielraumes σ, dann kann man annähernd

$$m=q=\frac{D}{2}$$

setzen, so daß:

$$A=\frac{D+2\frac{S^2}{2}}{\sqrt{D^2+S^2}}.$$

Bei Drehgestellen ist für D natürlich der Radstand eines Gestelles in Rechnung zu setzen.

Für σ ist die eventuell in Kurven vorhandene Spurerweiterung zu berücksichtigen.

6. Der Widerstand infolge der Beschleunigung. Bekanntlich erfordert die Vermehrung der Geschwindigkeit eines bewegten Körpers einen Aufwand von Arbeit, während andererseits ein bewegter Körper Arbeit abgeben kann, wenn er seine Geschwindigkeit vermindert.

Um ein Fahrzeug zu beschleunigen ist also eine größere Kraft erforderlich, als den bisher besprochenen Widerständen entsprechen würde, d. h. das zu beschleunigende Fahrzeug besitzt gleichsam einen zusätzlichen Widerstand, den wir den Widerstand infolge der Beschleunigung nennen können.

Wir betrachten hier diesen Widerstand nur der Vollständigkeit halber und werden später Gelegenheit nehmen, den Vorgang bei der Beschleunigung oder Verzögerung eingehender zu behandeln.

Um eine Masse M von der Geschwindigkeit v_0 auf die Geschwindigkeit v zu bringen, ist offenbar eine Kraft $M\gamma$ nötig, wenn $\gamma=\frac{dv}{dt}$ die Beschleunigung in jedem Augenblicke der Bewegung vorstellt. Ist G wieder das Wagengewicht, g die Beschleunigung der

Erdschwere, so ist $M = \frac{G}{g}$ und daher $w_b = \frac{G}{g}\frac{dv}{dt} = \zeta_b G$, wenn $\zeta_b = \frac{dv}{g\,dt} = \frac{\gamma}{g}$.

Wie man sieht, hängt dieser Widerstand ganz von der Beschleunigung ab, die erreicht wird oder erreicht werden kann. Die Verhältnisse sind indes bedeutend verwickelter, als es zunächst den Anschein hat, da in Wirklichkeit die Änderung der Geschwindigkeit sich nie mit konstanter Beschleunigung vollzieht, so daß ζ_b eine durchaus variable Größe vorstellt, außerdem ist die Masse des Wagens, infolge der rotierenden Teile höher in Anschlag zu bringen als dem Gewicht entspricht.

Um über die Größe von ζ_b hier nur einigermaßen orientiert zu sein, wollen wir nur erwähnen, daß γ nicht selten 0,6 m in der Sekunde beträgt[1]), so daß ζ_b, auf die Tonne Gewicht bezogen, 60 kg betragen würde.

Der Gesamtwiderstand. Der Traktionskoeffizient. Der Gesamtwiderstand läßt sich nun darstellen durch die Formel:

$$w = w_r + w_z + w_l + w_s + w_c + w_b;$$

$$w = \zeta_r G + \zeta_z G_1 + \zeta_l F v^2 + \zeta_s G + \frac{400\,S}{R} G + \zeta_b G;$$

$$w = (\zeta_r + \zeta_s + \zeta_b)\,G + \zeta_z G_1 + \zeta_l F v^2 + \frac{400\,S}{R} G.$$

G_1 kann etwa gleich 0,9 G gesetzt werden. Für normale Ausführungen ist nach früherem $\zeta_r = 1{,}5$ bis 7,0 kg pro Tonne, $\zeta_z = 1{,}3$ bis 1,5 kg pro Tonne für Beiwagen und 2,3 bis 3,0 kg pro Tonne für Motorwagen. Der Bahnwiderstand infolge rollender Reibung und Achslagerreibung ist also

$$w' = \zeta_r G + \zeta_z G_1 = (\zeta_r + 0{,}9\,\zeta_z)\,G$$

für Beiwagen 2,67 bis 8,35 kg pro Tonne, für Motorwagen 3,47 bis 9,7 kg.

Diese theoretischen Erwägungen und Resultate werden genügend genau durch die aus Versuchen ermittelten Werte, die Volkers[2]) angibt, bestätigt.

Volkers gibt für den Reibungswiderstand des Beiwagens, sowie den Teil des Motorwagengewichtes, welcher auf die nicht angetriebenen Laufachsen der Motorwagen entfällt:

[1]) Bei der Stadtbahn in Liverpol war bei Versuchsfahrten $\gamma = 1{,}2$ m. Siehe ETZ 1902. Heft 43, Seite 942.

[2]) ETZ 1901. Heft 24.

$w' = 1$ bis 1,3 kg pro Tonne bei sauberem, vorwiegend geradem Gleis, also bei eigenem Bahnkörper und in durchweg asphaltierten oder vorzüglich gepflasterten Straßen.

$w' = 1{,}3$ bis 2 kg pro Tonne bei mäßig sauberem Gleis, welches zum Teil in gepflasterten Straßen, zum Teil in Makadam liegt.

$w' = 2$ bis 5 kg bei schmutzigem vorwiegend auf Landstraßen verlegtem Gleis.

Ferner für den Reibungswiderstand desjenigen Teils des Motorwagengewichtes, welcher auf die angetriebenen Achsen entfällt:

$w' = 2{,}8$ bis 3,1 kg pro Tonne bei sauberem, vorwiegend geradem Gleis, also bei eigenem Bahnkörper und in durchweg asphaltierten oder vorzüglich gepflasterten Straßen. Beste Unterhaltung der Motorwagen vorausgesetzt.

$w' = 3{,}1$ bis 3,8 kg pro Tonne bei mäßig sauberem Gleis, welches zum Teil in gepflasterten Straßen, zum Teil in Makadam liegt.

$w' = 3{,}8$ bis 6,8 kg bei schmutzigem, vorwiegend auf Landstraßen verlegtem Gleis und bei schlechter Unterhaltung der Motorwagen.

Die aus direkten Versuchen abgeleiteten Zahlen stellen sich also durchwegs etwas niedriger, als zu erwarten war.

Der so ermittelte Widerstand wäre nun noch um den Luftwiderstand zu vermehren. Aber hier ergibt sich die Schwierigkeit, daß die Fahrgeschwindigkeit eine stets wechselnde ist und außerdem der eventuell wehende Wind nach Stärke und Richtung zu ermitteln ist. Dies letztere ist natürlich im allgemeinen unmöglich und man wird auf eine Berücksichtigung der Windstärke und -Richtung nur dort eingehen, wo erfahrungsgemäß auf regelmäßige Winde zu rechnen ist.

Bezüglich der mittleren Geschwindigkeit, welche als maßgebend für den Luftwiderstand einzusetzen ist, gibt Volkers die folgenden Tabellen:

Mittlere Fahrgeschwindigkeit in km/Stunde zwischen den Endpunkten der Betriebslinie	Anzahl der Haltestellen auf den km Bahnlänge	Maßgebende Geschwindigkeit für den Luftwiderstand
10 km/St.	3	13 km
„	4	14 „
„	5	15 „
„	6	17 „
12 km/St.	3	15 „
„	4	16 „
„	5	17 „
„	6	19 „

Mittlere Fahrgeschwindigkeit in km/Stunde zwischen den Endpunkten der Betriebslinie	Anzahl der Haltestellen auf den km Bahnlänge	Maßgebende Geschwindigkeit für den Luftwiderstand
14 km/St.	3	18,5 km
"	4	20,0 "
"	5	22,0 "
"	6	24,0 "
16 km/St.	2	20,5 "
"	3	22,0 "
"	4	24,0 "
"	5	26,0 "
18 km/St.	2	23,0 "
"	3	25,5 "
"	4	28,5 "
20 km/St.	1	23,0 "
"	2	26,5 "
"	3	33,0 "

Haben wir also z. B. einen Motorwagen von 8000 kg Gewicht, welcher auf einer Linie verkehrt, die im Durchschnitt 4 Haltestellen auf den km hat und mit einer durchschnittlichen Geschwindigkeit von 12 km fährt, so würde sich dessen Widerstand nach Volkers in folgender Weise berechnen, gerades und ebenes Gleis vorausgesetzt:

Reibungswiderstand: $8 \times 3,1 = 24,8$ kg.

Luftwiderstand bei 6,5 qm Vorderfläche für 16 km Geschwindigkeit (nach Tabelle) 15,7 kg. Also zusammen 40,5 kg.

In der Praxis wird man indessen, abgesehen von einem speziellen Fall, wenn es sich nämlich um die Berechnung des Wattstundenverbrauchs handelt, nicht derart verfahren. Denn wie wir sehen, ist der Bahnwiderstand in hohem Maße von Zufälligkeiten abhängig, wie z. B. von der Windstärke, dann namentlich auch von der Schienenbeschaffenheit. Tritt starker Schneefall ein, dann erhöhen sich die genannten Zahlen leicht auf das Dreifache[1]) und beträchtliche Verkehrsstörungen wären vermutlich zu erwarten, wenn die Leistung der Motoren wirklich auf Basis der oben mitgeteilten Durchschnittszahlen berechnet wäre.

Man rechnet vielmehr ziemlich allgemein in der Praxis mit einem Widerstandskoeffizienten von 12 bis 15 kg pro Tonne für in den Straßenkörper eingebettete Rillenschienen und 6 bis 8 kg

[1]) Siehe Rößler, Zeitschrift für Kleinbahnen, Oktober 1900 und ETZ 1900, Heft 45 ff. „Entspricht der elektrische Betrieb auf den Linien der Großen Berliner Straßenbahn durchweg den Anforderungen etc.?“

pro Tonne für das freiliegende Vignolschienengleis. Für diesen Widerstandskoeffizienten hat sich der unschöne Name Traktionskoeffizient eingebürgert.

Die genannten Zahlen gelten natürlich nur für normale Verhältnisse und für niedrige Geschwindigkeiten. Für hohe Geschwindigkeiten, kleine Raddurchmesser, wie bei Gruben- und Transportbahnen etc., wird man an Hand des bisher Ausgeführten unter Berücksichtigung der nötigen Sicherheit annähernde Zahlen ermitteln können.

Die zusätzlichen Widerstände in Kurven und Steigungen werden auch in der Praxis in der früher angegebenen Weise berechnet, doch pflegt man dem Kurvenwiderstand keine besondere Aufmerksamkeit zu widmen.

Über die Art und Weise, in welcher man den Widerstand der Beschleunigung berücksichtigt, gibt der folgende Abschnitt genauere Auskunft.

Die Zugkraft, Beschleunigung und Verzögerung. Wir haben bereits bei der rollenden Reibung und der Achslagerreibung gezeigt, daß man die von diesen Widerständen herrührenden Momente auf den Radmittelpunkt, d. h. die Radachsenmitte beziehen kann. Der Luftwiderstand, der Widerstand in Steigungen und bei Beschleunigung des Wagens stellen direkt Kräfte vor, deren Angriffspunkt nach jedem Punkt des Wagens, also auch nach der Radachsenmitte verlegt werden kann. Wir können uns also den Gesamtbahnwiderstand in der Wagenachsenmitte als Kraft entgegengesetzt der Fahrtrichtung angreifend denken. Um dieser Kraft das Gleichgewicht zu halten, ist offenbar eine genau gleich große Kraft gleichfalls im Wagenachsenmittelpunkt, aber entgegengesetzt wirkend notwendig. Diese letztere Kraft, die Zugkraft des Wagens, entsteht dadurch, daß der für den Antrieb des Wagens bestimmte Elektromotor das Drehmoment seines Ankers entweder direkt oder auf irgend eine andere Weise auf die Wagenräder überträgt. Diese letzteren, welche in ihrem Auflagerpunkt durch die Adhäsion festgehalten sind, werden sich dann um diesen Punkt drehen und der ganze Wagen wird dadurch eine Zugkraft erfahren $Z = M_d/r$ wenn M_d das auf das Laufrad übertragene Moment in mkg und r den Radhalbmesser in m vorstellt.

Um den dynamischen Vorgang klar zu übersehen, wollen wir vorübergehend die bisher behandelten Widerstände der Bewegung in zwei Gruppen trennen, von denen die eine w_1 praktisch unabhängig von der Geschwindigkeit ist, wie die rollende Reibung, Achslagerreibung, Widerstand in Steigungen und Kurvenwiderstand, während die zweite w_2 sich nur auf diejenigen Widerstände bezieht, welche von der Geschwindigkeit abhängig sind, wie Luftwiderstand und Widerstand der Massenbeschleunigung.

Ist nun r der Radhalbmesser, dann ist $w_1 r$ das Widerstandsmoment des ruhenden Wagens. Damit Bewegung eintritt, muß das Moment der Zugkraft Z größer sein, als das des Widerstandes, also

$$Zr > w_1 r \text{ oder}$$

$$Z > w_1 .$$

Es sei nun der Überschuß der Zugkraft über den Widerstand

$$Z - w_1,$$

dann wird sich der Wagen mit einer gewissen Beschleunigung $\frac{dv}{dt}$ in Bewegung setzen, wodurch sofort der Luftwiderstand und der Widerstand infolge der Massenbeschleunigung auftreten werden, so daß sich setzen läßt

$$\zeta_l F v^2 + M \frac{dv}{dt} = Z - w_1 .$$

Die Zugkraft Z ist nun bei einem elektrisch angetriebenen Fahrzeug, wie wir später sehen werden, von der Geschwindigkeit abhängig, so daß also $Z = f(v)$, und wir können daher unsere Gleichung in die Form bringen

$$\zeta_l F v^2 + M \frac{dv}{dt} = f(v) - w_1 .$$

Diese Differentialgleichung ist leicht integrierbar, denn es ist

$$\frac{dv}{dt} = \frac{f(v) - w_1 - \zeta_l F v^2}{M}$$

oder:

$$dt = M \frac{dv}{f(v) - w_1 - \zeta_l F v^2},$$

woraus

$$t = M \int_0^v \frac{dv}{f(v) - w_1 - \zeta_l F v^2} .$$

Ist also die Abhängigkeit der Zugkraft von der Geschwindigkeit bekannt, d. h. $f(v)$ gegeben, so können wir nach dieser Gleichung den Zusammenhang zwischen Zeit und erreichter Geschwindigkeit angeben, d. h. für jede beliebige Zeit, welche seit der Ingangsetzung des Fahrzeuges verstrichen ist, die entsprechende Geschwindigkeit berechnen. Indessen ist die Funktion $f(v)$ in Wirklichkeit durchaus nicht einfacher Natur und nur annäherungsweise anzugeben. Wir bevorzugen daher bei der weiteren Behandlung unseres Problems ein zeichnerisches Verfahren, das genügend genaue Resultate für die Praxis ergibt.

Wir setzen dabei eine Kurve als bekannt voraus, welche die Abhängigkeit der Zugkraft von der Geschwindigkeit festlegt. Diese Kurve ist in der Praxis stets gegeben oder aus den bekannten Kurven des betreffenden Bahnmotors leicht zu ermitteln.

Wir zeichnen zunächst Zugkraft und Bahnwiderstand als Abscissen und zwar nach links aufgetragen, die entsprechenden Geschwindigkeiten aber als Ordinaten. Die Kurve Zv gibt dann in Fig. 1 die jeweilig zusammengehörigen Werte von Z und v an.

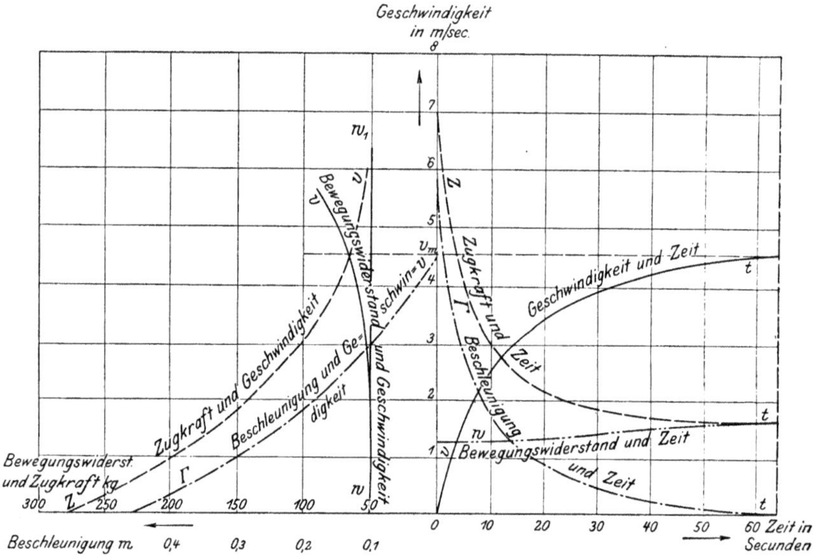

Fig. 1.

Der Bahnwiderstand w_1, d. h. derjenige Teil des Bewegungswiderstandes, der von der Geschwindigkeit unabhängig ist, wird dann durch eine Parallele zur Ordinatenachse w_1 dargestellt. Addieren wir zu diesem Widerstand den jeweiligen der Geschwindigkeit entsprechenden Luftwiderstand, so erhalten wir eine Kurve wv, welche uns für jeden Geschwindigkeitswert den entsprechenden Bahnwiderstand ausschl. des Beschleunigungswiderstandes darstellt. Die im Sinne der Abscissenachse gemessenen Entfernungen zwischen der Zv- und wv-Kurve geben daher den Überschuß an Kraft, der bei der betreffenden Geschwindigkeit über den jeweiligen Bahnwiderstand noch vorhanden ist, d. h. die beschleunigende Kraft $P = M\gamma$. Gleichzeitig stellen diese Differenzstrecken aber auch die Größe der Beschleunigungen selbst dar; denn wenn die Masse des Wagens (M) bekannt ist, braucht man diese Strecken statt im Kraftmaßstab nur im Maßstabe $\frac{1}{M} \times$ Kraftmaßstab zu messen, um die entsprechende Beschleunigung zu finden. Trägt man nun diese Differenzstrecken von der Nulllinie aus auf, und zwar für jede Geschwindigkeit (Ordinate) die zugehörige Beschleunigung als Abscisse, so erhält man die Kurve Γv. Aus derselben ist ersichtlich, daß der größten Beschleunigung die Geschwindigkeit 0 entspricht, daß dann ferner mit wachsender Geschwindigkeit die Beschleunigung abnimmt und bei einem bestimmten Wert von v Null wird. Dieses ist also der Grenzwert von v, d. h. die Geschwindigkeit, die der Wagen bei gegebenem Bahnwiderstand erreichen kann. Die Zugkraft ist in diesem Falle gleich dem Bewegungswiderstand oder, da der Widerstand infolge der Beschleunigung Null ist, gleich dem Widerstand w_1, vermehrt um den Luftwiderstand. Es tritt also dynamisches Gleichgewicht ein, und das Gefährt wird sich, so lange Zugkraft und Bewegungswiderstand unverändert bleiben, mit der konstanten Geschwindigkeit v_m weiter bewegen.

Unsere Hauptaufgabe besteht aber nun darin, die Geschwindigkeit, Zugkraft, Beschleunigung u. s. w. von der Zeit abhängig darzustellen. Zu diesem Zwecke gehen wir folgendermaßen vor:

Kurve Γv gibt die Beziehung zwischen γ und v an. Da $\gamma = \frac{dv}{dt}$, ergibt sich $dt = \frac{dv}{\gamma}$ oder $t = \int_0^v \frac{dv}{\gamma}$. Die Integration kann graphisch ausgeführt werden, indem man die Ordinate v in n Teile teilt. Ein solcher Teil möge dann Δv sein. Als den entsprechenden Wert der Beschleunigung, welche während der Änderung der Geschwindigkeit um Δv_1 konstant angenommen werden kann, betrachten wir das arithmetische Mittel γ_m zwischen den beiden zu Δv gehörigen Grenzwerten von γ. Ist dann Δt die Zeit, welche verstreicht, bis die Änderung der Geschwindigkeit um den Betrag Δv sich vollzogen hat, dann gilt annähernd

$$\Delta t = \frac{\Delta v}{\gamma_m}.$$

$\frac{\Delta v}{\gamma_m}$ ist aber nichts anderes als die trigonometrische Tangente eines Winkels, der sich, da Δv und γ_m bekannt sind, sehr leicht zeichnen läßt. In Fig. 2 sind diese Winkel für Δv_1 und $\gamma_1 = \alpha_1$, für Δv_2 und $\gamma_2 = \alpha_2$ u. s. w.

Zieht man in der Entfernung d Längeneinheiten zu der Ordinatenachse eine Parallele, so schneiden auf dieser die Schenkel eines jeden Winkels α eine Strecke ab, die direkt ein Maß der trigonometrischen Tangente des Winkels α ist, also zugleich nichts anderes vorstellt als Δt in irgend einem Maßstab gemessen, den wir weiter unten bestimmen werden.

Wird nun die Abscissenachse über den Nullpunkt hinaus nach rechts verlängert, und werden die einzelnen Werte von Δt, die nach dem oben angegebenen Konstruktionsverfahren für jedes Δv ermittelt

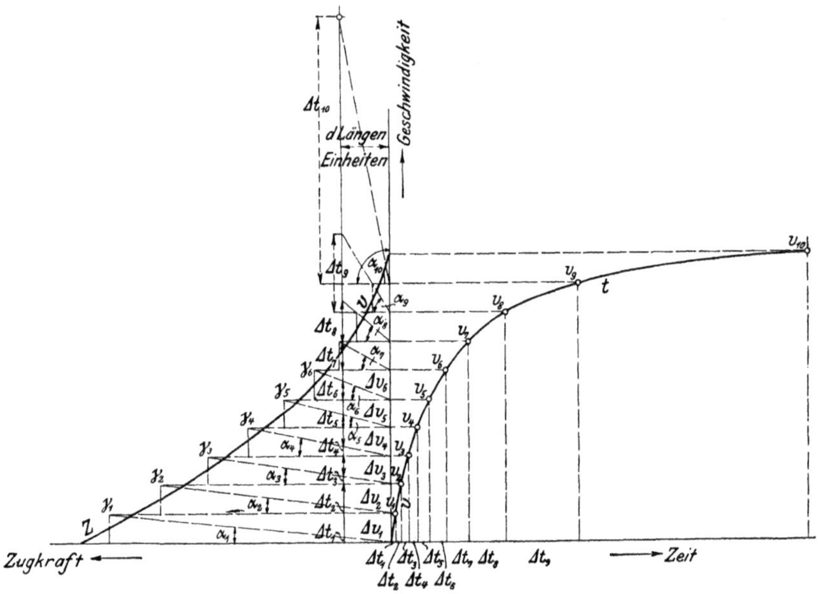

Fig. 2.

wurden, auf der Abscissenachse aneinander gereiht, die zugehörigen Geschwindigkeiten als Ordinaten eingezeichnet, so erhält man die Punkte $v_1\ v_2\ v_3\ .\ .\ .\ v_{10}$ als Punkte einer Kurve $v\,t$, welche die gesuchte Abhängigkeit der Geschwindigkeit von der Zeit darstellt. Überträgt man die den jeweiligen Geschwindigkeiten entsprechenden Zugkräfte, Beschleunigungen und Widerstände in das Zeitsystem, so erhält man (Fig. 1) die Kurven $Z\,t$, $\Gamma\,t$ und $w\,t$. Die so ermittelte Figur gibt ein anschauliches Bild des ganzen Vorganges während der Ingangsetzung.

Die Ungenauigkeit, die der Konstruktion dadurch anhaftet, daß Δv für dv gesetzt ist, läßt sich durch Wahl von Δv beliebig einschränken und kommt bei unserem Beispiel namentlich insofern zum Ausdruck, als die jeweiligen Grenzwerte von v, γ u. s. w. die von der Zeit abhängigen entsprechenden Kurven tangieren. Eine genaue Prüfung des Konstruktionsverfahrens zeigt nämlich, daß diese sämtlichen Kurven asymptotisch zu ihren Grenzwerten verlaufen müßten. Die Endgeschwindigkeit wird also streng genommen erst nach ∞ langer Zeit erreicht, ähnlich wird die Beschleunigung erst nach ∞ langer Zeit Null u. s. w. Für die Praxis hat diese Beobachtung natürlich keinen großen Wert, da die wirklich erreichte Geschwindigkeit von der überhaupt erreichbaren sich nach verhältnismäßig kurzer Zeit nur sehr unwesentlich unterscheiden wird.

Beachtenswert ist aber, daß es unzulässig ist, eine annähernde Berechnung der Anfahrzeit unter der Voraussetzung anzustellen, daß eine konstante Beschleunigung gleich dem Mittelwerte der Kurve Γv wirkt, da dieser Mittelwert durchaus nicht mit der wirklichen durchschnittlichen Beschleunigung identisch ist. Verwenden wir die in der Fig. 1 angegebenen Maßstäbe, so ist der Mittelwert der Kurve Γv ca. 0,23 m oder die Endgeschwindigkeit von 4,5 m wurde in 20 Sekunden erreicht. Aus unserer Konstruktion ergibt sich indes, daß die Endgeschwindigkeit praktisch nach einer etwa dreimal so großen Zeit, nämlich nach 65 Sekunden, erreicht wird. Der richtige Durchschnittswert der Beschleunigung ist also $\frac{4,5}{65} = 0,07$ m/Sek. Bezüglich der Maßstäbe für die verschiedenen Größen der Fig. 1 ist folgendes zu bemerken. Bedeutet z. B. 1 Längeneinheit a kg Kraft (oder kg Widerstand) und ist die Masse des Wagens M in Masseneinheiten $\left(\frac{\text{kg}}{9,81}\right)$, so ist der Maßstab der Beschleunigungskurve 1 Längeneinheit $= \frac{a}{M}$ m in der Sekunde. Bedeutet ferner 1 Längeneinheit im Geschwindigkeitsmaßstab b m in Wirklichkeit und ist der Abstand der Parallelen, die zur Bestimmung der Werte Δt benutzt wird, d Längeneinheiten von der Ordinatenachse, dann ist im Zeitmaßstab

$$1 \text{ Längeneinheit} = \frac{b\,M}{a\,d} \text{ Sekunden.}$$

(Bezieht sich der Geschwindigkeitsmaßstab auf Kilometer in der Stunde, also 1 Längeneinheit $= b$ km/Stunde, dann ist natürlich der Zeitmaßstab

$$1 \text{ Längeneinheit} = \frac{b\,M}{a\,d \cdot 3,6} \text{ Sekunden.}$$

Will man also einen bequemen Zeitmaßstab haben, z. B. 1 cm $= c$ Sekunden, so ist der Abstand $d = \frac{bM}{ca}$ bezw. $= \frac{bM}{ca\,3{,}6}$ Längeneinheiten zu wählen.

Wir haben hier nun noch einiges bezüglich des Wertes von M zu erwähnen. M ist nämlich nicht eigentlich im strengen Sinne die Masse des Wagens, sondern stets nicht unerheblich größer als diese. Die Ursache hierfür sind die rotierenden Teile des Wagens, nämlich Radsätze und Motoranker. Denken wir uns einen Schlitten an Stelle des Motorwagens, der genau das gleiche Gewicht besitzt und dessen Bewegungswiderstand (Luftwiderstand und gleitende Reibung) genau so groß ist wie der Bewegungswiderstand (Luftwiderstand, rollende Reibung und Achslagerreibung) des Motorwagens. Um einen solchen Schlitten auf die Geschwindigkeit v zu bringen, müssen wir eine Arbeit $\frac{Mv^2}{2}$ aufwenden, wenn M seine Masse vorstellt. Der Motorwagen hat aber außer der Arbeit $\frac{Mv^2}{2}$, wenn er die Geschwindigkeit v erreicht hat, noch Arbeit in den rotierenden Rädern und Ankern der Motoren aufgespeichert. Es muß also auch eine größere Arbeit aufgewendet werden, als beim Schlitten mit derselben Masse, d. h. der Motorwagen verhält sich so, als ob er gleichsam eine größere Masse besäße, als seinem Gewichte entspricht.

Wird ein Körper in Rotation versetzt, so ist bekanntlich, um ihm eine gewisse Winkelbeschleunigung $\frac{d\omega}{dt}$ zu erteilen, ein Drehmoment notwendig, dessen Größe gegeben ist durch das Produkt: Polares Trägheitsmoment des Körpers $\times$ Winkelbeschleunigung. Es setzt aber gleicherweise ein Körper, der in Umdrehungen versetzt werden soll, diesen Bemühungen ein Widerstandsmoment entgegen, und zwar ist

Widerstandsmoment $=$ Polares Trägheitsmoment $\times$ Winkelbeschleunigung.

Tritt ein solches Widerstandsmoment statt am Rade am Zahnantriebe des Motors auf, dann wird dieses Widerstandsmoment am Rade gemessen φ mal größer sein, wenn φ das Übersetzungsverhältnis (nämlich Umdrehungszahl des Motorankers : Umdrehungszahl des Rades) vorstellt.

Ist nun v die Wagengeschwindigkeit, r der Radhalbmesser, so ist die Winkelgeschwindigkeit des Rades $\omega = \frac{v}{r}$, daher die

Winkelbeschleunigung desselben $\frac{1}{r}\frac{dv}{dt}$, die Winkelbeschleunigung des Ankers ist φ-mal so groß, also $\varphi \frac{dv}{r\,dt}$.

Es sei nun m_1 die Masse des Rades, ϱ_1 der Trägheitsradius desselben, also $m_1 \varrho_1^2$ das polare Trägheitsmoment des Rades. Ferner sei m_2 die Masse des Ankers, ϱ_2 der Trägheitsradius desselben, also $m_2 \varrho_2^2$ das polare Trägheitsmoment des Ankers. Dann verursacht der Anker am Motortrieb ein Widerstandsmoment

$$m_2 \varrho_2^2 \cdot \varphi \frac{dv}{r\,dt},$$

oder am Rade gemessen ein φmal größeres

$$m_2 \varrho^2_2 \cdot \varphi^2 \frac{dv}{r\,dt}.$$

Ähnlich verursacht das Rad ein am Rade gemessenes Widerstandsmoment

$$m_1 \varrho_1^2 \frac{dv}{r\,dt}.$$

Sind x Räder (vom gleichen Radius) und y Anker vorhanden, so verursachen diese ein Gesamtwiderstandsmoment von:

$$x m_1 \varrho_1^2 \frac{dv}{r\,dt} + y m_2 \varrho_2^2 \varphi^2 \frac{dv}{r\,dt}$$

oder einen Widerstand (wenn man durch den Laufradhalbmesser dividiert)

$$x m_1 \left(\frac{\varrho_1}{r}\right)^2 \frac{dv}{dt} + y m_2 \left(\varphi \frac{\varrho_2}{r}\right)^2 \frac{dv}{dt} = \left[x m_1 \left(\frac{\varrho_1}{r}\right)^2 + y m_2 \left(\varphi \frac{\varrho_2}{r}\right)^2\right] \frac{dv}{dt} = P'.$$

$\frac{\varrho_1}{r}$, $\varphi \frac{\varrho_2}{r}$, x u. y sind Verhältnisse und Zahlen, denen keine Dimension zukommt. Der Ausdruck in eckiger Klammer stellt daher seiner physikalischen Bedeutung nach eine Masse vor, die wir m nennen wollen. Es ist also

$$\left[x m_1 \left(\frac{\varrho_1}{r}\right)^2 + y m_2 \left(\varphi \frac{\varrho_2}{r}\right)^2\right] = m$$

und

$$P' = m \frac{dv}{dt}.$$

Dies ist der zusätzliche Widerstand oder die zusätzlich aufzuwendende Kraft, welche infolge der rotierenden Teile des Wagens auftritt bezw. aufgewendet werden muß.

Der gesamte Beschleunigungswiderstand oder die gesamte für die Beschleunigung aufzuwendende Kraft ist also, wenn wir die dem reinen Gewicht des Wagens entsprechende Masse mit M' bezeichnen

$$(M' + m)\frac{dv}{dt} = M\frac{dv}{dt}$$

oder

$$M = M' + m.$$

In unseren voranstehenden Ausführungen haben wir also unter M nicht die dem Wagengewicht entsprechende Masse zu verstehen, sondern diese vermehrt um eine Masse

$$m = x m_1 \left(\frac{\varrho_1}{r}\right)^2 + y m_2 \left(\varphi \frac{\varrho_2}{r}\right)^2.$$

Der Einfluß der rotierenden Teile des Wagens ist nicht zu vernachlässigen. Die Masse m stellt nämlich 10 bis 25 $^0/_0$ der Masse M' vor, je nach dem Gewicht und der Bauart der in Betracht kommenden Räder und Anker.

Der Trägheitsradius eines Rades kann zu 0,77 des Laufradhalbmessers angenommen werden, der Trägheitsradius des Ankers etwa zu 0,6 bis 0,7 des Ankerdurchmessers bei durchaus aus Blechscheiben aufgebauten Ankern. Bei Ringankern und größeren Ankern

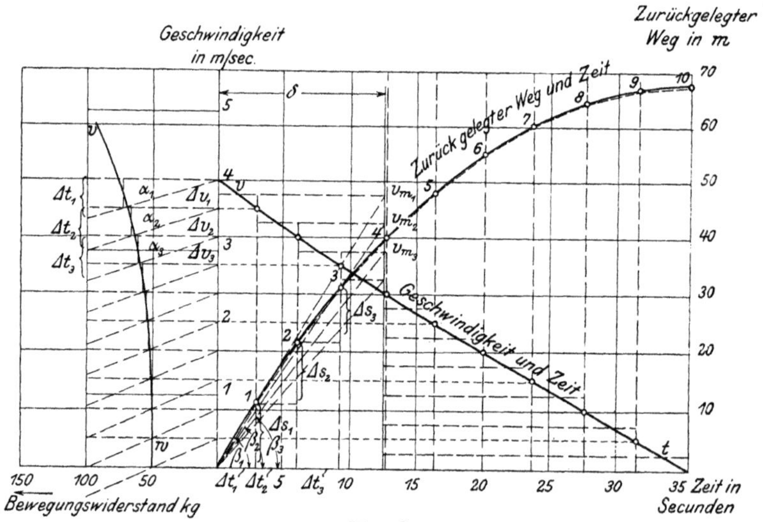

Fig. 3.

überhaupt ist man auf eine annähernde Berechnung bezw. Versuche angewiesen.

In Fig. 3 ist nach der soeben besprochenen graphischen Methode die Beziehung zwischen Geschwindigkeit und Zeit beim Auslaufen des Wagens, d. h. bei gegebener Anfangsgeschwindigkeit v und $Z = 0$ entwickelt. Ist w der Bahnwiderstand, M die Masse mit Berücksichtigung der rotierenden Teile, v die Geschwindigkeit, also $\frac{dv}{dt}$ die Verzögerung, die der Wagen erfährt, so gilt offenbar die Gleichung

$$w = M \frac{dv}{dt}$$

oder

$$dt = M \frac{dv}{w}.$$

Der Bahnwiderstand läßt sich nun darstellen in der Form $w_1 + k_1 v^2$, wobei $k_1 = \zeta_l F$ eine Konstante vorstellt. Man hat nun

$$dt = M \frac{dv}{w_1 + k_1 v^2}$$

oder

$$t = \frac{M}{\sqrt{w_1 k_1}} \operatorname{arc\,tg} \left(\sqrt{\frac{w_1}{k_1}} \cdot v \right).$$

Vernachlässigt man den Luftwiderstand, dann ist

$$t = \frac{M}{w_1} v.$$

Graphisch ergibt sich das Verfahren nach Fig. 3, da die Zugkraft Null ist, stellt die Kurve wv, die sonst den Bewegungswiderstand vorstellt, nun auch die verzögernde Kraft, oder wenn ihre Abscissen im Maßstabe $\frac{1}{M}$ gemessen werden, direkt die auftretende Verzögerung für jeden Wert der Geschwindigkeit dar. Teilt man wieder die Ordinate, die der Geschwindigkeit v entspricht, in n gleiche Teile Δv, zeichnet eine Parallele in Abstand d Längen einheiten, bestimmt den Mittelwert jeder Verzögerung für Δv, kon struiert wie in Fig. 2 die Winkel α, so erhält man wie früher die Werte Δt, die nach rechts auf der Abscissenachse aufgetragen mit der jeweilig zugeordneten Geschwindigkeit eine Kurve vt ergeben, welche die Abhängigkeit der Geschwindigkeit von der Zeit darstellt. Trägt man für die gefundenen Werte Δt auch die entsprechenden Werte der Verzögerung ein, so kann man auch diese abhängig von der Zeit darstellen.

Es sei noch erwähnt, daß der Bewegungswiderstand, der in Kurve wv der Fig. 3 zum Ausdruck kommt, größer ist, als der Bewegungswiderstand, den wir bisher ermittelt haben. Es kommt nämlich hier zu den bereits besprochenen Widerständen ein weiterer dadurch hinzu, daß nun die lebendige Kraft des Wagens auch den Leerlaufreibungswiderstand des Motorankers zu überwinden hat. Bei eingeschalteten Motoren kommt dieser Reibungswiderstand des Motorankers bereits im Wirkungsgrade zum Ausdruck, d. h. die für den Motor angegebene Zugkraft ist bereits vermindert um diejenige Kraft, welche zur Überwindung der Lagerreibung des Motorankers nötig ist.

Von besonderem Interesse ist für das Auslaufen des Motorwagens die Bestimmung des zurückgelegten Weges und seine Abhängigkeit von der Zeit. Um diesen zurückgelegten Weg für jeden Zeitmoment zu finden, benutzen wir die Kurve vt, welche die Geschwindigkeit abhängig von der Zeit darstellt. Ist nun der zurückgelegte Weg s, dann ist $\frac{ds}{dt} = v$, oder wenn wir statt ds und dt Δs und Δt einführen $\frac{\Delta s}{\Delta t} = v$; setzt man $\frac{\Delta s}{\Delta t} = \operatorname{tg} \beta'$, so $\operatorname{tg} \beta' = v$, und da v bekannt ist, ist auch β' bekannt, Δs ist dann $= \Delta t \cdot \operatorname{tg} \beta'$. Um β' für jedes Zeitteilchen zu kennen, genügt es, eine Parallele zur Ordinatenachse im Abstande einer Längeneinheit zu errichten, auf dieser den Mittelwert der Geschwindigkeit v_m für das betreffende Zeitteilchen Δt (Fig. 4) aufzutragen und den erhaltenen Punkt v_m' mit dem Ursprung zu verbinden.

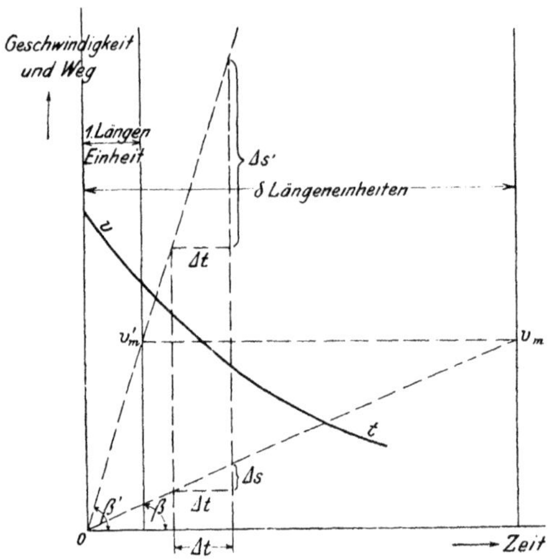

Fig. 4.

Zeichnet man aber der bequemeren Konstruktion wegen die Parallele in einem Abstande δ Längeneinheiten statt im Abstande 1 Längeneinheit, so erhält man einen Winkel β, der mit β' durch die Beziehung $\operatorname{tg} \beta = \frac{1}{\delta} \operatorname{tg} \beta'$ zusammenhängt. Man kann also bequemer die Werte von Δs auch mit Hilfe von $\operatorname{tg} \beta$ bestimmen, und zwar ist $\Delta s = \Delta t \cdot \delta \cdot \operatorname{tg} \beta$.

Dabei ändert sich natürlich der Maßstab. Ist c der Zeitmaßstab, b der Geschwindigkeitsmaßstab (1 L. E. = c Sekunden, 1 L. E. = b m/Sek), so ist der Maßstab von s $bc\delta$ Meter im zweiten und bc Meter im ersten Fall. Wünscht man einen bestimmten Maßstab für den Weg, z. B. 1 Längeneinheit = m Meter, so ist die Entfernung $\delta = \frac{m}{bc}$ Längeneinheiten zu wählen.

Dies vorausgeschickt, ist die Konstruktion in Fig. 3 leicht verständlich. Es wurden für die Zeitteilchen $\varDelta t_1$, $\varDelta t_2$, $\varDelta t_3$ u. s. w. die mittleren Geschwindigkeiten v_{m_1}, v_{m_2}, v_{m_3} u. s. w. auf einer Parallelen im Abstand δ aufgetragen, die betreffenden Punkte mit dem Ursprung verbunden, wodurch man die Winkel β_1, β_2, β_3 u. s. w. erhält. Durch β_1 erhält man direkt $\varDelta s_1$. Vom Punkte 1 eine Gerade unter den Winkel β_2 gezogen, gibt $\varDelta s_2$, vom Punkte 2 eine Gerade unter den Winkel β_3, das Wegteilchen $\varDelta s_3$ u. s. w.

Die Kurve st stellt schließlich die Verbindungslinie der Punkte 1, 2, 3 u. s. w. vor und gibt die gesuchte Abhängigkeit zwischen zurückgelegtem Weg und der Zeit.

Man könnte diesen Weg natürlich auch analytisch berechnen. Es ist nämlich

$$s = \int_0^t v\,dt = -M \int_{v_1}^{0} \frac{v\,dv}{w_1 + k_1 v^2},$$

da $dt = -M \frac{dv}{w_1 + k_1 v^2}$. Integriert man zwischen den Grenzen $v = v_1$ und $v = 0$, so ist

$$s = \frac{M}{2k_1} \log\text{nat} \frac{w_1 + k_1 v_1^{\,2}}{w_1}.$$

Vernachlässigt man den Luftwiderstand, so ist $s = \frac{v_1}{2}\,t = \frac{M v_1^{\,2}}{2 w_1}$. v_1 ist dabei die Anfangsgeschwindigkeit des Wagens.

Vollzieht sich das Auslaufen des Wagens nicht bloß unter Entgegenstellung seines Eigenwiderstandes, sondern wird irgend eine Bremskraft aufgewendet, so wird sich der Vorgang genau ebenso behandeln lassen, nur daß wir jetzt als Kurve der Verzögerung die Summe aus Bewegungswiderstand und Bremskraft setzen, wenn diese letztere, wie dies immer der Fall ist, gleichfalls abhängig von der Geschwindigkeit, gegeben ist.

Analytisch läßt sich Bremszeit und Bremsweg nur unter der Annahme bequem berechnen, daß die Bremskraft annähernd konstant ist, ein Fall, der uns nicht weiter interessiert. Die graphische

Behandlung ist indes auf jede beliebige veränderliche Bremskraft anwendbar. Beispiele, die dem praktischen Betrieb entsprechen, geben wir im III. Teil bei Erörterung der Kurzschlußbremse.

Die Adhäsion. Wenn an der Laufachse eines selbsttreibenden Rades ein der Zugkraft entsprechendes Drehmoment wirksam sein, d. h. eine Drehung des Rades um seinen Unterstützungspunkt bewirken soll, so setzt dies voraus, daß die gleichgroße Kraft Z, die am Radumfang in diesem Unterstützungspunkt als Reaktion auftritt, nicht größer ist als der Widerstand der gleitenden Reibung des Rades auf den Schienen.

Wäre diese Kraft am Radumfange größer als die Reibung, so würde sie diese überwinden, das Rad würde gleiten, d. h. es würde ohne von der Stelle zu kommen, rotieren. Diese Erscheinung, das „Schleudern“ der Räder kann man bei schmutziger und schlüpfriger Beschaffenheit der Schienen bei Motorwagen nicht selten im Augenblick des Anfahrens beobachten. Das Widerstandsmoment der gleitenden Reibung der Räder, d. h. dasjenige Moment, welches notwendig ist, um die Räder zum Rotieren auf der Stelle zu bringen, ist $D_f = f \cdot G_a r$, wenn G_a das auf den angetriebenen Achsen lastende Wagengewicht und f den Koeffizienten der gleitenden Reibung zwischen Radreifen und Schiene bedeutet. Dieser Koeffizient ist indessen keine Konstante, sondern hängt ganz wesentlich von der relativen Geschwindigkeit zwischen Rad und Schiene ab.

Nach Versuchen von Poirée[1]) mit eisernen Radreifen auf eisernen Schienen ist bei einer Geschwindigkeit

von km/Stunde	f
16,56	0,209
26,28	0,206
31,68	0,171
51,48	0,145
72,00	0,136
79,2	0,112

Nach Galton[2]) ist bei stählernen Reifen auf Stahlschienen

beim Beginn der Bewegung	0,242
11,16	0,088
54,72	0,065
96,48	0,027

Man nennt nun den Widerstand, welcher sich dem „ins Gleiten kommen“ der angetriebenen Räder entgegenstellt, die Adhäsion des

[1]) Annales des Mines, 5. Serie. Band XIII. 1858.

[2]) Proc. Inst. Mech. Eng. Juni und Oktober 1878.

Wagens. Da in diesem Augenblick Rad und Schiene relativ in Ruhe gegeneinander sind, entspricht er offenbar dem Werte von f für „den Beginn der Bewegung", also nach der Galtonschen Tabelle 0,242.

Wir wollen diesem speziellen Koeffizienten die Bezeichnung a, Adhäsionskoeffizient, geben. Für einen 8 Tonnen-Wagen ist bei Benutzung des obigen Wertes von a die Adhäsion $8 \times 0{,}242 =$ 1,936 Tonnen oder 1936 kg. Indessen ist der Wert von a durchaus nicht konstant, sondern im hohen Maße von der Oberflächenbeschaffenheit der Schienen abhängig. Bei trockenen, sauberen Schienen ist a etwa 0,25, bei sauberen, aber nassen Schienen $a = 0{,}14$, bei nassen und schmutzigen Schienen $a = 0{,}05$ bis 0,1. Durch Streuen von Sand zwischen Schiene und Rad kann a erhöht werden, jedoch beträgt diese Erhöhung bei den primitiven Sandstreuvorrichtungen nicht viel, a wird etwa 0,15. Mit pneumatischen Sandstreuern, welche ausgiebig Sand direkt zwischen Schiene und Rad blasen, kann a bis 0,3 und sogar bis 0,6 erhöht werden.

Sind sämtliche Achsen des Wagens angetrieben, so ist das Wagengewicht zugleich das Adhäsionsgewicht. Eine ungleiche Verteilung des Gewichtes auf die Achsen, z. B. durch die Passagiere, bringt auch eine ungleiche Adhäsion der Räder hervor und kann unter Umständen zu Störungen Veranlassung geben (vergl. III. Teil unter Serien-Parallelschaltung).

Ist nur ein Teil der Wagenachsen angetrieben, so bestimmt sich das Adhäsionsgewicht in jedem Falle kleiner als das Wagengewicht und zwar je nach der Gewichtsverteilung auf die Achsen. Ist z. B. bei einem zweiachsigen Wagen nur eine Achse angetrieben, so dürfte das Adhäsionsgewicht nahezu die Hälfte des Gesamtgewichtes sein, selten genau die Hälfte. Denn bei den üblichen Ausführungen ruht ein Teil des Motorgewichtes direkt auf der angetriebenen Achse, während der andere am Untergestell aufgehängte Teil sich zwar auf beide Achsen verteilt, in der Regel jedoch auch mehr auf der angetriebenen als auf der freilaufenden Achse ruhen wird, weil der Aufhängungspunkt im allgemeinen der ersteren näher liegen dürfte. Das Adhäsionsgewicht wird also um etwas mehr als das halbe Motorgewicht größer sein, als die Hälfte des Wagengewichtes.

Ähnliches gilt von vierachsigen Motorwagen, die nur mit zwei Motoren ausgerüstet sind. Auch hier wird nur um weniges mehr als das halbe Wagengewicht für die Adhäsion in Anrechnung gebracht werden können. Das ist ein empfindlicher Nachteil des vierachsigen Materials, den man dadurch auszugleichen suchte, daß man den Drehzapfen statt in die Mitte zwischen die Auflagerungspunkte des Drehgestells mehr nach der angetriebenen Achse hin verschob, wodurch natürlich ein größerer Teil des Gewichts, nämlich $\frac{m}{m+n} G$ (Fig. 5) auf diese zu ruhen kommt. (Maximum Traction Truck.) Man kann indes mit der Entlastung des einen Räderpaares nicht zu weit gehen, weil sonst leicht ein Ausspringen desselben aus dem Gleise stattfindet, zumal der Motor ein Kippmoment namentlich beim Anfahren ausübt, durch welches in der einen Fahrtrichtung dieses Räderpaar noch weiter entlastet wird.

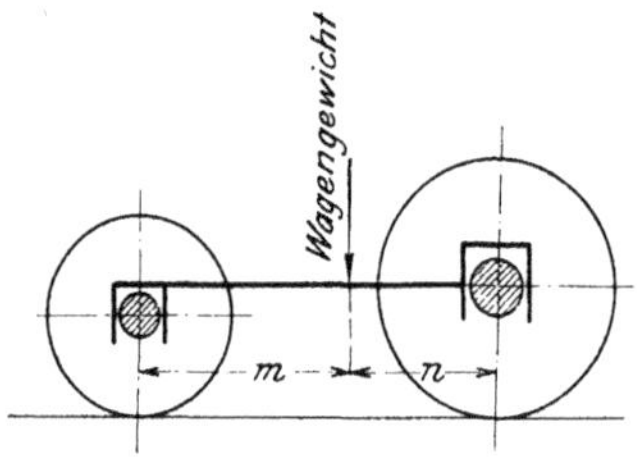

Fig. 5.

Wenn nun die Reaktion am Radumfang, die bei der Bewegung auftritt, niemals größer sein soll, als die Adhäsion, so sieht man ohne weiteres ein, daß durch die Adhäsion, die maximal ausübbare Zugkraft und, insofern ein Gleiten der Räder vermieden werden soll, auch die maximale an der Wagenachse auszuübende Bremskraft begrenzt ist.

Durch die maximale Zugkraft ist dann andererseits die maximale Steigung gegeben, die überhaupt noch mit Adhäsion befahrbar ist, sowie die maximal mögliche Beschleunigung.

Ist z. B. das Gesamtgewicht zugleich Adhäsionsgewicht (G in t) der Adhäsionskoeffizient a, der Traktionskoeffizient ζ in kg pro Tonne und s_a die maximale noch befahrbare Steigung, so gibt:

$$\text{Bewegungswiderstand} \lesseqgtr \text{Adhäsion}$$

$$G(\zeta + s_a) \lesseqgtr 1000\ G \cdot a \quad \text{oder} \quad s_a = 1000\,a - \zeta$$

$$\text{für } a = 0{,}1 \quad \zeta = 12 \text{ ist also } s = 88\,^0/_{00}$$

$$\text{„} \quad a = 0{,}25 \quad \zeta = 12 \quad \text{„} \quad \text{„} \quad s_a = 238\,^0/_{00}.$$

In der Praxis befährt man noch Steigungen bis etwa 110 und 120 $^0/_{00}$ mit Adhäsion.

Nennen wir nun die maximale Beschleunigung beim Anfahren γ_a (m/Sek.) und bestimmen diese in horizontaler Strecke. Den Widerstand der rotierenden Teile wollen wir dabei mit 15 $^0/_0$ Vergrößerung der Masse in Rücksicht ziehen. Dann ist wieder:

$$\text{Bewegungswiderstand} \lesseqgtr \text{Adhäsion}.$$

Der Bewegungswiderstand einschließlich des Luftwiderstandes ist durch $G\zeta$ gegeben. Zu diesem kommt der Widerstand infolge der Beschleunigung, welcher $= M\gamma_a$ ist oder $(M' + m)\gamma_a = 1{,}15\, M'\gamma_a$

$= 1{,}15 \frac{G}{g} \gamma_a$, wenn G in kg ausgedrückt ist, oder $\frac{1150\, G}{g} \gamma_a$, wenn G in Tonnen eingeführt wird. Wir erhalten also folgende Gleichung:

$$G\left(\zeta + \frac{1150\, \gamma_a}{9{,}81}\right) \overline{\gtrless}\; a \cdot 1000\, G$$

oder $$\gamma_a = 0{,}00850\,(1000\, a - \zeta)$$

für $a = 0{,}1$ $\zeta = 12$ wird $\gamma_a = 0{,}75$ m/Sek.

für $a = 0{,}25$ $\zeta = 12$ wird $\gamma_a = 2{,}02$ m.

In einer Steigung von $10\,^0/_{00}$ $(= s)$ wird dagegen

$$G\left(\zeta + s + \frac{1150\, \gamma_a}{9{,}81}\right) \overline{\gtrless}\; 1000\, a\, G$$

für $a = 0{,}1$ $\zeta = 12$ $\gamma_a = 0{,}66$ m

für $a = 0{,}25$ $\zeta = 12$ $\gamma_a = 1{,}94$ m.

Auf der maximalen Steigung ist natürlich ein „Anfahren", d. h. eine Beschleunigung überhaupt nicht möglich.

Bedeutend ungünstiger gestalten sich die Verhältnisse, wenn das Adhäsionsgewicht nur einen Bruchteil des Gesamtgewichts vorstellt. Ist G_a das Adhäsionsgewicht, die übrigen Bezeichnungen wie früher, nur daß G jetzt das gesamte zu bewegende Gewicht vorstellt, also Motorwagen- und Anhängergewicht und p_m der Aufschlag in $^0/_0$, welcher für die rotierenden Teile des Motorwagens auf das Gesamtgewicht G des Zuges gemacht werden muß, so ist der Bewegungswiderstand in kg

$$= G\left(\zeta + s + \frac{(1000 + 10\, p_m)\gamma}{9{,}81}\right)$$

und die Adhäsion in kg

$$= 1000\, G_a\, a.$$

Setzen wir ferner $\frac{1000 + 10\, p_m}{9{,}81} = \varkappa$, so ist die allgemeine Bedingungsgleichung:

$$s + \varkappa \gamma = 1000\, a \frac{G_a}{G} - \zeta.$$

Die maximale Steigung s_a ist möglich, wenn γ Null wird, also:

$$s_a = 1000\, a \frac{G_a}{G} - \zeta,$$

γ_a dagegen tritt ein für $s < o$. In der Horizontalen ($s = 0$) ist

$$\gamma_a \overline{\leq} \frac{1000\,a}{\varkappa}\,\frac{G_a}{G} - \frac{\zeta}{\varkappa}.$$

Nehmen wir z. B. einen Motorwagen von 8 t Gewicht an, der zwei Beiwagen von je 5 t ziehen soll, bei einem Adhäsionsgewicht von 4,5 t. ζ sei 12, $a = 0{,}1$, $p_m = 15\,^0/_0$, also $\varkappa = 117$.

Die maximale Steigung ist dann $44{,}25\,^0/_{00}$, die mögliche Beschleunigung in der Horizontalen $< 0{,}376$ m.

Der Vollständigkeit wegen sei noch erwähnt, daß die Adhäsion nicht unter allen Umständen die Grenze für die Steigung bildet, die noch befahrbar ist. Hat nämlich der Wagen in dem Augenblick, wo er in die Steigung einfährt, eine gewisse Geschwindigkeit v, so entlastet die in der Wagenmasse aufgespeicherte lebendige Kraft $\frac{Mv^2}{2}$ den Motor so weit, daß er erst allmählich mit sinkender Geschwindigkeit bis zur vollen, der Steigung entsprechenden Zugkraft beansprucht wird. Da die Geschwindigkeitsänderung sich nicht momentan vollziehen kann, kann der Fall eintreten, daß die Steigung in dem Augenblicke, wo die Zugkraft über die Adhäsion steigen würde, bereits überwunden ist. Zur Erläuterung diene das graphische Verfahren in Fig. 6. Ähnlich wie in Fig. 1 u. ff. ist die Zugkraft als Abscisse nach links aufgetragen und die zugehörigen Geschwindigkeiten als Ordinaten, woraus sich die Kurve Zv ergibt. Die Gerade wv stellt den Bewegungswiderstand in irgend einer Steigung vor, die mit Adhäsion nicht mehr befahrbar wäre, die Gerade aa die Grenze der Adhäsion. Bei dem Eintritt in die Steigung habe der Wagen die Geschwindigkeit v_o. Dieser Geschwindigkeit entspricht, wie aus der Kurve Zv ersichtlich, die Zugkraft Z_o, der Bahnwiderstand ist R_o und größer als die Zugkraft. Die Folge hiervon ist eine Geschwindigkeitsverzögerung, da diese, wie wir früher sahen, gleichsam wie eine treibende Kraft (nämlich als negativer Widerstand) wirkt. Diese Triebkraft infolge der Verzögerung vermehrt um die vom Motor abgegebene Zugkraft muß dem Bewegungswiderstand gleich sein. Die Strecken zwischen der Kurve Zv und der Geraden wv im Sinne der Abscisse gemessen geben also direkt die infolge der Verzögerung frei werdende treibende Kraft oder auch diese Verzögerung selbst, wenn die Strecken im Maßstabe $\frac{1}{M}$ vom Kraftmaßstab gemessen werden. Trägt man diese Strecken von der Nullinie aus (der jeweiligen Ordinate v entsprechend) als Abscissen auf, so erhält man die Kurve der Verzögerung γv, abhängig von der Geschwindigkeit. Die Grenze der Geschwindigkeit, welche auf der Steigung überhaupt erreichbar ist, ist v_a, da bei dieser Geschwindigkeit die Zugkraft der Adhäsion gleich wird, so daß im nächsten Augenblick bei einer noch weiteren Verringerung der Geschwindigkeit ein Gleiten oder Schleudern der Räder eintreten würde. Der Weg also, der bis zu diesem Moment seit dem Eintritt in die Steigung zurückgelegt wurde, ist zugleich die maximale Länge, welche die Steigung noch haben kann, wenn wir von der geringen Länge absehen, welche der Wagen eventuell gleitend noch zurücklegt. Um nun diese maximale Länge zu finden, hat man nur in der bisher durch Fig. 1, 2 u. s. f. erläuterten Weise

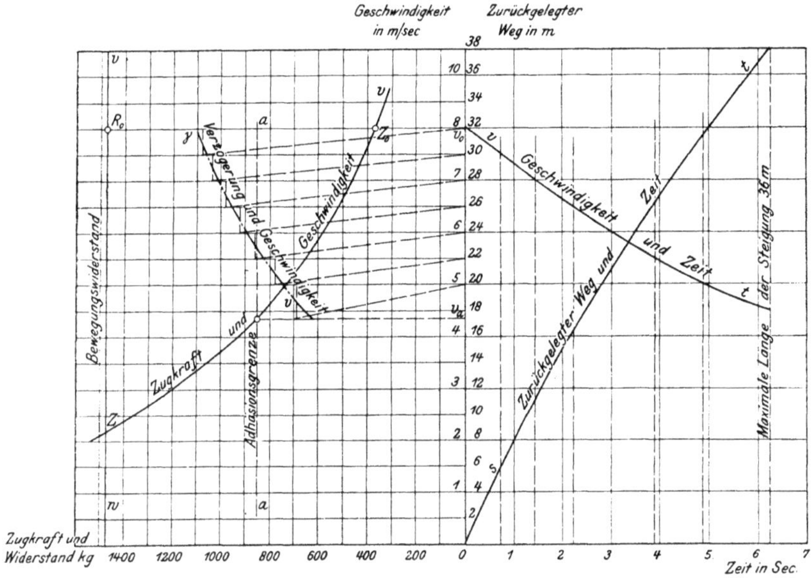

Fig. 6.

vorzugehen. Man teilt die Geschwindigkeit in beliebig viele Teile Δv, bestimmt den mittleren Wert der Verzögerung während der Zeit dieser Geschwindigkeitsänderung, zeichnet die Winkel α, welche wieder auf der im Abstand d gezogenen Parallelen die den jeweiligen Geschwindigkeitsänderungen Δv entsprechenden Zeiten Δt abschneiden. Überträgt man diese Größen Δt mit den zugehörigen Geschwindigkeiten in ein neues Koordinatensystem, das man durch die Verlängerung der Abscisse nach rechts erhält, so kann man die Kurve $v t$ zeichnen, aus welcher die Kurve $s t$ des zurückgelegten Weges ganz in derselben Weise bestimmt wird, wie in Fig. 4 im Prinzip dargelegt und in Fig. 3 durchgeführt wurde.

Fig. 6 stellt ein Beispiel vor, das sich auf einen Motorwagen von 8500 kg Gewicht bezieht, der einen Beiwagen von 5000 kg Gewicht über eine Steigung von 9,8 ‰ ziehen soll. Die in Betracht kommende Masse ($M' + m = M$) wurde zu 1500 kg angenommen, die Adhäsion zu 850 kg. Der Bewegungswiderstand ist der Einfachheit halber konstant vorausgesetzt und betrage 1485 kg. Die Anfangsgeschwindigkeit endlich, mit welcher der Wagen in die Steigung einfährt, ist 8 m/Sek.

Man sieht, daß ein derartiger Zug die Steigung überwinden wird, wenn sie nicht länger ist als 38 m.

II.

Die Wirkungsweise der Motoren im allgemeinen.

Beziehung zwischen magnetischem Feld und elektrischem Strom. Bewegt sich ein leitender Körper in einem magnetischen Felde derart, daß er die Richtung der Kraftlinien schneidet, so entsteht in ihm eine elektromotorische Kraft. Bildet dieser „induzierte" Leiter den Teil einer in sich geschlossenen leitenden Bahn, so wird die durch die Bewegung erzeugte elektromotorische Kraft einen elektrischen Strom durch diesen Leiterkreis treiben. Bezeichnet l die indizierte Länge des Leiters in cm, v die Geschwindigkeit, mit welcher der Leiter senkrecht zur Richtung der Kraftlinien bewegt wird, in cm in der Sekunde, B die Stärke des magnetischen Feldes in Kraftlinien/cm^2, e die elektromotorische Kraft in absoluten Maßeinheiten (10^{-8} Volt), so gilt:

$$e = B l v,$$

oder da Blv offenbar die Anzahl der in der Sekunde geschnittenen Kraftlinien (z) vorstellt:

$$e = z.$$

Ist der Gesamtwiderstand des Stromkreises r in absoluten Einheiten ($10^{-9}\,\Omega$), so ist der durch e erzeugte Strom in absoluten Einheiten ($= 10$ Ampère)

$$i = \frac{e}{r}.$$

Zur Ermittelung der Richtung des auftretenden Stromes bedient man sich bequem der Flemingschen Regel.[1])

[1]) Stellt man nämlich Daumen, Zeigefinger und Mittelfinger der rechten Hand so, daß die drei Finger ungefähr die Richtung der Achsen eines rechtwinkligen Raumkoordinatensystems haben, und bringt dann den Daumen in die Richtung der Bewegung (senkrecht zu den Kraftlinien), den Zeigefinger in die Richtung der Kraftlinien, so gibt der Mittelfinger die Richtung des induzierten Stromes.

Um den stromführenden Leiter mit einer Geschwindigkeit v senkrecht zu den Kraftlinien durch das magnetische Feld zu bewegen, muß eine gewisse Kraft, nämlich P Dyn aufgewendet werden, die gleich dem Produkte Bil ist. Dadurch also, daß man die mechanische Leistung Pv aufwendet, wird eine elektrische ei erzeugt. Die erstere ist $Pv = Bilv$ Erg, die letztere $ei = Bilv$ Erg, d. h. die aufgewendete mechanische Energie wird in elektrischer Form wieder gewonnen.

Der soeben entwickelte Vorgang stellt das Prinzip der Umsetzung mechanischer Arbeit in elektrische, d. h. das Prinzip der Stromerzeugungsmaschinen vor. Die einfache Umkehrung dieses Vorganges gibt das Prinzip der elektrischen Triebmaschinen oder Motoren, worunter man Maschinen versteht, die bestimmt sind, elektrische Arbeit in mechanische umzusetzen.

Wird nämlich dem oben erwähnten, im magnetischen Felde beweglichen Leiter bei irgend einer äußeren Spannung E ein Strom i zugeführt, so wird er sich mit einer Kraft $P = iBl$ Dyn in Bewegung setzen.[1]) Diese Bewegung eines Leiters im magnetischen Felde wird aber nach dem oben Gesagten eine elektromotorische Kraft

$$e = Blv$$

zur Folge haben, die in dem Leiter entgegengesetzt der Richtung der Spannung E induziert wird. In dem geschlossenen Stromkreis sind also nun zwei elektromotorische Kräfte vorhanden, die äußere Spannung E und die entgegengesetzt gerichtete und deshalb gegenelektromotorische Kraft genannte Spannung e. Der zu stande kommende Strom wird also

$$i = \frac{E - e}{r}$$

sein. Nur im Falle der Leiter festgehalten wird (wozu eine Kraft von mehr als $Bl\frac{E}{r}$ Dyn) aufzuwenden sein würde, könnte ein Strom $i = \frac{E}{r}$ fließen.

Soll der stromdurchflossene Leiter bei seiner Bewegung etwa die Kraft P_1 abgeben, z. B. zum Heben eines Gewichtes, so wird wegen

$$P_1 = Bli$$

---

[1]) Die Richtung dieser Kraft oder Bewegung findet man, wenn man die Flemingsche Regel für die linke Hand anwendet, den Zeigefinger in die Richtung der Kraftlinien und den Mittelfinger in die Richtung des Stromes stellt. Der Daumen gibt dann die Richtung der Bewegung.

offenbar ein Strom $i = \frac{P_1}{Bl}$ nötig sein, oder der Leiter wird sich wegen $i = \frac{E - e}{r}$ und $e = Blv$ mit einer Geschwindigkeit

$$v = \frac{e}{Bl} = \frac{E - ir}{Bl} = \frac{E}{Bl} - \frac{P_1 r}{(Bl)^2}$$

bewegen.

Die abgegebene Kraft wird sich, wie leicht einzusehen, zwischen den Grenzen $P_1 = 0$ und $P_1 = Bl\frac{E}{r}$ bewegen können. Für den ersten Fall wird $i = 0$, $e = E$, und die Geschwindigkeit erreicht ihren Höchstwert $v = \frac{E}{Bl}$, für den zweiten Fall erreicht die Geschwindigkeit ihren geringsten Wert $v = 0$, ebenso wird $e = 0$, während i den Höchstwert $i = \frac{E}{r}$ besitzt.

Die aufgewendete elektrische Leistung ist stets Ei, die erzeugte mechanische Pv. Da $Pv = Bli \cdot \frac{e}{Bl} = ei$ ist, so ist das Verhältnis der gewonnenen mechanischen Leistung zur aufgewendeten elektrischen

$$\varepsilon_2 = \frac{ei}{Ei} = \frac{e}{E}.$$

ε_2 stellt also einen Wirkungsgrad vor, indes vermeidet man es, das Verhältnis $\frac{e}{E}$ so zu bezeichnen, da im allgemeinen darin nur ein Teil der Verluste der Umsetzung zum Ausdruck kommt, wie wir später bei der Besprechung der Maschinen sehen werden. Gewöhnlich nennt man ε_2 „das elektrische Güteverhältnis". Bezüglich der für ε_2 möglichen Werte befand man sich ursprünglich in einem merkwürdigen Irrtum, indem man der Meinung war, ε_2 könne nie größer als 0,5 werden.[1]) Tatsächlich ist aber für diesen Fall nur die erzeugte mechanische Leistung die größte mögliche natürlich auch bei größter aufgewendeter elektrischer Leistung. Es ist nämlich dann $e = 0.5\,E$, $i = \frac{E}{2r}$, $P = Bl\frac{E}{2r}$, $v = \frac{E}{2Bl}$. Dagegen können wir schon aus den früher angeführten Spezialfällen leicht ersehen, daß ε_2 sich für den Fall maximaler Geschwindigkeit der 1 nähert, während es für maximalen Strom gleich Null wird.

[1]) Siehe z. B. Sylvanus Thompson, The dynamo electric machinery. Cap. XX, 1897.

Grundformeln für Motoren. Wir gehen nun, auf diesen allgemeinen Grundsätzen fußend, zur Betrachtung der Gleichstrommotoren über, wie sie speziell für die Zwecke des Bahnbetriebs in Verwendung stehen.

Die prinzipielle Bauart dieser Maschinen, nämlich die Anordnung eines mit isolierten Drähten bewickelten und mit Kommutator versehenen Ankers zwischen den Polen stark erregter Elektromagnete setzen wir als bekannt voraus.

Es sei nun

n die Anzahl der Umdrehungen des Ankers pro Minute,

Φ die Gesamtzahl der von einem Pol austretenden Kraftlinien,

N die Anzahl der wirksamen Ankerleiter,

$2p$ die Anzahl der Magnetpole,

$2p_1$ die Anzahl paralleler Stromkreise der Ankerwicklung,

dann ist die gegenelektromotorische Kraft e, die der Anker bei seinen Umdrehungen erzeugt,

$$1)\quad e = \frac{p}{p_1} \cdot \frac{n\Phi N}{60 \cdot 10^8} \text{ Volt.}$$

Fließt ein Strom von J_a Ampère durch den Anker (also $\frac{J_a}{2p_1}$ durch jeden Stromkreis desselben), so wird dieser ein Drehmoment M_{dt} auszuüben im stande sein. Wäre ω seine Winkelgeschwindigkeit, also $\omega = \frac{2\pi n}{60}$, so wäre die theoretisch erzeugte mechanische Leistung in mkg/Sek.

$$M_{dt}\,\omega = \frac{2\pi n M_{dt}}{60}.$$

Die entsprechend verbrauchte elektrische Leistung ist eJ_a in Watt. Ist g die Beschleunigung der Erdschwere in m/Sek., so ist bekanntlich 1 mkg/Sek. $= g$ Watt, daher:

$$\frac{2\pi n}{60} M_{dt}\, g = e\, J_a = \frac{p}{p_1} \cdot \frac{n\Phi N}{60 \cdot 10^8} J_a$$

oder:

$$M_{dt} = \frac{1}{2\pi g} \cdot \frac{p}{p_1} \cdot \frac{\Phi N}{10^8} \cdot J_a.$$

M_{dt} stellt indes nur eine theoretische Größe vor. Verschiedene Umstände, die weiter unten eingehend besprochen werden sollen, bedingen eine Reihe von Verlusten, so daß nutzbar nicht das Drehmoment M_{dt}, sondern bloß $M_d = \varepsilon_1 M_{dt}$ entnommen werden kann, wobei ε_1 stets < 1. Wir haben also

$$2)\quad M_d = \varepsilon_1 \frac{1}{2\pi g} \cdot \frac{p}{p_1} \cdot \frac{\Phi N}{10^8} \cdot J_a.$$

In dieser Formel ist das Drehmoment in mkg ausgedrückt. Für eine vierpolige Maschine mit einfacher Reihenwicklung hätten wir z. B.

$$3)\quad M_d = 0 \cdot 03245\, \varepsilon_1 \frac{\Phi N}{10^8} J_a.$$

Beachtenswert ist, daß E in dieser Formel nicht erscheint, daß also das Drehmoment von der Spannung unabhängig ist. Dies ist allerdings nur angenähert richtig, weil, wie wir später sehen werden, ε_1 von der Spannung beeinflußt wird.

Zur Bestimmung der Umdrehungszahl geht man folgendermaßen vor:

Zunächst ist, wenn R_a den Ohmschen Widerstand des Ankers in Ω bedeutet, E_a (in Volt) die an den Bürsten des Motors wirkende Spannung

$$4)\quad J_a = \frac{E_a - e}{R_a} \text{ Ampère,}$$

also:

$$5)\quad e = E_a - J_a R_a.$$

Da andererseits nach 1)

$$e = \frac{p}{p_1} \cdot \frac{n \Phi N}{60 \cdot 10^8}, \text{ so ist}$$

$$6)\quad n = \frac{p_1}{p} \cdot \frac{60 \cdot 10^8}{\Phi N} [E_a - J_a R_a].$$

Für die oben erwähnte vierpolige Maschine hätte man also:

$$7)\quad n = \frac{30 \cdot 10^8}{\Phi N} [E_a - J_a R_a].$$

Man kann übrigens die Umdrehungszahl auch abhängig vom Drehmoment ausdrücken durch

$$8)\quad n = \varepsilon_1 \frac{60}{2\pi g} \cdot \frac{E_a - J_a R_a}{M_d} \cdot J_a$$

oder

$$n = 0{,}9735\, \varepsilon_1 \frac{E_a - J_a R_a}{M_d} \cdot J_a$$

und umgekehrt das Drehmoment abhängig von der Umdrehungszahl durch

$$9)\quad M_d = 0{,}9735\, \varepsilon_1 \frac{E_a - J_a R_a}{n} \cdot J_a.$$

In Gleichung 8) und 9) sind natürlich M_d und n für einen bestimmten Motor durchaus keine Unabhängigen, sondern hängen von J_a resp. E_a nach Gleichung 2) und 7) ab.

Verluste. Die vorstehenden Gleichungen legen die allgemeinen Beziehungen zwischen den einzelnen Größen fest, und gelten für Hauptstrommotoren ebensowohl wie für Nebenschluß- und Compoundmotoren. Es erübrigt nun noch auf die Verluste einzugehen, die wir vorläufig durch Annahme von ε_1 berücksichtigt haben und die häufig und nicht gerade glücklich in ihrer Gesamtheit als „Leerlaufsverluste" bezeichnet werden. Sie sind teils mechanischer, teils elektrischer, teils magnetischer Natur. Zu den ersteren gehören die Verluste durch Reibung in den Lagern, durch Luftreibung und Reibung der Bürsten an dem Kommutator, zu den zweiten die Verluste durch Stromwärme, Wirbelströme und durch den Kommutationsvorgang, zu den dritten endlich die Hysteresisverluste, sowie die Verluste durch Ankerrückwirkung.

Mechanische Reibung. Die Verluste durch Reibung wurden früher direkt proportional der Umdrehungszahl und dem totalen Lagerdruck gesetzt. In neuerer Zeit hat indes G. Dettmar Untersuchungen veröffentlicht, die die Richtigkeit dieser älteren Anschauung zum mindesten sehr bezweifeln lassen.[1]) Nach Dettmar nimmt die Reibungsarbeit nicht proportional mit der ersten, sondern vielmehr mit der 1,5. Potenz der Umdrehungszahl zu, ist unabhängig vom Lagerdruck, insofern der spezifische Druck im Lager 30 bis 44 kg/cm² nicht überschreitet und ist wesentlich abhängig von der Lagertemperatur. Der Reibungskoeffizient, der nach früherer Anschauung konstant gesetzt wurde, wäre nach Dettmar nichts weniger als konstant, vielmehr

1. bei konstantem spezifischen Lagerdruck und konstanter Lagertemperatur der Quadratwurzel aus der Umdrehungszahl proportional;
2. bei konstanter Umdrehungszahl und Lagertemperatur dem spezifischen Lagerdruck umgekehrt proportional und daher unabhängig vom Lagerdruck, so lange der spezifische Lagerdruck 30—44 kg/cm² nicht überschreitet;
3. bei konstantem spezifischen Druck und konstanter Umdrehungszahl umgekehrt proportional der Lagertemperatur.

Diesen Gesetzen entsprechend würde die für die Reibung aufzuwendende Leistung in Watt durch eine Formel von folgender

---

[1]) G. Dettmar, Die Reibungsverluste in elektrischen Maschinen. ETZ 1. und 8. Juni 1899.

Gestalt ausgedrückt werden, konstante Lagertemperatur vorausgesetzt,

$$W_r = 0{,}000588\, r l d^2 \sqrt{d} \sqrt{n^3},$$

worin r eine vom Schmiermittel und der Lagertemperatur abhängige Konstante, l die Länge des Lagers, d den Durchmesser desselben in cm und n die Umdrehungszahl pro Minute bedeutet. Für r gibt Dettmar den Mittelwert 0,01414 an.

In dieser Formel ist die Luftreibung bereits mit einbezogen, da sie sich durch Versuche von der Lagerreibung naturgemäß nur schwer trennen läßt.[1])

Für die Bürstenreibung kann man den Reibungskoeffizienten für alle Tourenzahlen mit genügender Genauigkeit konstant voraussetzen. Der Reibungskoeffizient schwankt für Kohlenbürsten zwischen 0,2 bis 1,0.[2]) Dettmar[3]) gibt als guten Mittelwert 0,227 an, Arnold 0,2 bis 0,3. Bezüglich des Bürstendruckes sei bemerkt, daß der spezifische Druck (pro cm^2) bei Bahnmotoren zwischen 0,2 bis 0,5 kg schwankt.

Wirbelströme. Stellt man sich vor, daß der Anker irgend einer Maschine aus massivem Eisen bestände, so könnte man sich den ganzen Eisenzylinder in kleine Prismen mit quadratischem Querschnitt zerlegt denken, deren Längsachsen sämtlich parallel zu den Kupferleitern verlaufen, und deren Grundflächen die beiden Stirnflächen des Ankers bilden. Genau so wie in den Kupferdrähten elektromotorische Kräfte induziert werden, müßten dann auch in diesen Eisenprismen elektromotorische Kräfte entstehen, und zwar in den am Umfang gelegenen größere als in den gegen die Achse zu angeordneten. Da sämtliche Prismen unter sich leitend verbunden sind, so würden elektrische Ströme entstehen, deren Bahnen zu bestimmen allerdings ein ziemlich kompliziertes Problem wäre. Derartige Ströme aber nennt man Wirbelströme. Sie verzehren natürlich Energie, die sie in Wärme umsetzen, und sind deshalb doppelt schädlich, einmal als Energieverlust, dann aber auch, weil sie durch die Erwärmung, die bekanntlich die Grenze der Leistungsfähigkeit einer elektrischen Maschine zunächst bestimmt, diese Leistungsfähigkeit vermindern.

Um nun diese mißliche Erscheinung in ihrer Wirkung möglichst abzuschwächen, stellt man den Ankerkern nicht aus massivem

---

1) Siehe auch Arnold, Die Gleichstrommaschine. I. Band, Seite 492 ff. und Dettmar, ETZ 1902, Heft 34: Über einen neuen Apparat zur Untersuchung von Lagerölen und Metallen.

2) Siehe Cox und Buck, ETZ 1896, 5. Nov.

3) ETZ 1899, 8. Juni.

Eisen her, sondern aus aneinandergereihten, möglichst von einander isolierten Blechscheiben, derart, daß der ganze Ankerkern in der Richtung unterteilt ist, in welcher die induzierten Ströme verlaufen würden. Nennen wir nun i_w die Stromstärke, r_w den Widerstand, e_w die induzierte elektromotorische Kraft eines Wirbelstromkreises, dann wäre der Effektverlust $w_w = r_w i_w^2 = \frac{e_w^2}{r_w}$. e_w ist aber offenbar der Dicke des Bleches proportional, ferner der Anzahl Kraftlinien pro cm² (B) und der Anzahl Umdrehungen des Ankers; es ist also von vornherein einzusehen, daß der Wirbelstromverlust diesen Größen im Quadrat proportional sein muß.

Tatsächlich pflegt man ihn nach folgender Formel zu ermitteln:[1])

$$W_w = \sigma_w \left(\Delta \frac{pn}{6000} \cdot \frac{B_{max}}{1000}\right)^2 V,$$

wobei σ_w eine Konstante, Δ die Stärke der Bleche in cm, B_{max} die Höchstzahl der Kraftlinien pro cm² im Anker und V den Eiseninhalt in dm³ ausdrückt. σ_w hängt in hohem Maße von der elektrischen Leitfähigkeit des Eisens und von der Art der Ummagnetisierung desselben ab. Im Mittel kann σ_w etwa zu 2,5 angenommen werden.

In der Regel werden für Bahnmotoren Nutenanker verwendet. Dies bedingt im allgemeinen eine Vermehrung der Wirbelstromverluste und zwar aus folgenden Gründen:

Zunächst werden die Zähne des Ankers eine Vermehrung deswegen verursachen, weil sie aus der neutralen Zone, also nahezu unmagnetisch plötzlich unter den Polschuh eintreten und dort nahezu momentan von einem starken Kraftlinienfluß durchsetzt werden. Ebenso verschwindet dieser Kraftlinienfluß beinahe ebenso plötzlich beim Verlassen des Polschuhes. Da die Zähne eine viel höhere Sättigung aufweisen als der Ankerkern, sind die auftretenden Ströme jedenfalls nicht unbeträchtlich.

Weiter verursachen die Zähne aber auch Wirbelströme in den Polschuhen. Es tritt nämlich an denjenigen Stellen der Polfläche, die den Zähnen gegenüber stehen, eine Verdichtung der Kraftlinien ein, und diese verdichteten Kraftlinienbündel bewegen sich mit den Zähnen über die ganze Polfläche hinweg; da auf jede Verdichtung eine Verdünnung folgt, werden die Polflächen von einem Feld wechselnder Dichte geschnitten, und die Folge davon ist, daß auch in den Polflächen Wirbelströme auftreten müssen.

---

[1]) Arnold, Die Gleichstrommaschine. I. Band, S. 466.

Arnold[1]) gibt für den Wirbelstromverlust in den Zähnen die folgende Formel:

$$W_{wz} = \sigma_w k_s \left(\Delta \frac{pn}{6000} \cdot \frac{B_{z\,min}}{1000} \right)^2 V_z,$$

worin σ_w, k_s Konstante, V_z Eiseninhalt der Zähne in dm^3, $B_{z\,min}$ die maximale Induktion im Zahnkopf. σ_w ist von der Bearbeitung und Bauart des Ankers abhängig. Bei bearbeiteten Ankeroberflächen ist $\sigma_w = 10$ bis 15, wenn die Wirbelstromverluste in den Polschuhen nicht erheblich sind. Bei unbearbeiteter Oberfläche und guter Konstruktion ist $\sigma_w = 4$ bis 5, bei fehlerhafter Konstruktion $\sigma_w = 20$ bis 30.

k_s hängt von dem Verhältnisse $\frac{z_2}{z_1}$, nämlich dem Verhältnis der Breite des Zahnfußes zur Breite des Zahnkopfes ab.

Es ist

$$k_s = \frac{4 \cdot 6}{1 - \left(\frac{z_2}{z_1} \right)^2} \log \left(\frac{z_1}{z_2} \right).$$

Bezüglich der Verluste in den Polschuhen sei auf Dr. Niethammer[2]) verwiesen.

Ein weiterer Sitz für die Wirbelströme sind die Kupferleiter der Ankerwicklung selbst, ferner namentlich die Bolzen, welche die Ankerbleche zusammenhalten, besonders wenn dieselben vom Ankerkörper nicht isoliert sind, dann die seitlichen, zum Zusammenhalten der Bleche bestimmten Platten, ferner eventuell die Ankerspeichen, wenn dieselben nicht aus Bronze gefertigt sind, und schließlich auch die Kupferlamellen des Kommutators, welche sich in einem vom Bürstenstrom herrührenden magnetischen Felde bewegen.[3])

Sind schon diese Verluste rechnerisch in ihrer Gesamtheit kaum mehr zu ermitteln, so kommen noch besondere Umstände vor, die gleichfalls bewirken, daß die Wirbelstromverluste stets bedeutend höher liegen, als die errechneten Werte angeben. So ist es namentlich das Fräsen der Nuten, das eine wesentliche Vermehrung der Verluste dadurch verursacht, daß die Ränder der einzelnen Blechscheiben in leitende Verbindung gebracht werden. Wie beträchtlich diese Vermehrung ist, zeigt Arnold an den auf-

---

1) Arnold, Die Gleichstrommaschine. I. Band, S. 469.

2) ETZ 1899, Heft 4.

3) Näheres über diese Verluste siehe Fischer-Hinnen, ETZ 1899, Heft 22; Dr. Niethammer, ebenda, Heft 44; Arnold, Die Gleichstrommaschine. I. Band, S. 468 ff. und Seite 486.

genommenen Verlustkurven eines Straßenbahnmotors in den verschiedenen Abschnitten der Herstellung[1]) (Fig. 7). Die Abscissen sind die Stromstärken der Erregung, die Ordinaten die Eisenverluste (einschließlich Hysteresisverluste) in Watt. Kurve 1 wurde aufgenommen nach dem Stanzen, Kurve 2, nachdem die Nuten mittels Durchziehen gerichtet, Kurve 3, nachdem die Nuten leicht gefeilt worden waren, Kurve 4, nach dem Bewickeln des Ankers. Der Unterschied zwischen Kurve 3 und 4 stellt also den Wirbelstromverlust im Kupfer vor.

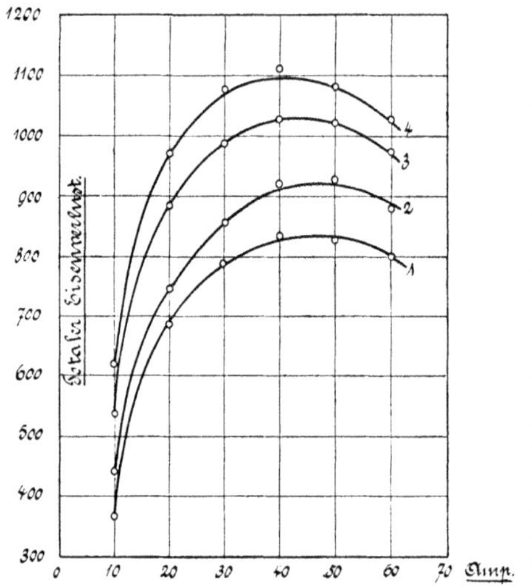

Fig. 7.

Ein weiterer Grund zur Vermehrung der Wirbelströme liegt in der Rückwirkung des Ankers. Durch dieselbe wird, wie später erörtert werden soll, die gleichmäßige Verteilung des Magnetfeldes in der Weise gestört, daß das Feld gegen diejenige Polkante zu verdichtet wird, unter welcher die Ankerleiter eintreten. Eine Folge davon ist die Erhöhung von B_{max} sowohl in dem Ankerkern als besonders auch in den Zähnen, wodurch der Wirbelstromverlust im Eisen, namentlich aber auch im Kupfer vergrößert wird.

Hysteresisverluste. Hysteresisverluste treten bekanntlich immer auf, wenn ein Eisenkörper einer wechselnden Magnetisierung ausgesetzt wird, wie dies bei Gleichstrommaschinen für den Anker der Fall ist. Nach Steinmetz kann man den durch Hysteresis verursachten Verlust mit Hilfe der Formel

$$W_h = 10^{-7} \eta \cdot \frac{p \cdot n}{60} \cdot B_a^{1,6} V$$

berechnen, wobei W_h in Watt erhalten wird. V ist der Rauminhalt des der Ummagnetisierung unterworfenen Ankerkerns in cm^3, η ein Koeffizient, der von der Blechbeschaffenheit abhängig ist und im Mittel etwa 0,003 bis 0,0033 gesetzt werden kann. Die Gültigkeit dieser Formel, obwohl bisher allgemein im Gebrauch, war mehrfach

[1]) Vergl. jedoch hierzu auch Hans Kamps, ETZ 1900, Heft 48. Zur Frage der Differenz zwischen berechnetem und gemessenem Eisenverlust.

Gegenstand der Erörterung, da sie von Steinmetz eigentlich nur für die lineare Ummagnetisierung der Wechselstromtransformatoren aufgestellt und geprüft wurde, nicht aber für die drehende Magnetisierung eines Gleichstromankers.

Dr. Niethammer untersuchte den Koeffizienten η für diesen letzteren Fall und fand, daß derselbe gerade für diejenigen Werte von B_a, die in der Praxis vorkommen, durchaus nicht konstant ist, sondern wesentlich von B_a abhängt.[1])

Fischer-Hinnen stellt eine bedeutend verwickeltere Formel auf,[2]) mit der er günstige Resultate erzielt haben will.

Andere Untersuchungen von Bailey, L. Bloch, A. Dina[3]) dagegen ergaben, daß die Hysteresisverluste bei drehender Magnetisierung nicht wesentlich von der Steinmetzschen Formel abweichen. Für die genaue Berechnung dieses Verlustes muß aber unterschieden werden zwischen den Verlusten im Ankerkern und den Verlusten in den Zähnen.

Für den Ankerkern gibt Arnold[4]) die Formel

$$W_{ha} = \sigma \left(\frac{pn}{6000}\right)\left(\frac{B_a}{1000}\right)^{1,6} V_a \text{ Watt.}$$

σ ist ein Koeffizient, der aus dem Steinmetzschen (η) nach Formel

$$\sigma = 0,9 \text{ bis } 1,1 \frac{\eta}{0,0016}$$

berechnet werden kann.

B_a ist die maximale Induktion im Eisenkern, V_a der Eiseninhalt des Ankerkerns in dm³.

Für den Hysteresisverlust in den Zähnen gibt derselbe Verfasser die Formel:

$$W_{hz} = \sigma \cdot k_4 \frac{pn}{6000}\left(\frac{B_{z\,min}}{1000}\right)^{1,6} V_z \text{ Watt.}$$

σ hat die Bedeutung wie in der vorhergehenden Formel, k_4 ist gegeben durch

$$k_4 = 5 \frac{1 - \left(\frac{z_2}{z_1}\right)^{0,4}}{1 - \left(\frac{z_2}{z_1}\right)^2}$$

---

1) ETZ 1898, Heft 41, vergl. auch Dettmar, ETZ 1900, Heft 46.

2) ETZ 1899, Heft 22.

3) ETZ 1902, Seite 41.

4) Arnold, Die Gleichstrommaschine. I. Band, S. 460.

wobei z_1 Breite des Zahnkopfes, z_2 Breite des Zahnfußes, $B_{z\,min}$ ist die maximale Induktion des Zahnkopfes und V_z der Eiseninhalt der Zähne in dm^3.

Damit sind im wesentlichen alle Verluste erwähnt, die in ε_1 zum Ausdruck kommen (also eine Verminderung des Drehmomentes bewirken). Bezüglich der weiteren Verluste sei auf die nachfolgenden Abschnitte verwiesen.

Die Gesamtheit der Verluste durch Wirbelströme und Hysteresis pflegt man auch die „Eisenverluste“ der Maschine zu nennen. Es ist nach Vorstehendem klar, daß sie immer höher sein werden, als die nach den angegebenen Formeln berechneten Werte. In der Regel sind sie mehr als das Doppelte, aber auch mehr als das Vierfache der nach Steinmetz berechneten Hysteresisverluste.

Bezüglich der Art des Verlustes kann man sich vorstellen, daß der von Wirbelströmen und Hysteresis freie Motor stets gezwungen ist, eine kleine Dynamomaschine, vom Wirkungsgrad 1, anzutreiben, die genau so viel Watt erzeugt, als den Eisenverlusten entspricht. Auf diese Weise ist ersichtlich, daß die Verluste nur auf das Drehmoment einwirken. Streng genommen sollten freilich die Wirbelströme auch eine kleine Zunahme der Umdrehungszahl bedingen, da sie stets etwas entmagnetisierend wirken müssen, indes liegen darüber keinerlei Beobachtungen vor.[1])

Ohmscher Verlust. Wie jeder auf elektrischen Strömen beruhende Vorgang, ist auch die Umsetzung elektrischer Energie in mechanische stets mit einem Ohmschen Verlust verbunden. Wir haben bei einem Motor einen solchen Ohmschen Verlust zunächst in den Kupferwindungen des Ankers, nämlich $R J_a^2$ Watt. Dadurch, daß in den Formeln $e = E - R_a J_a$ eingeführt wurde, ist bereits der Ohmsche Verlust im Anker berücksichtigt, der also wegen der gleichsam reduzierten Spannung eine Verminderung der Umdrehungszahl bewirkt, und so als ein Verlust an Umdrehungszahl aufgefaßt werden kann. Ein weiterer Ohmscher Verlust dieser Art entsteht nun in den Magnetspulen, und zwar ist dieser in Watt $W_m = R_m J_m^2$, wenn R_m den Widerstand (in Ohm), J_m den Strom der Magnetspulen (in Ampère) bezeichnet. Dieser Verlust ist nur in Rechnung zu bringen, wenn als aufgewendete Energie nicht bloß die dem Anker, sondern die ganze dem Motor zugeführte Spannung und Stromstärke in Betracht gezogen wird. Dann wirkt bei einem Hauptstrommotor der Widerstand des Feldes auf Herabminderung der Spannung, d. h. Verminderung der Umdrehungszahl, während bei einem Nebenschluß-

[1]) Außer Sylvanus Thompson, The dynamo electric maschinery. Chap. IV. 1897.

motor durch den Feldstrom gleichsam eine Verminderung des nützlichen Stromes entsteht, die sich als eine Verminderung des Drehmomentes auffassen läßt.

Ankerrückwirkung. Die nachfolgenden Betrachtungen seien auf eine zweipolige Maschine bezogen. In Fig. 8 ist das magnetische Feld eines solchen Motors bei stromlosem Anker gezeichnet, in Fig. 9 das magnetische Feld des Ankers bei stromlosen Magneten und endlich in Fig. 10 das aus beiden resultierende Feld der im Betrieb

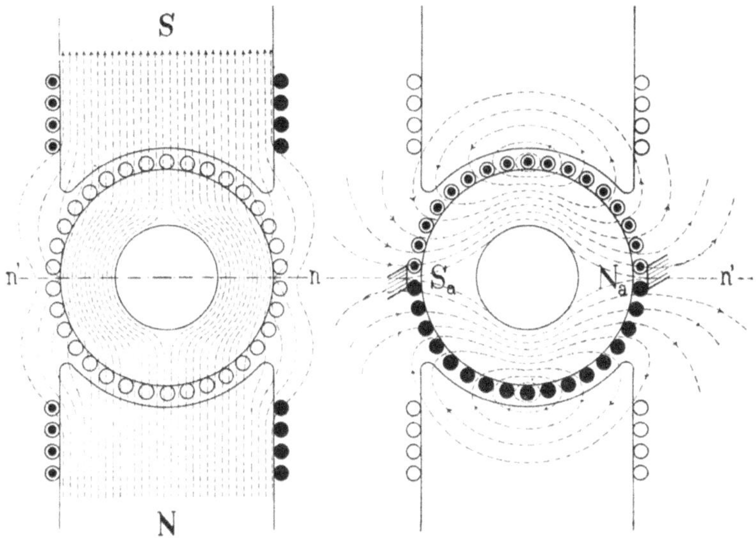

Fig. 8. Fig. 9.

befindlichen Maschine. Der Einfluß des Ankers macht sich in einer Verdrehung des Magnetfeldes entgegengesetzt der Drehrichtung bemerklich. Um diesen Einfluß etwas klarer darzustellen, bedienen wir uns der Fig. 11. N sei der Nordpol eines Motors, A die von den Drahtwindungen $s\,s$ bedeckte Hälfte des Ankers zwischen den beiden neutralen Zonen n und n'. Es seien a Ampèrewindungen pro cm Ankerumfang vorhanden. In der Entfernung x von der magnetischen Achse wirken dann $2ax$ Ampèrewindungen verstärkend oder schwächend je nach dem Vorzeichen von x. Für Motoren liegt die positive Richtung von x stets dem Sinne der Ankerbewegung entgegengesetzt.

In der Entfernung x wirken nämlich nach aufwärts, also negativ, $\left(c+\frac{b}{2}-x\right)a$ Ampèrewindungen, nach abwärts (positiv) $\left(c+\frac{b}{2}+x\right)a$,

d. h. im ganzen:

$$\left(c+\frac{b}{2}-x\right)a-\left(c+\frac{b}{2}+x\right)a=2ax \text{ Ampèrewindungen.}$$

Vernachlässigt man den Widerstand, den die Kraftlinien im Eisen finden, so entspräche diesen Ampèrewindungen eine Kraftliniendichte von $\frac{4\pi}{10}2ax\frac{1}{2\delta}$, wobei δ den Luftzwischenraum in cm bedeutet.

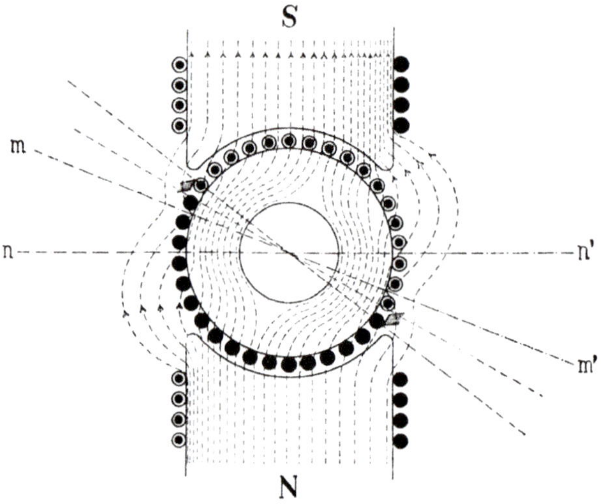

Fig. 10.

Die für x von $+\frac{b}{2}$ bis $-\frac{b}{2}$ gefundenen Werte des Ankerfeldes lassen sich nun in Kurvenform nach Fig. 12 darstellen (Kurve B_a). Zeichnet man durch Kurve B_m die Stärke des Magnetfeldes bei stromlosem Anker, so gibt die algebraische Summe der Ordinaten beider Kurven eine neue Kurve B, welche die wirkliche Verteilung des Feldes für die im Betriebe stehende Maschine vorstellt. Man bemerkt zunächst, daß eine Verdichtung der Kraftlinien an denjenigen Polecken stattfindet, die der Ankerbewegung entgegengesetzt gerichtet, sind, gleichzeitig aber, daß eine Verschiebung der neutralen Zone von n nach n_1, also der Ankerbewegung entgegengesetzt gerichtet ein-

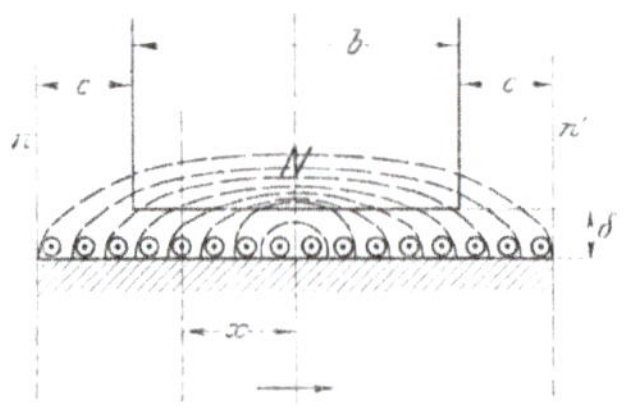

Fig. 11.

tritt. Aus der vorstehenden Betrachtung läßt sich indes auf eine Verminderung der totalen Kraftlinienanzahl nicht schließen, da die Fläche der Kurve B_a im algebraischen Sinne offenbar 0 ist. In Wirklichkeit wird eine solche Verminderung gleichwohl festzustellen sein. Denn die von den Ankerkraftlinien durchsetzten Teile der Polschuhe erfahren zum Teil eine Verdichtung der Kraftlinien, womit eine Vergrößerung ihres magnetischen Widerstandes verbunden ist. Dies gilt aber ganz besonders von den Zähnen eines Nutenankers, die ohnehin schon in der Regel nahe zur Sättigung durchsetzt sind. Indes ist die aus diesen Gründen sich ergebende Verminderung der Kraftlinienzahl, die eine Verringerung des Drehmomentes und eine Vergrößerung der Umdrehungszahl zur Folge hätte, unbedeutend, so daß wir sie für unsere Zwecke vernachlässigen können.

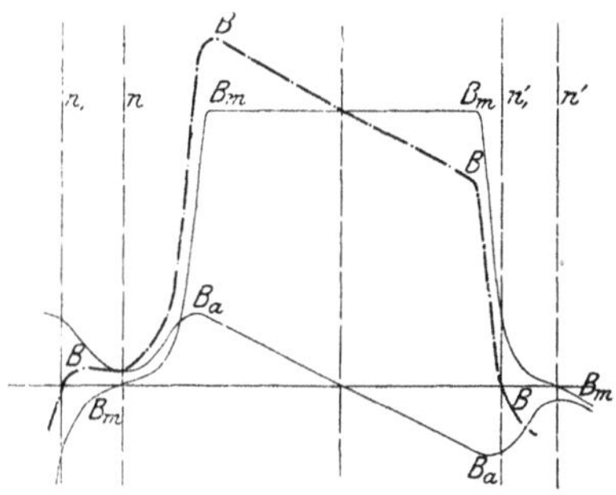

Fig. 12.

Wichtiger ist die Verschiebung der neutralen Zone durch die Rückwirkung des Ankers, weil von dieser Verschiebung wesentlich der funkenlose Gang der Maschinen abhängt. Bei stationären Motoren oder Stromerzeugern pflegt man bekanntlich dieser Verschiebung dadurch Rechnung zu tragen, daß man die Stromzuführungs- bezw. Abnahmebürsten verstellbar einrichtet, so daß man der Verschiebung des Feldes der Belastung entsprechend leicht folgen kann. Dies Auskunftsmittel ist indes bei Bahnmotoren nicht recht angängig, da der Motor in beiden Drehrichtungen und mit stets wechselnder Belastung arbeitet. Bei Bahnmotoren stehen also die Bürsten stets in der Zone nn'.[1])

Funkung am Kommutator. Es fragt sich nun, wieso die Verschiebung des Feldes Einfluß auf das Feuern der Bürsten nehmen kann. Die Untersuchungen hierüber sind von um so größerer Wichtigkeit, als diese mißliche Erscheinung, wenn sie einen gewissen Grad erreicht hat, eine Zerstörung des ganzen Kommutators und damit eine schwere Beschädigung der Maschine zur Folge haben kann, deren Behebung in der Regel ebenso kostspielig wie zeitraubend ist. Leider sind die Ursachen dieser Erscheinung außerordentlich

[1]) Infolgedessen beschränkt sich auch die Ankerrückwirkung auf die sogenannte Quermagnetisierung, während die „Entmagnetisierende Wirkung“, welche bei stationären Stromerzeugern und Motoren auftritt, nicht in Betracht kommt.

verwickelter Natur, so daß wir uns darauf beschränken müssen, nur das Grundlegende und unserem Fall Angepaßte in Betracht zu ziehen.

Die Anschauungen über die Ursache der Funkung haben sich in neuerer Zeit insofern vertieft, als man die ältere Auffassung, daß eine Unterbrechung des Kurzschlußstromes dazu nötig sei, fallen ließ und dafür den Stromdichten Aufmerksamkeit schenkte, die an den Bürstenauflageflächen in den verschiedenen Zeitmomenten des Kurzschlusses auftreten. Sobald diese über einen gewissen Betrag anwachsen, ist ein Erglühen der Bürstenteilchen, ein Abschmelzen der Berührungsflächen und weiter die Bildung eines Lichtbogens, d. h. das Feuern selbst die nächste Folge.

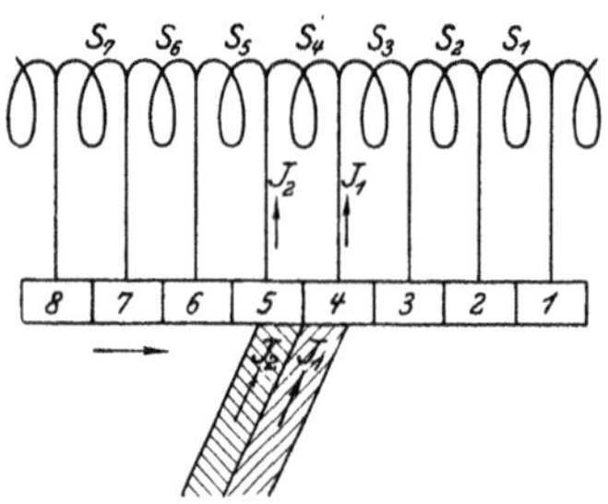

Fig. 13.

Um nun die Stromdichte unter den Bürsten für jeden Augenblick feststellen zu können, muß man den Verlauf des Kurzschlußstromes kennen, dessen Vorherberechnung auf folgender Betrachtung beruht. In Fig. 13 bedeute S_1 bis S_7 eine Reihe Ankerspulen, 1 bis 8 die zugehörigen Kommutatorlamellen, B die Stromzuführungsbürste, die in diesem Augenblick eben einen Kurzschluß zwischen Lamelle 4 und 5 herstellt. Einen Augenblick vorher lag offenbar die Bürste B nur der Lamelle 4 an, und der ganze Ankerstrom teilte sich demgemäß von dieser Lamelle ab derart, daß $\frac{J}{2}$ (zwei parallele Stromkreise vorausgesetzt) durch S_3 S_2 S_1 . . . . nach rechts und die zweite Hälfte $\frac{J}{2}$ durch S_4 S_5 . . . . nach links floß. Ist dagegen der Kurzschluß zwischen 4 und 5 vorüber, so liegt die Bürste nur an Lamelle 5, und es wird jetzt Spule S_4 von dem Strom $\frac{J}{2}$ in der entgegengesetzten Richtung (nämlich nach rechts) durchflossen als noch kurz vorher. Es vollzieht sich also in S_4 während des Kurzschlusses ein Stromrichtungswechsel. Eine derartige Änderung und Umkehrung des Stromes ist aber stets von der Erscheinung der Selbstinduktion begleitet, die, wenn wir den in der Spule S_4 in jedem Zeitmoment verlaufenden Strom i nennen, offenbar eine EMK $-L\frac{di}{dt}$ verursachen wird. Da der Einfluß dieser EMK im Interesse einer raschen Umkehrung des Stromes möglichst vermindert werden muß, werden bei stationären Motoren die Bürsten derartig verschoben, daß die Spule S_4 sich nicht in der neutralen Zone bewegt, sondern in demjenigen Magnetfelde, das eine der Selbstinduktion entgegengesetzte EMK E_t in ihr induziert. Eine einfache Überlegung zeigt, daß bei einem Motor zu diesem Zwecke die Bürsten entgegengesetzt dem Sinne der Ankerdrehrichtung verschoben werden müssen. E_t ist natürlich während des Kurzschlusses nicht konstant, sondern kann bei einem Motor etwa $E_t = E - Ht$ gesetzt werden, worin E und H Konstante und t die Zeit. Da $-L\frac{di}{dt}$ entgegengesetzt zu E_t wirkt, so ist die Summe der EMK des Kurzschlußstromkreises

$$E_t + L\frac{di}{dt}.$$

Nach dem Kirchhoffschen Gesetz muß die Summe dieser EMKe gleich sein der Summe aller Produkte aus Stromstärken und Widerständen des Stromkreises. Nennen wir nun r den Widerstand der Spule S_4, R_1 den Übergangswiderstand, den der Strom zwischen Bürste und ablaufender Lamelle findet, R_2 denselben für die auflaufende Lamelle, J_1 die Stromstärke an der ablaufenden, J_2 an der auflaufenden Lamelle, so läßt sich folgende Gleichung aufstellen:

$$E_t + L\frac{di}{dt} + ir + J_1 R_1 - J_2 R_2 = 0.$$

Dabei ist der Widerstand der Verbindung zwischen Spule und Kommutator vernachlässigt. Ist nun J der gesamte Ankerstrom, R der Übergangswiderstand der ganzen Bürste, T die Dauer des Kurzschlusses in Sekunden, so ist

$$J_1 = \frac{J}{2} + i$$

$$J_2 = \frac{J}{2} - i$$

$$R_1 = R\frac{T}{T-t}$$

$$R_2 = R\frac{T}{t}$$

und daher die Bedingungsgleichung für den Kurzschlußstrom:

$$E_t + L\frac{di}{dt} + ir + \left(\frac{J}{2} + i\right) R\frac{T}{T-t} - \left(\frac{J}{2} - i\right) R\frac{T}{t} = 0.$$

Die Auflösung dieser Differentialgleichung gibt dann i abhängig von der Veränderlichen t und den Größen L, E_t, r, R derart, daß sich der Verlauf des Kurzschlußstromes in Kurvenform zeichnen läßt. Fig. 14 stellt z. B. die Kurve des Kurzschlußstromes für einen bestimmten Fall vor, wobei die Werte des Kurzschlußstromes i von der Achse $o\,o$ abzulesen sind. Liest man statt dessen von der Achse $o_1 o_1$ ab, so gibt die Kurve offenbar die Werte von J_1 und für die Achse $o_2 o_2$ die Werte von J_2.

Um nun auf die Stromdichte schließen zu können, beachte man, daß die Bürstenauflagefläche einer Lamelle durchaus linear mit der Zeit zu- resp. abnimmt, so daß also die Ordinaten der Verbindungsgeraden $i_o i_T$ bezogen auf die Achse $o_1 o_1$ den jeweiligen Auflageflächen der ablaufenden Lamelle, und bezogen auf die Achse $o_2 o_2$ den Auflageflächen der auflaufenden Lamelle proportional sind. Es ist also ohne weiteres klar, daß das Verhältnis dieser Ordinaten zu dem zugehörigen Werte von J_1 resp. J_2 die Stromdichte bestimmt.

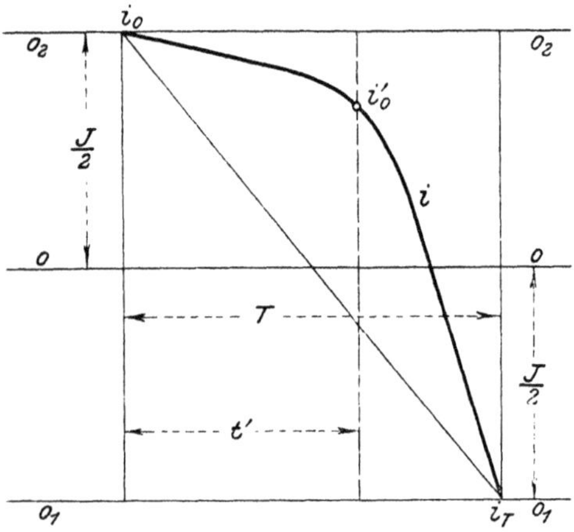

Fig. 14.

Wäre also in unserem Beispiel Fig. 14 für die Zeit $t=0$ die zulässige Stromdichte vorhanden, so wird diese während des Kurzschlusses erheblich überschritten, da sie z. B. zur Zeit t' den 2,2fachen Betrag an der ablaufenden Lamelle erreicht. Für die auflaufende Lamelle dagegen liegen die Verhältnisse natürlich in demselben Maße günstiger.

Dies würde also heißen der Motor kann nur bei ungefähr der halben Stromstärke, die der vollen Ausnutzung der Bürstenauflagefläche entspricht, noch funkenlos arbeiten.

Für in der neutralen Zone feststehende Bürsten modifiziert sich die Gleichung insofern, als $E_t = 0$ wird, so daß also

$$L\frac{di}{dt} + ir + \left(\frac{J}{2} + i\right) R \frac{T}{T-t} - \left(\frac{J}{2} - i\right) R \frac{T}{t} = 0.$$

Um nun ohne weitläufige und schwierige Rechnungen einen Einblick in den Kommutationsvorgang bei Bahnmotoren zu gewinnen, wollen wir die Selbstinduktion $-L\frac{di}{dt}$ während des ganzen Vorganges konstant annehmen und mit E_s bezeichnen. Der Kurzschlußstrom ist dann gegeben durch die Gleichung

$$i = \frac{\frac{JR}{2}\left(\frac{1}{x} - \frac{1}{1-x}\right) + E_s}{r + R\left(\frac{1}{1-x} + \frac{1}{x}\right)},$$

wobei $x = \frac{t}{T}$. Diese Gleichung stellt eine Kurve nach Fig. 15 dar, welche nach dem oben Gesagten sofort erkennen läßt, daß bei einem Bahnmotor die Gefahr der Funkung stets an der ablaufenden Lamelle auftreten muß, und daß die günstigste Ausnutzung der Bürsten für diesen Fall unmöglich ist, weil E_s niemals 0 werden kann. Man erkennt aber auch, daß die Bedingungen um so günstiger werden, je kleiner E_s und je größer R wird. Freilich ist mit der Vergrößerung von R natürlich auch eine Vergrößerung des Ohmschen Verlustes verbunden.

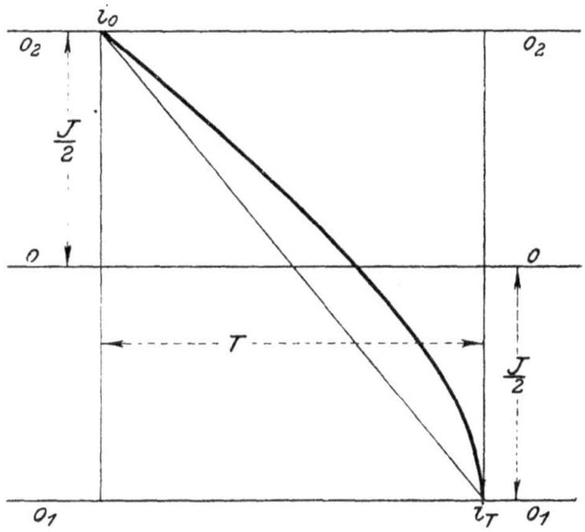

Fig. 15.

Durch diese dem Bahnmotor eigentümliche Art der Kommutation tritt außerdem noch ein Verlust $\frac{LJ^2}{2}$ ein, da die ganze zur Überwindung der Selbstinduktion verbrauchte Arbeit in Wärmeerzeugung bezw. Funkenbildung umgesetzt wird.[1])

Im allgemeinen stellen sich die Verhältnisse für den funkenlosen Gang in der Praxis nicht unbedeutend besser als die theoretischen Betrachtungen erwarten lassen. Näheres hierüber, sowie eine ins Einzelns gehende Theorie der Kommutation findet sich bei Arnold.[2])

Es ist nun auch leicht einzusehen, inwiefern die Ankerrückwirkung Einfluß auf die Vorgänge am Kommutator nimmt. Da-

[1]) Bezüglich der interessanten Energieumwandlung während der Kurzschlußperiode siehe Arnold, Ankerwicklungen und Ankerkonstruktionen 3. Aufl. Seite 182 oder Arnold, Die Gleichstrommaschine. I. Seite 312.

[2]) Die Gleichstrommaschine. I. Band. Seite 315.

durch nämlich, daß sie eine Verdrehung der neutralen Zone verursacht, bringt sie die Kurzschlußspule in denjenigen Teil des Magnetfeldes, der eine mit der Selbstinduktion gleichgerichtete EMK in ihr induziert, derart, daß also die Ankerrückwirkung eine Verschlechterung der für die Funkung maßgebenden Verhältnisse zur Folge hat. Es ist also auf die möglichste Verringerung der Ankerrückwirkung zu achten, die man dadurch erreicht, daß man den Luftzwischenraum nicht zu klein macht, hohe Sättigung der Zähne verwendet und eine geeignete Form der Polschuhe wählt, worüber Näheres bei Besprechung der Konstruktion der Motore gegeben ist.

Die vorstehenden Betrachtungen über die Kommutation ermöglichen es nun auch, die Grundformeln etwas genauer zu fassen.

Da nämlich zur Verminderüng der Selbstinduktion der einzelnen Spulen die Kommutatoren der Bahnmotoren in der Regel mit sehr viel Lamellen ausgeführt werden, andererseits zur Erzielung einer geringeren Stromdichte die Bürsten breite Auflagerflächen bekommen, sind in der Regel gleichzeitig mehr als zwei Lamellen kurzgeschlossen. Es entfallen infolgedessen von den wirklich vorhandenen Ankerleitern eine bestimmte Anzahl, die stets kurz geschlossen sind. In Gleichung 2) und 6) ist also unter N nicht die Anzahl der wirklich vorhandenen Ankerleiter zu verstehen, sondern vielmehr die wirklich vorhandene Anzahl minus der Zahl der kurzgeschlossenen. Die Folge davon ist, daß das Drehmoment kleiner, die Umdrehungszahl größer ausfällt, als von vornherein zu erwarten. Ein eigentlicher Verlust an Leistung wird jedoch hierdurch nicht verursacht.

Wohl aber tritt, wie bereits erwähnt, ein Verlust infolge des Übergangswiderstandes zwischen Bürsten und Lamellen auf, und weiter ein Verlust $\frac{LJ^2}{2}$ infolge der Selbstinduktion. Beide Verluste bewirken eine scheinbare Vergrößerung des Ankerwiderstandes und somit eine Verringerung der Umdrehungszahl, die indessen als unwesentlich vernachlässigt werden soll. Nur für die folgende Betrachtung des Wirkungsgrades wollen wir auch diesen Verlust dadurch in Betracht ziehen, daß wir statt der Umdrehungszahl n als wirklich erreichbar nur die Umdrehungszahl $\varepsilon_2 n$ einsetzen.

Wirkungsgrad. Wir erhalten dann folgenden Gesamtwirkungsgrad des Motors.

Die an den Klemmen des Motors aufgewendete elektrische Leistung ist EJ in Watt, die gewonnene mechanische gleichfalls in Watt ist $M_d \varepsilon_2 n \frac{2\pi g}{60}$, oder unter Verwendung der Gleichung 8) für n

$$M_d \cdot \varepsilon_2 \cdot \varepsilon_1 \cdot \frac{60}{2\pi g} \cdot \frac{E_a - J_a R_a}{M_d} \cdot J_a \cdot \frac{2\pi g}{60} = \varepsilon_1 \varepsilon_2 J_a [E_a - J_a R_a].$$

Nun ist

$$E = E_a + J R_m$$

$$J = J_a + J_m,$$

wobei für Hauptstrommotoren $J_m = 0$, für Nebenschlußmotoren $R_m = 0$, ist, so daß also

$$\eta_1 = \varepsilon_1 \varepsilon_2 \frac{J_a (E_a - J_a R_a)}{(E_a + J_a R_m)(J_a + J_m)}.$$

Für Hauptstrommotoren ist dann:

$$\eta_1 = \varepsilon_1 \varepsilon_2 \frac{E_a - J_a R_a}{E_a + J_a R_m} = \varepsilon_1 \varepsilon_2 \varepsilon_3,$$

wenn

$$\frac{E_a - J_a R_a}{E_a + J_a R_m} = \frac{e}{E} = \varepsilon_3$$

gesetzt wird.

Für Nebenschlußmotoren ist:

$$\eta_1 = \varepsilon_1 \varepsilon_2 \frac{J_a (E_a - J_a R_a)}{E_a (J_a + J_m)} = \varepsilon_1 \varepsilon_2 \varepsilon_3 \varepsilon_4,$$

wenn $\frac{J_a}{J} = \varepsilon_4$. Es ist nämlich:

$$\frac{E_a - J_a R_a}{E_a} \cdot \frac{J_a}{J_a + J_m} = \frac{e}{E} \cdot \frac{J_a}{J} = \varepsilon_3 \varepsilon_4.$$

Das Verhältnis $\frac{e}{E}$ stellt also nur einen Faktor des Wirkungsgrades vor und ist mit η_1 durchaus nicht gleichbedeutend.

Leistung. Die Leistungsfähigkeit einer elektrischen Maschine ist praktisch begrenzt

1. durch die Überschreitung der mechanisch zulässigen Beanspruchung;
2. durch übermäßiges Funken am Kommutator;
3. durch unzulässige Erwärmung der isolierten Windungen.

Die erste dieser Grenzen ist zugleich die weiteste, und der mechanischen Beanspruchung kann am leichtesten Rechnung getragen werden. Sie läuft in der Regel auf eine richtige Bemessung der Ankerwelle, die richtige Abmessung des Vorgeleges und eine gute Befestigung der Ankerleiter hinaus. Eingehendere Ausführungen sind darüber in dem Teil: „Konstruktion der Bahnmotoren" gegeben. Jedenfalls ist bei den derzeit üblichen Konstruktionen deren maximale Leistung nicht durch die mechanischen Rücksichten begrenzt, sondern lediglich durch die Funkungserscheinungen am Kommutator, während die normale Leistung hinwiederum durch die Erwärmung der isolierten Leiter bedingt ist.

Maximale Leistung in diesem Sinne ist dann diejenige, welche der Motor überhaupt noch, wenn auch nur während kurzer Zeit, hergeben kann, ohne dabei merklich Schaden zu nehmen. Es ist klar, daß die Erwärmung für diese maximale Leistung keine Grenze geben kann, weil die Erwärmung auch bei der größten Stromstärke wegen der Wärmekapazität der Leiter von der Zeit abhängig ist, während welcher der Strom fließt, so daß mit beliebig kleiner Zeit bei beliebig großer Stromstärke die Erwärmung beliebig klein gehalten werden kann. Irgend ein bestimmter Motor kann aber nur eine gewisse Stromstärke gerade noch kommutieren, steigt der Strom über diese Grenze, so beginnt ein schädliches Feuern, die Kommutatorlamellen verschmoren, werden uneben und verursachen einen dauernden Schaden. Allerdings ist die so geschaffene Grenze keine scharfe, da nicht ohne weiteres festzulegen ist, wann das „Funken" am Kommutator, das bei einigermaßen starker Belastung nie ganz zu vermeiden ist, anfängt, schädlich zu werden. Indessen nimmt das Feuern des Kommutators mit steigender Belastung ziemlich plötzlich stark zu und man kann etwa vor den Eintritt dieser Steigerung die zulässige Grenze verlegen.

Ist auf diese Weise eine bestimmte maximale Leistung des Motors bestimmt, so ist hierzu doch sogleich zu bemerken, daß der Motor diese Leistung in der Regel nur während weniger Minuten abgeben kann. Der Grund hierfür ist die Erwärmung des Ankers und der Feldspulen des Motors. Der hohe Strom, welcher der maximalen Leistung entspricht, erwärmt nämlich binnen kurzer Zeit die Kupferleiter und die sie einhüllende Isolation so, daß diese letztere ihren hohen Isolationswiderstand verliert und ein Durchschlagen der isolierenden Hülle zum Ankerkern oder Gehäuse stattfinden müßte. Aber nicht einmal bis zu diesem Grade braucht die Isolation warm zu werden, es genügt schon eine bedeutend geringere Temperatur, um eine sichere, wenn auch nur langsame Zerstörung derselben zu verursachen. In diesem Falle wird nämlich die Temperatur der Kupferleiter allerdings nicht hinreichen, den Isolationswert sofort bis zu einem Grade herabzudrücken, daß ein Durchschlagen stattfindet; aber die Temperatur genügt, um ein langsames Austrocknen zu bewirken, und nach monatelangem Betrieb hat sich die Isolation dadurch soweit verschlechtert, daß sie endlich durchschlagen wird.

Es ist aus dem oben Gesagten ohne weiteres ersichtlich, daß

die Höhe der zulässigen Erwärmung in erster Linie von der Art der verwendeten Isolationsmaterialien abhängig ist. Die Normalien des Verbandes deutscher Elektrotechniker schreiben diesbezüglich vor (§ 19. 20. 12.)

„Bei Straßenbahnmotoren darf die nach einstündigem ununterbrochenem Betriebe mit normaler Belastung im Versuchsraum ermittelte Temperaturzunahme folgende Werte nicht übersteigen:[1])

a) An isolierten Wickelungen und Schleifringen,

bei Baumwollisolierung . . . . . . 70° C.
bei Papierisolierung . . . . 80° C.
bei Isolierung durch Glimmer, Asbest und deren Präparate . . . . 100° C.

Eine Erhöhung dieser Grenzen für ruhende Wickelungen ist nicht zulässig.

b) An Kollektoren 80° C.

c) An Eisen, in das Wickelungen eingebettet sind, je nach der Isolierung der Wickelung die Werte unter a).

Bei kombinierten Isolierungen gilt die untere Grenze.

Es ist nicht zulässig, den durch die Fahrt erzeugten Luftzug bei der Prüfung künstlich herzustellen."

Die amerikanischen Normalien (The Standardization of Electric Generators, Motors and Transformers) setzen keine bestimmte zulässige Erwärmung für Bahnmotoren fest, doch ist es wohl üblich geworden, 75° C. Temperaturerhöhung im Versuchsraum mit Thermometer gemessen, zuzulassen, und diejenige Leistung, welche der Motor während einer Stunde hergeben kann, ohne daß seine Endtemperatur diese Grenze übersteigt, als seine normale anzugeben. Bevor auf den Wert dieser Leistungsbezeichnung eingegangen werden soll, müssen wir uns zunächst mit den Ursachen der Erwärmung des Motors beschäftigen.

Wir beziehen unsere Untersuchung zunächst auf einen Hauptstrommotor und gehen wie folgt vor:

Die Erwärmung wird einerseits durch den Jouleschen Effekt, andererseits durch Wirbelstrom und Hysteresis verursacht. Ersterer läßt sich durch ci^2 ausdrücken, während die Erwärmung durch Wirbelströme und Hysteresis außer von der Magnetisierung, d. h. von i, auch von der Tourenzahl n abhängt; für eine bestimmte Spannung ist nun n allerdings eine Funktion von i, aber diese Funktion ist wie die Magnetisierung nur graphisch gegeben und

[1]) Mittels Thermometer an den Punkten höchster Temperaturzunahme gemessen, außer bei den Feldspulen, deren Temperaturzunahme durch Widerstandsmessung zu bestimmen ist (§§ 15. 16. der Normalien).

bedingt sehr verwickelte analytische Funktionen, wenn sie in die Rechnung eingeführt werden soll. Außerdem wechselt aber auch die Spannung, unter der die Motoren arbeiten, fortwährend, einmal infolge des Spannungsabfalls in der Leitung, dann infolge der eventl. Serien- und Parallelschaltung und der vorgeschalteten Widerstände. Es wäre aussichtslos, die Berechnung mit Berücksichtigung aller dieser Faktoren zu beginnen, und wir müssen uns vorläufig mit einer Annäherung begnügen, die später im Vergleich zu praktisch ermittelten Zahlen nachweisen muß, ob sie die für unsere Zwecke genügende Genauigkeit besitzt.

Diese Annäherung besteht zunächst darin, daß die Erwärmung durch Wirbelströme und Hysteresis vorläufig vernachlässigt und die ganze sekundlich zugeführte Wärme durch ci^2 ausgedrückt wird. Nennen wir diese sekundlich zuströmende Wärme w_z, so ist also

$$w_z = ci^2.$$

c ist eine vom Widerstand des Ankers und der Feldwindungen abhängige Konstante, nämlich

$$c = \frac{R}{gA},$$

worin g die Beschleunigung der Erdschwere, A das mechanische Wärmeäquivalent und R den gesamten Ohmschen Widerstand des Motors bedeutet. Die Zunahme des Widerstandes infolge der Erwärmung des Motors wird im Nachfolgenden nicht berücksichtigt.

Die nächste Folge der Wärmezufuhr ist eine Temperaturzunahme vornehmlich in den Windungen des Motors. Es ist klar, daß diese Temperatursteigerung in den verschiedenen Teilen des Motors, wie z. B. Anker- und Feldspulen, nicht genau den gleichen Betrag erreichen wird, indessen wollen wir auch hier vereinfachend annehmen, daß in den Anker- und Feldspulen die gleiche Temperaturerhöhung τ auftritt.

Infolge dieser Temperaturerhöhung oder Übertemperatur über die umgebende Luft wird der Motor durch Strahlung, Vektion und Leitung Wärme abgeben und zwar sei die sekundlich abfließende Wärmemenge in Kalorien gemessen w_a. Diese kann dann bekanntlich proportional der Temperaturdifferenz oder Übertemperatur τ des Motors angenommen werden. Also:

$$w_a = m\tau,$$

wobei m eine von der Konstruktion und Abkühlungsoberfläche abhängige Konstante. Der Einfluß der Umdrehungszahl auf die Abkühlung wird der Einfachheit halber vernachlässigt.

Ist nun K das Kupfergewicht der Windungen in Kilogramm, s die spezifische Wärme des Kupfers, so ist offenbar die während der Zeit dt in den Windungen aufgespeicherte Wärme

$$(w_z - w_a)\, dt = K s\, d\tau.$$

Hieraus folgt die Differentialgleichung:

$$(ci^2 - m\tau)\, dt = K s\, d\tau,$$

die sich leicht nach den Variablen trennen läßt:

$$dt = K s \frac{d\tau}{ci^2 - m\tau}.$$

Integriert man zwischen $t = 0$ und $t = t$ entsprechend $\tau = \tau_0$ und $\tau = \tau$, so ist

$$t = \frac{Ks}{m} \lg \text{nat.} (ci^2 - m\tau_0) - \frac{Ks}{m} \lg \text{nat.} (ci^2 - m\tau)$$

oder

$$t = \frac{Ks}{m} \lg \text{nat.} \frac{ci^2 - m\tau_0}{ci^2 - m\tau} \quad . \quad . \quad . \quad . \quad . \quad (11)$$

Ist also eine bestimmte Stromstärke i gegeben, eine anfängliche Übertemperatur τ_0 und eine zulässige endliche Temperaturerhöhung τ, so läßt sich die Zeit angeben, während welcher die Stromstärke i seitens des Motors aufgenommen werden kann, ohne daß die zulässige Übertemperatur τ überschritten wird. Dabei werden K, s, m und c jedoch als bekannt vorausgesetzt.

Setzt man $\frac{Ks}{m} = a$ und $\frac{m}{c} = b$, so vereinfacht sich Gleichung (11) in

$$t = a \lg \text{nat.} \frac{i^2 - b\tau_0}{i^2 - b\tau} \quad . \quad . \quad . \quad . \quad . \quad . \quad (12)$$

oder in Briggschen Logarithmen:

$$t = \frac{a}{\log e} \log \frac{i^2 - b\tau_0}{i^2 - b\tau} \quad . \quad . \quad . \quad . \quad . \quad . \quad (12a)$$

Andererseits folgt aus Gl. (12)

$$e^{\frac{t}{a}} = \frac{i^2 - b\tau_0}{i^2 - b\tau}$$

oder

$$\tau = \frac{i^2}{b}\left(1 - e^{-\frac{t}{a}}\right) + \tau_0 e^{-\frac{t}{a}} \quad . \quad . \quad . \quad . \quad (13)$$

Durch Gl. (13) ist man also in den Stand gesetzt, bei bekannter Belastungsdauer, bekannter Belastung und bekannter anfänglicher Übertemperatur, die schließlich auftretende Temperaturerhöhung zu berechnen, oder Gl. (13) kann dazu benützt werden, den Verlauf der Erwärmungskurve abhängig von der Zeit der Belastung zu ermitteln.

Gl. (11) und (13) erschöpfen nahezu alle Probleme, die bezüglich der Erwärmung eines Motors gestellt werden können, und man sieht, daß es genügt, die beiden Konstanten a und b zu kennen, um über das Gesetz der Erwärmung eines Motors vollständig orientiert zu sein.

Wir haben uns also zunächst noch mit diesen beiden Konstanten zu beschäftigen. Ihre Bestimmung ist außerordentlich einfach. Betrachtet man Gl. (12) für die Anfangsübertemperatur $\tau_0 = 0$, so ist

$$t = a \lg \text{nat.} \frac{i^2}{i^2 - b\tau}.$$

Für

$$i_0^2 = b\tau$$

wird

$$\lg \text{nat.} \frac{i^2}{i^2 - b\tau} = \infty$$

oder

$$t = \infty,$$

d. h. der Motor vermag bei einer schließlichen Übertemperatur τ, die durch die Gleichung

$$i_0^2 = b\tau$$

gekennzeichnet ist, eine gewisse Stromstärke i_0 dauernd zu vertragen. Umgekehrt also ist

$$b = \frac{i_0^2}{\tau},$$

wobei i_0 die Stromstärke der Dauerleistung und τ die zulässige Übertemperatur ist.

Der Westinghouse-Bahnmotor Nr. 38 B z. B. besitzt eine Dauerleistung von 31,6 A bei einer zulässigen Übertemperatur von 75°. Also ist für diesen Motor $b = 13{,}3$. Kennt man nun b, so ist a mit Hilfe der Formel (12) oder (12a) leicht zu berechnen, sobald irgend eine weitere Angabe bezüglich der Erwärmung vorliegt. Am häufigsten dürfte wohl bei Bahnmotoren die stündliche Leistung bekannt sein, die z. B. bei dem obenerwähnten Motor 80 A. bei derselben Temperaturerhöhung beträgt.

Es ist also aus Gl. (12a) $(\tau_0 = 0)$

$$a = \frac{60 \log e}{\log \frac{6400}{5400}} = 353,$$

wobei t in Minuten gewählt wurde. Bezieht man a auf Sekunden, so erhält man natürlich einen 60mal größeren Wert und entsprechend bei den weiteren Berechnungen t in Sekunden.

Es sei nun z. B. die Frage, wie lange der soeben als Beispiel angezogene Bahnmotor eine Stromstärke von 145 A. bei derselben Temperaturerhöhung (75⁰) auszuhalten imstande ist. Nach Gl. (12a) ist

$$t = \frac{353}{0{,}4343} \log \frac{145^2}{145^2 - 1000} = 17 \text{ Min.}$$

Eine Stromstärke von 100 A. würde dagegen während einer Zeit

$$t = \frac{353}{0{,}4343} \log \frac{100^2}{100^2 - 1000}$$

oder während 36,6 Min. mit derselben Temperatursteigerung vertragen werden.

Die bezüglichen Angaben der Westinghouse-Gesellschaft lauten 17,5 und 35 Min. Auf Grund ähnlicher Berechnungen über verschiedene Bahnmotoren kamen die Verfasser zu dem Resultat, daß die vorstehenden Gleichungen im allgemeinen vollkommen brauchbare Zahlen ergeben.

Es sei nun derselbe Motor mit 55^0 C. Übertemperatur vorausgesetzt, also etwa im betriebswarmen Zustand, und es soll berechnet werden, wie lange er noch 40 A. Dauerleistung vertragen würde, bevor er die zulässige Übertemperatur von 75^0 C. erreicht.

$$t = \frac{353}{0{,}4343} \log \frac{40^2 - 13{,}3 \cdot 55}{40^2 - 1000} = 813 \log 1{,}447$$

oder

$$t = 130 \text{ Min.}$$

Wird eine Übertemperatur von 75^0 C. nicht mehr als zulässig erachtet, sondern eine solche von nur 50^0 C. gefordert, so ergibt sich

$$i_0^2 = 13{,}5 \cdot 50 = 665$$

oder

$$i_0 = 25{,}8 \text{ A.}$$

als neue Dauerleistung des Motors.

Ferner soll für denselben Motor die Temperaturkurve berechnet werden bei einer konstanten Belastung von 32 A. für Zeitabschnitte von je 135 Min.

Nach Gl. (13) ist die Übertemperatur nach 135 Min.

$$\tau_1 = \frac{32^2}{13,3}\left(1 - e^{-\frac{135}{353}}\right)$$

oder

$$\tau_1 = \frac{32^2 \cdot 0,3178}{13,3} = 24,5^0.$$

Nach 2 × 135 Min. ist die Übertemperatur τ_2

$$\tau_2 = \frac{32^2}{13,3}\left(1 - e^{-\frac{135}{353}}\right) + \tau_1 e^{-\frac{135}{353}}$$

$$\tau_2 = 24,5^0 + 16,7^0 = 41,2^0$$

und nach 3 × 135 Min.

$$\tau_3 = 24,5^0 + 41,2^0 \cdot e^{-\frac{135}{353}} = 52,6^0.$$

Ähnlich ist

$$\begin{aligned} \tau_4 &= 60,3^0, \\ \tau_5 &= 65,7^0, \\ \tau_6 &= 69,3^0, \\ \tau_7 &= 71,7^0, \\ \tau_8 &= 73,3^0, \\ \tau_9 &= 74,5^0, \\ \tau_{10} &= 75,4^0. \end{aligned}$$

Trägt man die Zeiten als Abscissen, die Übertemperaturen als Ordinaten auf, so erhält man die Erwärmungskurve des Motors für 32 A. Belastung. Weiter unten wird dann gezeigt werden, daß diese Kurve auch die äquivalente Erwärmungskurve für einen angenommenen Betrieb mit schwankender Belastung vorstellt.

Wird dem Motor die Stromstärke $i = 0$ zugeführt, d. h. läuft der Motor leer mit, ohne eingeschaltet zu sein und Arbeit zu verrichten, dann reduziert sich Gl. (13) auf

$$\tau = \tau_0 e^{-\frac{t}{a}} \quad . \; . \; . \; . \; . \; . \; . \quad (13\,a)$$

welche Gleichung offenbar das Gesetz der Abkühlung vorstellt und zur Ermittelung der Abkühlungskurve leicht benutzt werden kann.

Bei einem Nebenschlußmotor liegen offenbar ganz ähnliche Beziehungen vor, wenn man unter i nicht den gesamten Motorstrom, sondern nur den Ankerstrom versteht. Es wird dabei allerdings wieder vereinfachend vorausgesetzt, daß es genügt, die Erwärmung des Ankers zu berechnen, während die Erwärmung der Feldspulen bei richtiger Konstruktion nahezu dieselbe sein wird.

Von den Gesetzen der Erwärmung und Abkühlung ausgehend, können wir uns nun mit dem Begriff der Leistung näher beschäftigen. Dieser Begriff ist nämlich bei Bahnmotoren nicht ohne weiteres festzulegen. Zwar besitzt natürlich auch jeder Bahnmotor eine bestimmte Dauerleistung, allein diese ist bei der eigentümlichen Art der Beanspruchung, die nie eine dauernde ist, nicht direkt verwendbar.

Die Beanspruchung eines Bahnmotors ist dadurch gekennzeichnet, daß er mit fortwährend wechselnder Stromstärke und Spannung und mit größeren Abkühlungspausen arbeitet.

Die wechselnde Stromstärke hat zur Folge, daß die Erwärmungskurve des Motors einen ziemlich komplizierten Charakter annimmt. Wir wollen auch hierüber einige Betrachtungen anstellen. Die Belastungsschwankungen sind innerhalb gewisser Grenzen ziemlich genau vorher zu bestimmen und zu verfolgen, indem man an Hand des Längenprofils und des Fahrplanes unter Berücksichtigung etwa mitsprechender örtlicher Verhältnisse sich Rechenschaft davon gibt, wie der Wagenführer im normalen Betriebe die Fahrkurbel zu betätigen hat. Die bessere Abkühlung, die der Motor durch den Luftzug unter dem Wagen erfährt, soll nicht berücksichtigt werden, und wir wollen annehmen, daß diese zu Ungunsten des Motors gemachte Voraussetzung durch die Ungeschicklichkeit des Wagenführers und durch Verkehrsstockungen, welche die theoretisch ermittelten Belastungsschwankungen und Belastungsdauer verändern, ausgeglichen wird. Denn im wirklichen Betrieb wird immer häufiger angefahren werden, als theoretisch von vornherein vermutet werden kann, und der Wagenführer wird stets mehr Strom verbrauchen, d. h. den Motor länger unter Belastung setzen, als rein theoretisch nötig wäre.

Auf diesen Voraussetzungen also fußend, können wir folgendermaßen vorgehen. Es seien $i_1 i_2 i_3$ u. s. w. die ermittelten Stromstärken, die während der Zeiten $t_1 t_2 t_3$ .... fließen. Da im allgemeinen nach einer vollen Hin- und Rückfahrt dieselben Verhältnisse eintreten, betrachten wir zunächst nur eine solche volle Fahrt und stellen uns zur Aufgabe, diejenige mittlere Stromstärke zu suchen, welche während der für Hin- und Rückfahrt erforderlichen Zeit dauernd fließend dieselbe Temperaturzunahme bewirken würde, wie die wirklich auftretende, von der schwankenden Belastung hervorgerufene. Es ist nun die Übertemperatur nach der Zeit t_1

$$\tau_1 = \frac{i_1^2}{b}\left(1 - e^{-\frac{t_1}{a}}\right) + \tau_0 e^{-\frac{t_1}{a}}.$$

nach der darauf folgenden Zeit t_2 ist

$$\tau_2 = \frac{i_2^2}{b}\left(1 - e^{-\frac{t_2}{a}}\right) + \tau_1 e^{-\frac{t_2}{a}}$$

oder

$$\tau_2 = \frac{i_2^2}{b}\left(1 - e^{-\frac{t_2}{a}}\right) + \frac{i_1^2}{b}\left(1 - e^{-\frac{t_1}{a}}\right) e^{-\frac{t_2}{a}} + \tau_0 e^{-\frac{t_1 + t_2}{a}}.$$

Am Ende der unmittelbar anschließenden Zeit t_3 mit der Belastung i_3 ist die erreichte Übertemperatur

$$\tau_3 = \frac{i_3^2}{b}\left(1 - e^{-\frac{t_3}{a}}\right) + \frac{i_2^2}{b}\left(1 - e^{-\frac{t_2}{a}}\right) e^{-\frac{t_3}{a}} +$$

$$+ \frac{i_1^2}{b}\left(1 - e^{-\frac{t_1}{a}}\right) e^{-\frac{t_2 + t_3}{a}} + \tau_0 e^{-\frac{t_1 + t_2 + t_3}{a}},$$

oder, wie man leicht erkennt, am Ende der Zeit t_n mit der Belastung i_n ist die erreichte Übertemperatur

$$\tau_n = \frac{i_n^2}{b}\left(1 - e^{-\frac{t_n}{a}}\right) + \frac{i_{n-1}^2}{b}\left(1 - e^{-\frac{t_{n-1}}{a}}\right) e^{-\frac{t_n}{a}} +$$

$$+ \frac{i_{n-2}^2}{b}\left(1 - e^{-\frac{t_{n-2}}{a}}\right) e^{-\frac{t_{n-1} + t_n}{a}} + \ldots$$

$$+ \frac{i_2^2}{b}\left(1 - e^{-\frac{t_2}{a}}\right) e^{-\frac{\overset{n}{\underset{3}{\Sigma}} t}{a}} + \frac{i_1^2}{b}\left(1 - e^{-\frac{t_1}{a}}\right) e^{-\frac{\overset{n}{\underset{2}{\Sigma}} t}{a}} + \tau_0 e^{-\frac{\overset{n}{\underset{1}{\Sigma}} t}{k}},$$

wobei

$$\sum_k^n t = t_k + t_{k+1} + t_{k+2} + \ldots + t_{n-1} + t_n.$$

Dieselbe Übertemperatur soll nun bei einer mittleren Stromstärke i_m während der Zeit $\sum_1^n t$ erreicht werden, oder

$$\tau_n = \frac{i_m^2}{b}\left(1 - e^{-\frac{\overset{n}{\underset{1}{\Sigma}} t}{a}}\right) + \tau_0 e^{-\frac{\overset{n}{\underset{1}{\Sigma}} t}{a}}.$$

Setzt man beide Ausdrücke gleich, so ergibt sich

$$i_m^2 = \frac{1}{1 - e^{-\frac{\overset{n}{\underset{1}{\Sigma}} t}{a}}} \left[i_n^2\left(1 - e^{-\frac{t_n}{a}}\right) + i_{n-1}^2\left(1 - e^{-\frac{t_{n-1}}{a}}\right) e^{-\frac{t_n}{a}} + \ldots \right.$$

$$\left. \ldots + i_1^2\left(1 - e^{-\frac{t_1}{a}}\right) e^{-\frac{\overset{n}{\underset{2}{\Sigma}} t}{a}} \right]$$

oder, wenn man positive Exponenten einführt:

$$i_m^2 = \frac{1}{e^{\frac{\Sigma t}{a}} - 1}\left[i_n^2 \left(e^{\frac{t_n}{a}} - 1\right) e^{\frac{\sum\limits_1^{n-1} t}{a}} + i_{n-1}^2 \left(e^{\frac{t_{n-1}}{a}} - 1\right) e^{\frac{\sum\limits_1^{n-2} t}{a}} + \ldots \right.$$
$$\left. + i_2^2 \left(e^{\frac{t_2}{a}} - 1\right) e^{\frac{t_1}{a}} + i_1^2 \left(e^{\frac{t_1}{a}} - 1\right)\right].$$

Auf Grund dieser Formel kann man also eine Stromstärke finden, die den verschiedenen Stromstärken $i_1 i_2 \ldots . i_{n-1} i_n$, die während der Zeiten $t_1 t_2 \ldots . t_{n-1} t_n$ fließen, in der Wärmewirkung äquivalent ist. Indessen ist der für diese Stromstärke entwickelte Ausdruck für die Praxis nicht gerade verlockend. Um eine Vereinfachung, allerdings auf Kosten der Genauigkeit zu erreichen, kann man $e^{\frac{\Sigma t}{a}}$ in jedem Glied in eine Potenzreihe entwickeln und die höheren Potenzen von $\frac{t}{a}$, insofern t klein gegen a ist, gegen die erste vernachlässigen. Dann ergibt sich als Annäherung

$$i_m^2 = \frac{i_1^2 t_1 + i_2^2 t_2 + i_3^2 t_3 + \ldots . + i_n^2 t_n}{\sum\limits_1^n t}.$$

Wir werden an einem späteren Beispiel ersehen, daß diese Annäherung für die Praxis im allgemeinen ausreichen dürfte; nicht zu übersehen ist aber, daß die Abkühlungszeiten in $\sum\limits_1^n t$ auftreten, während sie im Zähler natürlich nicht erscheinen, weil während der Abkühlungszeiten die Stromstärke $i = 0$ ist, so daß auch das Produkt $i^2 t$ verschwindet. $\sum\limits_1^n t$ ist also die volle Zeit, welche zur Hin- und Rückfahrt einschl. des Aufenthaltes an Zwischen- und Endhaltestellen verbraucht wird.

Diese mittlere äquivalente Stromstärke i_m kann nun für die Berechnung der Endtemperatur benutzt werden, denn es ist offenbar die Übertemperatur τ_e am Ende des Betriebes von der Gesamtdauer T

$$\tau_e = \frac{i_m^2}{b}\left(1 - e^{-\frac{T}{a}}\right) + \tau_0 e^{-\frac{T}{a}}.$$

Insofern also der Betrieb nicht von ausnahmsweise kurzer Dauer ist, muß i_m gleich oder kleiner als die Stromstärke der Dauerleistung sein.

Um über den Fehler, der durch die Benutzung der einfachen Formel entsteht, orientiert zu sein, sei noch ein einfaches Beispiel gerechnet.

Da der Fehler offenbar mit wachsendem $\frac{t}{a}$ wächst, so sind die Zeiten t im allgemeinen verhältnismäßig groß angenommen, um einen möglichst ungünstigen Vergleich zu schaffen.

Es sei

$t_1 = 20$ Min.	$i_1 = 62$ Amp.
$t_2 = 0{,}25$ „	$i_2 = 0$ „
$t_3 = 10$ „	$i_3 = 35$ „
$t_4 = 2$ „	$i_4 = 0$ „
$t_5 = 0{,}25$ „	$i_5 = 0$ „
$t_6 = 25$ „	$i_6 = 50$ „
$t_7 = 10$ „	$i_7 = 0$ „
$t_8 = 25$ „	$i_8 = 0$ „
$t_9 = 0{,}25$ „	$i_9 = 0$ „
$t_{10} = 2$ „	$i_{10} = 45$ „
$t_{11} = 10$ „	$i_{11} = 0$ „
$t_{12} = 0{,}25$ „	$i_{12} = 0$ „
$t_{13} = 20'$ „	$i_{13} = 0$ „
$t_{14} = 1'$ „	$i_{14} = 0$ „

dann ist nach der Exponentialformel

$$i_m^2 = \frac{1}{e^{\frac{135}{353}} - 1}\left[62^2\left(e^{\frac{20}{353}} - 1\right) + 35^2\left(e^{\frac{10}{353}} - 1\right) e^{\frac{20,25}{353}} + \right.$$

$$\left. + 50^2\left(e^{\frac{25}{353}} - 1\right) e^{\frac{32,5}{353}} + 45^2\left(e^{\frac{2}{353}} - 1\right) e^{\frac{92,75}{353}}\right]$$

oder $i_m = 32{,}1$ A.

Nach der Annäherungsformel ist

$$i_m^2 = \frac{62^2 \cdot 20 + 35^2 \cdot 10 + 25^2 \cdot 50 + 45^2 \cdot 2}{135}$$

oder $i_m = 33{,}9$ A.

Die Differenz beider Werte ist, wie man sieht, nicht erheblich.

Angesichts der Unsicherheit, die bezüglich der Beurteilung des praktischen Betriebes besteht, kann man, um eine weitere Sicherheit einzuführen, von der umständlichen Exponentialformel ganz absehen und zur Berechnung der mittleren Stromstärke sich ausschließlich der Durchschnitte der Stromquadrate nach der Annäherungsformel bedienen. Es ist leicht zu überblicken, was das, physikalisch genommen, besagt, nämlich einerseits, daß die Abkühlung des Motors überhaupt gänzlich vernachlässigt wird, und andererseits die Annahme, daß die Erwärmung sich proportional zur Zeit vollzieht. Bei verhältnismäßig lange unter Strom stehenden Motoren, etwa dem Betrieb auf Fernbahnen entsprechend, dürfte die Annäherungsformel daher nicht mehr angängig sein, und insofern es sich auch hier um schwankende Stromstärken handelt, wird man gut tun, von der genannten Formel Gebrauch zu machen.

Es ist indes noch einem Umstande Rechnung zu tragen; wir haben nämlich früher erwähnt, daß auch die Spannung, unter der die Motoren arbeiten, sich fortwährend ändert. In der Tat werden bekanntlich beim Anfahren Vorschaltwiderstände verwendet, außerdem fahren die Motoren einen oft nicht unerheblichen Teil der Zeit in Serienschaltung. Die durchschnittliche Betriebsspannung liegt also niedriger als 500 Volt. N. W. Storer[1]) behauptet sogar, daß diese Spannung selten höher als 250 Volt sei.

Sie hängt natürlich von den jeweiligen Verhältnissen ab und Sicherheit halber sollte man sie wohl nicht niedriger als 350 Volt annehmen. Auch diese mittlere Betriebsspannung ist von Einfluß deswegen, weil die Eisenverluste, die wir, um einfache Resultate zu erzielen, in unserer Berechnung nicht berücksichtigt haben, davon nicht unwesentlich berührt werden.

Natürlich enthalten die Konstanten a und b auch diese Eisenverluste, weil diese beiden Zahlen ja aus den Erwärmungsangaben für den Motor abgeleitet sind, welche die Erwärmung durch Eisenverluste einschließen. Aber diese Eisenverluste müßten, wenn unsere Rechnung richtig wäre, in einem konstanten Verhältnis zur Stromstärke stehen, was nicht zutrifft.

Sie nehmen selbstverständlich mit abnehmender Spannung ab. In Fig. 16 sind diese Eisenverluste abhängig von der Spannung für verschiedene Stromstärken eingezeichnet.[2]) Diese Verluste beziehen sich auf den Westinghouse-Motor Nr. 68, dessen charakteristische Kurven in Fig. 26 dargestellt sind.

Infolge dieser geringeren Eisenverluste ist die Dauerleistung in Ampère größer bei niedriger Spannung als bei höherer. Die Westinghouse-Gesellschaft, die einzige Gesellschaft, die bisher unseres Wissens diesen Umstand in ihrer Leistungsbemessung berücksichtigt hat, gibt z. B. für ihre Bahnmotore Nr. 68 eine Dauerleistung an von 35 Ampère bei 300 Volt und von 33 Ampère bei 400 Volt, für Motor Nr. 69 25 resp. 23 Ampère, für Motor Nr. 76 60 resp. 55 Ampère.

[1]) Street Railway Journal, Januar 1901.

[2]) Street Railway Journal, Januar 1901.

Über die richtige Leistungsbemessung fand in Amerika ein lebhafter Meinungsaustausch statt, auf dessen einzelne Punkte wir hier nicht näher eingehen können.[1]) Dort sucht man nach einer Verbesserung der älteren (auch vom Verbande Deutscher Elektrotechniker angenommenen) Methode, der PS-Leistungsbezeichnung, welche sich auf den einstündigen Betrieb bezieht.[2])

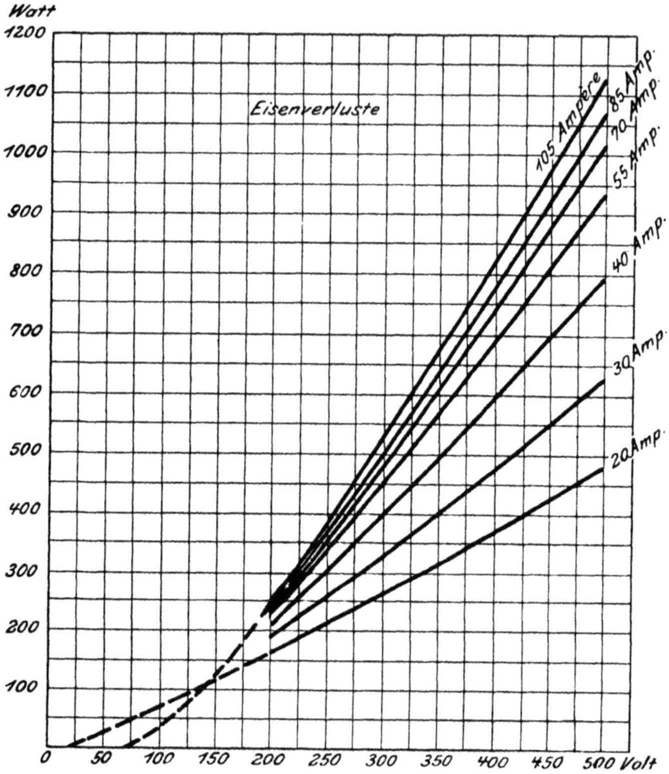

Fig. 16.

Uns scheint eine Leistungsbezeichnung am vorteilhaftesten, welche die Dauerleistung und die einstündige Leistung für dieselbe Temperaturerhöhung und für 500 Volt angibt. Es wäre dann zwar möglich, daß der nach dieser Bezeichnung ausgewählte Motor ein klein wenig mehr verträgt, als ihm in Wirklichkeit zugemutet wird, aber dies würde für einen Bahnmotor, dessen wirkliche Beanspruchung nie genau vorherzusagen ist, nie einen Nachteil bedeuten.

1) Street Railway Journal 1901 und 1902.

2) Vergl. außer dem bereits angezogenen Artikel von Storer besonders W. Potter, Street Railway Journal, April 1902, und ebenda, Mai 1902, die Erwiderung von Storer.

III.

Die Wirkungsweise der Hauptstrommotoren.

Nach den voranstehenden allgemeinen Ausführungen über Elektromotore überhaupt gehen wir nun zu den Motoren mit Hauptstromwicklung über, welche derzeit für Bahnen fast ausschließlich Verwendung finden. Bei den Hauptstrommotoren liegen die Feldspulen in Reihe mit dem Anker, d. h. sie werden von demselben Strom durchflossen. Die nächste Folge dieser Schaltung ist, daß die Erregung der Magnete direkt vom Ankerstrom abhängig ist. Durch diesen Zusammenhang zwischen Ankerstrom und Erregung werden die einzelnen Betriebseigenschaften des Hauptstrommotors bestimmt. Wir gehen zweckmäßig von der Magnetisierungskurve eines solchen Motors aus und entwickeln daraus die Kurven für die übrigen wichtigen Größen, wie Umdrehungszahl, Zugkraft, Leistung, Wirkungsgrad u. s. w.

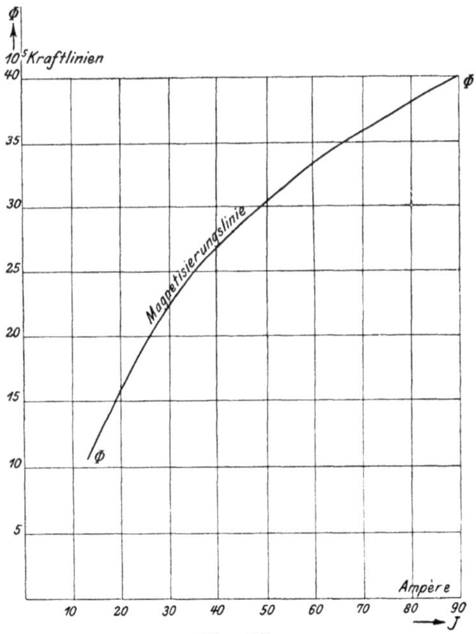

Fig. 17.

Fig. 17 stellt die Magnetisierungskurve (also die Anzahl Kraftlinien pro Pol) für einen amerikanischen Straßenbahnmotor von 35 PS Leistung (im Sinne der Normalien des V. D. E.) dar. Die

Ordinaten geben die Anzahl der Kraftlinien pro Pol, die Abscissen die zugehörigen Stromstärken. Diese Kurve läßt sich bekanntlich bei gegebenen Motorabmessungen, bei gegebener Windungszahl und, wenn Untersuchungen der verwendeten Eisensorte vorliegen, mit großer Genauigkeit vorausberechnen.

Umdrehungszahl. Mit Hilfe der Gleichung

7) $$n = \frac{p_1}{p} \cdot \frac{60 \cdot 10^8}{\Phi N} [E_a - J_a R_a]$$

läßt sich zunächst für jeden beliebigen Wert von J_a die entsprechende Umdrehungszahl des Ankers berechnen. Wir erinnern hier jedoch daran, daß unter N nicht sämtliche Ankerleiter zu verstehen sind, sondern nur diejenigen, welche nicht gleichzeitig durch die Bürsten an den Kommutatorlamellen kurzgeschlossen sind.

Da bei einem Hauptstrommotor

$$E_a = E - J_a R_m,$$

wobei E die Betriebsspannung, R_m aber den Widerstand der sämtlichen Feldspulen bedeutet, so ist

7a) $$n = \frac{p_1}{p} \cdot \frac{60 \cdot 10^8}{\Phi N} [E - JR],$$

wobei R der gesamte Motorwiderstand oder $R = R_a + R_m$ ist. Für den als Beispiel gewählten Motor ist:

$$p_1 = 1$$
$$p = 2$$
$$N = 760$$
$$R = 0{,}75\ \Omega.$$

Da nach der Magnetisierungskurve z. B. bei 40 Ampère $\Phi = 2.580000$ Linien beträgt, ergibt sich die Umdrehungszahl des Motors bei dieser Stromstärke und bei 500 Volt Betriebsspannung zu

$$n = \frac{1}{2} \cdot \frac{60 \cdot 10^8}{2{,}580000 \times 760} (500 - 0{,}75 \cdot 40)$$

$$n = 727 \text{ Umdrehungen.}$$

In der Regel wird übrigens die soeben behandelte Aufgabe umgekehrt gestellt sein, insofern es interessieren kann, die Magnetisierungslinie eines Motors aufzusuchen, dessen Umdrehungszahl bei verschiedenen Stromstärken und dessen Ankerleiteranzahl bekannt ist. Denn die Magnetisierungslinie spielt, wie wir später sehen werden, bei der Behandlung verschiedener Fragen über Bahnmotoren eine wichtige Rolle, so daß ihre Ermittelung sehr häufig notwendig ist.

Für derartige Arbeiten empfehlen sich graphische Verfahren an Stelle von Rechnungen. Für den vorliegenden Fall würde man etwa in folgender Weise vorgehen. Setzt man

$$\frac{p_1}{p} \cdot \frac{60 \cdot 10^8}{N} = k,$$

so ist

$$n = \frac{k \cdot e}{\Phi}.$$

Gegeben sei die Kurve der Umdrehungszahlen *n n* (Fig. 18). Wählt man nun $OA = E$ Volt = Betriebsspannung, zieht dann von

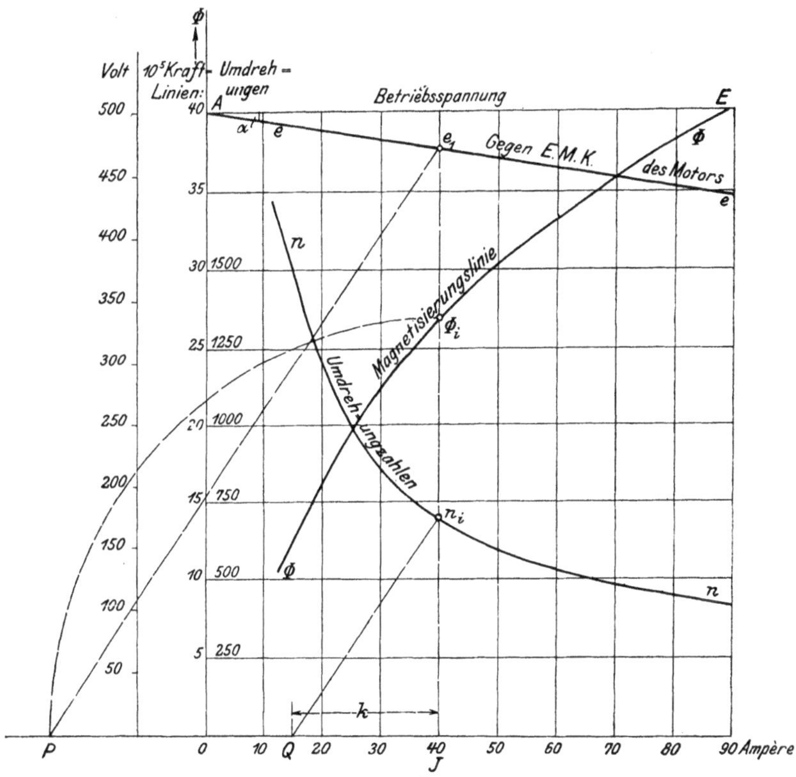

Fig. 18.

A eine Gerade *e e* unter einem Winkel α derart, daß $\operatorname{tg}\alpha = R$, d. h. daß die zwischen *e e* und *E* liegenden Strecken (den jeweiligen Stromstärken entsprechend) den Ohmschen Spannungsabfall im Motor vorstellen, so entspricht die Gerade *e e* offenbar den bei den verschiedenen Stromstärken herrschenden Gegen-EMKen des Motors. Macht man nun $\overline{JQ} = k$, verbindet n_i mit Q und zieht von e_i aus eine Parallele zu $\overline{n_i Q}$, so stellt die Strecke $\overline{PJ}$ in irgend einem Maßstab die Anzahl der Kraftlinien vor, die von einem Pol ausgehen, wenn die Stromstärke J im Motor fließt, welche der gewählten Abscisse $\overline{OJ}$ entspricht. n_i ist dabei natürlich die derselben Stromstärke J entsprechende Umdrehungszahl des Motors, die als bekannt vorausgesetzt wird. Was den Maßstab anbelangt, so möge eine Längeneinheit a Volt, b Umdrehungen und c Einheiten von k bedeuten. Dann stellt eine Längeneinheit auch $\frac{a\,c}{b}$ Kraftlinien dar. Man wird dementsprechend a, b und c von vornherein so zu wählen haben, daß sich ein einfacher Maßstab für Φ ergibt. In Fig. 18 bedeutet z. B. eine Längeneinheit 25 Volt, 100 Umdrehungen und 800000 Einheiten von k. Demzufolge bedeutet eine Längeneinheit zugleich 200000 Kraftlinien.

Führt man bei gegebener Magnetisierungslinie die früher angegebene Berechnung oder die soeben erörterte Konstruktion in ihrer Umkehrung durch, so erhält man eine Kurve $n\,n$, welche die Abhängigkeit der Umdrehungszahlen des Motors von den Stromstärken unter der Voraussetzung konstanter Betriebsspannung festlegt. Diese Kurve ist allerdings nicht in aller Strenge giltig, da bei ihrer Ableitung die Schwächung des Magnetfeldes durch Ankerrückwirkung nicht berücksichtigt wurde. Indessen ist, wie bereits erwähnt, bei guten Konstruktionen und dem üblichen Luftzwischenraum der dadurch entstehende Fehler unbedeutend. In Wirklichkeit werden die Umdrehungszahlen um ein Geringes größer sein als die berechneten. Wie man der Form der Kurve Fig. 18 entnehmen kann, ist die Umdrehungszahl des Hauptstrommotors in hohem Maße von der Stromstärke, d. h. von der Größe der Belastung abhängig, und zwar nimmt sie mit zunehmender Belastung ab, mit abnehmender Belastung aber außerordentlich rasch zu. Diese letztere Eigenschaft stellt für den Bahnbetrieb keinen Nachteil vor, weil hier die Motoren stets unter Belastung bleiben, aber sie schränkt, wie hier nebenbei bemerkt werden soll, das Verwendungsgebiet des Hauptstrommotors für andere Betriebe, also namentlich Kraftantriebe, wesentlich ein. Bei Leerlauf erreicht nämlich der Motor eine durchaus unzulässige Umdrehungszahl, die eine Beschädigung des Motors durch Heißlaufen der Lager oder durch die Zentrifugalkraft zur Folge haben kann. Der Motor geht, wie der technische Ausdruck lautet, bei Leerlauf „durch“ und ist daher nur für solche Betriebe zu verwenden, bei denen ein Leerlaufen ausgeschlossen ist. Angebracht erscheint es noch, darauf hinzuweisen, daß die Kurve der Umdrehungszahlen $n\,n$ nicht asymptotisch zu den beiden Koordinatenachsen verläuft; sie schneidet vielmehr die Abscissenachse in einem Punkte, welcher der Stromstärke $J=\frac{E}{R}$ entspricht. Ebenso schneidet sie die Ordinatenachse für einen Wert der Umdrehungszahl $n=\frac{p_1}{p}\,\frac{60\cdot 10^8}{\Phi_o\,N}\,E$, wobei Φ_o die Anzahl der Kraftlinien pro Pol ist, welche dem magnetischen Rückstand entspricht.

Drehmoment. — Leerlaufstrom. Weniger einfach ist die Ermittelung des Ankerdrehmomentes aus der Magnetisierungslinie. Wir haben für das Drehmoment in dem vorhergehenden Teile die folgende Formel ermittelt:

4) $$M_d=\varepsilon_1\,\frac{1}{2\pi g}\cdot\frac{p}{p_1}\cdot\frac{\Phi N}{10^8}\cdot J_a.$$

Die Schwierigkeit besteht nun in der Bestimmung von ε_1, das bei verschiedenen Belastungen wesentlich verschiedene Werte annimmt. Der einzig mögliche Weg zur theoretischen Bestimmung von ε_1 ist die Berechnung der einzelnen Verluste nach den Angaben des vorhergehenden Abschnittes mit Hilfe der dort entwickelten Formeln, deren Genauigkeit bereits gewürdigt wurde.

Übrigens wird in der Regel die Aufgabe, aus der gegebenen Magnetisierungslinie eines Motors dessen Zugkraft zu bestimmen, an den Bahntechniker kaum herantreten, wohl aber wird es ihn zur Beurteilung eines Motors interessieren, die Werte von ε_1 zu kennen. Zur Ableitung derselben genügt es, die Kurve des Drehmomentes, der Umdrehungszahlen, und den Widerstand des Motors zu kennen.[1]) Man könnte dann so vorgehen, daß aus der Umdrehungszahl des Motors zunächst die Magnetisierungskurve etwa nach dem oben angegebenen Verfahren ermittelt wird, aus welcher sich dann die theoretischen Werte des Drehmomentes M_{dt} nach Gleichung 4) ableiten lassen. Da M_d als gegeben vorausgesetzt wurde, M_{dt} aber $=\frac{M_d}{\varepsilon_1}$, also $\varepsilon_1=\frac{M_d}{M_{dt}}$ ist, kann ε_1 leicht errechnet werden.

Noch einfacher ermittelt man indes ε_1 durch Verwendung der beiden Formeln 7) und 4), aus denen sich eine Beziehung zwischen

[1]) In der Regel geben die Fabrikationsfirmen nicht das Drehmoment und die Umdrehungszahl an, sondern die am Radumfang ausgeübte Zugkraft und die Geschwindigkeit, die dem Wagen jeweilig erteilt wird. Über die Umrechnung dieser Kurven siehe Seite 97 ff.

Umdrehungszahl und Drehmoment ableiten läßt, die in der folgenden Gleichung zum Ausdruck kommt:

$$M_d = \varepsilon_1 \frac{60}{2\pi g} \cdot \frac{e}{n} \cdot J.$$

Diese Formel ist übrigens auch direkt ableitbar. Aus ihr ergibt sich

$$\varepsilon_1 = \frac{2\pi g}{60} \cdot \frac{M_d\, n}{e\, J}.$$

Ist ε_1 bekannt, so lassen sich die Verluste für mechanische Reibung, Wirbelströme, Hysteresis etc. allerdings nur in ihrer Gesamtheit angeben. Will man diesen Verlust in Watt kennen, so hat man zu beachten, daß der aufgewendeten Energie $e\,J$ die gewonnene $\varepsilon_1\, e\, J$ entspricht, so daß der Verlust $e\,J - \varepsilon_1\, e\, J = (1 - \varepsilon_1)\, e\, J$ Watt ist. e ist stets Gegen-EMK des Motors. In mkg-Maß würde die verlorene Arbeit durch

$$\frac{1 - \varepsilon_1}{\varepsilon_1} M_d \frac{2\pi n}{60}$$

dargestellt werden.

In Fig. 19 ist für den als Beispiel gewählten Straßenbahnmotor die Kurve M_{dt} des theoretischen und M_d des wirklichen Drehmomentes gegeben, gleichzeitig ist ε_1 durch eine Kurve abhängig von der Stromstärke dargestellt.

Betrachtet man die Gleichung 4), so erkennt man übrigens, daß, abgesehen von ε_1, das Drehmoment irgend eines bestimmten Motors lediglich durch die Stromstärke bestimmt ist, da Φ gleichfalls ganz allein von der Stromstärke abhängt und N, p, p_1 für einen bestimmten Motor Konstante vorstellen. Das Drehmoment eines Hauptstrommotors ist also praktisch genommen so gut wie unabhängig von der Spannung. Auf diese eigentümliche Eigenschaft soll weiter unten nochmals zurückgekommen werden.

Die Kurve des Drehmomentes abhängig von der Stromstärke als Abscisse gezeichnet, ist im allgemeinen eine Kurve, die ihre konvexe Seite der Abscissenachse zukehrt (Fig. 19) und die sich in ihrem oberen Teil mehr und mehr der Form einer Geraden nähert, was offenbar mit der Sättigung des Magnetfeldes zusammenhängt. Bei merkbarer Ankerrückwirkung kann indes dieser obere Teil auch schwach konkav ausfallen. Für kleinere Stromstärken wird die Kurve mehr und mehr konvex, und sie schneidet schließlich die Abscissenachse in einem Punkte, der jener Stromstärke i_0 entspricht, welche der Motor verbrauchen würde, wenn er bei voller Spannung leer liefe. Er braucht nämlich dann noch immer einen gewissen Strom zur Deckung der Verluste an Lagerreibung, Wirbelströmen etc. Man nennt diesen Strom daher richtig den „Leerlaufstrom".

Vergleicht man die Kurve der Umdrehungszahlen mit derjenigen des Drehmomentes, so wird man bemerken, daß dies letztere mit abnehmender Umdrehungszahl zunimmt. Der Motor besitzt also die sehr schätzenswerte Eigenschaft bei geringen Geschwindigkeiten hohes Drehmoment zu entwickeln, d. h. „er geht leicht unter Last an". Diese Eigenschaft ist natürlich für den Bahnbetrieb außer-

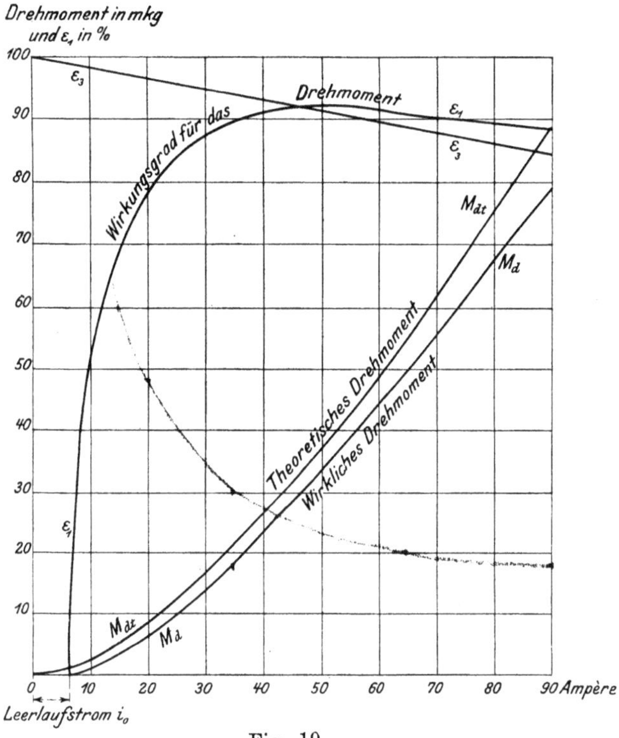

Fig. 19.

ordentlich wichtig und wir werden später eingehender darauf zurückkommen.

Leistung. Sind Drehmoment und Umdrehungszahl eines Motors für jede mögliche Stromstärke gegeben, so kann seine mechanische Leistung in Pferdestärken ausgedrückt gleichfalls in Kurvenform dargestellt werden.

Bezeichnen wir die Pferdestärkenleistung mit L_{PS}, so ist

$$L_{PS} = \frac{\pi n}{2250} M_d = \frac{n M_d}{716} = 0{,}00139\, n M_d.$$

Hier und da enthalten die Motordiagramme auch die Kurve für die aufgewendeten elektrischen PS. Diese ist offenbar eine Gerade, deren jeweilige Ordinaten der Stromstärke J entsprechend gegeben sind durch $\frac{EJ}{736}$ PS.

Die Leistungskurve des Hauptstrommotors bringt gleichfalls eine ihm anhaftende Besonderheit zum Ausdruck. Da nämlich bei zunehmender Belastung die Umdrehungszahl abnimmt, nimmt die Leistung nicht proportional mit dem Drehmomente zu, wie z. B. bei dem Nebenschlußmotor, und dies bedeutet in gewisser Hinsicht gleichfalls einen Vorzug des Hauptstrommotors. Näher soll hierauf

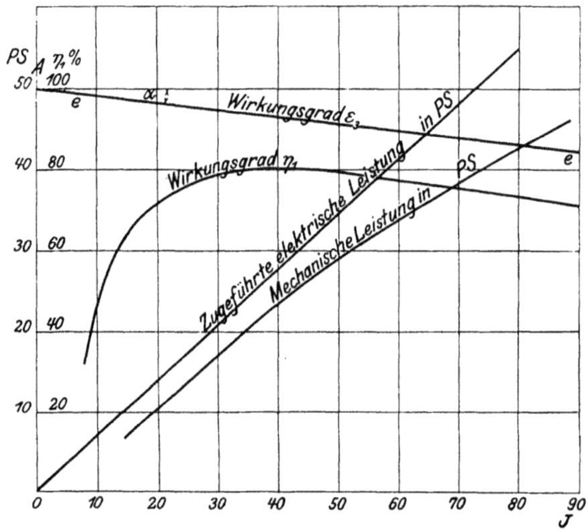

Fig. 20.

im IV. Teil eingegangen werden, wo in der Gegenüberstellung zum Nebenschlußmotor diese Eigenschaft mehr zur Geltung kommen wird.

Wirkungsgrad. Da an elektrischer Energie EJ in Watt, also $\frac{EJ}{736}$ in PS aufgewendet wurde, wovon nur $0{\cdot}00139\,n\,M_d$ PS mechanisch wiedergewonnen werden, so ergibt sich der Gesamtwirkungsgrad des Motors unter Vernachlässigung des im II. Teil erwähnten ε_2

$$\eta_1 = \varepsilon_1 \varepsilon_3 = 1{\cdot}026 \frac{M_d n}{EJ}.$$

In Fig. 20 ist die Pferdestärkenkurve und die Kurve des Wirkungsgrades η_1 für den als Beispiel gewählten amerikanischen Straßenbahnmotor dargestellt.

Zur Kurve η_1 sei noch folgendes bemerkt (Fig. 20): Zieht man die Gerade *ee* in der früher (Seite 79) angegebenen Weise, also derart, daß tg $\alpha = R$, so geben die jeweiligen Ordinaten derselben die Größe $\varepsilon_3 = \frac{e}{E}$, welche gleichfalls zur Berechnung von ε_1 (siehe Seite 81) nach der Formel $\varepsilon_1 = \frac{\eta_1}{\varepsilon_3}$ benutzt werden kann. Der Faktor ε_3 ist es offenbar auch, der in der Regel die Form der Kurve für η_1 bei starken Belastungen bestimmt. Daraufhin kann man ein Verfahren angeben, das gestattet, den unbekannten Widerstand eines Motors aus der Kurve seines Wirkungsgrades annähernd zu bestimmen. Man ziehe durch den Punkt A, dessen Ordinate in irgend einem Maßstab (1 Längeneinheit $= a$ Volt) der Betriebsspannung entsprechen soll, eine Parallele zur Abscisse und eine Parallele *ee* zu dem letzten gewöhnlich geradlinigen Teil der Wirkungsgradkurve. Die trigonometrische Tangente des Winkels α entspricht dem gesuchten Widerstand. Zeichnet man also die Ordinate für irgend eine Stromstärke J, so schneiden die Schenkel des Winkels α auf dieser eine Strecke ab, welche den dem jeweiligen J entsprechenden Spannungsabfall in einem Maßstab: eine Längeneinheit $= a$ Volt darstellt. Aus dem Ohmschen Spannungsabfall und gewähltem J ist dann der Ohmsche Widerstand leicht zu berechnen. Diese Konstruktion kann ein praktisch brauchbares Resultat nur dann geben, wenn ε_1 für den zur Konstruktion benutzten Teil der Belastung nahezu konstant ist, was bei guten Motoren im allgemeinen zutreffen wird, und es wird dann die Wirkungsgradkurve η_1 in diesem Bereich nahezu geradlinig verlaufen.

Eine gegen die stärkere Belastung hin gekrümmte Wirkungsgradkurve weist immer auf ein starkes Zunehmen der Eisenverluste hin.

Der nutzlose Strom. Wir erwähnten früher, daß das Drehmoment eines Hauptstrommotors ausschließlich von der Stromstärke abhängig ist. Wie wir im II. Teil gesehen haben, kommen nun die verschiedenen Verluste infolge der Lager-, Luft- und Bürstenreibung, die Verluste infolge von Hysteresis und Wirbelströmen fast ausschließlich in einer Verminderung des Drehmomentes zum Ausdruck. Man kann sich daher vorstellen, daß von dem gesamten Strom, welchen der Motor aufnimmt, ein Teil i für diesen Verlust verbraucht wird. Auch für diese Stromstärke i gebraucht man dann häufig die Bezeichnung Leerlaufstrom. Die Verluste bei wirklichem Leerlauf des Motors sind aber offenbar ganz andere als diejenigen, die in dem belasteten Motor auftreten; denn die Umdrehungszahl und die Magnetisierung, von denen sie in erster Linie bestimmt sind, unterscheiden sich in beiden Fällen ganz wesentlich. Der wirkliche Leerlaufstrom i_0, den wir früher bei der Form der Kurve des Drehmoments erwähnten, ist offenbar nur ein spezieller Wert von i. Wir würden vorschlagen, für i die Bezeichnung „nutzloser Strom" zu wählen, um diesen Begriff von dem wirklichen Leerlaufstrom i_0 zu unterscheiden. Mit Hilfe dieses „nutzlosen Stromes" läßt sich der Wirkungsgrad des Motors auch in der folgenden Form darstellen:

$$\eta_1 = \frac{e(J-i)}{EJ},$$

woraus:

$$i = J\left(1 - \frac{E}{e}\eta_1\right)$$

oder

$$i = J(1 - \varepsilon_1)$$

oder endlich

$$i = J\left(1 - \frac{E}{E - JR}\eta_1\right).$$

Auf Grund einer dieser Formeln läßt sich i berechnen und in Kurvenform abhängig von J darstellen (Fig. 21). Man sieht aus Fig. 5, daß i durchaus keinen konstanten Wert hat und von i_0 beträchtlich abweicht. i_0 selbst ist der Wert von i, für welchen $\eta_1 = 0$. Das Produkt ie muß selbstverständlich die Gesamtreibungsverluste in Watt ergeben.

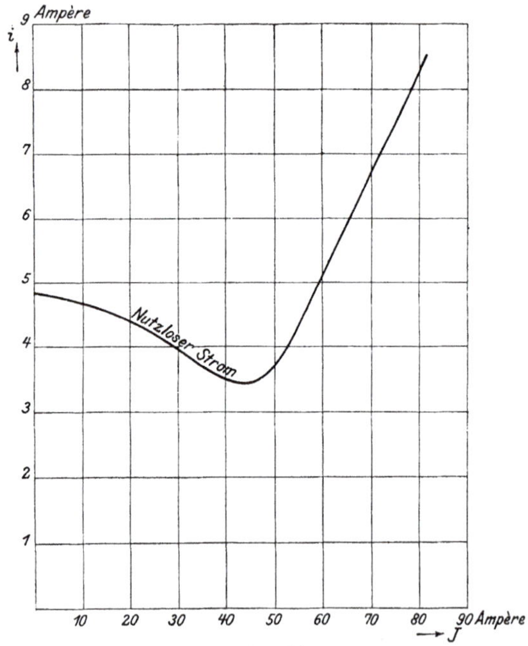

Fig. 21.

Eine Trennung der Verluste soll hier nicht durchgeführt werden. Bezüglich Ermittelung derselben ist man auf Versuche angewiesen (siehe VI. Teil).

In Fig. 22 geben wir eine Darstellung der einzelnen Verluste für den Bahnmotor Type T. M. 20 der Maschinenfabrik Örlikon, dessen charakteristische Kurven später in Fig. 27 gegeben sind.

Einfluß der Betriebsspannung. Unsere Betrachtungen fußten bisher auf der Voraussetzung, daß dem Motor eine stets konstant bleibende Spannung zugeführt werde. In Wirklichkeit wird nun der Motor sehr selten mit konstanter Spannung betrieben. Er wird zwar in der Regel für 500 Volt gebaut und mit 500 Volt geprüft und seine von der Fabrikationsgesellschaft aufgestellten Kurven sind gewöhnlich auf diese Spannung bezogen, aber im Betriebe wird er sehr häufig in der Nähe des Kraftwerkes mit einer Spannung von 550 Volt und am äußersten Endpunkt der Betriebslinie mit einer Spannung von vielleicht 450 Volt laufen. Außerdem wird es nicht selten vorkommen, daß man gezwungen ist, einen

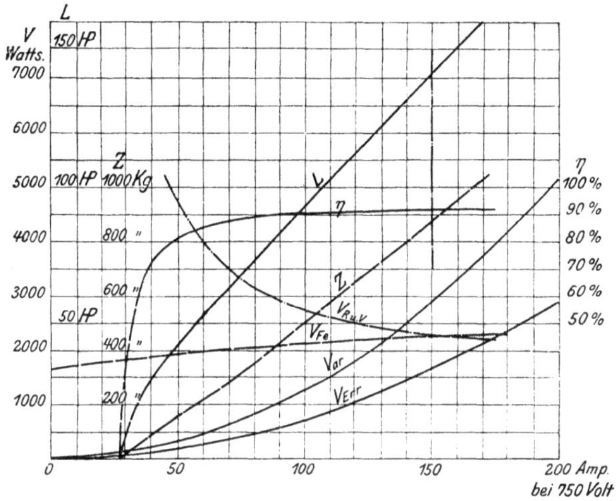

Fig. 22.

η = Wirkungsgrad, L = Leistung an der Motorwelle, Z = Zugkraft am Ankerumfang, V_{Fe} = Eisenverluste, V_{ar} = Ankerkupferverlust, V_{Err} = Kupferverlust der Magnetspulen, V_{RuV} = Reibungsverlust.

für 500 Volt Spannung berechneten Motor bei 600 Volt laufen zu lassen, und bei Grubenbahnen wird man nicht selten niedrigeren Spannungen begegnen bis zu 300 Volt. Man muß sich deshalb klar darüber sein, in welcher Weise die charakteristischen Größen eines Hauptstrommotors, in erster Linie Drehmoment und Umdrehungszahl, sich ändern, wenn die zugeführte Spannung geändert wird.

Was zunächst das Drehmoment anbelangt, so haben wir bereits früher gefunden, daß dieses so gut wie unabhängig von der Spannung ist. ε_1 ist freilich insofern von der Spannung abhängig, als die Verluste im Motor, die dadurch zum Ausdruck gebracht werden, wesentlich durch die Umdrehungszahl bestimmt sind und diese selbst wieder vollständig von der Spannung abhängt. Zur Vereinfachung unserer Untersuchung begnügen wir uns jedoch, ε_1

konstant für alle Spannungen anzunehmen, womit wir übrigens keinen großen Fehler begehen.

Um also ein bestimmtes Drehmoment abgeben zu können, nimmt irgend ein bestimmter Hauptstrommotor stets ein und dieselbe Stromstärke auf, gleichgültig mit welcher Spannung ihm dieser Strom zugeführt wird. Bei einem Bahnnetz kann demnach die Spannung in der Zentrale erheblich geändert werden, ohne daß eine andere Stromverteilung oder ein Mehr oder Minder an Stromentnahme auftritt.

Belastet man unseren 35 PS-Bahnmotor mit einem Bremszaum z. B. derart, daß er ein Drehmoment von 30 kgm abgibt, so würde er nach der Kurve Fig. 19 eine Stromstärke von ca. 46 Amp. aufnehmen, ob man ihm nun 300, 400, 500 oder 600 Volt Spannung zuführt. Der Einfluß von ε_1 wird nur dadurch zur Geltung kommen, daß bei Spannungen unter 500 Volt die Stromstärke um ein geringes kleiner, bei Spannungen über 500 Volt um ein geringes größer ist als 46 Amp.

Wenn derart die Stromstärke konstant bleibt, so ändert sich die aufgewendete elektrische Leistung direkt mit der zugeführten Spannung. Da diese Leistung nahezu vollständig als mechanische wiedergewonnen wird und der eine Faktor derselben (das Drehmoment) konstant bleibt, ist von vornherein klar, daß der andere Faktor der mechanischen Leistung, die Umdrehungszahl, nahezu proportional mit der Spannung sich ändern muß. Dies ist auch sofort aus Gleichung 7a) ersichtlich. Vernachlässigt man nämlich JR, das in der Regel gegen E sehr klein ist, so formt sich diese Gleichung in die folgende um:

$$n = \frac{p_1}{p} \cdot \frac{60 \cdot 10^8}{\Phi N} \cdot E = k \cdot E,$$

wobei $k = \frac{p_1}{p} \cdot \frac{60 \cdot 10^8}{\Phi N}$ ein Proportionalitätsfaktor. Die genaue Beziehung lautet allerdings

$$n = k \cdot e,$$

d. h. die Umdrehungszahl ist der Gegen-EMK des Motors proportional.

Bei gleicher Stromstärke verhalten sich also die Umdrehungszahlen eines Hauptstrommotors annähernd wie die zugeführten Spannungen oder genau wie die gegenelektromotorischen Kräfte des Motors.

Mit Hilfe der beiden soeben aufgestellten Gesetze ist es nun leicht, die für irgend eine bestimmte Spannung gegebenen Motordiagramme für die gewünschte veränderte Spannung wenigstens annähernd zu bestimmen.

Die Kurve des Drehmomentes bleibt nach obigem unverändert, da wir auf die Änderung von ε_1 nicht eingehen wollen.

Die Kurve der Umdrehungszahlen läßt sich auf rechnerischem Wege leicht bestimmen; wir ziehen jedoch das graphische Verfahren nach Fig. 23 vor. nn stellt in dieser Figur die gegebene Umdrehungszahl dar, die Parallele EE ist in einem Abstande zur Abscissenachse gezogen, welcher (in einem Maßstabe 1 Längeneinheit $= a$ Volt) derjenigen Spannung entspricht, auf welche sich die Kurve nn bezieht. Ebenso zieht man eine Parallele, $E'E'$ im Abstand der, wie gewünscht, veränderten Spannung im selben Maßstabe. Nun kann man bei bekanntem Motorwiderstand die beiden Geraden ee und $e'e'$ ziehen, welche die Gegen-EMK des Motors für beide Betriebsspannungen darstellen ($\mathrm{tg}\,\alpha = R$ siehe Seite 79). Wählt man nun irgend eine Stromstärke J, so entsprechen dieser die gegebene Umdrehungszahl n_J und die elektromotorischen Gegenkräfte e_J resp. e'_J. Ist die gesuchte Umdrehungszahl bei veränderter Spannung n'_J, so gilt nach früherem:

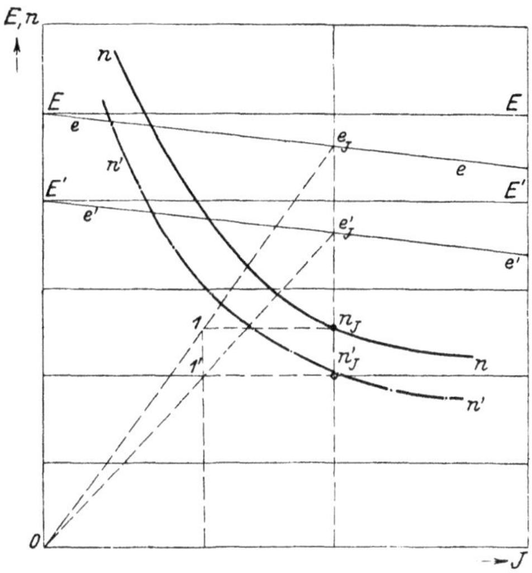

Fig. 23.

$$\frac{n_J}{n'_J} = \frac{e_J}{e'_J}.$$

Zur Aufsuchung von n'_J verbindet man also e_J und e'_J mit 0, zieht $\overline{n_J 1}$ parallel zur Abscissenachse, findet so 1, zieht $\overline{11'}$ parallel zur Ordinatenachse, findet so 1', zieht $\overline{1'n'_J}$ parallel zur Abscissenachse und findet so schließlich die gewünschte Umdrehungszahl n'_J.

Wenn die Spannung, welche den einzelnen Motorwagen zugeführt wird, infolge der Verluste in den Zuleitungen fällt, so büßt also der Motor durchaus nicht an Zugkraft ein, dagegen werden die Wagen langsamer laufen als bei normaler Spannung.

Erwähnenswert ist noch, daß sich mit Änderung der Spannung auch der Wirkungsgrad erheblich verändern sollte, wenn man zunächst von der Änderung von ε_1 absieht. Es ist nämlich nach früherem

$$\eta_1 = \varepsilon_1\,\varepsilon_3 \text{ und } \varepsilon_3 = \frac{E - JR}{E} = 1 - \frac{JR}{E}.$$

Bei geänderter Spannung ist

$$\varepsilon'_3 = \frac{E' - JR}{E'} = 1 - \frac{JR}{E'}, \text{ daher}$$

$$\frac{\varepsilon'_3}{\varepsilon_3} = \frac{1 - \frac{JR}{E'}}{1 - \frac{JR}{E}}.$$

Da JR eine konstante Größe vorstellt, nimmt also der Wirkungsgrad bei abnehmender Spannung ab, bei zunehmender zu. ε_1 ändert sich aber offenbar im umgekehrten Sinne, da infolge der geringeren Umdrehungszahl bei geringerer Spannung die Hysteresis- und Wirbelstromverluste etc. abnehmen, bei höheren Spannungen aber zunehmen.

Die Änderung des gesamten Wirkungsgrades ist also innerhalb gewisser Grenzen unerheblich.

Einfluß der Feldstärke und der Anzahl der Ankerleiter. Wir wollen uns nun Rechenschaft darüber ablegen, welche Veränderung in dem Verhalten eines Hauptstrommotors eintritt, wenn der Anker desselben umgewickelt wird, d. h. wenn die Anzahl der wirksamen Ankerleiter geändert wird. Gleichzeitig wollen wir untersuchen, welchen Einfluß die Windungszahl der Feldspulen auf sein Verhalten hat.

Die Feldstärke. Der Motor besitze z. B. s Windungen pro Pol, also $2s$ pro Polpaar oder endlich $2sp$ Windungen für p Polpaare. Würden nun statt der bisherigen Magnetspulen neue Spulen aufgebracht, welche s' Windungen pro Pol besitzen (oder $2s'p$ für den ganzen Motor), so wird natürlich die Magnetisierungslinie des Motors verändert und damit die sämtlichen übrigen daraus abgeleiteten Kurven. Es sei nun $s' = \xi s$.

Wenn früher der Stromstärke J eine Magnetisierung Φ pro Polpaar entsprach, so waren hierzu $2sJ$ Ampèrewindungen nötig. Bei derselben Stromstärke werden nach der Änderung der Spulen $2\xi sJ$ Ampèrewindungen wirken, und es werden unter dem Einfluß dieser Windungen offenbar genau so viele Kraftlinien das Eisen durchsetzen als vor der Änderung bei einer Stromstärke ξJ. Da man diesen letzteren Wert aus den Kurven, wie früher angegeben, ableiten kann, ist man also in den Stand gesetzt, die Magnetisierungslinie für den Motor mit veränderter Magnetbewicklung aufzuzeichnen. Aus der bekannten Magnetisierungslinie lassen sich dann die übrigen Kurven (Drehmoment, Umdrehungszahl, Wirkungsgrad) wie früher entwickeln. Natürlich hat man die Zu- oder Abnahme des Feldwiderstandes R_m dabei entsprechend zu berücksichtigen. Bezüglich ε_1 muß man beachten, daß für die neuen Kurven dem Strome J ungefähr jenes ε_1 entspricht, welches in dem alten Diagramme ξJ entsprach. Diese Bestimmung der neuen Kurven mit Hilfe der Magnetisierungslinie ist leicht verständlich, aber auch sehr umständlich. Es soll daher noch ein Verfahren angegeben werden, nach welchem es möglich ist, die Kurve des Drehmomentes und der Umdrehungszahl direkt aus den gegebenen Kurven abzuleiten.

Wir beschäftigen uns zunächst mit der Kurve der Umdrehungszahlen. R sei der Gesamtwiderstand des Motors bei Verwendung der alten Feldspulen, R_ξ der Gesamtwiderstand bei Verwendung der neuen. Entspricht in der neuen Kurve dem Strome J eine Umdrehungszahl n'', und ist dabei die Anzahl der Kraftlinien pro Pol Φ'', so muß

$$n'' = \frac{e''}{k\,\Phi''}$$

sein, wobei k eine Proportionalitätskonstante. Φ'' ist dann, wie wir sahen, dadurch gegeben, daß es identisch ist mit der Anzahl der Kraftlinien, die vor der Veränderung der Spulen bei einer Stromstärke ξJ auftraten.

Bei dieser Stromstärke sei nun die Umdrehungszahl nach der alten Kurve n_ξ; es ist dann

$$n_\xi = \frac{e_\xi}{k\,\Phi''}$$

und daher $\Phi'' = \frac{e_\xi}{k\,n_\xi}$. Dabei ist $e_\xi = E - R\,\xi\,J$ die aus dem früheren Diagramme folgende Gegen-EMK des Motors bei der Stromstärke ξJ.

Setzt man den Wert von Φ'' in die Gleichung für n'' ein, so erhält man:

$$n'' = \frac{e''}{e_\xi}\,n_\xi = \frac{E - J R_\xi}{E - J\,\xi\,R}\,n_\xi,$$

nach welcher Formel offenbar die einzelnen Werte der neuen Umdrehungszahlkurve berechnet werden können.

Umständlicher als die Berechnung ist die graphische Bestimmung der neuen Kurve. Es sei in Fig. 24 die ursprüngliche Umdrehungszahlkurve durch die Kurve $n\,n$ gegeben, ferner seien R und R_ξ bekannt, ebenso natürlich ξ. Man wähle irgend einen Maßstab für die Spannung E und zeichne in der üblichen Weise die beiden Geraden der gegenelektromotorischen Kräfte e und e'', welche den Widerständen R bezw. R_ξ entsprechen. Man wähle nun zwei Werte für die Stromstärke, welche im Verhältnis ξ zueinander stehen,

ξJ und J. Der Stromstärke ξJ entspricht in der $n n$ Kurve die Umdrehungszahl n_ξ. Der Stromstärke J wird dann bei geänderter Magnetspule eine Umdrehungszahl n'' entsprechen, welche nach dem vorstehenden gegeben ist durch $n'' = \frac{e''_J}{e_\xi} n_\xi$, d. h. es gilt auch die Proportion

$$\frac{e''_J}{e_\xi} = \frac{n''}{n_\xi}$$

e''_J entspricht der Stromstärke J auf der Geraden e'', e_ξ der Stromstärke ξJ auf der Geraden e. Projiciert man e''_J nach e'_J, verbindet e'_J und e mit 0, zeichnet $\overline{n_\xi 1}$ parallel zur Abscissenachse,

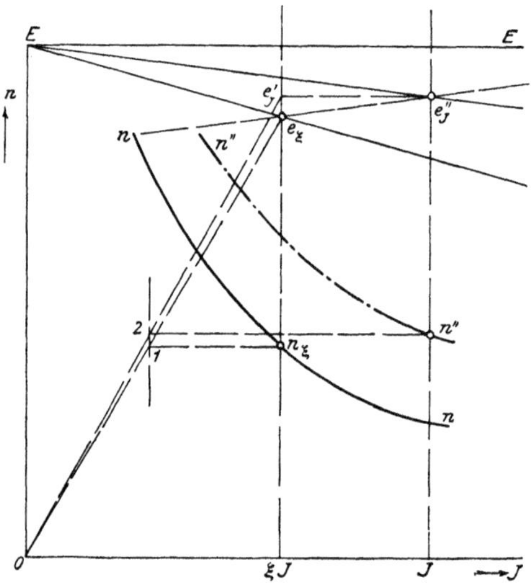

Fig. 24.

$\overline{12}$ parallel zur Ordinatenachse und $\overline{2n''}$ wieder parallel zur Abscissenachse, so ist n'' ein Punkt der neuen Kurve der Umdrehungszahlen $n'' n''$.

Die Neigung der Verbindungslinie $e_\xi\, e''_J$ ist für alle Werte der Stromstärke dieselbe.

Der Winkel, unter dem die Gerade $e_\xi\, e''_J$ gegen die Abscissenachse geneigt ist, sei z. B. β. Dann ist $\operatorname{tg}\beta = \frac{e''_J - e_\xi}{J - \xi J}$ oder da: $e''_J = E - J R_\xi$ und $e_\xi = E - J \xi R$ ist

$$\operatorname{tg}\beta = \frac{E - J R_\xi - E + J \xi R}{J - \xi J}$$

oder

$$\operatorname{tg}\beta = \frac{\xi R - R_\xi}{1 - \xi}$$

$\operatorname{tg}\beta$ ist also von der Stromstärke unabhängig, d. h. die Gerade $\overline{e_\xi\, e''}$ besitzt für alle Stromstärken dieselbe Neigung gegen die Abscissenachse.

Zusammengehörige Werte ξJ und J findet man übrigens auch dadurch, daß man auf der Ordinatenachse von 0 aus zwei Strecken $\overline{01}$ und $\overline{02}$ so aufträgt, daß $\frac{\overline{01}}{02} = \xi$; für eine beliebige Stromstärke J findet man dann die Stromstärke ξJ dadurch, daß man J mit 2 verbindet und von 1 zu dieser Verbindungslinie eine Parallele zieht (Fig. 25).

In ähnlicher Weise läßt sich die Kurve des Drehmomentes mit Umgehung der Magnetisierungslinie entwickeln. Hier stört uns die Änderung des Feldwiderstandes, die durch die neuen Spulen zu erwarten ist, nicht im geringsten, da dieser Widerstand ja nur eine Änderung der Spannung bedingt, von welcher das Drehmoment so gut wie unabhängig ist. Es sei nun wieder die ursprüngliche Drehmomentskurve gegeben. Das Drehmoment M_d ist bestimmt durch $M_d = \varepsilon_1 k \cdot \Phi \cdot J$, wobei k ein Proportionalitätsfaktor.

Nach Abänderung der Feldspulen ist

$$M_d'' = \varepsilon_1'' k \cdot \Phi'' J.$$

Φ'' ist dabei diejenige Kraftlinienzahl, welche im ursprünglichen Zustande der Feldspulen der Stromstärke ξJ entsprach. Bei der Stromstärke ξJ sei nun das Drehmoment bei der ursprünglichen Feldwindungszahl M_ξ und es ist dann:

$$M_\xi = \varepsilon_\xi k \cdot \Phi'' \xi J,$$

oder

$$\Phi'' = \frac{M_\xi}{\varepsilon_\xi k \cdot \xi \cdot J}.$$

Setzt man diesen Wert in die Gleichung für M_d'' ein, so erhält man

$$M_d'' = \frac{\varepsilon_1''}{\varepsilon_\xi} M_\xi \cdot \frac{1}{\xi}.$$

$\frac{\varepsilon_1''}{\varepsilon_\xi}$ können wir für unsere Zwecke genügend genau gleich Eins setzen, so daß wir M_d'' nach folgender Formel berechnen:

$$M_d'' = \frac{1}{\xi} M_\xi.$$

Versuchen wir auch dieses Ergebnis graphisch zu verwerten.

Es sei in Fig. 25 $M_d\,M_d$ die Kurve des Drehmomentes bei ungeänderten Magnetspulen. Nehmen wir abermals die beiden Stromstärken J und ξJ an. Da das neue Drehmoment $M_d'' = \frac{1}{\xi} M_\xi$ ist, also $M_\xi = \xi M_d''$, so gilt auch die Gleichung

$$M_\xi : M_d'' = \xi J : J.$$

Es genügt also, zur Bestimmung von M_d'' eine Verbindungslinie zwischen O und M_ξ zu ziehen und diese bis zum Schnitt mit der Ordinate für die Stromstärke J zu verlängern, wodurch M_d'' erhalten wird.

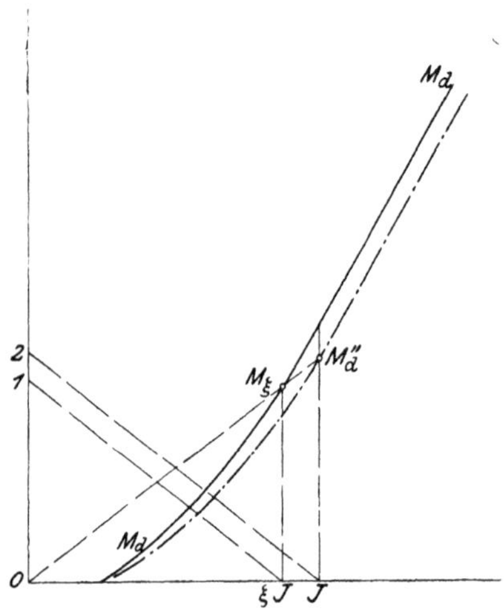

Fig. 25.

Um eine Reihe von Punkten der neuen Kurve zu bestimmen, dürfte es sich abermals empfehlen, zur Aufsuchung von zugeordneten Werten ξJ und J die beiden Strecken $\overline{01}$ und $\overline{02}$ aufzutragen, wie in der vorhergehenden Konstruktion.

Es war übrigens von vornherein einzusehen, daß eine Vermehrung der Ampèrewindungen eine Abnahme der Umdrehungszahl und eine Zunahme des Drehmomentes bewirken wird, so wie eine Verminderung der Ampèrewindungen eine Vermehrung der Umdrehungszahl und eine Abnahme des Drehmomentes zur Folge haben muß. Es ist auch ohne mathematische Entwickelung sofort zu erkennen, daß diese Zu- bezw. Abnahme erheblicher bei geringer Belastung als bei großer sein muß. Wenn wir trotzdem im Detail auf dieses Problem eingegangen sind, so ist dies damit zu begründen, daß die Änderung der Ampèrewindungen ein Mittel zur Veränderung der Geschwindigkeit ist, das in der Praxis Eingang gefunden hat. Weitere Ausführungen hierüber findet man weiter unten bei Besprechung der Methoden für die Regulierung der Geschwindigkeit.

Ankerleiter. Ändert man an einem Hauptstrommotor die Anzahl wirksamer Leiter der Ankerwickelung, so tritt ebenfalls eine wesentliche Veränderung der Kurven für die Umdrehungszahl und das Drehmoment ein. Im allgemeinen wird eine Umänderung der Ankerwickelung stets mit einer Veränderung des Ankerwiderstandes verbunden sein. Bezeichnen wir nun diese Zunahme (resp.

Abnahme) des Ankerwiderstandes, wenn statt N wirksamen Ankerleitern ξN Verwendung finden, mit $+r$ (bezw. $-r$), ferner sei die elektromotorische Gegenkraft des Ankers vor der Umänderung e und nach der Umänderung (bei derselben Stromstärke) e'. Dann ist

$$e = E - JR$$

$$e' = E - J(R \pm r) = E - JR \pm rJ$$

oder

$$e' = e \pm rJ.$$

Die Umdrehungszahl ist nach Gleichung 7a) gegeben durch

$$n = \frac{p_1}{p} \cdot \frac{60 \cdot 10^8}{\Phi N} [E - JR] = \frac{p_1}{p} \cdot \frac{60 \cdot 10^8}{\Phi N} \cdot e.$$

Bei derselben Stromstärke wird nach der Umänderung Φ unverändert bleiben, N wird in ξN übergehen und e in e'. Bezeichnet man die neue Umdrehungszahl mit n', so ist dieses gegeben durch:

$$n' = \frac{p_1}{p} \cdot \frac{60 \cdot 10^8}{\Phi \xi N} (e \pm rJ),$$

oder $n' = \frac{n}{\xi} \cdot \frac{e \pm rJ}{e}$, was auch in der Form $n' = \frac{n}{\xi} \cdot \frac{E - (R \pm r) J}{E - JR}$ geschrieben werden kann.

Ist rJ sehr klein gegen e, so ist

$$n' = \frac{n}{\xi} \text{ oder } \frac{n}{n'} = \xi.$$

Da $\xi = \frac{N'}{N}$ ist, so gilt auch annähernd:

$$\frac{n}{n'} = \frac{N'}{N},$$

d. h. die Umdrehungszahlen vor und nach der Umänderung der Ankerwickelung verhalten sich annähernd umgekehrt wie die jeweilige Ankerleiteranzahl. Bemerkenswert ist noch, daß bei Vermehrung der Ankerleiter auch die Ankerrückwirkung vermehrt wird, was zur Folge hätte, daß ein schwächeres Feld entsteht, als vor der Umänderung bei derselben Stromstärke J auftrat. Die Umdrehungszahl müßte also aus diesem Grunde höher werden. Im allgemeinen wird diese Wirkung nicht in Betracht kommen.

Das Drehmoment des neuen Ankers findet man aus der Formel

$$M_d' = \varepsilon_1' \frac{1}{2\pi g} \cdot \frac{p}{p_1} \cdot \frac{\Phi \xi N}{10^8} \cdot J,$$

da

$$\frac{1}{2\pi g} \cdot \frac{p}{p_1} \cdot \frac{\Phi N}{10^8} \cdot J = \frac{M_d}{\varepsilon_1}$$

zu

$$M_d' = \frac{\varepsilon_1'}{\varepsilon_1} M_d \cdot \xi.$$

Setzt man $\frac{\varepsilon_1'}{\varepsilon_1}$ annähernd $= 1$, so ist

$$\frac{M_d'}{M_d} = \xi = \frac{N'}{N}.$$

Es verhalten sich also die Drehmomente vor und nach der Umwickelung des Ankers annähernd direkt wie die jeweilige Anzahl der Ankerleiter.

Bezüglich der Größe von ε_1 und ε_1' läßt sich im allgemeinen sagen, daß die beiden Werte sich wenig unterscheiden werden. Ankerrückwirkung und die Änderung der Umdrehungszahl wirken im entgegengesetzten Sinne, und es kann für unsere Zwecke angenommen werden, daß sie sich gegenseitig in ihrer Wirkung aufheben.

Multipliziert man die für M_d' und n' gefundenen Ausdrücke, so fällt ξ aus der Rechnung, und man ersieht daraus, daß durch die Umwickelung des Ankers eine wesentliche Leistungsveränderung nicht erreicht werden kann, insofern bei derselben Stromstärke der Motor, abgesehen von der Änderung des Wirkungsgrades, stets dieselbe Leistung in PS gibt. Wohl aber ändert sich die Leistungsfähigkeit, welche durch die Erwärmung begrenzt ist. Geht man von N Ankerleitern bei der Umwickelung zu ξN Leitern über, so wird sich der Widerstand R in $\xi^2 R$ ändern, da die Länge der Ankerdrähte ξ mal so groß wird wie vorher, während der Querschnitt annähernd $\frac{1}{\xi}$ von dem früheren betragen muß. Da die Erwärmung im Anker vorher annähernd durch $J^2 R$ gegeben ist, muß nach der Umwickelung die Stromstärke $\frac{J}{\xi}$ sein, damit dieselbe Erwärmung $J^2 R = \frac{J^2}{\xi^2} \cdot \xi^2 R$ auftritt. Der Stromstärke $\frac{J}{\xi}$ entspricht aber annähernd $\frac{1}{\xi}$ der Leistung. Man sieht also, daß die Leistungsgrenze im Verhältnis $\frac{1}{\xi}$ sich ändert.

Dies ist eine wohlbekannte Tatsache, da diese Leistungsänderung ja stets von einer Änderung der Umdrehungszahl um $\frac{1}{\xi}$ begleitet ist und die Leistung bekanntlich dann entsprechend der Umdrehungszahl sich vermindert oder vermehrt.

Zugkraft und Geschwindigkeit. Wir haben uns bisher darauf beschränkt von dem Drehmoment des Motorankers und der Umdrehungszahl desselben zu sprechen. Für den praktischen Gebrauch sind diese beiden Größen nicht üblich, man bedient sich hier vielmehr der Zugkraft und Geschwindigkeit, welche der Motor dem Wagen zu erteilen vermag, um das Verhalten des Motors zu kennzeichnen.

Wir haben uns also zunächst mit den einfachen Gesetzen zu beschäftigen, welche der Übertragung der drehenden Bewegung des Motorankers auf die Wagenachse zu Grunde liegen. Diese Übertragung geschieht bei modernen Motoren durchweg mittels Zahnräder, so daß wir im folgenden nur diese Übertragung berücksichtigen.

Sitzt der Motoranker direkt auf der Wagenachse, so daß also überhaupt kein Übertragungsmechanismus vorhanden ist, so ist das Drehmoment M_d des Motorankers zugleich das Drehmoment des Triebrades. Ist also d_r der Durchmesser desselben in m, so ist die Zugkraft, die von der angetriebenen Achse ausgeht,

$$Z = \frac{2\,M_d}{d_r}.$$

Ist die Umdrehungszahl des Motorankers bei diesem Drehmoment n, so ist die Geschwindigkeit, mit der sich der Wagen bewegen wird,

$$v_1 = \frac{n}{60}\pi\, d_r \text{ in m/Sek.},$$

oder

$$v = 0{,}1885\, d_r\, n \text{ in km/Stunde.}$$

Ähnlich einfach ist die Berechnung der Zugkraft und der Geschwindigkeit, wenn zwischen Motor- und Wagenachse ein Zahngetriebe eingeschaltet ist. Man nennt dann bekanntlich

$$\varphi = \frac{\text{Zähnezahl des Zahnrades}}{\text{Zähnezahl des Triebes}} = \frac{\text{Teilkreisdurchmesser des Zahnrades}}{\text{Teilkreisdurchmesser des Triebes}} = \frac{\text{Umdrehungszahl des Triebes}}{\text{Umdrehungszahl des Zahnrades}}$$

das Übersetzungsverhältnis des Vorgeleges. Wenn also der Motoranker n Umdrehungen in der Minute macht, so wird das Laufrad des Wagens $\frac{n}{\varphi}$ Umdrehungen machen und es wird

$$v_1 = \frac{n\,\pi \cdot d_r}{60\,\varphi}$$

die Wagengeschwindigkeit in m/Sek. sein, oder

$$v = \frac{0{,}1885}{\varphi}\, d_r\, n$$

die Wagengeschwindigkeit in Stunden-Kilometern.

Aus der bekannten Wagengeschwindigkeit in Stundenkilometern ergibt sich umgekehrt die Umdrehungszahl für den Motoranker nach der Formel

$$n = \frac{\varphi}{0{,}1885} \, \frac{v}{d_r}.$$

Die Kurve der Umdrehungszahlen stellt also zugleich die Kurve für die Wagengeschwindigkeit dar, nur ändert sich der Maßstab. Bedeutet 1 Längeneinheit n Umdrehungen, so stellt sie auch $\frac{0{,}1885}{\varphi} d_r \, n$ km/St. Geschwindigkeit vor. Umgekehrt bedeutet eine Längeneinheit in der Geschwindigkeitskurve v km/St., so bedeutet sie auch $\frac{\varphi}{0{,}1885} \, \frac{v}{d_r}$ Umdrehungen des Motors.

Wir gehen nun zur Darstellung der Zugkraft über. Der Zahntrieb, der direkt auf der Motorwelle sitzt, hat das Drehmoment M_d des Motors. Ist der Teilkreisdurchmesser des Triebes d_t in mm, so ist der Druck, den die Zähne desselben auf die Zähne des Zahnrades ausüben

$$P_1 = \frac{2000 \, M_d}{d_t} \text{ in kg.}$$

Diese Kraft würde, wenn keinerlei Verluste vorhanden wären, dem angetriebenen Zahnrad ein Drehmoment $\frac{P_1 \, d_z}{2000}$ mkg erteilen, wenn mit d_z der Teilkreisdurchmesser des Zahnrades in mm bezeichnet wird.

Infolge der Zahnreibung wird nicht das volle Moment $\frac{P_1 \, d_z}{2000}$ an dem Zahnrad auftreten, sondern bloß ein Teil davon: $\eta_2 \frac{P_1 \, d_z}{2000}$, wobei η_2 der Wirkungsgrad des Getriebes. Je nach der Ausführung und dem Zustand des Getriebes wird η_2 zwischen 0,9 bis 0,96 schwanken. Im übrigen können wir diesen Wirkungsgrad konstant, also unabhängig von der Geschwindigkeit annehmen. Das Drehmoment des Zahnrades stellt zugleich dasjenige des Laufrades vor und wir erhalten, wenn wir dieses Moment mit 2 multiplizieren und durch den Laufraddurchmesser (in m) dividieren, die an dem Wagen ausgeübte Zugkraft Z. Nun ist dieses Drehmoment $\eta_2 \frac{P_1 \, d_z}{2000}$ oder, wenn der Wert von P_1 eingesetzt wird, $\eta_2 \, M_d \frac{d_z}{d_t}$. Da $\frac{d_z}{d_t} = \varphi$, ist also schließlich die Zugkraft:

$$Z = \eta_2 \, \varphi \cdot \frac{2 \, M_d}{d_r} \text{ kg.}$$

Umgekehrt ist das Drehmoment des Motorankers bei bekannter Zugkraft

$$M_d = \frac{Z\,d_r}{2\,\eta_2\,\varphi}\ \text{mkg}.$$

Die Kurve des Drehmomentes entspricht also vollkommen der Kurve für die Zugkraft, nur ist der Maßstab mit einer Konstanten $c = \eta_2\,\varphi\,\frac{2}{d_r}$ zu multiplizieren. Umgekehrt dividiert man bei gegebener Zugkraftkurve die einzelnen Werte durch diese Konstante, um das Drehmoment zu erhalten.

Motordiagramm. Kennen wir nun den Wirkungsgrad η_2 und das Übersetzungsverhältnis φ, so können wir die Kurven der Zug-

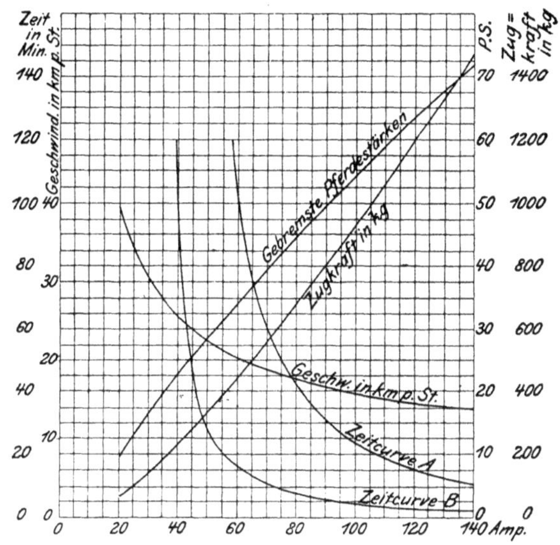

Fig. 26.

kraft und der Geschwindigkeit bestimmen. Man erhält so das gebräuchliche Motordiagramm, in welchem nun auch der Gesamtwirkungsgrad $\eta = \eta_1 \eta_2$ zum Ausdruck kommt. Ein vollständiges Motordiagramm braucht nur die Kurven für die Geschwindigkeit und die Zugkraft zu enthalten. Gewöhnlich werden diese Kurven abhängig von der Stromstärke dargestellt, wie dies auch in den bisher gegebenen Diagrammen der Fall ist. Aus der Zugkraft- und Geschwindigkeitskurve lassen sich die Kurven für die zugeführte und abgegebene Leistung und die Kurve des Wirkungsgrades ableiten.

Ein vollständiges Motordiagramm muß aber, um verwendbar zu sein, noch eine Reihe von Angaben enthalten und zwar:

1. Angabe der Betriebsspannung.

2. Angabe der Dauerleistung und der einstündigen Leistung nebst Bezeichnung der Übertemperaturen, welche dieser Leistungsbezeichnung zu Grunde liegen, und, insofern nicht die Normalien des Verbandes Deutscher Elektrotechniker zu Grunde liegen, auch die Angabe, ob diese mit dem Thermometer oder durch die Zunahme des Widerstandes bestimmt wurden.

3. Angabe des Motorwiderstandes mit Angabe der Temperatur der Wickelung, bei welcher er bestimmt wurde.

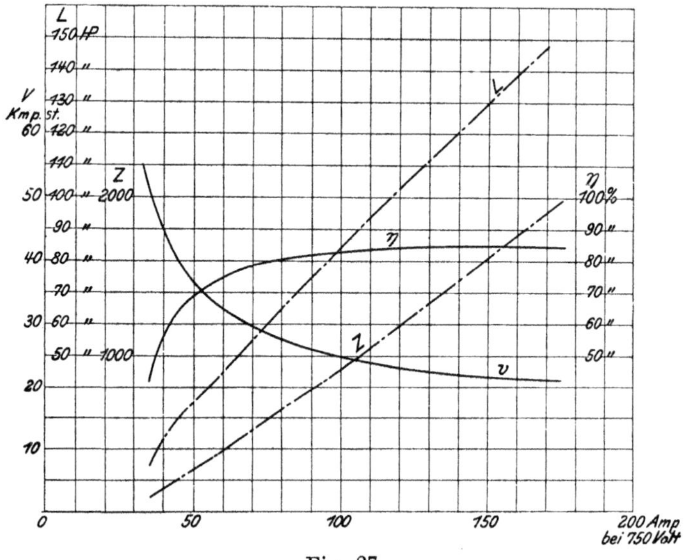

Fig. 27.

4. Maximale Stromstärke, welche der Motor mit Rücksicht auf das Feuern am Kommutator noch verträgt.

5. Übersetzungsverhältnis und sein Wirkungsgrad.

6. Laufraddurchmesser.

Erwünscht ist schließlich die Angabe des Gewichtes.

In letzter Zeit ist es bei einigen Gesellschaften üblich geworden, auch die Erwärmungskurven mit anzugeben. So zeigt Fig. 26 die charakteristischen Kurven des Bahnmotors No. 68 der Westinghouse-Gesellschaft und darunter zwei Kurven A und B, welche sich auf die Erwärmung beziehen.

Bei einer beliebigen Stromstärke gibt die zugehörige Ordinate der Kurve A diejenige Zeit in Minuten, welche verstreicht, bis der

Motor eine Übertemperatur von 75° erreicht hat, ebenso gibt die Kurve *B* die Zeit, welche verstreicht, bis der Motor vom betriebswarmen Zustand (Anfangsübertemperatur 55°) auf 75° Übertemperatur sich erwärmt hat. Als weiteres Beispiel geben wir in Fig. 27 die charakteristischen Kurven des Bahnmotors Type TM 20 der Maschinenfabrik Örlikon und in Fig. 28 die zugehörigen Erwärmungskurven.

Es genügt indessen, wie wir unter „Leistung“ im II. Teil gesehen haben, die Dauerleistung des Motors und seine Stundenleistung zu kennen, um diese Kurven genügend genau zu berechnen.

Übersetzungsverhältnis. Wir haben noch einige Bemerkungen zu dem Übersetzungsverhältnis zu machen. Durch dieses kann die

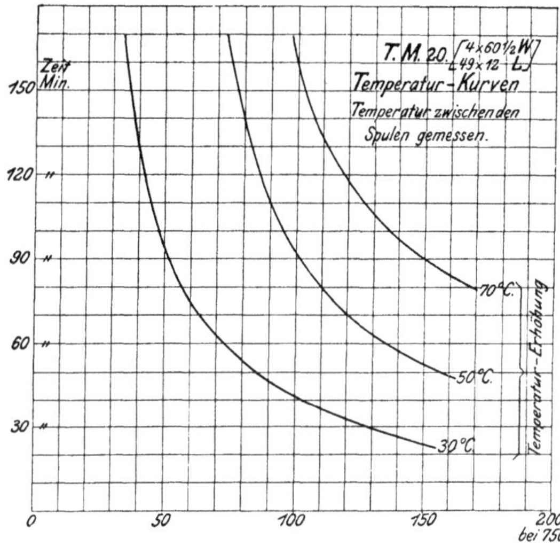

Fig. 28.

mechanische Leistung des Motors zwar nicht als Ganzes verändert werden, aber doch insofern, als davon das Verhältnis der beiden Leistungsfaktoren Z und v vollständig abhängt. Wird das Übersetzungsverhältnis geändert, so ändert sich Z und v, aber derart, daß das Produkt Zv konstant bleibt, insofern sich der Wirkungsgrad η_2 nicht ändert.

Geht man von dem Übersetzungsverhältnis φ zu einem anderen φ' über, so wird die neue Geschwindigkeit

$$v' = \frac{0{\cdot}1885}{\varphi'} d_r n$$

oder

$$v' = v \frac{\varphi}{\varphi'}.$$

Ebenso wird die Zugkraft für das neue Vorgelege

$$Z' = \eta'_2 \varphi' \frac{2 M_d}{d_r} \text{ sein}$$

oder

$$Z' = \frac{\eta'_2}{\eta_2} \cdot \frac{\varphi'}{\varphi} \cdot Z,$$

$\frac{\eta'_2}{\eta_2}$ kann $= 1$ gesetzt werden.

Es verhalten sich also bei verschiedenen Übersetzungsverhältnissen die Zugkräfte direkt, die Geschwindigkeiten umgekehrt wie die Übersetzungsverhältnisse.

Hierbei ist indes vorausgesetzt, daß der Laufraddurchmesser d_r konstant bleibt, d. h. daß nicht auch gleichzeitig der Laufraddurchmesser geändert wird. Wird d_r geändert, so tritt ebenfalls eine Änderung von Z und v ein, auch wenn das Übersetzungsverhältnis das frühere bleibt.

Es werde z. B. der Laufraddurchmesser von d_r in d''_r geändert; dann wird die Geschwindigkeit v in v'' und die Zugkraft Z in Z'' übergehen.

Es ist

$$v'' = \frac{0{,}1885}{\varphi} d''_r n$$

oder

$$v'' = \frac{d''_r}{d_r} v,$$

ferner

$$Z'' = \eta_2 \varphi \frac{2 M_d}{d''_r},$$

$$Z'' = Z \frac{d_r}{d''_r}.$$

Es verhalten sich also die Geschwindigkeiten direkt, die Zugkräfte indirekt wie die Laufraddurchmesser.

Werden sowohl das Übersetzungsverhältnis als auch der Laufraddurchmesser geändert, so ist:

$$v' = \frac{d'_r}{d_r} \frac{\varphi}{\varphi'} v \text{ und } Z' = \frac{\eta'_2}{\eta_2} \frac{\varphi'}{\varphi} \frac{d_r}{d'_r}.$$

Man ersieht aus diesen Formeln, daß Geschwindigkeit und Zugkraft sich nicht verändern, wenn Laufraddurchmesser und Übersetzungsverhältnis proportional geändert werden.

Bei Berechnung von Lokomotivmotoren kommt es häufig vor, daß das Übersetzungsverhältnis zu ermitteln ist. Es ist dann nämlich meistens nur die Zugkraft der Lokomotive die gewünschte Geschwindigkeit und die Art des Zugdienstes gegeben, aus der man auf die Dauerleistung des Motors schließen kann. Zur Auffindung des Übersetzungsverhältnisses geht man dann so vor, daß man, der gegebenen Zugkraft Z und Geschwindigkeit v entsprechend, die Motorleistung $\frac{Zv}{3,6 \cdot 75 \cdot \eta_2}$ ermittelt. Aus der Leistungskurve des Motors entnimmt man dann die Stromstärke und die Umdrehungszahl, welche er bei dieser Leistung besitzt. Kennt man so n, dann ist

$$\varphi = \frac{0 \cdot 1885}{v} d_r n.$$

Natürlich wird das so errechnete Übersetzungsverhältnis nicht immer ausführbar sein. Man kann sich dann eventuell durch Änderung des Laufrades helfen oder nimmt das nächst größere Übersetzungsverhältnis, aber nur ungern das nächst kleinere, weil mit diesem der Motor stets bei höherer Leistung laufen muß. Findet man ein Übersetzungsverhältnis, das größer als 5 ist, so wird man in der Regel gezwungen sein, doppelte Übersetzung anzuwenden und hat dann natürlich für η_2 einen entsprechend größeren Betrag anzunehmen.

Daß die Änderung des Laufraddurchmessers auch auf die Größe des Bewegungswiderstandes einwirkt, haben wir bereits im I. Teil erläutert.

Das Zusammenarbeiten zweier Motoren. Wir gehen nun zur Darstellung derjenigen Verhältnisse über, die eintreten, wenn in einem Fahrzeug gleichzeitig mehrere Motoren arbeiten. Man kann behaupten, daß dieser Fall in neuerer Zeit die Regel ist, da die neueren Motorwagen fast durchwegs mit zwei Motoren ausgerüstet sind.

Ursprünglich hat man Ausrüstungen mit nur einem Motor häufiger verwendet, und es ist auch in letzter Zeit verschiedentlich der Versuch gemacht worden, für die Ausführung mit nur einem Motor von neuem Stimmung zu machen. Das ist unverständlich. Allerdings wird durch den Einbau nur eines Motors das Gewicht der elektrischen Ausrüstung verringert, aber dies ist auch der einzige nennenswerte Vorteil. Würde man statt der beiden Motoren einen einzigen nehmen, der die Summe der Leistung beider vorstellt, so würde die nächste Folge sein, daß man für kleinere Spuren, als die Normalspur, nur über sehr wenig geeignete Motoren verfügt, und die wenigen Motoren, die für schmälere Spur verwendbar sind, werden in ihren Abmessungen, durch den geringen verfügbaren Raum beschränkt, lange nicht so vorteilhaft durchgebildet sein, als die beiden Motoren kleinerer Leistung. In der Regel wird man überhaupt bei einmotorigen Ausführungen, weil die Versuchung dazu nahe liegt, eine geringere Leistung veranschlagen, und das ist, wie nebenbei bemerkt sei, ein Hauptfehler, der sich durch große Unterhaltungs- und Reparaturkosten stets schwer rächen wird.

Doch dies sind nicht die wichtigsten Einwände gegen die einmotorigen Motorwagen. Der zweifellos schwerste ist vielmehr, daß die Betriebssicherheit eine viel geringere ist; denn bei der geringsten Beschädigung des Motors ist der ganze Wagen hilflos und wird sehr häufig erhebliche Betriebsstörungen verursachen.

Dieses Bedenken allein wird einen umsichtigen Betriebsleiter unter allen Umständen zur Beschaffung zweimotoriger Wagen veranlassen. Denn bei diesen kann bei Beschädigung des einen Motors der andere in der Regel aushilfsweise die Arbeit allein auf sich nehmen, so daß eine Betriebsstörung weniger wahrscheinlich ist.

Andere Vorteile der zweimotorigen Wagen sind zunächst die bessere Ausnutzung der Adhäsion. Diese kann allerdings auch bei einmotorigen Wagen erreicht werden, wenn man sich entschließt gekuppelte Achsen zu verwenden, die aber ihrerseits wieder eine erhebliche Vermehrung des Bewegungswiderstandes und überhaupt eine unerwünschte Konstruktion vorstellen.

Wesentlicher ist dagegen der Vorteil der zweimotorigen Wagen, daß eine ökonomische Inbewegungsetzung des Wagens und eine ökonomische Regulierung der Geschwindigkeit desselben möglich ist. Hierüber werden wir bei der Regulierung der Geschwindigkeit nähere Erläuterungen geben.

Hier genügt es darauf hinzuweisen, daß diese Ökonomie jedenfalls bei weitem hinreicht, um den vielleicht etwas besseren Wirkungsgrad des einmotorigen Wagens auszugleichen.

Diese Bemerkungen dürften auch hinreichen, um klar zu machen, warum man andererseits bei vierachsigen Wagen sich häufig mit dem Einbau bloß zweier Motoren begnügt, statt auf jede Achse einen Motor zu setzen. Man erreicht dadurch eine Reduktion des Gewichtes und gibt trotzdem keinen der wesentlichen Vorteile: Reserve bei Beschädigung eines Motors und ökonomische Anfahrt und Regulierung der Geschwindigkeit auf. Außerdem erreicht man so eine einfachere Anordnung der elektrischen Ausrüstung, gleichfalls ein Hauptgesichtspunkt bei der Auswahl der geeigneten Ausrüstung für einen Motorwagen.

Wir kehren nun nach dieser kleinen Abschweifung zu unserem eigentlichen Stoff zurück und wollen uns über diejenigen Punkte Rechenschaft ablegen, welche bei dem Zusammenarbeiten zweier

Motoren in Betracht kommen. Wir erörtern in der Folge nur das Zusammenarbeiten zweier Motoren; bei Verwendung von mehr als zwei Motoren sind die Betrachtungen ohne weiteres entsprechend anwendbar.

Wenn gleichzeitig zwei Motoren einen Wagen antreiben, so sind zunächst zwei verschiedene Schaltungen ins Auge zu fassen, nämlich Serienschaltung und Parallelschaltung.

Die Fragen, die zu beantworten sind, wären: 1. Wie verteilt sich die Leistung auf die beiden Motoren? 2. Wie verteilen sich Stromstärke und Spannung?

Von vornherein sei bemerkt, daß sich bezüglich Verteilung der Leistung eine sehr einfache Antwort dann ergibt, wenn Laufraddurchmesser und Übersetzungsverhältnis für beide Motoren dieselben sind, und wenn die charakteristischen Kurven derselben genau übereinstimmen. In diesem Falle laufen nämlich beide Motoren mit der gleichen Umdrehungszahl, und die Zugkraft, die jeder Motor abgibt, ist genau die Hälfte der erforderlichen, sowohl für Serien- als auch Parallelschaltung; beide Motoren werden dann auch dieselbe Stromstärke verbrauchen.

Die Geschwindigkeit bei Parallelschaltung ist diejenige, welche im Motordiagramme der Zugkraft des Motors entspricht, also der halben Zugkraft des Wagens oder dem halben Bewegungswiderstande. Die Geschwindigkeit bei Serienschaltung ist dann annähernd halb so groß. Ihre genaue Ermittlung wird weiter unten behandelt.

In der Regel wird diese Bestimmung von Geschwindigkeit und Stromstärke vollkommen ausreichen. Da aber die charakteristischen Kurven zweier Motoren nie genau übereinstimmen, und da die Laufraddurchmesser infolge ungleicher Abnutzung immer etwas verschieden sein werden, ist es nützlich auch diese Möglichkeiten in den Kreis unserer Betrachtung zu ziehen.

Ohne Einfluß ist dagegen die Verteilung der Last auf die Achsen; auch bei total ungleich belasteten Achsen würden die Motoren genau gleiche Zugkräfte abgeben, wenn Charakteristiken, Laufraddurchmesser und Übersetzung genau gleich sind. Der Motor der stärker belasteten Achse wird also nicht im geringsten mehr Strom nehmen, als derjenige der weniger belasteten.

Ist z. B. die vordere Achse derart belastet, daß auf sie allein ein Bahnwiderstand W_1 entfällt, während die rückwärtige bloß den geringeren Widerstand W_2 zu überwinden hat, so erfährt das ganze Fahrzeug einen Gesamtwiderstand

$$W_1 + W_2.$$

Es wäre nun unrichtig anzunehmen, daß der vordere Motor eine Zugkraft $Z_1 = W_1$, der rückwärtige $Z_2 = W_2$ jeweilig entsprechend dem Widerstande seiner Achse, abgeben muß, vielmehr wird jeder von ihnen unter der obigen Voraussetzung gleicher Charakteristiken, Übersetzungsverhältnisse und Laufraddurchmesser eine Zugkraft

$$Z = \frac{W_1 + W_2}{2}$$

abgeben. Natürlich sehen wir hier von dem Fall ab, daß dieses Z größer ist als die Adhäsion des rückwärtigen, schwächer belasteten Rades. Würde dies eintreten, so wäre bei Parallelschaltung eine verschiedene Belastung der beiden Motoren die natürliche Folge. Der vordere Motor müßte dann fast die gesamte Zugkraft hergeben, welche zum Fortbewegen des Wagens nötig ist, während der rückwärtige eine dem „Schleudern" der Räder entsprechende Stromstärke unnütz vergeudet. Für Serienschaltung siehe Seite 117.

Abgesehen also hiervon, sind die beiden Motoren gleich belastet. Wäre wirklich $Z_1 = W_1$, $Z_2 = W_2$, dann müßten auch die Geschwindigkeiten v_1 und v_2 verschieden sein, weil wir gleiche Charakteristiken voraussetzen. Der vordere Teil des Wagens müßte sich langsamer bewegen als der rückwärtige, was natürlich unmöglich ist.

Die rückwärtige Achse wird vielmehr mit dem Überschuß ihrer Zugkraft $Z - W_2$ durch Vermittlung der starren Konstruktionsteile des Wagens, welche die beiden Achsen verbinden, einen Druck auf die vordere Achse ausüben. Die vordere Achse wird also von der rückwärtigen mit einer Kraft $Z - W_2$ geschoben. Da die an ihr selbst entwickelte Zugkraft $Z = \frac{W_1 + W_2}{2}$ ist, ist die Summe beider Kräfte

$$Z - W_2 + \frac{W_1 + W_2}{2} = W_1,$$

entsprechend dem Widerstande der vorderen Achse.

Das Charakteristische für das Zusammenarbeiten zweier Motoren in einem Fahrzeuge ist, daß die Umfangsgeschwindigkeit sämtlicher Laufräder gleich sein muß, da diese Räder durch die Adhäsion an den Schienen gleichsam wie durch eine Reibungskuppelung verbunden sind.

Bezeichnet man die Raddurchmesser, Umdrehungszahlen und Übersetzungsverhältnisse mit dem Index 1 und 2, entsprechend dem Motor Nr. 1 beziehungsweise Nr. 2, so lautet diese Bedingung offenbar

$$\frac{d_{r_1}}{\varphi_1} n_1 = \frac{d_{r_2}}{\varphi_2} n_2.$$

Außerdem muß die Summe der Zugkräfte beider Motoren gleich sein dem Bewegungswiderstande, d. h.

$$Z_1 + Z_2 = W = W_1 + W_2.$$

Setzen wir nun zwar gleiche Charakteristiken aber verschiedene Laufräder voraus, dann muß man natürlich trachten beide Motoren mit derselben Leistung, d. h. mit derselben Stromstärke zu beanspruchen, damit keiner überlastet ist, und das ist nur möglich, wenn verschiedene Übersetzungsverhältnisse gewählt werden. Bei der Bergbahn Trait—Planches (Montreux, Schweiz) arbeiten z. B. zwei Motoren auf Adhäsionstriebräder mit einem Laufraddurchmesser von 800 mm, außerdem treibt ein dritter Motor, der mit den beiden anderen vollkommen mechanisch und elektrisch gleich und parallel geschaltet ist, mittels Vorgelege ein Zahnrad an, dessen Teilkreis 891 mm beträgt, und das zur Unterstützung der beiden anderen Motoren auf eine Zahnstange arbeitet. Das Übersetzungsverhältnis der beiden ersterwähnten Motoren ist 4,83 : 1. Es fragt sich nun, welche Übersetzung φ_z dem Vorgelege für den Zahnstangenmotor zu geben ist, damit er denselben Strom nimmt, wie die beiden anderen Motoren. Nach unserer oben angegebenen Formel muß

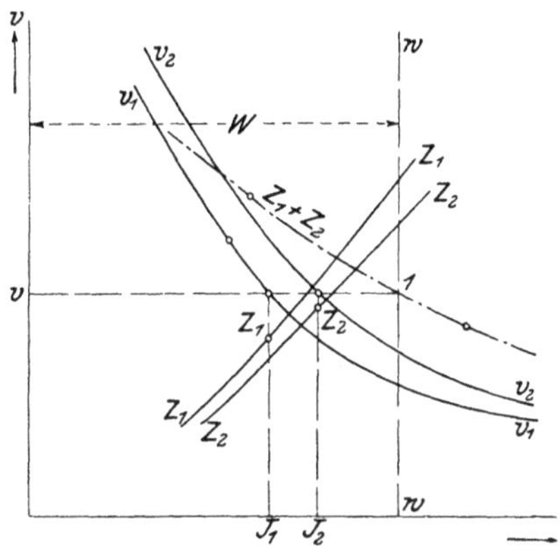

Fig. 29.

$$\varphi_z = 4{,}83 \frac{891}{800} = 5{,}38$$

sein. Würde man allen drei Motoren dasselbe Übersetzungsverhältnis geben, so müßte der Zahnradmotor erheblich mehr beansprucht werden als die beiden anderen. Er würde unnötigerweise überlastet werden.

Sind ungleiche Charakteristiken vorhanden, so kann eine graphische Behandlung vorteilhaft verwendet werden. Wir setzen zunächst Parallelschaltung voraus. Es sei dann in Fig. 29 $v_1 v_1$ die Kurve der Geschwindigkeit für den ersten, $v_2 v_2$ dieselbe Kurve für den zweiten Motor. $Z_1 Z_1$ und $Z_2 Z_2$ seien die entsprechenden Zugkraftkurven. Man konstruiere nun abhängig von der Geschwindigkeit eine Kurve $Z_1 + Z_2$, indem man für eine Reihe von Geschwindigkeitswerten diese Summe bildet, jeweilig aufträgt und die gefundenen Punkte verbindet. Zieht man nun eine Parallele ww im Abstande W = Bahnwiderstand von der Ordinate, so schneidet diese die $Z_1 + Z_2$-Kurve in einem Punkte 1, und die diesem Punkte zugeordnete Geschwindigkeit v, sowie die entsprechenden Zugkräfte Z_1 und Z_2 und die Stromstärken J_1 und J_2 stellen die gesuchten Größen vor.

Diese Konstruktion ist natürlich nur für Parallelschaltung verwendbar.

Sind die Motoren in Serie geschaltet, so werden sie notgedrungen von derselben Stromstärke durchflossen, und bei gleichen Charakteristiken werden also auch beide Motoren die gleiche Zugkraft, nämlich $\frac{W}{2}$ hergeben.

Allerdings wären streng genommen die $\frac{W}{2}$ entsprechenden Stromstärken nicht aus dem für 500 Volt giltigen Motordiagramme zu entnehmen, sondern wegen des Einflusses der Spannung auf ε_1 entsprechend zu korrigieren (ε_1 wird mit abnehmender Spannung größer), doch wollen wir diesen geringfügigen Umstand nicht weiter berücksichtigen.

Nicht so einfach wie bei der Parallelschaltung ist die Geschwindigkeit zu ermitteln, welche die in Serie geschalteten Motoren dem Wagen erteilen. Haben wir zunächst Motoren mit gleichen Charakteristiken, Laufraddurchmesser u. s. w., so gilt:

$$n : n_s = e : e_s,$$

also auch

$$v : v_s = e : e_s;$$

hierbei beziehen sich n, e und v auf Parallelschaltung, n_s, e_s und v_s auf Serienschaltung.

Ist der Widerstand beider Motoren in Serie $2R$, so ist $e_s = \frac{E - 2RJ}{2}$ und $e = E - RJ$. Es gilt daher

$$v_s = \frac{v}{2} \cdot \frac{E - 2JR}{E - JR}.$$

Da JR im Verhältnis zu E klein ist, kann man annähernd $\frac{E - 2JR}{E - JR} = 1$ setzen und erhält $v_s = \frac{v}{2}$, d. h. bei Serienschaltung läuft der Wagen ungefähr mit der halben Geschwindigkeit, welche er bei parallel geschalteten Motoren besitzt. Zur Ergänzung der Rechnung geben wir ein graphisches Verfahren.

In Fig. 30 sei vv die gegebene Geschwindigkeitskurve des Motors, abhängig von der Stromstärke als Abscisse. Nun ziehe man wieder in irgend einem Maßstabe für die Spannung die Parallele E zur Abscissenachse und die schon oft erwähnte Linie der Gegen-EMK ee. Man mache nun $e\,2 = e\,2'$ und ziehe $E\,2'$. Die Gerade $E\,2'$ stellt dann die Summe der Gegen-EMKe der beiden Motoren dar. Halbiert man daher die Strecke OE und ebenso $2'J_2$ und verbindet die beiden Halbierungspunkte durch die Gerade $e_s e_s$, so stellt diese die Gegen-EMK eines Motors bei den verschiedenen Stromstärken vor. Da bei derselben Stromstärke die Geschwindigkeiten den gegenelektromotorischen Kräften proportional sind und bei irgend einer Stromstärke J der Geschwindigkeit v_1 die Gegen-EMK e_1 entspricht, kann die proportionale Geschwindigkeit v_{s_1}, welche der Gegen-EMK e_{s_1} entspricht, auf die nämliche Weise konstruiert werden, wie weiter oben in Fig. 23 angegeben. Man findet so in v_s die Geschwindigkeit, welche der Wagen bei Serienschaltung der Motoren erreichen wird, und sieht zugleich, daß diese Geschwindigkeit bei starker Belastung nicht unerheblich kleiner als die Hälfte von v ist. Handelt es sich um höhere Geschwindigkeiten, so wird man häufig feststellen können, daß die Motoren in Serienschaltung erheblich schneller laufen, als theoretisch zu erwarten wäre, was seinen Grund einmal in dem verminderten Bahnwiderstand findet und infolgedessen in der geringeren Stromstärke, welche die Motoren nehmen, andererseits aber auch in der Vergrößerung von ε_1.

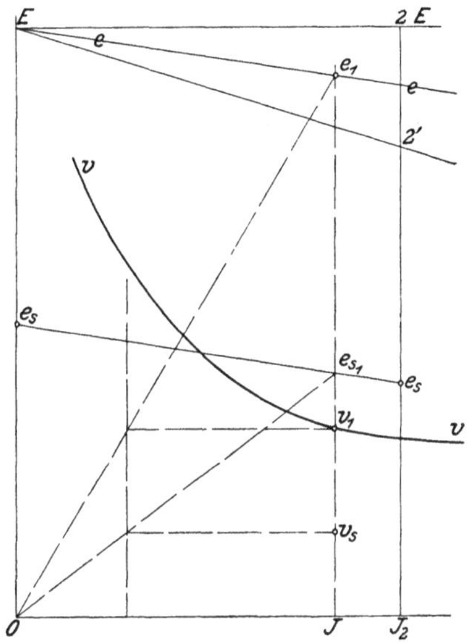

Fig. 30.

Wir gehen nun zur Ermittelung der Wagengeschwindigkeit für den Fall über, daß die beiden in Serie geschalteten Motoren ungleiche Charakteristiken besitzen.

Man bildet zunächst für eine Reihe von Werten der Stromstärke die Summe der jeweiligen Zugkräfte der beiden Motoren Z'

und Z'' und erhält so die Kurve $Z' + Z''$ (Fig. 31). Diese Kurve wird von der im Abstand W = Bahnwiderstand zur Abscissenachse gezogenen Parallelen ww im Punkte 1 geschnitten. Das dem Punkte 1 entsprechende J_1 stellt den Strom vor, der die beiden Motoren bei Serienschaltung durchfließen wird.

Um nun die Geschwindigkeit zu finden, hat man festzuhalten, daß $e' + e'' = E - J_1 (R' + R'')$ sein muß, wobei J_1 die nach obigem ermittelte Stromstärke vorstellt, welche die richtigen Zugkräfte ergibt. Nun ist sowohl e' wie e'' proportional zur Geschwindigkeit bei derselben Stromstärke. Ermittelt man nun für die Stromstärke J_1 die Werte e_1' wie e_1'', welche den Geschwindigkeiten v_1' bezw. v_1'' entsprechen, ordnet e_1' der Geschwindigkeit v_1' zu und e_1'' der Geschwindigkeit v_1'', verbindet jeden der so erhaltenen Werte mit dem Ursprung, so stellen diese Verbindungsgeraden die Werte der Gegen-EMK des Motors Nr. 1 resp. Nr. 2 abhängig von der Geschwindigkeit vor. Nun kann man für jeden Wert von v die Summe $e' + e''$ bilden und erhält, wenn man für irgend einen Wert der Geschwindigkeit diese Summe ermittelt und die betreffende Strecke eingetragen hat, in der Verbindungslinie ihres Endpunktes mit dem 0-Punkt die Gerade $e' + e''$. Schneidet man diese Gerade mit einer Parallelen zur Ordinatenachse, die im Abstande $E - J_1 (R' + R'')$ (in demselben Maßstabe wie e) gezogen wurde, so gibt die dem Schnittpunkte 2 entsprechende Geschwindigkeit die gesuchte Geschwindig-

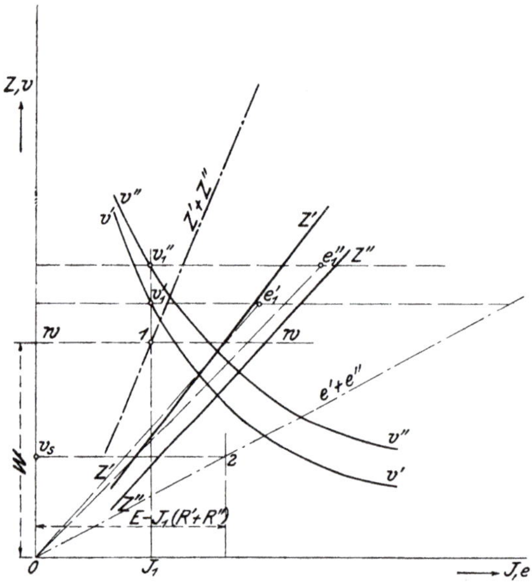

Fig. 31.

keit, welche der Wagen bei Serienschaltung der beiden Motoren annehmen wird.

Man erkennt aus dem bisher Gesagten, daß die Serienschaltung der Motoren im allgemeinen eine Verringerung der Geschwindigkeit auf mehr als die Hälfte gegen parallel geschaltete Motoren zur Folge hat. Diese Eigenschaft wird vorteilhaft zur Regulierung der Geschwindigkeit verwendbar sein und sei deshalb hier bezüglich weiterer Erörterungen auf den nächsten Abschnitt, „Regulierung der Geschwindigkeit", verwiesen.

Zum Schlusse sei noch bemerkt, daß Serien- und Parallelschaltung der Motoren durchaus nicht die einzig möglichen Verbindungsweisen der Motoren vorstellten. Man könnte z. B. die Magnetfelder der Motoren parallel, die Anker in Serie, oder umgekehrt die Magnetfelder in Serie und die Anker parallel schalten u. s. w. Solche Schaltungen sind auch tatsächlich früher nicht selten versucht worden (z. B. von der Lorain Steel Company), hauptsächlich deswegen, weil sich damit eine einfache Reversierung erreichen ließ. Indes haben sie sich nicht einbürgern können, weil sich Übelstände herausstellten, namentlich ungleich starke Felder, welche nach den obigen Betrachtungen eine ungleichförmige Beanspruchung der Motoren zur Folge haben. Sie sind demnach für die Praxis bedeutungslos geworden, und wir wollen hier auf ihre Untersuchung nicht näher eingehen, zumal wir im nächsten Abschnitt Gelegenheit haben werden, die Folgen ungleicher Feldstärke an einem anderen Beispiel zu betrachten.

Nachdem wir so im wesentlichen die Wirkungsweise des Hauptstrommotors erläutert haben, wollen wir nun dazu übergehen, diejenigen Mittel anzugeben, durch welche seine uns nun bekannten Eigenschaften für den Bahnbetrieb nutzbar gemacht werden.

Die Hauptanforderungen, die dieser Betrieb an einen Motor stellt, sind:

1. Änderungsmöglichkeit seiner Geschwindigkeit. Der Bahnbetrieb, der mit mannigfachen Fahrthindernissen zu rechnen hat, stellt in dieser Beziehung ziemlich weitgehende Ansprüche. Insbesondere muß es möglich sein, dicht bevölkerte, enge oder verkehrsreiche Straßen, die zumeist im Stadtinnern zu finden sein werden, ökonomisch mit einer geringen Geschwindigkeit zu befahren, während in den neuangelegten, breiten und wenig belebten Straßen der äußeren Stadtteile und auf eigenem Bahnkörper mit erhöhter Geschwindigkeit gefahren werden muß.

2. Kräftiges und dabei doch stoßfreies Anfahren. Das kräftige Anfahren, d. h. eine Ingangsetzung des Wagens, bei welcher derselbe in der kürzesten Zeit auf volle Geschwindigkeit gebracht

wird, ist insbesondere für den Straßenbahnbetrieb deswegen ein unbedingtes Erfordernis, weil das häufige Anhalten und Wiederanfahren sonst einen erheblichen Verlust an der Reisegeschwindigkeit verursachen würde.

3. Das Bremsen. Der Motor muß zwar nicht notwendigerweise für die Bremsung Verwendung finden, doch ist es ziemlich üblich geworden, die elektrischen Motorwagen mit elektrischer Bremse auszurüsten, welche fast durchweg mittels des Motors betrieben wird.

4. Das Reversieren. Die Reversierbarkeit des Motors ist eine selbstverständliche Anforderung an alle Motoren, die für den Antrieb von Fahrzeugen Verwendung finden.

Die Regulierung der Geschwindigkeit. Wir besprechen nun zunächst die Methoden, welche für die Geschwindigkeitsregulierung der Motoren in Anwendung kommen können.

Auf Grund der bisher entwickelten Gleichungen können wir für die Geschwindigkeit des Wagens die folgende Formel aufstellen:

$$v = \frac{0{,}1885}{\varphi} d_r \frac{p_1}{p} \frac{60 \cdot 10^8}{\Phi N} (E - JR),$$

demnach sind die folgenden Größen von Einfluß auf die Geschwindigkeit:

1. Die an den Bürsten wirkende äußere Spannung E.

2. Die Anzahl der von einem Pol austretenden Kraftlinien (Φ).

3. Die Anzahl der Ankerleiter (N).

4. Das Übersetzungsverhältnis (φ), der Laufraddurchmesser (d_r), die Anzahl der Polpaare (p) und Anzahl paralleler Stromkreise der Ankerwickelung (p_1).

Fast sämtliche hier aufgeführten Größen sind zur Regulierung der Geschwindigkeit entweder tatsächlich herangezogen, oder doch in irgend einer Form dafür vorgeschlagen worden.

Doch sind von wirklicher Bedeutung für die zu betrachtende Aufgabe eigentlich nur die Änderung der den Motorbürsten zugeführten Spannung, sowie die Änderung des Kraftlinienflusses.

Wir beschäftigen uns zunächst mit der Änderung der Spannung. Auch hierfür stehen mehrere Mittel zur Verfügung, nämlich:

1. Die Einschaltung eines Widerstandes in den Motorstromkreis.

2. Die Änderung der Schaltung bei mehr als einem Motor, also der Übergang von Serienschaltung zur Parallelschaltung und umgekehrt.

3. Die Änderung der Spannung an der Stromquelle.

Sämtliche drei Mittel sind in der Praxis zur wichtigen Anwendung gelangt, das dritte allerdings nur bei Motorwagen mit Akkumulatorenbetrieb.

Vorschaltwiderstände. Wird in den Stromkreis eines Hauptstrommotors ein Widerstand R_v eingeschaltet, so ist die Gegen-EMK des Motors nicht mehr $e = E - JR$, sondern $e' = E - JR - JR_v = E - J(R + R_v)$. Ist also die Geschwindigkeit eines Wagens bei der Stromstärke J z. B. v, so ist sie bei derselben Stromstärke und bei Einschaltung des Widerstandes R_v

$$v' = v \frac{E - J(R + R_v)}{E - JR}.$$

Zur Bestimmung der neuen Geschwindigkeitskurve kann man sich eines graphischen Verfahrens nach Fig. 32 bedienen. Die ge-

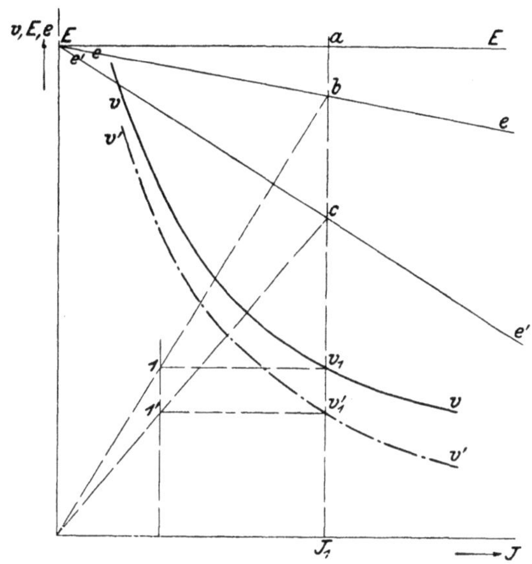

Fig. 32.

gebene Geschwindigkeitskurve ohne Vorschaltwiderstand sei $v\,v$. Man wähle nun einen Maßstab für die Spannung, ziehe dann im Abstand $E =$ Betriebsspannung die Parallele $E\,E$ und die Gerade der gegenelektromotorischen Kraft $e\,e$. Zeichnet man die Gerade $e'\,e'$ derart, daß bei einer beliebigen Stromstärke J_1 die zugehörige Strecke $a\,c$ zwischen $E\,E$ und $e'\,e' = J_1 (R + R_v)$ ist (immer im Maßstabe der Spannung gemessen), so stellt die Gerade $e'\,e'$ die jeweilige Gegen-EMK des Motors bei den zugehörigen Stromstärken vor, wenn der Motor mit dem Vorschaltwiderstand R_v in Reihe geschaltet ist. Zu dieser Gegen-EMK ist die gesuchte Geschwindigkeit nach früherem proportional und man findet sie auf dieselbe Weise wie in Fig. 23. Man verbindet b mit 0, projiziert v_1 nach 1, zieht $1\,1'$, projiziert $1'$ nach v_1' und erhält so einen Punkt der neuen Geschwindigkeitskurve $v'v'$. Diese schneidet die Abscissenachse in einem Punkte, welcher der Stromstärke $J = \frac{E}{R + R_v}$ entspricht.

Die Zugkraftkurve wird durch die Einschaltung des Vorschaltwiderstandes nicht beeinflußt, abgesehen von der Änderung des Wirkungsgrades ε_1, welcher im allgemeinen größer werden muß, was wir aber wie bisher nicht weiter berücksichtigen.

Man erkennt leicht, daß durch die Verwendung von Vorschaltwiderständen jede beliebige Geschwindigkeit erreichbar ist, welche kleiner ist als die normale, niemals aber eine höhere Geschwindigkeit als diese. Praktisch genügt es, drei bis vier Vorschaltstufen zur Verfügung zu haben.

Wie diese einzelnen Stufen zu bemessen sind, kann erst später erörtert werden, nämlich dann, wenn von dem „Anfahren" die Rede sein wird. Hierzu können, wie wir dann sehen werden, Vorschaltwiderstände gleichfalls verwendet werden, und aus der Art des Vorganges ergibt sich dort die Regel für Bemessung. Dieselben Vorschaltwiderstände werden dann zugleich für das Regulieren der Geschwindigkeit benutzt, da für diesen letzteren Zweck ein streng ausgesprochenes Gesetz nicht existiert und da gewisse genau einstellbare Geschwindigkeiten der Natur der Sache nach nicht notwendig sind.

In Verbindung mit dem Anfahren kann man der Regulierung mit Vorschaltwiderständen eine große Verbreitung nachrühmen, ja es ist sogar eigentlich das einzig bewährte und moderne System, unter der Bedingung allerdings, daß die Vorschaltwiderstände immer nur für ganz kurze Zeit und ausnahmsweise verwendet werden.

Diese Art der Regulierung hat indes einen großen Nachteil, nämlich den, daß sie unökonomisch ist. Der vorgeschaltete Widerstand verzehrt eine erhebliche Energie $R_v J^2$, die er nutzlos in Wärme umsetzt. Soll z. B. eine längere Strecke mit der halben normalen Geschwindigkeit befahren werden, so muß etwa doppelt so viel Energie verbraucht werden, als nötig wäre, wenn man ohne Vorschaltwiderstand auskommen könnte. Der ganze Wirkungsgrad der Kraftumsetzung wird dadurch sehr herabgedrückt.

Wird der Vorschaltwiderstand aber nur ausnahmsweise benutzt und stets nur während kurzer Wegstrecken, dann empfiehlt sich diese Methode, trotz der Verluste, wegen der außerordentlichen

Einfachheit der Schaltung und der von allen unangenehmen Nebenerscheinungen freien Wirkung.

Serienparallelschaltung. Über die Serienparallelschaltung haben wir bereits oben die wichtigsten Erläuterungen gegeben. Sie ist natürlich nur anwendbar, wenn zwei oder mehr Motoren im Wagen untergebracht sind. Man hat allerdings versucht, diese Schaltung auch für einmotorige Wagen nachzuahmen, indem man den Anker des betreffenden Motors mit zwei gleichen, voneinander unabhängigen Wickelungen versah und zwei getrennte Kommutatoren annahm. Man kann dann die beiden Wickelungen entweder in Serie oder parallel legen und damit dieselbe Abstufung der Geschwindigkeit erreichen, wie mit zwei Motoren. Diese Motoren mit doppeltem Kommutator haben sich indes nicht eingeführt, vermutlich, weil man befürchtete, daß durch die Verdoppelung des Kommutators, dieses empfindlichsten Teils des Gleichstrommotors, eine erhöhte Reparaturbedürftigkeit eintreten könnte.

Wir haben uns übrigens nur mit der Serienparallelschaltung von zwei Motoren befaßt. Hat man statt dessen vier oder mehr Motoren, etwa n, so wird es natürlich möglich sein, mehr als zwei Schaltungen anzugeben, z. B. zunächst n in Serie, dann $\frac{n}{2}$ in Serie und je zwei parallel, dann $\frac{n}{3}$ oder $\frac{n}{4}$ in Serie und je drei oder vier parallel, je nachdem n durch drei oder vier teilbar ist u. s. w.

Sind n Motoren in Serie geschaltet und ist die normale Geschwindigkeit bei irgend einer Stromstärke J gegeben durch v, so ist die Geschwindigkeit bei Serienschaltung $v_s = v \dfrac{\frac{E}{n} - RJ}{E - RJ} = \dfrac{v}{n}\,\dfrac{E - nRJ}{E - RJ}$

wobei R den Widerstand eines Motors vorstellt. Sind $\frac{n}{2}$ Motoren in Serie und daher je zwei parallel, so ist

$$v_s' = v \frac{\frac{2E}{n} - RJ}{E - RJ} = \frac{v}{n}\,\frac{2E - nRJ}{E - RJ}$$

bei $\frac{n}{3}$ Motoren in Serie, drei parallel

$$v_s'' = v \frac{\frac{3E}{n} - RJ}{E - RJ} = \frac{v}{n}\,\frac{3E - nRJ}{E - RJ} \quad \text{u. s. w.}$$

Man sieht leicht ein, daß bei einer genügenden Anzahl von Motoren eine ausreichende Anzahl von Abstufungen möglich ist.

Im allgemeinen genügen hierfür vier Motoren, bei welchen sich die Geschwindigkeiten bei Serienschaltung aller vier Motoren, dann Serienschaltung in Gruppen von je zwei parallelen Motoren und Parallelschaltung aller vier Motoren annähernd wie 1 : 2 : 4 verhalten. Ist nun der Widerstand sämtlicher in Reihe geschalteter Motoren hinreichend, um den ersten Stromstoß beim Einschalten $\left(J = \frac{E}{nR}\right)$ in zulässigen Grenzen zu halten, so würde man für diesen Fall auch nicht einmal mehr Anfahrwiderstände benötigen. Da mit dem Wegfalle der Vorschaltwiderstände auch die entsprechenden Energieverluste verschwinden, ließe sich diese Regulierung mit großem Nutzeffekt durchführen.

Aber die praktische Ausführung zeigte, daß diesem unbestreitbaren Vorzug als großer Nachteil die komplizierte Schalteranordnung

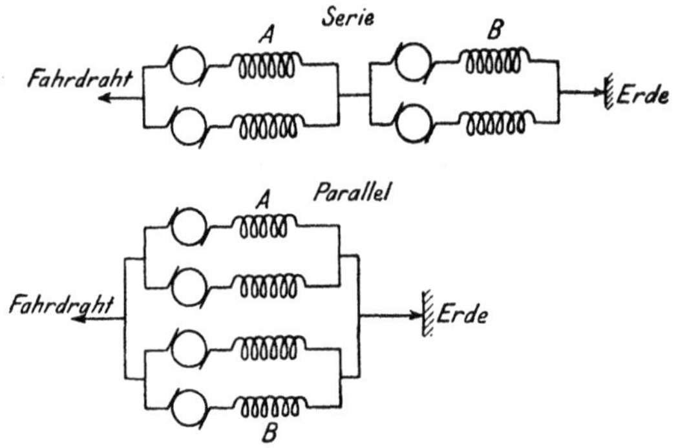

Fig. 33.

gegenüber steht, und da die größtmögliche Einfachheit aller Teile ein Hauptziel der modernen Technik ist, hat man nach einigen Versuchen auf die volle Ausnützung sämtlicher Motoren durch Schaltungsanordnung verzichtet, so daß heute vier Motoren das Maximum vorstellen, für welches man (und auch das nur ausnahmsweise) die Serienschaltung sämtlicher Motoren noch anwenden würde. Häufiger werden auch selbst bei vier Motoren zwei Gruppen gebildet, A und B, von denen jede zwei stets parallel verbundene Motoren enthält, wie in Fig. 33 angedeutet. Gruppe A und B werden dann nach Bedarf in Serie oder Parallel geschaltet. Bei sechs Motoren bildet man zwei Gruppen, welche aus je drei ständig parallel geschalteten Motoren bestehen u. s. w.

In diesem Falle sowie bei bloß zwei Motoren sind natürlich nur zwei Geschwindigkeitsstufen zu erreichen, die, wie wir früher sahen, ungefähr im Verhältnis 1 : 2 stehen. Um Zwischenstufen zu erreichen, verwendet man dann die ohnehin für das Anfahren nötigen Vorschaltwiderstände. Man erreicht so eine gemischte Regulierungsmethode, die unter allen Systemen die weitaus größte Verbreitung gefunden hat und zur Zeit die eigentlich „moderne“ Regulierung vorstellt.

Es werden dann als Fahrstellungen nur die Stellung für reine Serienschaltung und diejenige für reine Parallelschaltung benutzt und die Vorschaltwiderstände nur ausnahmsweise und namentlich zur Vermittelung der Übergänge von der einen Geschwindigkeit zur anderen benutzt, die sonst stoßweise erfolgen würden, wenigstens in dem Falle, wenn von niederer zu höherer Geschwindigkeit übergegangen werden soll. Auf diese Weise erreicht man eine genügende Ökonomie der Regulierung.

Es sei hier noch auf eine Eigentümlichkeit der Serienschaltung aufmerksam gemacht, welche Betriebsstörungen verursachen kann und wohl auch mit dazu geführt hat, daß man die reine Serienschaltung von mehr als zwei Motoren so gut wie aufgegeben hat.

Infolge der schaukelnden Bewegung des Wagens in seinen Federn, ferner beim Bremsen, in starken Steigungen und wohl auch durch die ungleiche Verteilung der Fahrgäste innerhalb des Wagens tritt nicht selten eine ungleiche Belastung der Wagenachsen ein, der zufolge die Achsen dann natürlich verschiedene Adhäsion besitzen. Diese verschiedene Adhäsion kann ferner auch noch dadurch verursacht werden, daß die eine Achse zufällig eine schlechte Beschaffenheit der Schiene findet, eine schmierige Stelle, den Schienenstoß oder dergl. Nun kann der Fall eintreten, daß die Zugkraft des Motors, am Rade gemessen, in diesem Augenblick größer ist als die Adhäsion seiner Achse, so daß ein „Durchgehen“ oder „Schleudern“ des betreffenden Räderpaares eintritt, d. h. dieses dreht sich sehr rasch, ohne von der Stelle zu kommen, indem es auf den Schienen gleitet. Sind nun die Motoren parallel geschaltet, so wird der andere Motor, dessen Achse eine bessere Adhäsion besitzt, in diesem kritischen Augenblick dem ersten Motor zu Hilfe kommen, indem er seinerseits ganz selbsttätig mehr Strom nimmt. Ist dann die von ihm gelieferte Zugkraft, vermehrt um die gleitende Reibung, die vom ersten Motor ausgeht, größer als der Bahnwiderstand, so wird der Wagen über die gefährliche Stelle hinweggelangen.

Liegen aber die beiden Motoren in Serienschaltung, so ist dieses Zuhilfekommen durch den zweiten Motor ausgeschlossen. Denn infolge der vermehrten Gegen-EMK des ersten Motors geht sofort die Stromstärke des ganzen Kreises, also auch die Zugkraft des zweiten Motors zurück. Die Folge ist, daß der Wagen zum Anhalten kommt, ohne daß dies beabsichtigt war.

Dieses eigentümliche Verhalten des Wagens bei Serienschaltung hat wohl hauptsächlich dazu geführt, daß man in Amerika häufig die angetriebenen Achsen außerdem noch mechanisch kuppelt, eine in Europa ungewöhnliche Anordnung, wodurch aber erreicht wird, daß eine Entlastung des einen Motors beim „Durchgehen" seines Räderpaares unmöglich wird.

Batterieschaltung bei Akkumulatorenwagen. Die nun zu erwähnende Methode der Geschwindigkeitsregulierung, die darin besteht, die Spannung der Stromquelle selbst zu verändern, ist praktisch nur von Bedeutung für Motoren, welche ihren Strom aus Akkumulatoren empfangen, die im Wagen mitgeführt werden. Hier kann man die Spannung durch Unterteilung der Batterie, z. B. in vier gleiche Gruppen, wie in Fig. 34 angedeutet, in dem Verhältnis von ungefähr 1 : 2 : 4 verändern. Die Bestimmung der jeder Schaltung entsprechenden Geschwindigkeit kann in derselben Weise durchgeführt werden, wie in Fig. 23. Man hat nur statt der Kurve der Umdrehungszahlen, die mit ihr gleiche, aber in einem anderen Maßstab abzulesende Geschwindigkeitskurve zu setzen. Ist die normale Spannung E und die normale Geschwindigkeit v, und sei für eine Regulierstufe die Spannung der Batterie E', so ist die entsprechende Geschwindigkeit

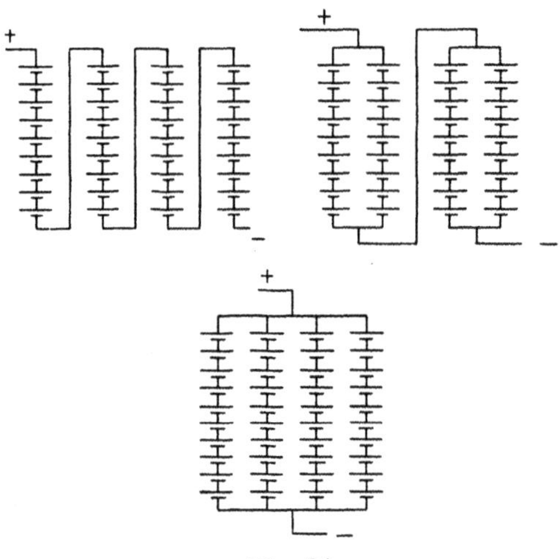

Fig. 34.

$$v' = v \frac{E' - JR}{E - JR}.$$

Diese Art der Regulierung muß im allgemeinen als eine sehr ökonomische bezeichnet werden, und sie ist deshalb für Traktionsbatterien sehr wichtig, bei welchen infolge des beschränkten Kraftvorrats und der erhöhten Kraftkosten die Ökonomie der Regulierung noch wichtiger ist als z. B. beim Betrieb mit Oberleitung. Gleichwohl wurde diese Methode von verschiedenen Seiten verworfen und sogar durch einfache Widerstandsregulierung ersetzt, wegen eines

Fehlers, der sich stets bei parallelgeschalteten Batterien zeigt. Es kann nämlich leicht eine verschiedene Klemmenspannung der einzelnen parallelen Zweige eintreten, wobei dann eine teilweise Entladung des einen Zweiges auf den anderen stattfindet. Die Folge davon ist ein Effektverlust, leicht aber auch eine unzulässige Beanspruchung der Zellen. Bei der darauf folgenden Serienschaltung zeigen sich dann weitere Unzuträglichkeiten, da der eine Teil der Zellen erschöpft und überentladen wird, während der andere Teil noch voll geladen ist. Diese Vorgänge sind schwer zu beobachten, machen sich aber bald in dem Schadhaftwerden einzelner Zellen bemerklich. Durch eine sorgfältige Wartung, die jede verdorbene Platte sofort ersetzt und dadurch, daß man stets möglichst viele Zellen hintereinander geschaltet hält, also eventuell nur eine Teilung in zwei Gruppen (wie in Hannover) vornimmt, läßt sich diesem Fehler ausreichend begegnen, womit allerdings noch nicht gesagt sein soll, daß der Akkumulatorenbetrieb überhaupt sich bewährt hat. Die angegebene Schaltung wurde jedenfalls in Brüssel, New-York, Paris-Saint Denis, Birmingham und an anderen Orten praktisch ausgeführt.

Umformung. Der Vollständigkeit wegen sei hier auch noch eine Methode der Regulierung erwähnt, die aus praktischen Gründen allerdings nur für Fahrzeuge mit sehr großen Motoren anwendbar ist, und die von Ward Leonard angegeben wurde. Nach seinen Vorschlägen soll das Anlassen und Regulieren großer Motore in ähnlicher Weise durchgeführt werden, wie heute wohl hier und da die Riesenmotore elektrischer Förderanlagen bedient werden, nämlich mit Hilfe eines Umformers. Ein solcher Umformer besteht aus einem Elektromotor direkt gekuppelt mit einem Stromerzeuger und muß im Fahrzeuge mitgeführt werden. Der Motor entnimmt seinen Strom der Kraftleitung bei konstanter Spannung, der Stromerzeuger dagegen wird in seiner Spannung durch den Fahrschalter eingestellt, der Widerstände in dessen Erregerstromkreis ein- und ausschaltet. Der das Fahrzeug treibende Motor entnimmt seinen Strom dem Stromerzeuger, erhält also beliebig veränderliche Spannung zugeführt und wird dementsprechend mit verschiedener Geschwindigkeit laufen. Die Methode läßt verschiedene Abänderungen zu, ist aber immer durch die Verwendung eines Umformers gekennzeichnet. In ähnlicher Weise erfolgte z. B. auch die Regulierung bei der Heilmann-Lokomotive.

Vom Standpunkte der Ökonomie betrachtet, läßt sich gegen diese Methode allerdings wenig einwenden, obwohl ein nicht unerheblicher Verlust durch die Umformung und das tote Gewicht des Umformers verursacht wird, und sie besitzt noch den besonderen

Vorteil, daß sie nicht den Hauptstrom unterbricht, sondern den viel kleineren Erregerstrom. Aber das erhöhte Raumbedürfnis, das größere Gewicht und die enorm hohen Kosten werden diesem System auch bei sehr großen Motoren wohl kaum Eingang schaffen, so daß wir es hier mehr seiner Besonderheit wegen erwähnen, als deswegen, weil Wert darauf zu legen ist.

Änderung des Feldes. Als zweite Hauptmethode, auf die Geschwindigkeit einzuwirken, wurde bereits oben die Änderung des Magnetfeldes erwähnt. Die Mittel, die hierfür zur Verfügung stehen, sind die folgenden:

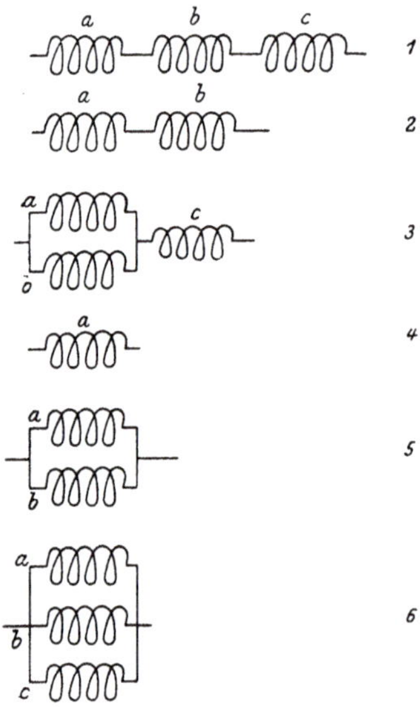

Fig. 35.

1. Die einzelnen Magnetspulen werden in Unterabteilungen geteilt, und von diesen nur einzelne ein- und ausgeschaltet (van Depoele).
2. Die Magnetspulen werden in Spulen unterteilt und vermittels eines geeigneten Schalters nach Bedarf einzeln oder gruppenweise in Serie oder sämtliche parallel geschaltet (Reckenzaun und Sprague).
3. Im Nebenschluß zu den Feldspulen wird ein variabler Widerstand angeordnet, so daß ein je nach Größe des Nebenschlußwiderstandes sich ändernder Teil des Ankerstromes nicht die Feldwindungen, sondern den Nebenschluß durchfließt (Shuntmethode).

Die Methode van Depoele wird heute nirgends mehr angewendet, weil sie das Kupfer der Feldwindungen nur mangelhaft auszunutzen gestattete. Wir beschäftigen uns also hier nicht weiter mit ihr, sondern gehen zur zweiten Methode, der Spragueschaltung über.

Spragueschaltung. Dieses System ist bei verschiedenen Anlagen in praktischer Verwendung. Um die Durchbildung des Fahrschalters nicht allzu sehr zu komplizieren, ist es nicht üblich, über mehr als drei Unterteilungen der Feldspulen hinauszugehen. Mit drei solchen Spulenabteilungen sind nun die Kombinationen nach Fig. 35 möglich. Nennen wir die Anzahl der Windungen jeder Abteilung m und den entsprechenden Widerstand r, und setzen wir voraus, daß der Widerstand einer jeden Abteilung genau gleich groß sei, so ergeben sich für einen Pol die folgenden Verhältnisse:

Anordnung	Ampère-windungen	Widerstand
1	$3\,mJ$	$3\,r$
2	$2\,mJ$	$2\,r$
3	$2\,mJ$	$\frac{3\,r}{2}$
4	mJ	r
5	mJ	$\frac{r}{2}$
6	mJ	$\frac{r}{3}$

Man sieht, daß diese Methode zugleich den Widerstand des Stromkreises ändert, so daß sie in dieser Beziehung mit der oben behandelten Methode der Regulierung mittels Vorschaltwiderstände zusammenfällt.

Betreffs der praktischen Ausführung sei erwähnt, daß die Unterteilung der Magnetspule, wie diese bei den ältesten zweipoligen Motoren nötig war, die nur eine einzige Erregerspule besaßen, heute in Wegfall kommen kann, weil die modernen Bahnmotoren durchwegs vierpolig ausgeführt werden, und zwar so, daß jeder Pol seine eigene Erregerspule besitzt. Es genügt also, diese vier Erregerspulen in der angegebenen Weise zu schalten.

In welcher Weise die Änderung der Ampèrewindungen die charakteristischen Kurven des Motors verändert, haben wir bereits weiter oben erläutert und genügt es hier auf Fig. 24 u. 25 zu verweisen. Als praktisches Beispiel geben wir noch in Fig. 36 die Kurven des Motors VNB 125 der Allgemeinen Elektrizitätsgesellschaft, Berlin,[1]) und zwar für die Schaltung wie in Fig. 35 angegeben, Stellungen 1, 3 und 6. Der Widerstand der einzelnen Spulen ist $a = 2{,}69$, $b = 2{,}39$, $c = 2{,}16\ \Omega$, der Widerstand des Ankers $0{,}82\ \Omega$.

Der große Vorteil dieser Art der Regulierung besteht hauptsächlich darin, daß bei allen Geschwindigkeiten und Belastungen vorzügliche Wirkungsgrade erreichbar sind. Die Versuche von Hering, Aldrich[2]) und Parshall ergaben, daß der Wirkungsgrad derartig regulierter Motore auch bei nur 20 % der vollen Leistung kaum auf 60 % sinkt.

[1]) Siehe Blondel-Dubois, La traction électrique, Bd. II. S. 142. Fig. 557.
[2]) Electrical World, Mai, Juni, Juli 1892.

Wenn trotzdem die Spragueregulierung in Amerika schon seit längerer Zeit verlassen wurde und auch die Allgemeine Elektrizitätsgesellschaft, die früher ausschließlich dieses System vertreten hat, in ihrer neuen Konstruktion diese Regulierung vollständig aufgibt, so liegt dies daran, daß dem System andererseits Fehler anhaften.

Diese Mängel sind Gegenstand einer Arbeit Siebers[1]) und mit interessanten Betriebsangaben erläutert. Sie zeigen sich in häufig auftretender ungleicher Belastung der Anker zweimotoriger Wagen, die wieder verursacht wird durch die Ungleichheit der

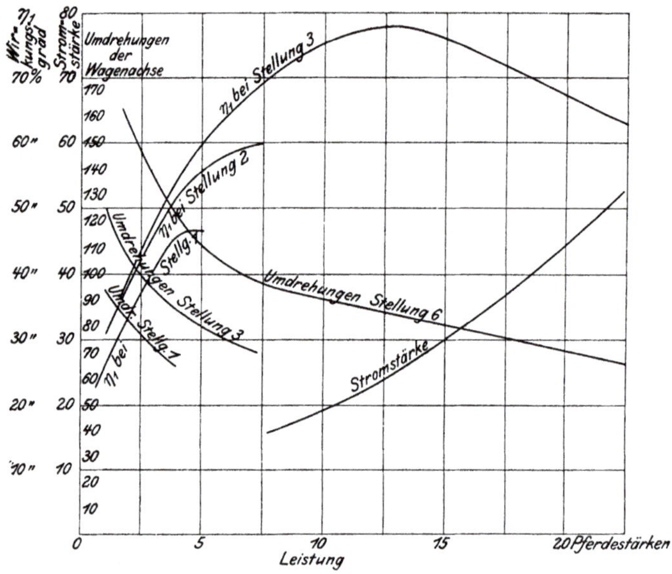

Fig. 36.

Magnetfelder. Eine Differenz der Feldstärke von nur 2 % verursacht z. B. eine Belastungsvergrößerung des einen Ankers um 65 %. Denn sei z. B. die Stromstärke des einen Motors 30 Ampère, die Spannung 500 Volt, der Ankerwiderstand 0,5 Ω, so beträgt seine Gegen-EMK

$$500 - 30 \cdot 0{,}5 = 485 \text{ Volt.}$$

Der zweite Motor, der mit derselben Umdrehungszahl laufen muß (gleichen Laufraddurchmesser und gleiches Übersetzungsverhältnis vorausgesetzt), muß infolge des um 2 % schwächeren Feldes

[1]) K. Sieber, Über Regelung von Straßenbahnmotoren. ETZ 1901. Heft 2. Seite 35.

eine um 2 % geringere Gegen-EMK haben, also 475,3 Volt. Hieraus folgt die Stromstärke, die er aufnehmen muß, zu $\frac{500 - 475,3}{0,5}$ $= 49,4$ Ampère. Die Gefahr einer Überlastung des Ankers liegt also stetig vor, denn es gibt eine ganze Menge Gründe, die eine Schwächung des Feldes verursachen können. So der Kurzschluß einiger Erregerwindungen, das Schadhaftwerden oder schlechtes Anliegen eines Kontaktfingers des Fahrschalters, Temperaturdifferenz der Motoren infolge bereits herrschender Verschiedenheit der Belastung, welche ihrerseits durch Verschiedenheit des Laufraddurchmessers wegen ungleichförmiger Abnutzung hervorgerufen sein kann, oder durch das Einsetzen eines neuen Ankers u. s. w. Die Folge der ungleichförmigen Belastung ist, wie schon erwähnt, leicht eine Überlastung des einen Motors und damit eine Beschädigung seines Ankers.

Bei den bisher erwähnten Regulierungsmethoden ist eine derartig große Belastungsverschiebung ausgeschlossen. Wird das Feld aus irgend einem Grunde geschwächt, so wird der Motor allerdings sofort mehr Strom nehmen, wie aus unseren früheren Betrachtungen hervorgeht, aber da Anker- und Feldstrom in diesem Falle identisch sind, behebt dieses Anwachsen des Stromes auch zugleich die Schwächung des Feldes bis zu einem gewissen Grade. Sind erhebliche Unterschiede vorhanden, so wird natürlich auch hier eine ungleichförmige Belastung auftreten.

Ein weiterer Nachteil dieser Regulierungsart ist, daß die Motoren leicht zur Funkung neigen. Denn bei den höheren Geschwindigkeiten ist das Verhältnis der Ankerampèrewindungen zu den Feldampèrewindungen offenbar wesentlich ungünstiger, als bei niedrigen Geschwindigkeiten, gleiche Zugkraft in beiden Fällen vorausgesetzt. Es wird demgemäß bei höheren Geschwindigkeiten eine erhebliche Ankerrückwirkung eintreten und infolgedessen eine minder gute Kommutation.

Schließlich bedingt die Spragueschaltung auch eine ziemlich umständliche Schalteranordnung.

Shuntmethode. Wesentlich einfacher durchführbar ist die Konstruktion des Regulierschalters für die Shuntmethode. Hier wird das Magnetfeld dadurch geändert, daß zu den Feldspulen ein variabler Widerstand in den Nebenschluß gelegt wird. Ist R_m der Widerstand der Feldspulen, R_s der Nebenschluß(Shunt)-Widerstand, aw die Anzahl der Ampèrewindungen vor Einschaltung von R_s, und aw' die Anzahl der Ampèrewindungen nach Einschaltung von R_s, so ist

$$aw' = aw \frac{R_s}{R_s + R_m}$$

bei derselben Stromstärke J wie vor Einschaltung von R_s. Denn fließt dieselbe Stromstärke J wie vorher durch den Anker, so wird ein Teil davon (J_m) die Magnetspule durchfließen und ein Teil ($J - J_m$) den Widerstand; da

$$J_m R_m = (J - J_m) R_s$$

sein muß, folgt

$$J_m = J \frac{R_s}{R_m + R_s}.$$

Da die Anzahl der Windungen unverändert bleibt, ist die Ampèrewindungsanzahl den Stromstärken proportional, woraus die angegebene Gleichung folgt.

Es ist daher $\xi = \frac{s'}{s} = \frac{R_s}{R_s + R_m}$. Gleichzeitig hat sich der Ohmsche Widerstand des Stromkreises von R in R_ξ geändert, und es ist

$$R_\xi = R_a + \frac{R_m R_s}{R_s + R_m},$$

wobei R_a der Widerstand des Ankers ist. Durch Ermittelung von ξ und R_ξ haben wir diejenigen Größen gefunden, welche für die Behandlung des Problems notwendig sind, und wir können nun ohne weiteres die Berechnungen bezw. graphischen Methoden in Anwendung bringen, welche wir auf Seite 90 ff. gelegentlich der Betrachtungen über den Einfluß der Feldspulenwindungszahl abgeleitet haben.

Man sieht, daß in elektrischer Beziehung die Shuntregulierung nicht wesentlich verschieden ist von der Spragueregulierung. Sie ist indes einfacher, dafür aber weniger ökonomisch.

Die Regulierung rein nach dieser Methode ist wohl praktisch kaum je durchgeführt worden, dagegen ist von bedeutenden Fabrikationsgesellschaften die Shuntregulierung mit der Widerstandsregulierung und Serien-Parallelschaltung derart kombiniert worden, daß sowohl nach der reinen Serienstellung als auch nach der reinen Parallelschaltung durch je einen weiteren Kontakt ein Nebenschluß des Feldes bewirkt wird. Während dann die Widerstandsregulierung nur eine Verminderung der normalen Geschwindigkeit zuläßt, wird mit Hilfe dieser Nebenschlußstellungen eine Erhöhung derselben möglich.

Im praktischen Betriebe haften der Shuntmethode dieselben bedenklichen Fehler an, die wir bei der Spragueschaltung erwähnten. Motoren in einmotorigen Wagen neigen leicht zur Funkung und Motoren in zweimotorigen Wagen außerdem zu ungleicher Belastungsverteilung.

Man bemerke auch, daß die Spragueregulierung ebensowohl wie die Shuntmethode ungünstige Konstruktionsbedingungen für den Motor schaffen; denn man hat für diese Regulierungsarten Motoren mit verhältnismäßig sehr niedriger Umdrehungszahl bei stark gesättigtem Feld zu bauen, während die Motoren für Widerstandsregulierung eine viel höhere Umdrehungszahl bei starkem Feld besitzen können. Die Motoren der zweiten Gruppe können also für denselben Zweck wesentlich leichter und mit geringerem Kupferaufwand gebaut werden.

Änderung der Übersetzung und sonstiges. Außer den erwähnten Methoden wurde noch von mehreren Seiten (Henry, Goss, Edison, Egger-Wossel, Worby-Beaumont etc.) vorgeschlagen, auf das Übersetzungsverhältnis einzuwirken. Es ist leicht einzusehen, daß damit eine äußerst wirksame und ökonomische Regulierungsmethode erreichbar wäre. Leider ist die mechanische Durchbildung dieser Idee nur mangelhaft oder in umständlicher Weise möglich. Komplizierte Anordnungen sind aber für den Bahnbetrieb gleichbedeutend mit fehlerhaften.

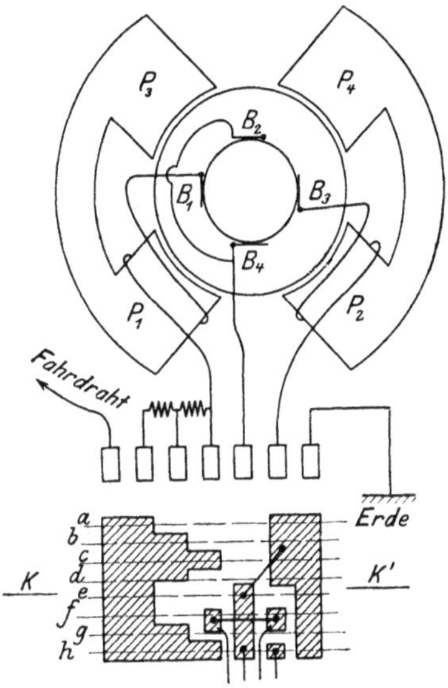

Fig. 37.

Einen anderen Vorschlag hat Wightmann unterbreitet, der seiner Eigentümlichkeit halber hier noch kurz erwähnt werden soll und im wesentlichen einer Veränderung der Anzahl der Ankerleiter oder besser der Anzahl paralleler Stromkreise gleichkommt, ohne daß indes hierbei ein doppelter Kommutator nötig wäre. Die gedachte Anordnung ist in Fig. 37 dargestellt. Der Motor besitzt vier Pole, von denen jedoch nur zwei bewickelt sind (P_1 und P_2), und vier Bürsten B_1 B_2 B_3 B_4, von denen jedoch nur B_1 und B_3 beständig Strom führen, während die Bürsten B_2 und B_4 nur für die Zwecke der Regulierung eingeschaltet werden. Sind nun zunächst die Pole P_1 und P_2 derart erregt, daß sie dieselbe Polarität besitzen, dann werden bei P_3 und P_4 Folgepole entstehen, die gleichfalls untereinander gleich, zu P_1 und P_2 aber entgegengesetzt sein werden. Der Motor ist nun ein normaler zweipoliger Motor. Wird aber nun P_2 entgegengesetzt zu P_1 erregt, so wird P_4 entgegengesetzt zu P_2 werden und also auch entgegengesetzt zu P_3. Der Motor ist nun vierpolig. Indessen tritt nicht deswegen eine Änderung der Umdrehungszahl ein, da nun pro Pol nur die halbe Kraftlinienzahl in den Anker eintritt. Es treten aber gleichzeitig mit dieser Umschaltung auch die Bürsten B_2 und B_4 in Wirksamkeit, die parallel geschaltet sind, und die Bürsten B_1 und B_3 nehmen gleiche Polarität an, so daß die Anzahl paralleler Stromkreise im Anker nun verdoppelt ist. Die Art und Weise, in welcher die Schaltung bewirkt wird, geht aus dem unterhalb gezeichneten Schalterschema hervor. Die schraffierte Fläche bedeutet die Abwickelung der Kontaktfläche des Schaltzylinders, der um die Achse KK' drehbar ist. Die gestrichelten Linien a, b, c u. s. w. geben die verschiedenen Schaltstellungen an. Der Motor wird nach dem obigen, abgesehen von der Änderung des inneren Widerstandes, bei Erregung von P_1 und P_2 im entgegengesetzten Sinne mit nahezu der doppelten Geschwindigkeit umlaufen, wie bei Erregung dieser Pole im gleichen Sinne. Dies wäre also eine andere Methode, das System der Serien-Parallelschaltung auch auf Motorwagen mit nur einem Motor anzuwenden.

Indessen ist dieses System wohl kaum besser wie Shunt- und Spragueregulierung. Es ist zu vermuten, daß leicht Funken am Kommutator auftreten und Ankerreparaturen nicht selten sein werden.

Mit dem vorstehenden haben wir die wichtigsten Reguliermethoden ausreichend behandelt, und wir wollen hier zum Schluß bemerken, daß die weitaus verbreitetste und derzeit beliebteste Regulierung diejenige der Serien-Parallelschaltung ist, mit Zwischenstufen durch Vorschaltwiderstände. Für einmotorige Wagen verwendet man Vorschaltwiderstände, indem man die geringere Ökonomie gern in Kauf nimmt, um den Vorteil der Einfachheit und geringer Unterhaltungskosten zu erreichen.

Das Anfahren. Mit der Regulierung der Geschwindigkeit im engen Zusammenhange steht das Anfahren eines Wagens, worunter wir alle diejenigen Vorgänge verstehen, welche die Ingangsetzung des Fahrzeuges bis zur Erreichung der vollen Geschwindigkeit begleiten. Soweit rein dynamische Begriffe in Betracht kommen, haben wir dieses Problem bereits im I. Teil untersucht. Hier wollen wir nur die dort entwickelten Methoden an den Eigentümlichkeiten des Hauptstrommotors spezialisieren und zugleich den elektrischen Vorgängen unser Augenmerk zuwenden.

Knüpfen wir an diese früheren Betrachtungen an, so haben wir zunächst die Beziehung zwischen Zugkraft und Geschwindigkeit festzulegen. Wir können dies mit Hilfe des Motordiagrammes leicht tun, indem wir die für gleiche Stromstärken zusammengehörigen Werte von Geschwindigkeit und Zugkraft ermitteln, die Geschwindigkeit als Abscisse und die Zugkraft als Ordinate auftragen. Wir geben in Fig. 38 diese Zusammenstellung für den Motor, der uns bei der Entwickelung der Kurven als Beispiel diente. Die so entstehende Linie, die nur mechanische Größen zum Ausdruck bringt, würden wir vorschlagen die mechanische Charakteristik des Motors zu nennen.

Schon bei Betrachtung der Fig. 38 muß es auffallen, daß der Schnittpunkt dieser Kurve mit der Ordinatenachse, d. h. die Zugkraft, welche der Geschwindigkeit 0 entspricht, nicht eingezeichnet ist, d. h. experimentell nicht bestimmt wurde. Der Grund dafür ist darin zu suchen, daß dieser Zugkraft eine Stromstärke von über 600 Ampère entsprechen würde, mit welcher der Motor, der maximal vielleicht 100 Ampère vertragen kann, niemals beansprucht werden darf.

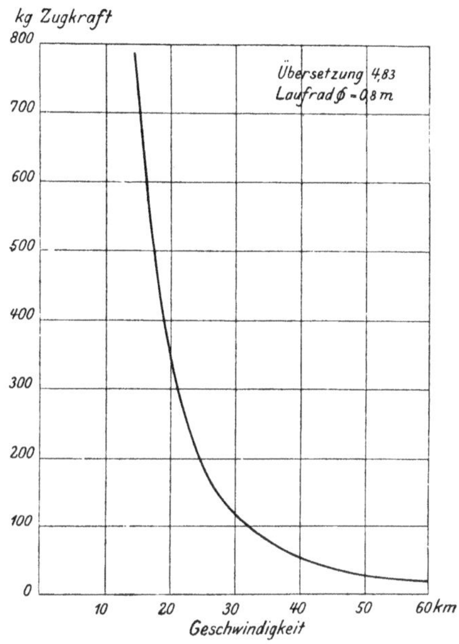

Fig. 38.

Bestimmung der Vorschaltwiderstände. Man muß also, um diese Stromstärke herabzudrücken, einen Vorschaltwiderstand verwenden; ist der Motorwiderstand R, die maximal zulässige Stromstärke J_1, die Spannung E, so muß

$$J_1 = \frac{E}{R + R_{v_1}}$$

sein, wenn R_{v_1} den gesuchten Vorschaltwiderstand bedeutet, oder

$$R_{v_1} = \frac{E}{J_1} - R.$$

Die Wahl des maximal zulässigen Stromes hängt natürlich ganz von der Größe und Konstruktion des Motors ab. Jedenfalls ist die Größe dieses Stromes zunächst von den Abmessungen der Bürsten begrenzt und muß unter der Funkungsgrenze liegen. Bei modernen, gut entworfenen Bahnmotoren liegt diese Stromstärke etwa bei

160 % derjenigen Stromstärke, welche der einstündigen Leistung des Motors entspricht.

Eine weitere Berücksichtigung verdient die Beschleunigung, mit welcher der Wagen sich in Bewegung setzt. Diese Beschleunigung hängt, wie wir gesehen haben, von dem Überschuß der Zugkraft des Motors über den Bahnwiderstand ab. Da die Zugkraft durch die Stromstärke bestimmt ist, sieht man, daß die maximal zulässige Beschleunigung gleichfalls eine Begrenzung der Stromstärke bedeutet. Jedenfalls darf die Inbewegungsetzung des Fahrzeuges von den Fahrgästen nicht als heftiger Stoß empfunden werden.

Nach Versuchen von Potter in Schenectady wurde eine Beschleunigung von 1,66 m in der Sekunde für die Fahrgäste noch nicht störend bemerklich. Dabei ist natürlich eine möglichst konstante Beschleunigung vorausgesetzt. Für Straßenbahnen wird man einen Wert von 1 m/Sek. in der Regel nicht überschreiten, während bei Vollbahnen 1,2 m/Sek. jedenfalls noch anwendbar ist.

Eine weitere wichtige Grenze für den maximalen Anfahrstrom ist durch die Adhäsion des Wagens gegeben. Die diesem Strom entsprechende Zugkraft darf nämlich niemals größer sein, als die Adhäsion des Wagens an die Schienen, weil sonst ein „Schleudern“ der Räder eintreten würde.

Muß man also bei der Festlegung dieses Stromes (d. h. bei der Bestimmung der ersten Vorschaltwiderstandsstufe) sich hüten, zu hoch zu gehen, so hat man doch andererseits keinen Grund, ihn kleiner als unbedingt notwendig anzunehmen, da durch die Wahl des Anfahrstromes in erster Linie die Zeit bestimmt ist, innerhalb welcher der Wagen die volle Geschwindigkeit erreicht, welche Zeit natürlich möglichst kurz sein soll.

Ist man bezüglich des maximalen Stromes, den man beim Anfahren zulassen will, schlüssig geworden, so ist nach obigem auch die erste Widerstandsstufe festgelegt.

Wird nun dieser Widerstand eingeschaltet, so wird der Motor sich zu drehen beginnen und zwar mit zunehmender Geschwindigkeit und infolgedessen eine wachsende Gegen-EMK entwickeln. Infolge dieser Gegen-EMK muß aber die Stromstärke, welche der Motor aufnimmt, abnehmen und zwar offenbar so lange, bis die dieser Stromstärke entsprechende Zugkraft dem Bahnwiderstand gleich geworden ist. Dann wird ein Gleichgewichtszustand eintreten. Infolge dieser Abnahme des Stromes nimmt aber auch die Zugkraft ab, die der Motor entwickelt und daher auch die Beschleunigung die der Wagen erfährt.

Im Interesse einer raschen und stoßfreien Anfahrt liegt es nun aber, die Beschleunigung möglichst konstant zu erhalten, d. h. mit anderen Worten, auch die treibende Zugkraft oder den Strom möglichst konstant zu erhalten. Theoretisch könnte dies nur durch einen ständig sich ändernden Vorschaltwiderstand erreicht werden, der natürlich für die praktische Verwendung nicht geeignet ist.

Indessen ist es für unsere späteren Überlegungen wichtig, das Gesetz zu kennen, nach dem sich ein derartig variabler Widerstand ändern müßte. Wir bedienen uns dabei der Geschwindigkeit als derjenigen Größe, auf welche wir den jeweiligen Widerstand beziehen.

Ist R_v dieser Widerstand und e_v die der jeweiligen Geschwindigkeit entsprechende Gegen-EMK des Motors, so ist

$$R_v = \frac{E - e_v}{J} - R.$$

Da wir J konstant wünschen und e_v bei konstantem J, also auch konstantem Feld, der Geschwindigkeit proportional ist, so daß sich

$$e_v = kv$$

setzen läßt, wobei k eine Proportionalitätskonstante, so ist

$$R_v = \left(\frac{E}{J} - R\right) - \frac{k}{J} v,$$

d. h. R_v ist abhängig von der Geschwindigkeit durch eine gerade Linie darstellbar. Zwei Punkte dieser Geraden sind bereits bekannt, nämlich der Wert von R_v für die Geschwindigkeit 0: $R_{v_1} = \frac{E}{J} - R$ und ferner ein Wert der Geschwindigkeit, für welchen $R_v =$ Null ist. Diese Geschwindigkeit ist nämlich offenbar diejenige, welche in der Geschwindigkeitskurve der gewählten maximalen Stromstärke J_1 entspricht. Es sei also in Fig. 39: vv die Kurve der Geschwindigkeit abhängig von der Stromstärke; J_1 sei der gewählte maximale Anfahrstrom. Nimmt man nun auf der Ordinatenachse einen bestimmten Maßstab für die Spannung an, etwa 1 Längeneinheit $= a$ Volt, trägt in diesem Maßstabe die Betriebsspannung nach E auf und verbindet E mit J, so schneidet diese Verbindungslinie auf einer Parallelen zur Ordinatenachse (Ω), die in dem Abstand d Längeneinheiten gezogen wurde, eine Strecke $\overline{\omega_0 R_J}$ ab, welche offenbar proportional ist zu $\frac{E}{J} = R_{v_1} + R$, d. h. in einem bestimmten Maßstab den Gesamtwiderstand des Stromkreises gibt. Dieser Maßstab für den Widerstand ist, wie man nach einiger Überlegung einsieht, 1 Längeneinheit $= \frac{a}{b\,d}\,\Omega$, wenn a der Maßstab der Spannung, b der Maßstab der Stromstärke und d der Abstand der Parallelen Ω ist. Da man R (den Motorwiderstand) kennt, ist durch diese Konstruktion auch R_{v_1} gegeben. Wünscht man einen bestimmten Maßstab, etwa eine Längeneinheit $= c\ \Omega$, so ist natürlich von vornherein $d = \frac{a}{b\,c}$ zu wählen.

Trägt man den so gefundenen Widerstand in der Abscissenachse nach links auf nach I, projiziert dann den Geschwindig-

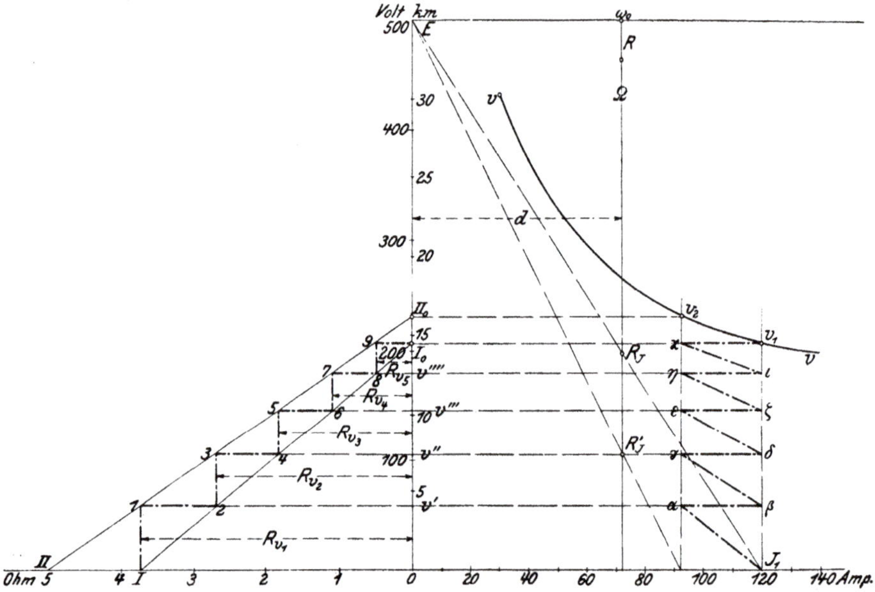

Fig. 39.

keitswert v_1, der in der Kurve vv der Stromstärke J_1 entspricht, auf die Ordinatenachse, so stellt dieser Punkt I_0 diejenige Geschwindigkeit vor, für welche $R_v =$ Null wird. Verbindet man die beiden so erhaltenen Punkte I und I_0, so stellt die Abscisse dieser Geraden R_v für jeden Geschwindigkeitswert v den zugehörigen Vorschaltwiderstand dar, der angewendet werden muß, damit stets die konstante Stromstärke J_1 den Motor durchfließe.

Für eine zweite kleinere Stromstärke J_2 kann man nun genau dieselbe Konstruktion durchführen, erhält so einen neuen Vorschaltwiderstand R'_{v_1}, die Geschwindigkeit v_2, für welche kein Vorschaltwiderstand mehr eingeschaltet ist, und schließlich die Gerade $II\ II_0$, welche die Abhängigkeit des Vorschaltwiderstandes von der Geschwindigkeit für die konstante Stromstärke J_2 festlegt.

Gehen wir nun zur praktischen Anwendung über, so ist hier natürlich von einem ständig sich ändernden Widerstand keine Rede, vielmehr können vom Fahrschalter aus nur wenige Widerstandsstufen, kaum je mehr als vier oder fünf, betätigt werden. Man muß also hier notgedrungen auf den Vorteil eines konstanten Anfahrstromes verzichten, doch wird man von vornherein Sorge dafür tragen müssen, daß in keinem Augenblick während der ganzen Anfahrzeit die Stromstärke über den als zulässig erachteten Wert J_1 wächst.

Andererseits wird man ein zu starkes Sinken der Stromstärke gleichfalls vermeiden müssen, um in möglichst kurzer Zeit die volle Geschwindigkeit zu erreichen und es wird daher zweckmäßig sein, auch eine untere Grenze für die Stromstärke, etwa J_2, festzulegen, unter welche der Anfahrstrom niemals sinken soll. Dieser wird also zwischen den beiden Werten J_1 und J_2 zu halten sein.

Während aber J_1 allerdings mit Rücksicht auf verschiedene Verhältnisse, im übrigen aber frei gewählt werden konnte, liegt der Wert von J_2 fest, sobald irgend ein J_1 gewählt wurde, und zwar hängt J_2 von J_1 und von der Anzahl der im Fahrschalter vorhandenen Schaltstufen ab. Die genaue Ermittelung von J_2 ist ziemlich umständlich und verweisen wir diesbezüglich auf eine Arbeit von Erens,[1]) in welcher gleichzeitig eine analytische Behandlung der Aufgabe, die uns hier beschäftigt, gegeben ist. Für praktische Zwecke dürfte das folgende Annäherungsverfahren vollkommen ausreichend sein.

Dieses beruht darauf, daß zunächst die Stromstärke J_2 willkürlich angenommen wird und zwar mit ungefährer Berücksichtigung der zur Verfügung stehenden Schaltstufen. Je größer deren Anzahl ist, desto näher ist J_2 an J_1 zu wählen. Man zeichnet dann zunächst nach dem in Fig. 39 erläuterten Verfahren die beiden J_1 und J_2 entsprechenden Widerstandsgeraden $\overline{I\,I_0}$ und $\overline{II\,II_0}$. Der Stromstärke J_1 entspricht bei der Geschwindigkeit $v = 0$ der Widerstand $\overline{OI}$. Wird dieser eingeschaltet, so beginnt der Wagen sich in Bewegung zu setzen und da nun eine Gegen-EMK entsteht, sinkt die Stromstärke.

Da nun der Vorschaltwiderstand eine Zeit lang konstant bleibt, wird die Abhängigkeit desselben von der Geschwindigkeit durch eine Parallele zur Ordinatenachse dargestellt, die durch den Punkt I gezogen wird. Diese Parallele schneidet die Gerade $II\,II_0$ in

[1]) F. Erens, ETZ 1899, Heft 16.

einem Punkte 1, dem eine Geschwindigkeit v' entspricht. Da nun dieser Punkt der Geraden $II\,II_0$ angehört, muß die Stromstärke von J_1 auf J_2 gesunken sein, sobald der Wagen die Geschwindigkeit v' erreicht hat. Würde der Vorschaltwiderstand R_{v_1} noch länger eingeschaltet bleiben, so müßte die Stromstärke kleiner werden als J_2, was nach früherem nicht eintreten soll. Es muß also in dem Augenblick, in welchem der Wagen die Geschwindigkeit v' annimmt, Widerstand ausgeschaltet werden. Dieses Ausschalten des Widerstandes hat natürlich eine plötzliche Erhöhung der Stromstärke zur Folge und wir wünschen, daß dieselbe neuerdings auf den Wert J_1 steigen soll. Nun gibt die Linie $I\,I_0$ denjenigen Widerstand an, der bei der Geschwindigkeit v' gerade die Stromstärke J_1 fließen läßt und zwar finden wir diesen Widerstand in der Abscisse des Punktes 2. Wir ändern also R_{v_1} in R_{v_2}, und R_{v_2} stellt die zweite Vorschaltwiderstandsstufe vor. Wird nun R_{v_2} konstant gehalten, so wird bei einer gewissen Geschwindigkeit v'' die Stromstärke wieder auf J_2 gesunken und daher eine neuerliche Verminderung des Widerstandes nötig sein. Punkt 3 gibt diese Geschwindigkeit v'' und die Abscisse zu 4 die nächste Widerstandsstufe u. s. w.

In Fig. 39 wurden auf diese Weise die fünf Vorschaltstufen R_{v_1}, R_{v_2}, R_{v_3}, R_{v_4} und R_{v_5} gefunden, welche für einen Wagen mit nur einem Motor verwendbar wären, wenn der Fahrschalter für fünf Vorschaltstufen eingerichtet ist. Man sieht, daß bei Ausschaltung des Widerstandes R_{v_5} genau wieder die Stromstärke J_1 auftritt, obwohl nun kein Widerstand mehr vorgeschaltet ist, d. h. der zickzackförmige Linienzug *I 1, 2, 3, 4, 5, 6, 7, 8, 9* endet genau im Punkte I_0 und dies ist das Kennzeichen dafür, daß die Stromstärke J_2 richtig gewählt wurde; fällt Punkt 9 höher als I_0, so ist J_2 zu klein gewählt; fällt 9 tiefer als I_0, so ist J_2 zu groß. Es wird in der Regel leicht sein, durch Versuche die richtige Stromstärke J_2 zu treffen. Sollte man nach drei oder vier Versuchen den richtigen Wert noch immer nicht gefunden haben, was bei einer großen Anzahl Schaltstufen vorkommen kann, dann kann man sich der folgenden Annäherung bedienen. Man hätte zuerst die Stromstärke J_2' gewählt (Fig. 40), und wäre bei der letzten Abschaltung statt auf den Punkt I_0 auf einen Punkt N' gekommen, der auf der Verlängerung von $I\,I_0$ liegt. Die Strecke $\overline{N'I_0}$ trage man nun als Ordinate für die Stromstärke J_2' als Abscisse nach oben ein. Beim zweiten Versuch fand man den Punkt N'' statt I_0 und zwar hatte man die Stromstärke J_2'' gewählt. Man trägt abermals die Strecke $\overline{I_0N''}$ als Ordinate für J_2'' als Abscisse auf und zwar nach oben oder unten, je nachdem ob N'' auf der Verlängerung von $I\,I_0$

liegt oder innerhalb der beiden Punkte I und I_0. Führt man dies für mehrere Stromstärken durch, dann geben die Endpunkte n', n'' etc. der jeweilig aufgetragenen Ordinaten eine Kurve und wo diese die Abscissenachse schneidet, liegt die richtige Stromstärke J_2. In der Regel wird diese Kurve eine gerade Linie sein, so daß es genügt, zwei Punkte zu kennen; ihre Verbindungslinie schneidet die Abscissenachse in der gesuchten richtigen Stromstärke J_2.

Aus Fig. 39 ist zu entnehmen, daß die Strecke $\overline{1,2} = \overline{I\,II}\,\mathrm{tg}\,\alpha_1\,\mathrm{tg}\,\alpha_2$, wenn wir den Winkel der Geraden $I\,I_0$ gegen die Abscissen-

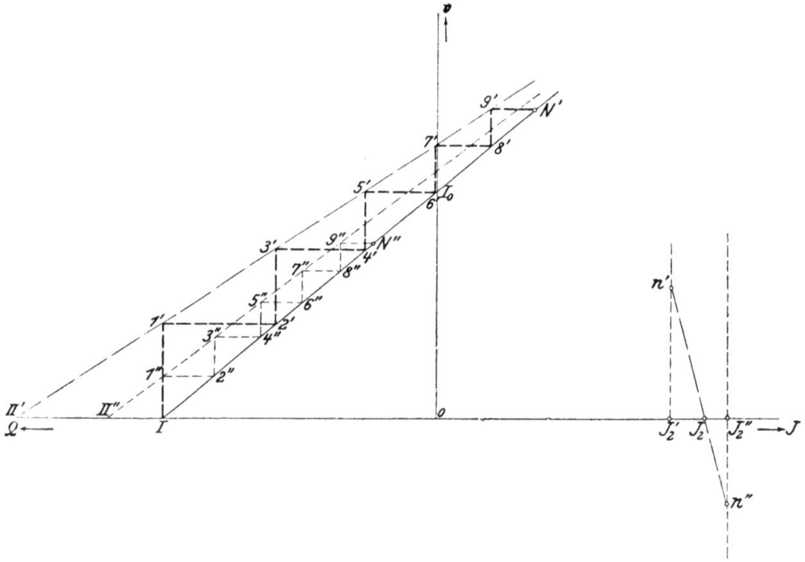

Fig. 40.

achse α_1 nennen und α_2 den entsprechenden Neigungswinkel der Geraden $II\,II_0$. Setzen wir $\mathrm{tg}\,\alpha_1\,\mathrm{tg}\,\alpha_2 = q$, so läßt sich weiter schreiben

$$\overline{3,4} = \overline{1,2}\,q = \overline{I,II}\,q^2$$
$$\overline{5,6} = \overline{3,4}\,q = \overline{1,2}\,q^2 = \overline{I,II}\,q^3$$
$$\overline{7,8} = \overline{5,6}\,q = \overline{3,4}\,q^2 = \overline{1,2}\,q^3 = \overline{I,II}\,q^4 \text{ u. s. w.}$$

Man sieht, daß die einzelnen abzuschaltenden Widerstandsstufen nach einer geometrischen Reihe abnehmen. $\overline{I\,II}$ läßt sich, wenn wir den Widerstand $\overline{o\,II} = \frac{E}{J_2} - R = R_{v_1}'$ nennen, ausdrücken durch

$$R_{v_1}' - R_{v_1} = \frac{E}{J_2} - R - \left(\frac{E}{J_1} - R\right) = E\left(\frac{1}{J_2} - \frac{1}{J_1}\right).$$

Das Verhältnis q selbst ist $\operatorname{tg}\alpha_1 \operatorname{tg}\alpha_2$. Da $\operatorname{tg}\alpha_1 = \frac{v_1}{R_{v_1}}$ und $\operatorname{tg}\alpha_2 = \frac{v_2}{R'_{v_1}}$ ist, läßt sich q auch ausdrücken durch:

$$q = \frac{v_1 v_2}{\left(\frac{E}{J_1} - R\right)\left(\frac{E}{J_2} - R\right)}.$$

Ferner muß die Summe aller Abschaltstufen $= R_{v_1}$ sein, d. h.

$$E\left(\frac{1}{J_2} - \frac{1}{J_1}\right)(q + q^2 + \ldots q^n) = \frac{E}{J_1} - R.$$

Dies sind die Grundzüge der analytischen Betrachtung unserer Aufgabe, auf welche wir hier nicht näher eingehen, da sie kaum eine bequemere Methode bieten kann, als die soeben angegebene graphische.

Es sei auch hier gleich erwähnt, daß es keinen großen Wert hat, die Vorschaltwiderstände mit aller Genauigkeit auszurechnen. Denn da die ganze Theorie darauf fußt, daß der Schalter im richtigen Augenblick betätigt wird, ist man auf die Geschicklichkeit des Wagenführers angewiesen und da dieser unmöglich Instrumente beobachten kann, sondern nur aus seinem Gefühl heraus urteilt, so wird im allgemeinen weder J_1 noch J_2 konstant gehalten werden können; freilich wäre es möglich, den Fahrschalter so zu bauen, daß er für das Einschalten den Mechanismus der Kurbel nur für Stromstärken $\leqq J_2$ freigibt, und eine solche Konstruktion ist auch unseres Wissens einmal von J. H. Short vorgeschlagen worden, doch dürfte die gewiß immer umständliche Einrichtung sich kaum empfehlen.

Es ist also für die Praxis nicht so überaus wichtig, daß die einzelnen Schaltstufen genau nach einer geometrischen Reihe abgestuft sind, deren Quotient durch das Verhältnis der Stromgrenzen für den Anfahrstrom und das Verhältnis der diesen Stromstärken entsprechenden Magnetisierungen bestimmt ist,[1]) sondern es wird häufig genügen, ganz angenäherte Werte anzuwenden, zumal auch bei Serien-Parallelschaltung die Konstruktion des Fahrschalters derart ist, daß ein Teil der Vorschaltstufen für die Serienschaltung auch für die Parallelschaltung verwendet werden muß, was sich im allgemeinen mit der Theorie nicht decken wird. Um dies einzusehen, wollen wir uns noch mit der Bestimmung der Vorschaltwiderstände bei Serien-Parallelschaltung beschäftigen.

Dazu benötigen wir zunächst die Geschwindigkeitskurve bei

---

[1]) F. Erens, ETZ 1899, Heft 16.

Serienschaltung, welche wir aus der gegebenen Motorcharakteristik nach Fig. 30 ableiten. In Fig. 41 ist diese Geschwindigkeitskurve bei Serienschaltung mit $v_s v_s$ bezeichnet. Dann zeichnen wir die Kurve vv, welche die Geschwindigkeit für die Parallelschaltung vorstellt, und zwar diesmal abhängig von der Wagenstromstärke, die dem doppelten Motorenstrom entspricht. Die rechtsseitigen Abscissen in Fig. 41 stellen nicht die Motorstromstärke, sondern die Stromstärke pro Wagen vor, also dieselbe Stromstärke, welche die Vorschaltwiderstände jeweilig durchströmt.

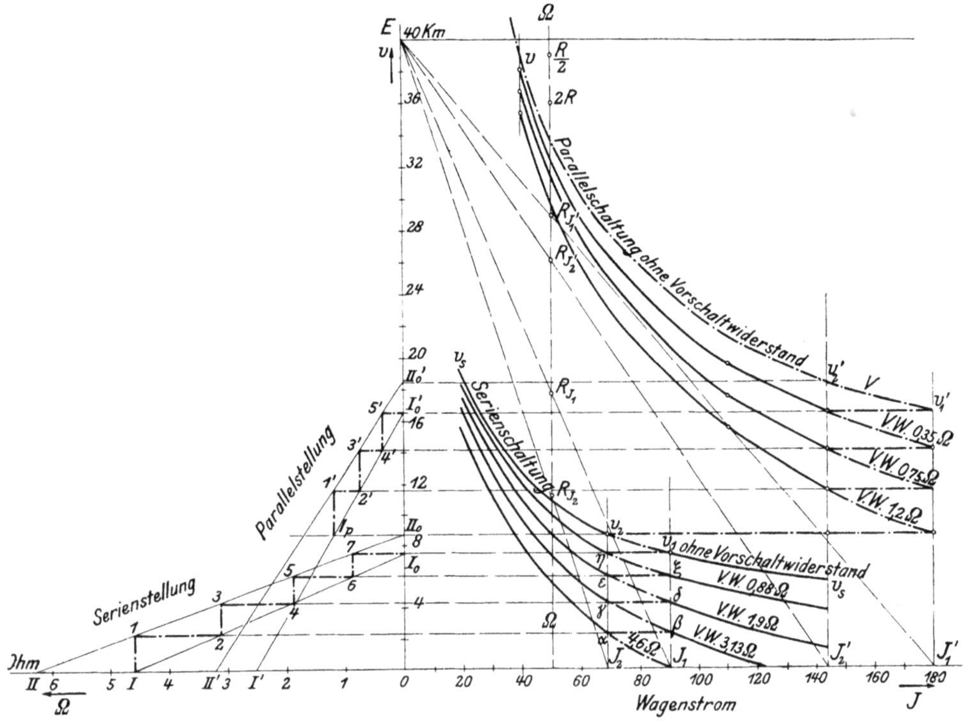

Fig. 41.

Nun wählt man den Maßstab für die Spannung und errichtet die Ω Linie im Abstand d, ganz wie in Fig. 39, und nimmt die beiden Stromstärken J_1 und J_2 an, welche sich aber auf den Motor beziehen und daher nur für die Serienschaltung als Abscissen erscheinen, während die entsprechenden Abscissen für die Parallelschaltung $J_1' = 2\,J_1$ und $J_2' = 2\,J_2$ sein werden.

Wir bestimmen nun die erste Vorschaltstufe für die Serienschaltung, indem wir J_1 mit E verbinden und den Widerstand, wie in Fig. 39, auf der Ω-Linie ablesen. Wir dürfen aber nicht übersehen, daß wir so den ganzen Widerstand des Stromkreises erhalten, von welchem diesmal noch $2R$ für den Widerstand in den Motoren abzuziehen ist. Haben wir nun so R_{v_1} ermittelt, so können wir, da der J_1 entsprechende Wert der Geschwindigkeit bei Serienschaltung in der Kurve $v_s v_s$ in v_1 gegeben ist, die Linie $I I_0$ für Serienschaltung ziehen. Auf die gleiche Weise, von J_2 ausgehend, finden wir die Widerstandslinie $II II_0$. Durch den Zickzacklinienzug sind dann die Vorschaltstufen für die Serienschaltung bestimmt. Ganz in derselben Weise gehen wir nun für die Parallelschaltung vor, nur gehen wir jetzt von $2 J_1 = J_1'$ resp. J_2' aus, und berücksichtigen bei der Bestimmung der ersten Vorschaltstufe, daß der Widerstand der Motoren, der von dem graphisch bestimmten Gesamtwiderstande abzuziehen ist, bei Parallelschaltung $\frac{R}{2}$ beträgt. Wir erhalten dann die Linien $I' I_0'$ und $II' II_0'$.

Die letzte Vorschaltstufe der Serienschaltung ist bei einer Geschwindigkeit auszuschalten, welche dem Punkte I_0 entspricht; während nun die Geschwindigkeit vom Werte, der I_0 entspricht, zu einem Werte ansteigt, der durch II_0 festgelegt ist, sinkt die Stromstärke und wird für II_0 gleich J_2. In diesem Augenblicke muß also der Schalter auf die erste Parallelstellung gebracht werden, und zwar mit einem Vorschaltwiderstand, der J_1' fließen läßt, so daß der Endpunkt der Strecke, die ihn darstellt, also auf der Widerstandslinie $I' I_0'$ liegen muß. Dieser Punkt Ip ist demnach der Anfangspunkt für den Zickzacklinienzug, der uns die Vorschaltwiderstände für die Parallelschaltung liefert.

Für die Fig. 41 ist angenommen, daß 4 Schaltstellungen für Serienschaltung und 3 für Parallelschaltung vorhanden sind.

In der Regel liegt nun die Aufgabe so, daß die zweite Vorschaltstufe für Serienschaltung zugleich die erste für Parallelschaltung sein soll, wodurch eine einfache und vielfach übliche Konstruktion des Schalters erreicht wird, die aber der Theorie schwer anzupassen ist, wie wir schon früher erwähnten und wie nun aus Fig. 41 deutlich zu erkennen.

Mehr der Theorie würde im allgemeinen ein Schalter entsprechen, der die dritte oder vierte Vorschaltstufe der Serienschaltung als erste für die Parallelschaltung vorsieht. Dies ist indes noch wenig üblich geworden und so wird man sich für eine gegebene Schalterkonstruktion durch einen Mittelweg helfen müssen, indem man die Widerstände so wählt, daß sie möglichst für beide Schaltungen verwendbar sind, also einen Mittelwert vorstellen.

Das Gesamtdiagramm. Durch die ermittelten Widerstandsstufen sind auch die den jeweiligen Wagengeschwindigkeiten entsprechenden Stromstärken ohne weiteres gegeben. Allerdings müssen wir dabei die richtige Betätigung der Fahrkurbel seitens des Wagenführers voraussetzen, was nur annähernd zutreffen wird.

Die Stromstärke schwankt zwischen den beiden Werten J_1 und J_2, und da wir diejenigen Geschwindigkeiten kennen, bei welchen die Schaltungen, also auch die plötzlichen Änderungen der Stromstärke von J_2 auf J_1 stattfinden, können wir die Abhängigkeit zwischen Strom und Geschwindigkeit durch den in den Fig. 39 und 41 mit griechischen Buchstaben bezeichneten Zickzacklinienzug festlegen. Die einzelnen Stücke dieses Linienzuges können gerade angenommen werden, obwohl eigentlich die Änderung von J_1 nach J_2 stets nach einer Kurve stattfindet, die nach dem Verfahren der Fig. 32 abzuleiten wäre. Diese Genauigkeit wäre aber angesichts der Voraussetzungen, mit denen wir hier arbeiten müssen, zwecklos. Gleichwohl sind die betreffenden Kurven in Fig. 41 eingezeichnet, um für unser Beispiel den Vorgang klarer zu veranschaulichen. Gleichzeitig sind diese Kurven dann von Wichtigkeit, wenn man bei gegebenen Vorschaltwiderständen die Vorgänge verfolgen will, die durch eine ungeschickte Betätigung der Fahrkurbel eintreten.

Kennt man so die Abhängigkeit zwischen Geschwindigkeit und Stromstärke, d. h. kennt man für jeden Geschwindigkeitswert die zugehörige Stromstärke, so kann man natürlich mit Hilfe der Motorkurven auch sofort den Wert der Zugkraft für jede Geschwindigkeit angeben, und man gewinnt so die mechanische Charakteristik des ganzen Vorganges bei der Anfahrt. Wir haben nur bei zweimotorigen Wagen zu berücksichtigen, daß die Zugkraft des Motors doppelt zu zählen ist, sonst sind die Zugkraftswerte entsprechend den Stromstärken direkt aus den Motorkurven zu entnehmen und bei der betreffenden Geschwindigkeit aufzutragen. Wir gewinnen Fig. 42, welche auf diese Weise aus Fig. 41 hervorgegangen ist. Die betreffenden Kurven beziehen sich auf den Motor, dessen Charakteristiken in Fig. 26 gegeben wurden.

Wie nun weiter aus der mechanischen Charakteristik die Geschwindigkeit, die Stromstärke, der zurückgelegte Weg u. s. w. abhängig von der Zeit abgeleitet werden, bietet uns, nach den Ausführungen des I. Teils (S. 24ff.), nichts wesentlich Neues, so daß hier von einer weiteren Erläuterung wohl füglich Abstand genommen werden kann.

Zu Fig. 41 sei noch bemerkt, daß dem aufgestellten Diagramme die folgenden Werte zu Grunde gelegt sind. Das Gewicht des Motorwagens ist mit 12 000 kg angenommen, ferner sind noch zwei Beiwagen vorausgesetzt von je 8000 kg Gewicht. Der Bahnwiderstand wurde ohne Berücksichtigung seiner Zunahme mit der Geschwindigkeit zu 350 kg angenommen. Die gesamte Masse wurde 2800 Masseneinheiten gesetzt, die Zunahme derselben durch das Trägheitsmoment der Motoranker und Räder also nicht berücksichtigt.

Man sieht, daß der Wagenführer für diesen Fall die ersten Schaltungen der Serienstellungen nach etwa 2 Sekunden vorzunehmen hätte, die letzten und den Übergang zur Parallelstellung nach etwa 1 Sekunde. Bei den Parallelstellungen sind dann wieder Zwischenräume von etwa 2 Sekunden für die Handhabung der Kurbel erforderlich.

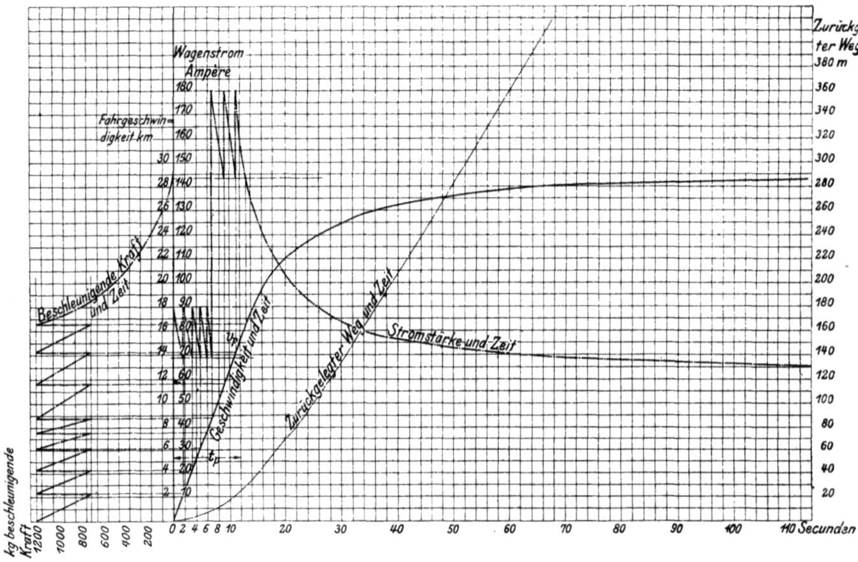

Fig. 42.

Diese Zeiträume würden natürlich wesentlich kürzer sein, wenn eine geringere Masse zu beschleunigen wäre, und sie würden wesentlich länger sein, wenn etwa der gedachte Zug in einer Steigung anzufahren hätte.

Der Wagenführer ist hierfür lediglich auf sein Gefühl angewiesen, was wiederum bedingt, daß der von uns entwickelte Vorgang nur einen relativen Wert haben kann, weil er nur das Ideal vorstellt, hinter dem die Wirklichkeit stets erheblich zurückbleiben wird.

Die Geschwindigkeitskurve erscheint in Fig. 42 in ihrem ersten Teil, der sich auf die Abschaltungsperiode bezieht, als eine gerade Linie. In Wahrheit ist sie indes den jeweiligen Widerständen entsprechend aus flachen Kurvenstücken zusammengesetzt, die jedoch in dem Maßstabe der Fig. 42 nicht mehr zum Ausdruck gebracht werden konnten. Daraus kann man andererseits wieder eine wesentliche Vereinfachung der Konstruktion entnehmen, die keinen erheblichen Fehler verursacht. Man begnügt sich nämlich damit während der ganzen Abschaltungsperiode eine konstante Stromstärke pro Motor anzunehmen und dementsprechend eine konstante Zugkraft Z für den Wagen. Diese vermindert um den Bahnwiderstand w gibt dann die beschleunigende Kraft $Z - w$.

Nun ist

$$Mdv = (Z - w)\,dt$$

und daher

$$dt = \frac{M}{Z - w} \int_0^{v_p} dv$$

$$t_p = \frac{M}{Z - w}\, v_p .$$

Dabei ist v_p diejenige Geschwindigkeit, welche der Wagen bei der gewählten konstanten Stromstärke pro Motor und bei Parallelschaltung besitzt. Man berechnet also diesen Wert von t_p und hat dadurch den ersten geradlinigen Teil der Geschwindigkeitskurve in einfachster Weise und genügend genau bestimmt. Man könnte nun auch die übrigen Teile der Geschwindigkeitskurve rechnerisch ermitteln, wenn man bezüglich der Abhängigkeit der beschleunigenden Kraft von der Geschwindigkeit Annahmen machen will. Man könnte z. B. für diese Beziehung etwa das Gesetz einer Parabel voraussetzen u. s. w.

Wir wollen indessen hier von Untersuchungen Abstand nehmen, die wohl Interesse bieten, aber doch nur einen verhältnismäßig geringen Wert besitzen.

Zur Stromkurve der Fig. 42 wäre noch zu bemerken, daß dieselbe in Wirklichkeit durch die Selbstinduktion verzerrt wird, denn es ist klar, daß infolge dieser die Stromstärke nicht in einem Augenblick von J_2 zu J_1 wechseln kann; die bezüglichen Senkrechten werden also in Wirklichkeit durch mehr oder weniger steile Gerade ersetzt. Diese Form der Stromkurve wirkt natürlich auch auf die Kurve der beschleunigenden Kraft und die übrigen Kurven zurück, so daß die wirklichen Werte im allgemeinen etwas hinter den ermittelten zurückbleiben werden.

Ökonomie des Anfahrens. Wir haben uns noch mit der Frage des Wirkungsgrades beim Anfahren zu beschäftigen, der nicht nur ein theoretisches Interesse besitzt, sondern auch eine für die Ökonomie des Betriebes wichtige Größe vorstellt. Ferner wird der projektierende Ingenieur bei der Ermittelung des etwa zu garantierenden Wattstundenverbrauchs diesem Wirkungsgrade sein Augenmerk zuwenden müssen. Hier liegt nun zunächst eine Schwierigkeit vor, die darin besteht, daß der eigentliche Zeitabschnitt, der für das Anfahren in Betracht zu ziehen ist, nicht gut festzustellen ist. Wie aus Fig. 42 ersehen werden kann, ist der Wagen nach ca. 2 Minuten noch nicht auf volle Geschwindigkeit gekommen, und wir erwähnten bereits im I. Teil, daß er, theoretisch genommen, erst nach unendlich langer Zeit diese Geschwindigkeit erreicht. Um von allen Annahmen frei zu sein, wollen wir hier unter der eigentlichen Anfahrperiode nur jene Zeit verstehen, während welcher noch Widerstand reguliert wird, also denjenigen Zeitabschnitt, für welchen annähernd eine konstante Beschleunigung angenommen werden kann. Für den übrigen Zeitteil des Anfahrens ist der Wirkungsgrad ohne weiteres aus den Motorkurven zu entnehmen.

Wir gehen nun von der als genügend genau erkannten Voraussetzung aus, daß die Stromstärke während der ganzen Regulierungsperiode konstant erhalten wird, so daß also während dieser Zeit eine konstante Zugkraft seitens der Motoren geliefert wird. Die Geschwindigkeit ist dann abhängig von der Zeit, durch eine gerade Linie darstellbar, und sei in Fig. 43 im Anschluß an das eben behandelte Beispiel durch die Gerade OG abhängig von der Zeit (als Abscisse) dargestellt. Da die bei der jeweiligen Geschwindigkeit abgegebene Zugkraft nach unserer Annahme konstant bleibt, geben die Ordinaten der Geraden OLG zugleich die jeweilige mechanische Leistung L der beiden Motoren in irgend einem Maßstabe an. Die Fläche des Dreiecks $OGF = \int_0^{t_p} L\,dt$ stellt daher die während der Zeit t_p geleistete Arbeit vor.

Nehmen wir nun an, daß das Anfahren mit Serien-Parallelschaltung bewirkt wird, und daß der Übergang von Serienschaltung zu Parallelschaltung nach einer Zeit t_s erfolgt. Ferner wollen wir voraussetzen, daß die Spannung, welche den Motoren zugeführt wird, nicht wesentlich durch die größeren Anfahrströme vermindert wird und etwa konstant 500 Volt gesetzt werden kann.

Zeichnen wir nun die Kurve für die Stromstärke, so stellt diese, da die Spannung konstant ist, zugleich auch in irgend einem Maßstabe die elektrische Leistung vor. Die Kurve der Stromstärke ist aber, da wir konstanten Strom voraussetzen, einfach eine Parallele zur Abscissenachse, und zwar für die Parallelschaltung in einer ungefähr doppelt so großen Entfernung als für die Serienschaltung. Der Linienzug $ABDE$ der Fig. 43 stellt also die Stromstärke resp. die aufgewendete elektrische Energie dar. Wählt man den Maßstab für die Stromstärke und für die Geschwindigkeit derart, daß elektrische und mechanische Leistung im gleichen Maßstabe erscheinen, wie dies in Fig. 43 durchgeführt ist, so geben die so gefundenen Flächen einen Einblick in die Energieumsetzungen während der Anfahrtsperiode. Da nämlich nach der Zeit t_s die Motoren ohne Vorschaltwiderstand in Serienschaltung liegen, muß offenbar der Mehraufwand an elektrischer Leistung gegen gewonnene mechanische den Verlusten in den beiden Motoren entsprechen, so daß $\overline{BL}$ den Motorenverlust bei reiner Serienschaltung vorstellt. Ebenso ist aber $\overline{EG}$ der Verlust in den Motoren bei reiner Parallelschaltung. Andererseits ist der Verlust in den Motoren bei der Geschwindigkeit 0 auf den Ohmschen Verlust beschränkt, läßt sich daher leicht berechnen und durch die Strecke $\overline{AK}$ für die Geschwindigkeit Null in dem Diagramme darstellen. Ferner ist der Verlust in den Motoren bei gleicher Stromstärke und gleicher Spannung, d. h. gleicher Geschwindigkeit offenbar derselbe, so daß $\overline{BL} = \overline{HD}$ sein muß. Wir erhalten so die schrägschraffiertn Flächen, welche die jeweiligen Verluste in den Motoren darstellen. Da der Ohmsche Verlust während der ganzen Periode konstant ist, nämlich gleich $\overline{AK}$, könnte man noch eine Unterteilung der Verluste vornehmen, die uns indessen hier wenig interessiert.

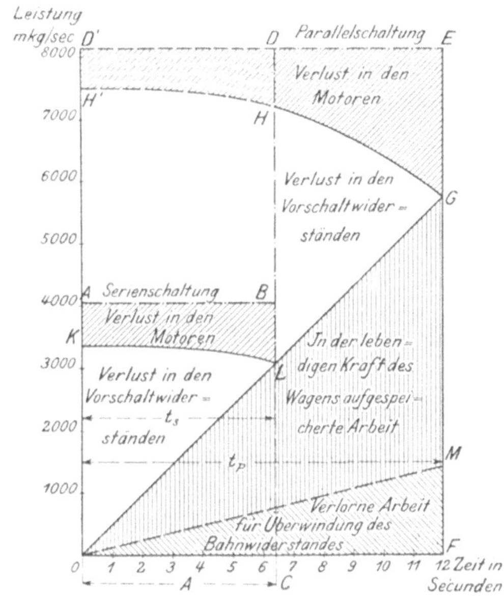

Fig. 43.

Die Dreieck Fläche OFG stellt die gewonnene mechanische Arbeit vor, und zwar die senkrecht schraffierte Fläche diejenige Arbeit, welche in der lebendigen Kraft $\frac{Mv^2}{2}$ des Wagens aufgespeichert ist, während die schräg schraffierte Rest-Fläche die Arbeit bedeutet, welche zur Überwindung des Bahnwiderstandes aufgewendet werden mußte. Die Trennung wird dadurch erreicht, daß man $\frac{GF}{FM} = \frac{Z}{w}$ macht.

Die übrig bleibenden unschraffierten Flächen stellen notwendigerweise die in den Vorschaltwiderständen verlorene Arbeit vor.

Das Diagramm lehrt auf den ersten Blick eine sehr wichtige Regel, daß nämlich der Gesamtwirkungsgrad oder besser gesagt der durchschnittliche Wirkungsgrad während der Periode mit konstanter Beschleunigung erheblich kleiner sein muß als 50 %, denn die Verluste sind, wie man sofort erkennt, wesentlich größer als die gewonnene Arbeit. Für das Beispiel der Fig. 43 ist die aufgewendete elektrische Energie während

der Serienschaltung 25920 mkg,
der Parallelschaltung 45640 „

Die gewonnene mechanische Energie ist

für die Serienschaltung 9920 mkg,
für die Parallelschaltung 16100 „

Daher der durchschnittliche Wirkungsgrad

für die Serienschaltung 38,6 %,
für die Parallelschaltung 35,25 %,

Der Gesamtwirkungsgrad ist ca. 36,3 %, die gesamten Verluste 45,540 mkg oder ca. 124 Wattstunden.

Bedenkt man, daß außer diesen Verlusten noch ein weiterer unvermeidlich dadurch auftritt, daß nur ein Teil der lebendigen Energie $\frac{Mv^2}{2}$ beim Auslaufen wieder gewonnen werden kann, weil ein gewisser Betrag davon durch das Bremsen vernichtet wird, so sieht man wohl ein, daß das häufige Anfahren bei den Straßenbahnen erhebliche Kosten an Energie verursacht, und daß bei der Berechnung des durchschnittlichen Strombedarfs diese Verluste nicht übersehen werden dürfen.

Wir wollen nun noch einmal auf Fig. 43 zurückkommen, um zu sehen, wie man die Verluste beim Anfahren annähernd bestimmen kann. Es genügt offenbar dazu, die Stromstärke zu kennen, für welche die Vorschaltwiderstände berechnet sind, und die Zeiten t_s und t_p. Durch die Stromstärke ist die konstante Zugkraft Z, mit der das Anfahren bewirkt wird, gegeben, ferner die Geschwindigkeit des Wagens bei Parallelschaltung $(\overline{v_p})$ und Serienschaltung $(\overline{v_s})$. t_s wird in ähnlicher Weise wie t_p berechnet. Es ist nämlich

$$t_s = \frac{M}{Z - w} v_s.$$

Die elektrische Arbeit ist nun für die Serienschaltung

$$J E t_s \text{ Wattsekunden.}$$

Die mechanische Arbeit ist $Z \frac{v_s}{2} t_s$ kgm oder $9{,}81\, Z \frac{v_s}{2} t_s$ Wattsekunden.

Daher ist der Verlust während der Serienschaltung:

$$W_s = (JE - 4{,}905\, Z v_s) \frac{M}{Z - w} v_s \text{ Wattsekunden,}$$

oder

$$W_s = \frac{M v_s}{3600\,(Z - w)} (JE - 4{,}905\, Z v_s) \text{ Wattstunden.}$$

Ähnlich ist für die Parallelschaltung die elektrische Arbeit

$$2\, JE (t_p - t_s).$$

Die mechanische Arbeit kann aus dem Diagramm Fig. 43 durch die Differenz der beiden Dreiecksflächen $\triangle\, OFG - \triangle\, OCL$ ermittelt werden zu:

$$Z \frac{v_p}{2} t_p - Z \frac{v_s}{2} t_s \text{ in kgm,}$$

oder

$$\frac{9{,}81\, Z}{2} (v_p t_p - v_s t_s) \text{ in Wattsekunden.}$$

Nun ist

$$t_p - t_s = \frac{M}{Z - w} (v_p - v_s)$$

und

$$v_p t_p - v_s t_s = \frac{M}{Z - w} (v_p^2 - v_s^2),$$

weil

$$t_p = \frac{M}{Z - w} v_p$$

und

$$t_s = \frac{M}{Z - w} v_s.$$

Daher ist die Differenz der elektrischen und mechanischen Arbeit oder der Verlust in Wattsekunden während der Parallelschaltung:

$$W_p = (v_p - v_s) \frac{M}{Z - w} [2\, JE - 4{,}905\, Z (v_p + v_s)],$$

oder in Wattstunden

$$W_p = \frac{M(v_p - v_s)}{3600(Z - w)}[2JE - 4{,}905\,Z(v_p + v_s)].$$

Der Gesamtverlust für Serien- und Parallelschaltung läßt sich dann ausdrücken durch

$$W_a = \frac{M}{Z - w}(2JEv_p - 4{,}905\,Zv_p{}^2 - JEv_s) \text{ in Wattsekunden}$$

oder

$$W_a = \frac{M}{3600(Z - w)}(2JEv_p - 4{,}905\,Zv_p{}^2 - JEv_s) \text{ in Wattstunden.}$$

Z, M, w sind in kg, v_p und v_s in m/sek. einzusetzen.

Die Formeln sehen zwar recht umständlich aus, sind aber tatsächlich ziemlich einfach zu berechnen. Sie würden sich durch Einführung der Wirkungsgrade bei Serienschaltung η_s und bei Parallelschaltung η_p und unter Berücksichtigung, daß

$$9{,}81\,Zv_s = EJ\eta_s$$

und

$$9{,}81\,Zv_p = 2\,EJ\eta_p,$$

in einfachere Form bringen lassen, die indessen für die Rechnung keinen Vorteil bringt.

Wir wählen als Beispiel einen gewöhnlichen Straßenbahnwagen von 10 t Gewicht ohne Beiwagen, der mit zwei Shortmotoren Nr. 1 25 PS ausgerüstet sei, deren charakteristische Kurven in Fig. 44 gegeben sind. Die Adhäsion des Wagens wird etwa 1400 kg sein, so daß also nur ca. 700 kg Zugkraft pro Motor zulässig ist. Dementsprechend wählen wir aus den Kurven eine Stromstärke von 57 Ampère als konstanten Anfahrstrom. Dieser Stromstärke entsprechen in den Kurven 700 kg Zugkraft. Da indessen der Wirkungsgrad der Zahnradübersetzung noch nicht berücksichtigt ist, nehmen wir diesen zu 95% an und erhalten so $Z = 660$ kg. Die Masse des Wagens ist 1000 Einheiten. Wegen des Trägheitsmomentes der Motoranker und Räder wollen wir diese Masse um 20%, also auf 1200 Einheiten vergrößern.

Die Geschwindigkeit v_p bei Parallelschaltung ist aus der Kurve zu entnehmen und beträgt 21,7 km/St. oder 6 m/Sek. Der Motorwiderstand (R) ist 0,875 Ω. Zur Berechnung von v_s haben wir nach Seite 108

$$v_s = \frac{v_p}{2} \cdot \frac{E - 2JR}{E - JR}$$

oder

$$v_s = 3 \cdot \frac{400}{450} = 2{,}68 \text{ m/Sek.}$$

Wir finden nun nach obigen Formeln:

$$W_s = \frac{1200 \cdot 2,68}{3600\,(660 - 120)}\,(57 \cdot 500 - 4,905 \cdot 660 \cdot 2,68),$$

$$W_s = 32,9 \text{ Wattstunden und}$$

$$W_p = \frac{(6 - 2,68)\,1200}{3600\,(660 - 120)}\,[57 \cdot 500 \cdot 2 - 4,905 \cdot 660\,(6 + 2,68)],$$

$$W_p = 59,1 \text{ Wattstunden.}$$

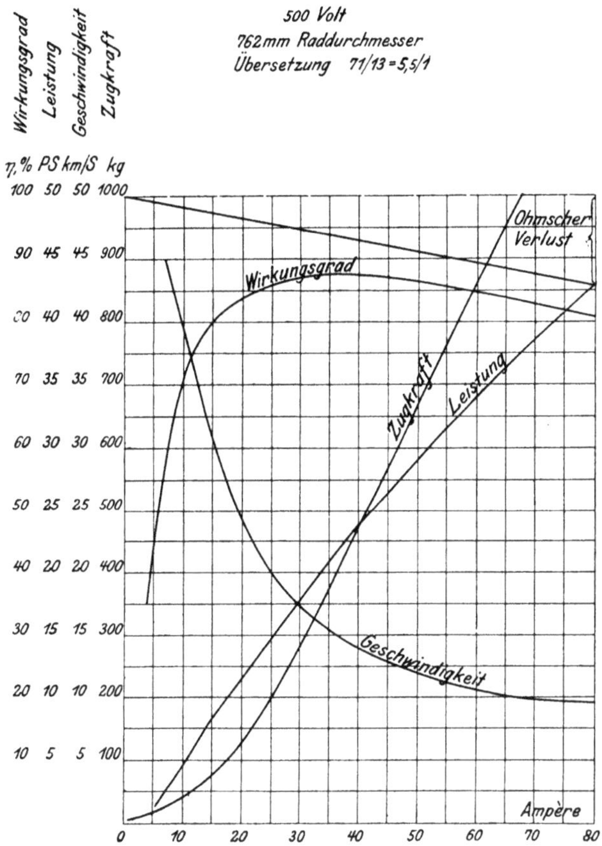

Fig. 44.

Mit Rücksicht auf die ungenauen Unterlagen der Rechnung wird man diese so gefundenen Zahlen etwa um 20% erhöhen, also auf 40 und 72 Wattstunden abrunden, so daß der gesamte zu erwartende Verlust 112 Wattstunden betragen wird.

Betrachten wir nun noch die Verluste, die beim Anfahren mit nur einem Motor auftreten. Die Stromkurve und damit die zugeführte elektrische Leistung wird dann in dem Diagramm Fig. 43 durch eine Parallele zur Abscissenachse $D'E$ dargestellt, die Verluste im Motor durch die schrägschraffierte Fläche $D'DEGHH'$, während die gewonnene mechanische Leistung unverändert bleibt. Die Verluste werden also gegen die Serienparallelschaltung erheblich vergrößert und zwar um einen Arbeitsbetrag, der in Fig. 24 durch die Fläche $ABDD'$ dargestellt wird. Nennen wir t den Zeitraum, welcher verstreicht, bis der letzte Vorschaltwiderstand ausgeschaltet wurde, J die Anfahrstromstärke und v die dieser Stromstärke bei voller Betriebsspannung entsprechende Geschwindigkeit in m/sek., so ist die zugeführte elektrische Arbeit

$$JEt = JE\frac{M}{Z-w}v \text{ Wattsekunden,}$$

die gewonnene mechanische Leistung ist wie früher

$$Z \cdot \frac{v}{2} t \cdot 9{,}81 \text{ Wattsekunden,}$$

wenn Z die Zugkraft des Motors bei der Stromstärke J vorstellt.

Der Gesamtverlust für diesen Fall ergibt sich also nach der Formel

$$W_a = (JE - 4{,}905\,Zv)\frac{Mv}{3600(Z-w)} \text{ Wattstunden.}$$

Für das Beispiel in Fig. 43 würde also bei Verwendung nur eines Motors ein Mehrverlust von 26240 mkg oder 73 Wattstunden auftreten, so daß der Gesamtverlust statt 124 Wattstunden, 197 Wattstunden betragen würde. Der Gesamtwirkungsgrad geht dementsprechend auf 26,5 % zurück.

Nehmen wir ferner für unser Beispiel eines einfachen Motorwagens mit Shortmotoren an, daß auch ein einziger Motor die ganze Leistung auf sich nehmen könnte, so würde der Verlust W_a sich wie folgt berechnen:

$$W_a = (114 \cdot 500 - 4{,}905 \cdot 660 \cdot 6)\frac{1200 \cdot 6}{(660-120)\,3600}$$

$$W_a = 137{,}4 \text{ Wattstunden.}$$

Runden wir wieder mit etwa 20 % nach oben ab, so können wir den zu erwartenden Verlust mit 165 Wattstunden annehmen.

Das Bremsen. Mit dem vorstehenden sind die wichtigsten bezüglich des Anfahrens in Betracht kommenden Begriffe klargestellt und wir gehen nun zu einem dem Anfahren wesentlich entgegengesetzten, aber mechanisch ähnlich zu behandelnden Vorgang über, dem „Bremsen“.

Wir beziehen uns hier abermals auf unsere Ausführungen im I. Teil und betrachten hier nur das Verhalten des Motors, wenn er, wie dies häufig ausgeführt wird, für die Bremsung Verwendung findet. Die elektrische Bremsung läßt sich, insofern der Motor hierfür in Anspruch genommen wird, in zwei Systeme einteilen, nämlich in Kurzschlußbremsung und elektromagnetische Bremsung. Bei beiden Systemen wird Strom aus den Motoren entnommen, indem diese durch geeignete Schaltung plötzlich als Generatoren laufen, die von der lebendigen Kraft des Wagens angetrieben werden. Diese Anordnung hat den Zweck, die Möglichkeit der Bremsung von einem eventuellen Versagen des Leitungsstromes unabhängig zu machen und sie hat den Vorteil, daß die Bremsung ohne besondere Kosten bewirkt wird, welche bei Verwendung des Leitungsstromes auftreten würden.

Der Hauptstrommotor als Generator. Wenn die Motoren als Generatoren laufen, verbrauchen sie natürlich für ihren Antrieb mechanische Energie, und da die lebendige Kraft des Wagens diesen Antrieb besorgt, muß die Geschwindigkeit des Wagens abnehmen und schließlich Null werden.

Bei der Kurzschlußbremse wird nun die ganze lebendige Kraft des Wagens in dieser Weise vernichtet, während bei der elektromagnetischen Bremse nur ein Teil davon von den als Generatoren laufenden Motoren aufgenommen wird, der übrige Teil aber in irgend einer anderen, bei den verschiedenen Konstruktionen verschiedenen Weise vernichtet wird. Der von den Motoren abgegebene Strom erzeugt dann ein Magnetfeld in irgend einer Form, durch welches die zusätzliche Bremswirkung ausgelöst wird. So lassen die Konstruktionen der Allgemeinen Elektrizitäts-Gesellschaft und von Siemens & Halske durch dieses Magnetfeld einen Magnetkern das Bremsgestänge der Radklötze anziehen, während bei den elektromagnetischen Scheibenbremsen (Sperrybremsen), wie sie z. B. von der Union Elektrizitäts-Gesellschaft ausgeführt werden, durch dieses Feld zwei Eisenscheiben aneinander gepreßt werden, von denen die eine auf der Wagenachse festsitzt und mit dieser rotiert, während die andere am Untergestell befestigt ist. Die Reibung dieser beiden Scheiben vernichtet dann den übrigen Teil der lebendigen Kraft des Wagens. Schließlich kann man mittels elektromagnetischer Schienenschuhe einen Druck gegen die Schienen des Gleises und damit eine gleitendeReibung hervorrufen, welche die gewünschte Bremswirkung erzeugt. Solche Konstruktionen wurden von Schiemann, der Union Elektrizitäts-Gesellschaft, der Westinghouse Brake Co. u. a. ausgeführt. Uns interessiert indes hier nur die Wirkungsweise und Beanspruchung des Motors und sei bezüglich der Konstruktion der Bremsvorrichtungen auf die Fachliteratur verwiesen.[1])

Wir befassen uns zunächst mit der Kurzschlußbremse und fassen unsere Aufgabe dahin zusammen, daß wir die Spannung, die Stromstärke und die Bremskraft des Motors für irgend eine gegebene Geschwindigkeit aus den bekannten Motorkurven bestimmen sollen.

Wir müssen uns dabei zunächst noch vergegenwärtigen, daß die Motoren während des Bremsvorganges auf irgend einen äußeren Widerstand arbeiten, dessen Größe wir vorläufig als bekannt voraussetzen und dessen Bestimmung für irgend einen bestimmten Fall uns später beschäftigen wird.

Um die Motoren als Generatoren laufen zu lassen, genügt es jedoch durchaus nicht, die Motoren nur von der Oberleitung abzuschalten und ihren Stromkreis durch einen Widerstand zu schließen, und zwar aus dem folgenden Grunde. Diejenige Spannung, die wir bei den Motoren die Gegen-EMK (e) genannt haben, wird nun zur EMK der Generatoren. Wir sahen indes früher, daß diese Gegen-EMK stets der Betriebsspannung entgegengesetzt gerichtet ist, und daher auch der Stromstärke, die in den Motoren fließt. Wenn nun aber bei den als Generatoren laufenden Motoren diese Gegen-EMK zur treibenden EMK wird, so bringt sie offenbar einen Strom hervor, der die entgegengesetzte Richtung besitzt, wie derjenige, den die Maschinen als Motoren aufnehmen. Dieser entgegengesetzte Strom bedingt natürlich auch, wenn wir keine Änderung in der Verbindung zwischen Ankerstromkreis und Feldspulen vornehmen, ein entgegengesetztes Magnetfeld. Es würde also das folgende eintreten. Der Zuführungsstrom wird unterbrochen. Infolge des remanenten Magnetismus erzeugt nun der rotierende Anker einen entgegengesetzten Strom zu dem früheren und vernichtet dadurch das Feld, indem er es umzukehren sucht. Mit abnehmendem Feld nimmt aber auch sofort die Spannung des Ankers und die Stromstärke ab. Außerdem würde aber, selbst wenn eine Umkehrung des Feldes zu stande käme, sofort eine neue Umkehrung des Ankerstromes eintreten, welche abermals dem Felde entgegenwirkt. Man sieht also, daß auf diese Weise die Motoren niemals als Generatoren laufen können. Sie werden vielmehr sofort ihren Strom verlieren und natürlich auch, außer durch ihren Leerlauf, keine bremsende Kraft ausüben.

---

[1]) Siehe Zeitschrift für Kleinbahnen 1902, Mitteilungen des Vereins deutscher Straßen- und Kleinbahn-Verwaltungen 1902, Zeitschrift für Elektrotechnik 1902, ETZ 1902.

Man erkennt aber auch aus dem eben Gesagten, daß eine einfache Vertauschung der Verbindung zwischen dem Ankerstromkreis und den Feldspulen hinreicht, um diesen Übelstand zu beheben. In Fig. 45 ist die Schaltung für den Motor dargestellt, in Fig. 46 die Schaltung für den Generator. Der Strom ist nun im Anker entgegengesetzt dem Motorstrom, aber da gleichzeitig die Verbindungen zu den Feldspulen umgeschaltet sind, verstärkt dieser Strom die Feldpole und bringt diese nach der Umschaltung rasch wieder auf ihre normale Erregung.

Dieses anfängliche „Fallen“ und dann wieder „Ansteigen“ der Magnetisierung wollen wir in unserer folgenden Untersuchung nicht berücksichtigen, da es die Klarheit unserer Aufgabe und die Ein-

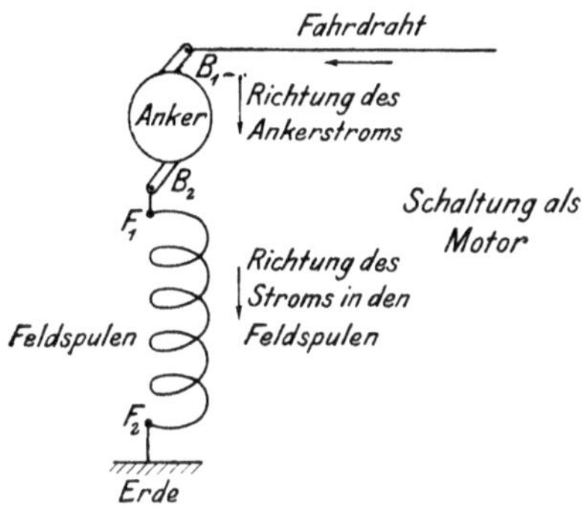

Fig. 45.

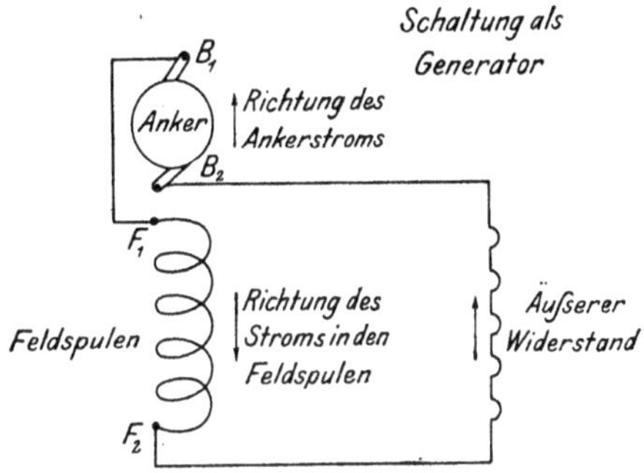

Fig. 46.

fachheit des Ergebnisses stören würde, ohne daß die erreichte Genauigkeit uns nützlich wäre, da wir doch wieder ähnlich, wie im vorhergehenden Abschnitt, wie wir später sehen werden, zu Annahmen gezwungen sind, die eine völlig genaue Vorherberechnung unmöglich machen.

Wir nehmen nun einen konstanten Widerstand im äußeren Stromkreis, etwa R_b, an, den wir den Bremswiderstand nennen. R sei wieder der Widerstand des Motors. Dann ist $R + R_b$ der Gesamtwiderstand des Stromkreises, und wenn der Motor als Generator die Spannung E_g erzeugt und dabei eine Stromstärke J fließt, so ist

$$\frac{E_g}{J} = R + R_b.$$

Kennt man also $R + R_b$ und J, so ist E_g sofort ermittelt. Es sei nun in Fig. 47 vv die Kurve der Geschwindigkeit, welche aus dem Motordiagramm Fig. 26 entnommen wurde, abhängig von der Stromstärke, welche in einem Maßstabe 1 Längeneinheit $=$ b Ampère die Abscisse vorstellt. Ferner sei die Gerade *ee* die uns wohlbekannte Gerade der Gegen-EMK des Motors, welche sich auf einen Maßstab 1 Längeneinheit $= a$ Volt bezieht. R_b sei 4,5 Ω, $R = 0{,}5\ \Omega$, so daß $R_b + R = 5\ \Omega$. Die EMK des als Generator arbeitenden Motors muß dann offenbar für jede Stromstärke

$$E_g = (R_b + R) J = 5 J$$

sein, wird also von einer durch den Ursprung gehenden Geraden E_g dargestellt, die wir am einfachsten erhalten, wenn wir einen Maßstab für den Widerstand wählen, etwa eine Längeneinheit

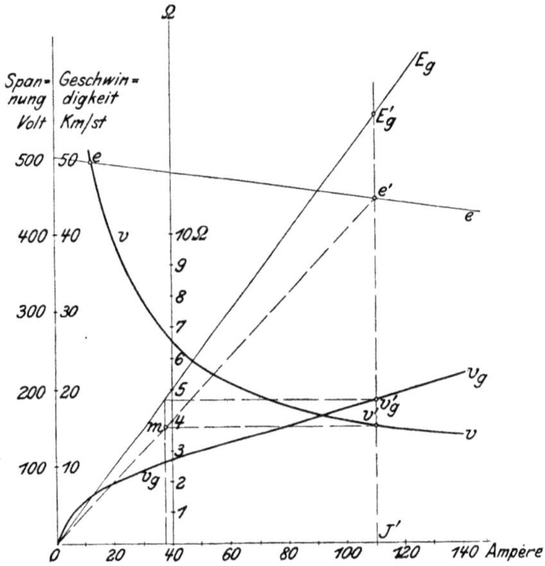

Fig. 47.

$= c$ Ohm und die Parallele Ω im Abstand $d = \dfrac{a}{b\,c}$ zur Ordinatenachse ziehen. Die Gerade E_g muß nämlich auf dieser Parallelen eine Strecke $= R_b + R$ als Ordinate abschneiden, und umgekehrt kann man also bei bekannten $R_b + R$ die Gerade E_g zeichnen. Bei einer Stromstärke J' läuft nun der Motor mit einer Geschwindigkeit v' und einer Gegen-EMK e'. Als Generator gibt aber der Motor bei dieser Stromstärke eine EMK $E_g{}'$ ab, und da bei gleichen Stromstärken die EMKe sich wie die Geschwindigkeiten verhalten müssen, so wird der Generator eine Geschwindigkeit des Wagens $v'_g = \dfrac{E_g{}'}{e'} v'$ brauchen, um diese Stromstärke zu liefern. Wir verfahren wieder graphisch in der bekannten Weise, daß wir e' mit dem Koordinatenanfangspunkt verbinden, auf diese Gerade die Geschwindigkeit v' projizieren, in m eine Parallele zur Ordinatenachse ziehen und den Schnittpunkt dieser letzteren mit E_g nach v_g' übertragen.

Konstruieren wir auf diese Weise eine ganze Reihe von Punkten für denselben äußeren Widerstand R_b, so erhalten wir eine Geschwindigkeitskurve $v_g v_g$, welche uns angibt, welche Stromstärke der Generator bei irgend einer bestimmten Geschwindigkeit und bei konstantem äußeren Widerstande abgibt. Kennt man so die Stromstärke, so ist auch die Spannung sofort bestimmt durch die dieser Stromstärke entsprechende Ordinate der Geraden E_g.

Führt man die Konstruktion für verschiedene äußere Widerstände durch, so kann man derartig eine ganze Schar von Kurven aufstellen, von denen jede einem bestimmten äußeren Widerstande entspricht. Natürlich haben nur diejenigen hiervon ein praktisches Interesse, welche sich auf die von dem Fahrschalter aus betätigten Widerstandsstufen beziehen. Wir wollen die Konstruktion dieser Kurvenschar also erst dann aufnehmen, wenn wir uns bezüglich der zu verwendenden Bremswiderstände klar geworden sind (Fig. 51).

Bremskraft. Unsere nächste Aufgabe ist nun, aus der bekannten Stromstärke des Generators die Bremskraft zu berechnen, die der Wagen jeweilig erfährt. Um nämlich diese Stromstärke zu erzeugen, wird ein bestimmtes Drehmoment an der Wagenachse aufgewendet werden müssen, genau so, wie eine gewisse Stromstärke aufgewendet werden muß, um umgekehrt dasjenige Drehmoment an der Wagenachse zu erzeugen, welches zur Fortbewegung des Fahrzeuges erforderlich ist. Wären keinerlei Verluste im Motor und im Getriebe vorhanden, so würde eine bestimmte Stromstärke stets dasjenige Drehmoment erzeugen, welches andererseits aufgewendet werden müßte, um umgekehrt dieselbe Stromstärke in dem als Generator arbeitenden Motor zu erzeugen. Diesem theoretischen Drehmoment wird an der Wagenachse eine theoretische Zugkraft Z_t entsprechen, und zwar ist, wenn wir unsere frühere Bezeichnung für den Wirkungsgrad auch hier anwenden,

$$Z = \varepsilon_1 \eta_2 Z_t,$$

wobei Z die wirklich gewonnene Zugkraft bedeutet. Der Verlust an Zugkraft ist also $Z_t - Z$. Um nun dieselbe Stromstärke in dem Generator zu erzeugen, ist zunächst dieselbe theoretische Kraft an der Wagenachse Z_t erforderlich und außerdem noch eine zusätzliche Kraft für die Reibungs- und Eisenverluste im Generator. Machen wir die für unseren Zweck genügend genaue Annahme, daß der Verlust bei der gleichen Stromstärke für den Generator derselbe sei wie für den Motor, so muß an der Wagenachse eine Bremskraft

$$Z_t + (Z_t - Z) = 2\,Z_t - Z$$

wirken. Infolgedessen ist also die Bremskraft bei irgend einer Stromstärke bestimmt durch

$$2\,Z_t - Z = Z_t(2 - \varepsilon_1\eta_2) = Z\,\frac{2 - \varepsilon_1\eta_2}{\varepsilon_1\eta_2}.$$

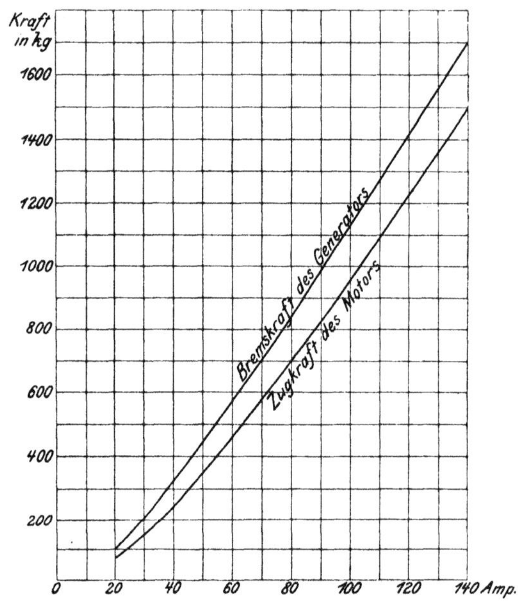

Fig. 48.

Z ist für die betreffende Stromstärke aus dem Motordiagramm zu entnehmen. Zur Berechnung von $\varepsilon_1\eta_2$ hat man

$$\varepsilon_1\eta_2 = \frac{Z\cdot v\cdot 9{,}81}{J\cdot e\cdot 3{,}6} = 2{,}725\,\frac{Zv}{Je},$$

wenn v die Geschwindigkeit des Wagens bei der Stromstärke J in km/Stunde vorstellt, welche gleichfalls aus den Motorkurven zu entnehmen ist.

Der nicht weiter belangreiche Fehler unserer Rechnung besteht darin, daß wir ε_1 konstant für verschiedene Spannung annehmen, denn wir berechnen es aus den Motorkurven, die für 500 Volt aufgestellt sind, und verwenden es für unseren Generator, der bei Spannungen von 0 bis etwa 1000 Volt läuft.

In Fig. 48 ist die Zugkraft des Motors und die Bremskraft des

Generators dargestellt. Man sieht aus dieser Figur, daß der Unterschied zwischen Zugkraft und Bremskraft nicht unerheblich ist.

Berechnung der Bremswiderstände. Wir gehen nun zur Darlegung jener Gesichtspunkte und Methoden über, die zur Bestimmung der Bremswiderstände führen. Diese sind im wesentlichen dieselben, wie bei der Bestimmung der Anfahrwiderstände Man wählt nämlich die Widerstände ebenfalls derart, daß der Wagenführer bei richtiger Betätigung der Bremskurbel die Stromstärke zwischen zwei Grenzen halten kann, einer oberen J_1 und einer unteren J_2. Da die Spannung des Generators bei einer bestimmten gleichbleibenden Stromstärke J_1 proportional zur Geschwindigkeit ist, so muß offenbar auch der Gesamtwiderstand, der jeweilig eingeschaltet sein muß, proportional zur Geschwindigkeit sein, damit diese konstante Stromstärke fließen kann. Bei der Geschwindigkeit Null ist auch die Spannung Null, und daher wegen $E_g = (R_b + R) J_1$ auch der Widerstand, d. h. mit anderen Worten der Gesamtwiderstand (Motorwiderstand + Bremswiderstand) muß, wenn dem Generator während der Bremsung eine konstante Stromstärke entnommen werden soll, abhängig von der Geschwindigkeit gezeichnet nach einer geraden Linie abnehmen, die durch den Ursprung geht.

Wir sehen also, daß sich, wie bei den Anfahrwiderständen, auch hier zwei gerade Linien I und II Fig. 49 angeben lassen, welche den ständig veränderlichen Gesamtwiderstand abhängig von der Geschwindigkeit darstellen, der die Stromstärke J_1 resp J_2 in jedem Augenblick im Generator bei der betreffenden Geschwindigkeit fließen läßt. Wir haben nun J_1 und J_2 zu wählen und dann diese beiden Geraden $\overline{Io}$ und $\overline{IIo}$ aufzusuchen. Bezüglich der Wahl von J_1 gelten dieselben Bedingungen wie beim Anfahren. J_1 darf nicht über der Funkungsgrenze liegen, darf keine für die Fahrgäste unangenehme oder gar gefährliche Verzögerung verursachen (zulässig 1,5 m/sek., allerhöchstens bei Notbremsung 2 m/sek.) und darf endlich keine Bremskraft hervorrufen, die größer als die Adhäsion des Wagens ist.

Ist J_1 angenommen, so ist J_2 in dem Falle gleichfalls bestimmt, wo eine bestimmte Schaltstufenzahl gegeben ist und bei der letzten derselben aller äußerer Widerstand ausgeschaltet sein soll. Gewöhnlich bleibt jedoch auch für die letzte Schaltstufe ein gewisser äußerer Widerstand noch eingeschaltet, wodurch J_2 im allgemeinen frei wählbar ist.

Durch die Annahme von J_1 ist jedoch die Widerstandslinie Io noch nicht bestimmt, es muß vielmehr noch eine zweite Annahme gemacht werden, bezüglich der Höchstgeschwindigkeit, aus welcher allenfalls gebremst werden könnte. Bei der Annahme dieser Geschwindigkeit wird man entsprechend vorsichtig verfahren und lieber zu hoch als zu niedrig gehen.

Es sei nun diese gewählte Höchstgeschwindigkeit v_g'. Ferner sei aus den Motorkurven die Geschwindigkeit entnommen, mit welcher der Wagen bei der Stromstärke J_1 normal laufen würde, und diese Geschwindigkeit sei v_1. Ihr entspreche ferner beim Motor eine Gegen-EMK e_1, dann ist

$$\frac{v_1}{v_g'} = \frac{e_1}{E_g'}$$

oder

$$E_g' = e_1 \frac{v_g'}{v_1},$$

wobei E_g' die EMK ist, die der Generator bei der Geschwindigkeit v_g' und der Stromstärke J_1 entwickeln wird.

Da $E_g' = (R_b' + R) J_1$, ist

$$R_b' + R = \frac{E_g'}{J_1} = \frac{e_1}{J_1} \frac{v_g'}{v_1},$$

d. h. wir können für die gewählte Höchstgeschwindigkeit den Gesamtwiderstand des Bremsstromkreises angeben, und erhalten so einen zweiten Punkt der Geraden Io, welche nun gezogen werden kann. Genau so ist

$$R_b'' + R = \frac{E_g''}{J_2} = \frac{e_2}{J_2} \frac{v_g'}{v_2},$$

d. h. auch die Linie IIo ist sofort zu zeichnen, wenn J_2 angenommen ist. Die Höchstgeschwindigkeit v_g' ist natürlich in beiden Fällen dieselbe.

Gehen wir nun zu einem Beispiel über, das in Fig. 49 dargestellt ist. Hier ist J_1 zu 125 Ampère gewählt, J_2 zu 60 Ampère, die Höchstgeschwindigkeit v_g' zu 20 km in der Stunde. Die Bestimmung der beiden Linien Io und IIo ist graphisch durchgeführt. vv ist die Kurve der Wagengeschwindigkeit, v_{125} entspricht der Stromstärke von 125 Ampère, v_{60} derjenigen von 60 Ampère. Die bezüglichen Gegen-EMK sind auf der Linie ee abzulesen und sind e_{125} bezw. e_{60}. Zur direkten graphischen Bestimmung des Widerstandes ist ferner die Parallele Ω zur Ordinatenachse, in einem Abstande $d = \frac{a}{bc}$ Längeneinheiten gezogen, wobei a Voltmaßstab, b Ampèremaßstab und c der gewünschte Maßstab für den Widerstand.

v_{125} wird auf die Verbindungslinie $\overline{e_{125}o}$ projiziert, der gefundene Punkt m seinerseits auf eine im Abstande $v_g' = 20$ km/St.

gezogene Parallele zur Abscissenachse nach m'. m' mit o verbunden ergibt eine Gerade, welche die jeweilige Generatorspannung E_g^{125} für 125 Ampère vorstellt und diese Gerade schneidet auf der Ω Linie den gesuchten Widerstand $R_b' + R$ als Ordinate ab. Diesen Widerstand tragen wir als Abscisse für die Höchstgeschwindigkeit v_g' als Ordinate nach links auf und erhalten so Punkt *I*. Von v_{60} und e_{60} ausgehend konstruieren wir auf dieselbe Weise E_g^{60}, finden den Widerstand $R_b'' + R$, und wenn wir diesen für v_g' nach links auftragen, den Punkt *II*.

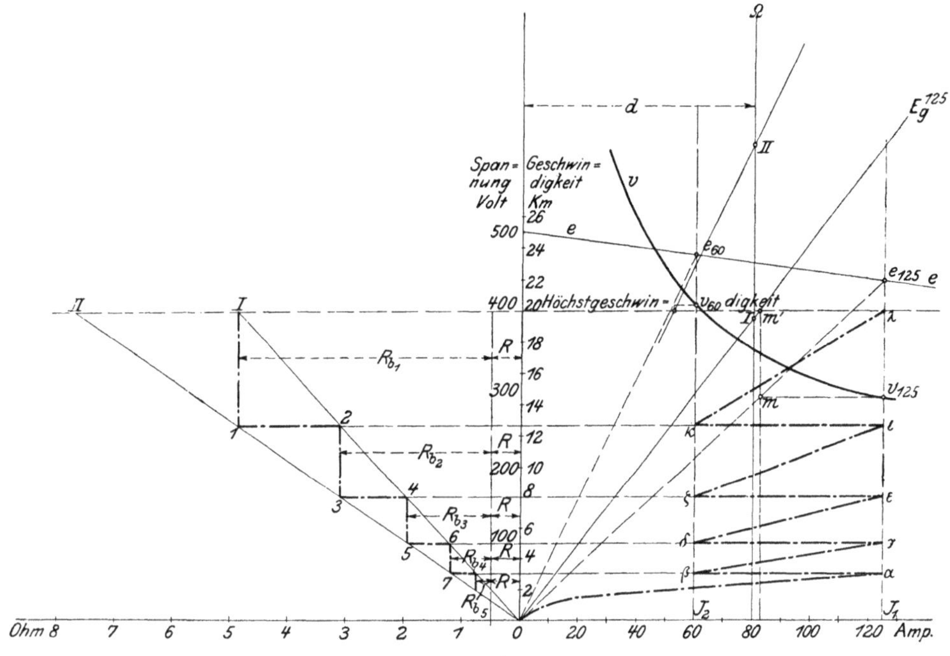

Fig. 49.

Sind nun so die beiden Geraden *Io* und *IIo* festgelegt, so bestimmt der Zickzacklinienzug *I 1, 2, 3, 4, 5, 6, 7, 8* die gewünschten Abstufungen des Gesamtwiderstandes, welche als Abscissen der einzelnen Treppenstufen im Maßstabe des Widerstandes 1 Längeneinheit $= c$ Ohm abzulesen ist.

Eine besondere Erläuterung erscheint nach unseren Ausführungen über die Bestimmung der Anfahrwiderstände (S. 131 f.) überflüssig.

Zieht man eine Paralle zur Ordinatenachse auf der linken Seite im Abstande R Ohm, so kann man von dieser Parallelen aus die Größe der einzelnen Stufen des äußeren Widerstandes R_b

direkt abmessen. Für unser Beispiel sind die folgenden Widerstände nötig:

Schaltstufe	Gesamtwiderstand $R_b + R$	Bremswiderstand R_b
I	4,9 Ω	4,4 Ω
II	3,1 Ω	2,6 Ω
III	1,92 Ω	1,42 Ω
IV	1,2 Ω	0,7 Ω
V	0,75 Ω	0,25 Ω

Wir haben also auch auf der letzten Schaltstufe noch Widerstand eingeschaltet.

Will man bei der letzten Stellung den Generator direkt kurzschließen, so muß die Stromstärke J_2 durch Probieren gefunden werden, und man kann sich hierzu desselben Annäherungsverfahrens bedienen, wie bei der Berechnung der Anfahrwiderstände (S. 132 f.) angegeben.

Man beachte auch, daß durch den allenfalls ständig eingeschalteten Widerstand auf der letzten Schaltstellung eine gewisse geringste Geschwindigkeit bestimmt ist, bei welcher der Wagenführer noch mit der vollen Leistungsfähigkeit des Motors bremsen kann. In dem gewählten Beispiel liegt diese Geschwindigkeit z. B. bei 3 km/St. Bei einer geringeren Geschwindigkeit gibt der Generator auch auf der letzten Schaltstufe nicht mehr den maximalen Strom J_1 und damit nicht mehr die maximale Bremswirkung. Ist auf der letzten Schaltstufe kein Widerstand mehr vorgeschaltet, dann ist diese Grenz-Geschwindigkeit, bei der noch die volle Bremswirkung erreicht werden kann, natürlich durch den Ohmschen Widerstand des Motors (R) bestimmt, und es ist auch von diesem Gesichtspunkt aus bei zweimotorigen Wagen zweckmäßiger, die Motoren in Parallelschaltung für die Bremsung zu betätigen als in Serienschaltung.

Kehren wir zur Fig. 49 zurück, so können wir nun, nachdem durch die ermittelten Widerstandsstufen die Geschwindigkeiten bekannt sind, bei denen die Abschaltung der einzelnen Widerstände erfolgen soll, auch sofort den Verlauf der Stromkurve abhängig von der Geschwindigkeit festlegen. Wir finden so (Fig. 49) den mit griechischen Buchstaben bezeichneten Linienzug.

Das Gesamtdiagramm. Mit Hilfe der Stromstärke ist es aber weiterhin auch leicht, die gesamte Bremskraft, die der Wagen erfahren wird, zu ermitteln. Wir brauchen hierzu nur Fig. 48 zu verwenden, welche uns für jede Stromstärke die zugehörige vom

Generator bewirkte Bremskraft angibt. Diese Bremskraft vermehrt um den Bahnwiderstand wird die gesamte verzögernde Kraft darstellen, welche der Wagen erfährt; sie kann abhängig von der Geschwindigkeit dargestellt werden, wie dies in Fig. 50 geschehen ist, und damit ist die mechanische Charakteristik des ganzen Bremsvorganges gewonnen, welche wir in der bekannten Weise verwenden, um daraus die von der Zeit abhängigen Kurven der Geschwindigkeit, des Bremsweges und der Spannung und Stromstärke zu ermitteln.

In Fig. 50 ist ein Wagengewicht von 10 800 kg angenommen, und zwar wurde vorausgesetzt, daß die beiden Achsen des Motorwagens miteinander gekuppelt sind, so daß eine Adhäsion von

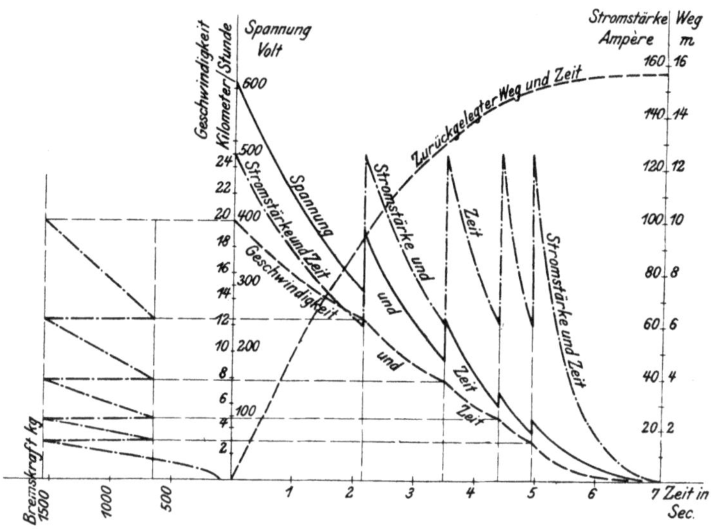

Fig. 50.

ca. 1550 kg zur Verfügung steht. Die Vermehrung der Masse des Wagens infolge der rotierenden Massen des Ankers und der Räder wurde nicht berücksichtigt. Der Bahnwiderstand ist zu 100 kg insgesamt angenommen, die Änderung desselben durch den Luftwiderstand nicht in Rücksicht gezogen worden.

Der gesamte Bremsweg, d. h. der Weg, welchen der Wagen vom Augenblick der Betätigung der Bremse an bis zum Stillstand zurücklegt, ist 15,7 m, günstigste Bedienung des Fahrschalters vorausgesetzt. Der theoretisch für Radbremsen mögliche günstigste Bremsweg würde erreicht werden, wenn mit einer konstanten Bremskraft, die genau gleich der Adhäsion ist, während des ganzen Vorganges gebremst werden könnte. Dann ist $P.s = \frac{Mv^2}{2}$ und daher der kürzeste Bremsweg $s = \frac{Mv^2}{2P}$ oder in unserem Fall $s = \frac{1080 \cdot 5{,}55^2}{2 \cdot 1550}$ oder ca. 10,75 m.

Die Kurzschlußbremse gibt also einen erheblich längeren Bremsweg, als theoretisch möglich wäre, und es ist ersichtlich, daß der Grund hierfür in den starken Schwankungen der Stromstärke während des Bremsvorganges zu suchen ist. Eine größere Zahl Widerstandsabstufungen würde hier einige Abhilfe schaffen, doch eine größere Komplikation des Schalters und eine Verteuerung desselben bedingen.

Es ist aus Fig. 50 ersichtlich, daß nach Abschaltung des letzten Widerstandes der Wagen noch einen verhältnismäßig großen Weg zurücklegt, um zum Stillstand zu gelangen, und in der Tat kann die Kurzschlußbremse den Wagen überhaupt nicht zum Stehen bringen, sondern das Anhalten des Wagens wird in letzter Linie stets durch die rollende Reibung des Wagens verursacht, da die von dem Motor ausgehende Bremswirkung schließlich unter der oben erwähnten Grenz-Geschwindigkeit rasch abnimmt und bei der Geschwindigkeit 0 auch Null wird. Ist kein Bahnwiderstand vorhanden oder ist statt dessen direkt eine treibende Kraft vorhanden, was beides im Gefälle eintreten kann, dann kann natürlich der Wagen durch die Kurzschlußbremse in seiner Geschwindigkeit ermäßigt werden, aber zum Anhalten ist eine andere Bremsvorrichtung notwendig, wozu gewöhnlich eine Handbremse Verwendung findet. Ein anderes Mittel hat die Union Elektrizitäts-Gesellschaft versucht, indem sie bei der letzten Bremsstellung den Motoren Leitungsstrom zuführt, welche also auf diese Weise reversiert werden und nun eine der Stromstärke entsprechende Zugkraft entgegengesetzt der Bewegung des Wagens geben.

Beanspruchung des Motors bei der Bremsung. Wir wollen nun noch untersuchen, unter welchen Bedingungen der Generator arbeitet, wenn die Bremskurbel rascher, als theoretisch verlangt wird, betätigt, oder wenn bei höheren Geschwindigkeiten als der angenommenen Höchstgeschwindigkeit gebremst wird.

Eine Übersicht hierüber gewinnen wir am besten, indem wir die Geschwindigkeitskurven v_g für alle in Betracht kommenden Widerstände zeichnen, in unserem Fall also für 4,9, 3,1, 1,92, 1,2 und 0,75 Ω. Die Konstruktion dieser Kurven können wir nach Fig. 47 vornehmen, hier wollen wir jedoch ein einfacheres Verfahren benutzen. Da nämlich der für uns in Betracht kommende Teil der Kurven v_g v_g eine Gerade vorstellt, genügt es, zwei Punkte derselben zu kennen, um sie mit genügender Genauigkeit zeichnen zu können. Zieht man (Fig. 51) mit Hilfe der Ω Linie den Strahlenbüschel der Geraden OE_g für die genannten Widerstände, so schneiden diese Strahlen eine bestimmte Ordinate bereits in einem System von Punkten $m_{4,9}$, $m_{3,1}$, $m_{1,92}$, $m_{1,2}$ und $m_{0,75}$, die

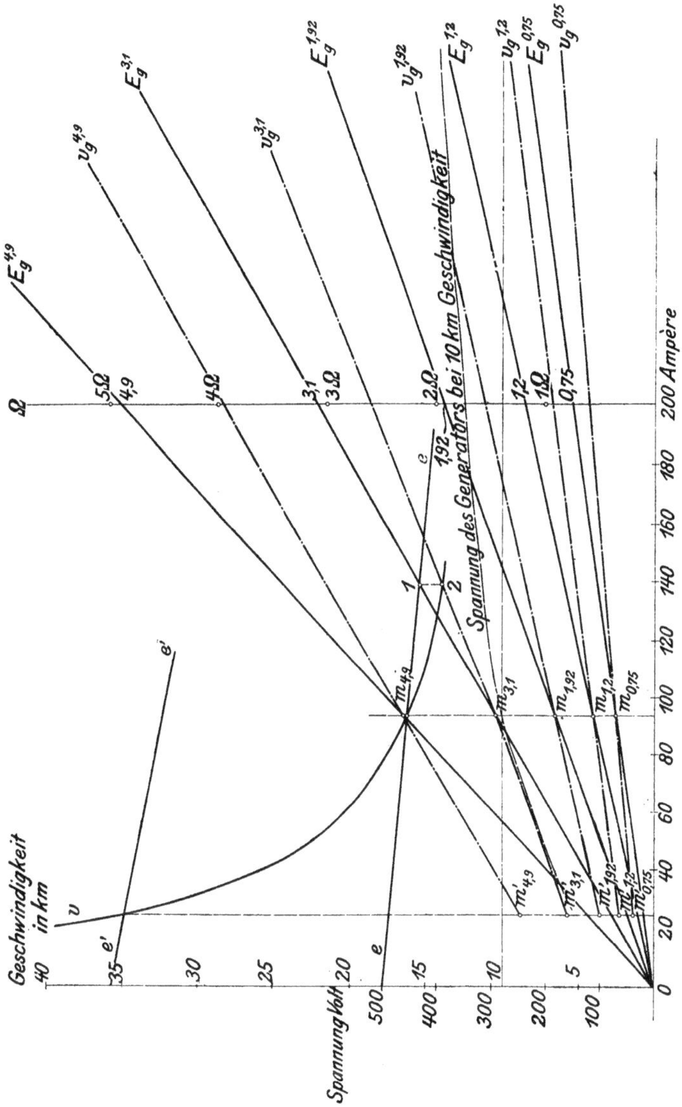

Fig. 51.

den gesuchten Linien $v_g\, v_g$ angehören. Diese Ordinate ist diejenige, welche dem Schnittpunkt der vv-Kurve mit der Geraden der Gegen-EMK $e\,e$ entspricht.

Zeichnet man nun die Gerade der Gegen-EMK e für einen

doppelt so großen Voltmaßstab (Gerade $e'e'$), so schneidet derselbe Strahlenbüschel die dem Schnittpunkt von $e'e'$ mit vv zugeordnete Ordinate in einem zweiten System von Punkten, deren Ordinaten nur verdoppelt zu werden brauchen, um die Punkte $m'_{4,9}$, $m'_{3,1}$, $m'_{1,92}$, $m'_{1,2}$ und $m'_{0,75}$ zu geben, welche gleichfalls den gesuchten Geraden $v_g v_g$ angehören. Verbindet man $m_{4,9}$ mit $m'_{4,9}$ etc., so erhält man in $v_g^{4,9} v^{4,9}$ etc. die gewünschten Geschwindigkeitslinien für 4,9 Ω etc., für die verschiedenen Schaltstufen. Man kann diese Geraden noch dadurch kontrollieren, daß man die Schnittpunkte der Geraden der Gegen-EMK ee mit der jeweiligen Geraden der Generatorspannung aufsucht. Die der Generatorspannung entsprechende Geschwindigkeitslinie $v_g v_g$ muß nämlich die gegebene Geschwindigkeitskurve des Motors in einem Punkt schneiden, der dieselbe Abscisse hat, wie der Schnittpunkt von ee mit der betreffenden Geraden E_g. In Fig. 51 muß also der Punkt 1 genau über Punkt 2 liegen.

Die Konstruktion kann übrigens nur dann ein brauchbares Resultat liefern, wenn man sich auch für die Punkte m' noch in dem geradlinigen Teil der Geschwindigkeitskurven v_g befindet. Eventuell wählt man, um dies zu erreichen, e' in einem $1^1/_2$ fachen Maßstab und hat dann natürlich auch die Ordinaten des zugehörigen Punktsystems auf die $1^1/_2$ fache Größe zu bringen, um die Punkte m' zu erhalten.

Zieht man nun eine Parallele zur Abscissenachse in einem Abstand, der z. B. 10 km per Stunde im Geschwindigkeitsmaßstab entspricht, so geben die Schnittpunkte dieser Parallelen mit dem Strahlenbüschel v_g die jeweilig auftretende Stromstärke, und es kann aus dieser Stromstärke sofort auch die zugehörige Generatorspannung gefunden werden, wenn man die Ordinate der entsprechenden Geraden E_g für diesen Stromwert abliest. Für den betrachteten Motor ist die Gefahr einer zu hohen Spannung weniger zu fürchten, als die einer übermäßigen Stromstärke. Bei Motoren mit weniger gesättigtem Feld ist aber offenbar auch die Gefahr einer hohen Spannung vorhanden. Denn sucht man für eine bestimmte Geschwindigkeit die zugehörigen Spannungen auf, wie dies z. B. in Fig. 51 für 10 km durchgeführt wurde, so gibt die Verbindungslinie dieser Werte eine Kurve, welche die Generatorspannung bei jeder beliebigen Stromstärke und bei gleichbleibender Geschwindigkeit darstellt, d. h. diese Kurve ist zugleich in irgend einem Maßstab die Magnetisierungslinie des Motors, und von ihrer Form hängt es hauptsächlich ab, ob die Spannung bei unrichtiger Handhabung der Kurbel eine gefahrdrohende Höhe erreichen kann.

Der kritische Widerstand. Die Beziehung zwischen Spannung und Stromstärke bei einer bestimmten Geschwindigkeit nennt man bekanntlich in der Theorie der Dynamomaschinen im engeren Sinne die Charakteristik der Maschine. Die Charakteristik einer Hauptstrommaschine (und eine solche stellt unser als Generator laufender Motor dar) ist nun stets von der Form, wie in Fig. 52 angedeutet. Der erste Teil steigt geradlinig an, dann biegt die Kurve mit beginnender Sättigung der Magnete um, um schließlich sich der horizontalen Richtung zu nähern (keine Ankerrückwirkung vorausgesetzt). Da die Ordinaten den Spannungen, die Abscissen den Stromstärken entsprechen, stellt eine von irgend einem Punkte der Kurve aus zum Ursprung gezogene Gerade in der trigonometrischen Tangente ihres Neigungswinkels β' den Ge-

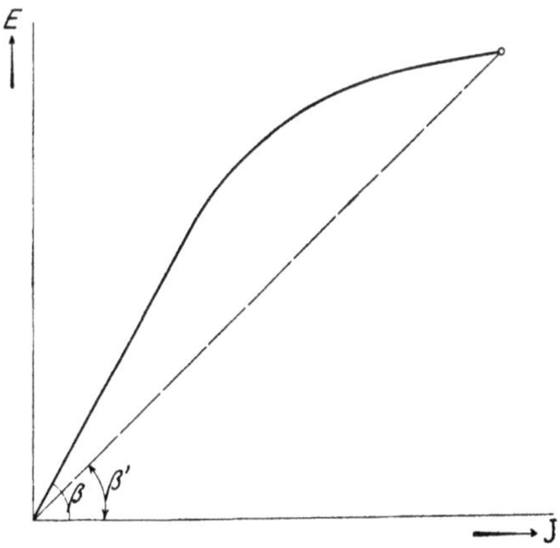

Fig. 52.

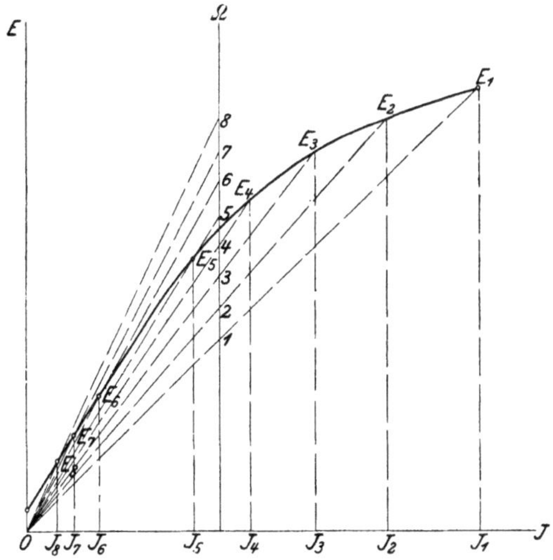

Fig. 53.

samtwiderstand des Stromkreises vor, und man begreift aus der Form der Kurve leicht, daß es nicht möglich ist, eine solche Gerade zu ziehen, die einen größeren Winkel als β einschließt, d. h. tg β stellt den äußersten Widerstand vor, der überhaupt möglich ist. Besitzt der Stromkreis einen größeren Widerstand, so sinkt sofort Stromstärke und Magnetisierung, denn die Maschine kann sich dann nicht mehr selbst erregen.

Ganz so schlimm als in Fig. 52 dargestellt liegt nun der Fall bei Bahnmotoren nicht, denn es ist immer remanenter Magnetismus vorhanden, so daß die Maschine ihre Erregung nie völlig verlieren wird; die Charakteristik geht also dann nicht durch den Ursprung, sondern beginnt etwas über demselben, wie in Fig. 53 angedeutet. Zeichnet man aber in der bekannten Weise die Ω Linie und ein entsprechendes Strahlenbüschel, so kann man zu jedem Widerstandswert die entsprechende Stromstärke finden, und wenn

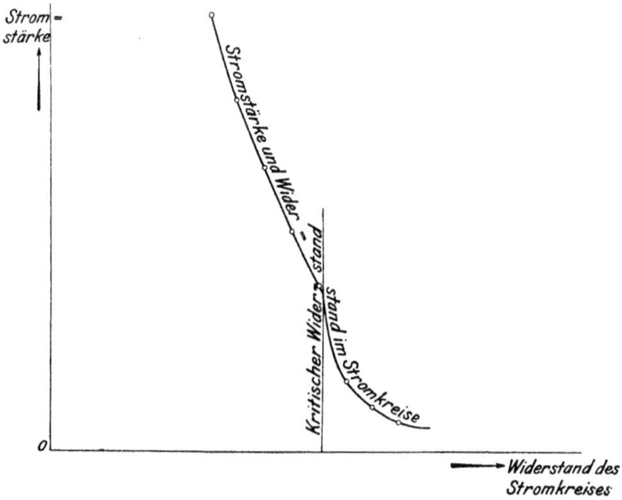

Fig. 54.

man diese Abhängigkeit der Stromstärke vom Widerstand des Stromkreises in Kurvenform darstellt, erhält man Fig. 54, aus welcher man ersieht, daß bei einem gewissen Widerstand die Stromstärke plötzlich sinkt. Diesen Widerstand nennt man den kritischen. Er ist natürlich nur für eine ganz bestimmte Geschwindigkeit kritisch. Umgekehrt muß es für jeden Widerstand eine bestimmte kritische Geschwindigkeit geben, bei welcher die Stromstärke sehr rasch sinkt. Je mehr remanenter Magnetismus vorhanden ist, desto weniger scharf werden diese Erscheinungen auftreten.

Diese Betrachtungen nun erläutern das Verhalten der Kurzschlußbremse, wenn sie, wie man sagt „nicht anspricht". In diesem Falle können sich also die Motoren nicht genügend erregen, weil der eingeschaltete Widerstand für die vorhandene Geschwindigkeit zu groß ist, d. h. über dem „kritischen" liegt.

Zusammenarbeiten zweier Motoren beim Bremsen.

Es erübrigen nun noch einige kurze Bemerkungen über das Zusammenarbeiten von zwei und mehr Motoren bei der Bremsung. Wir sahen schon weiter oben, daß die Serienschaltung sich für diesen Zweck aus dem Grunde nicht empfiehlt, weil dadurch die Geschwindigkeit, bei der noch wirksam gebremst werden kann, etwa doppelt so hoch liegt, als bei der Parallelschaltung. Schwerwiegender jedoch ist noch das Bedenken, daß bei Serienschaltung die doppelte Spannung auftreten muß wie bei Parallelschaltung. Dies kann unter Umständen zu einem Durchschlagen der Wagenleitungsisolation führen. In der Tat bewirkt man denn auch die Kurzschlußbremsung durchweg mit Parallelschaltung.

Aber auch bei Parallelschaltung ist eine kleine Besonderheit zu beachten. Es kann nämlich vorkommen, daß der eine der Generatoren etwas mehr Spannung abgibt, wie der andere. Die Folge würde dann sein, daß der zweite Generator Strom vom ersten aufnimmt, so daß sein Feld umpolarisiert wird, und da seine Drehrichtung gegeben ist und die lebendige Kraft des Wagens den Antrieb liefert, läuft er als Generator in Serie mit dem ersten. Beide Generatoren arbeiten dann mit ihrer eventuell hohen Spannung auf einen Stromkreis, dessen Widerstand in der Hauptsache durch den Ohmschen Widerstand der beiden Maschinen gegeben ist, und eine außerordentliche Stromstärke ist die natürliche Folge dieser Erscheinung. (Da der Widerstand beider Motoren bekannt ist, läßt sich bei gegebener Geschwindigkeit durch eine Konstruktion nach Fig. 47 sofort Strom und Spannung finden.) Um diesen Übelstand zu vermeiden, muß man für eine Ausgleichsleitung zwischen den Verbindungsstellen der Anker und der Feldspulen Sorge tragen, wie in Fig. 55 dargestellt. Die Wirkungsweise dieser Verbindung kann wohl aus der Theorie der Dynamomaschinen als bekannt vorausgesetzt werden; zum Überfluß ist in Fig. 55 noch der Stromverlauf angegeben, aus dem leicht zu ersehen ist, daß bei höherer Spannung der Generator Nr. I Strom um die Magnete des Generators Nr. II schickt, infolgedessen die Spannung desselben erhöht und dadurch, zumal seine eigene Spannung infolge des großen Ohmschen Abfalls bei der starken Stromstärke gesunken ist, den zweiten Generator wieder zur Stromlieferung zwingt.

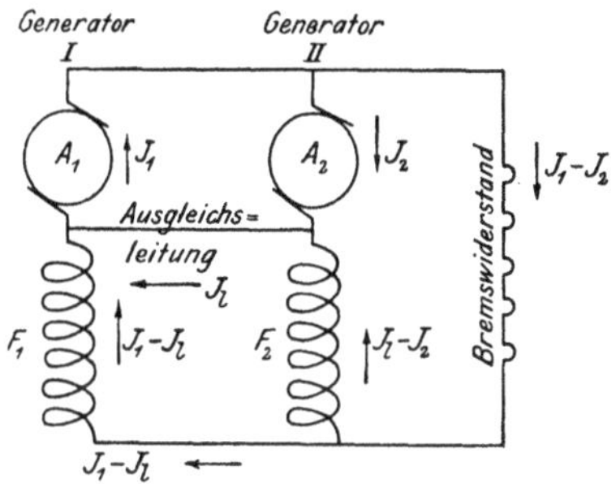

Fig. 55.

Wir möchten übrigens noch aufmerksam machen, daß bei einem größeren Widerstande der Ausgleichsleitung wieder ein In-Serie-Arbeiten beider Generatoren hervorgerufen werden kann, unter gleichzeitiger Umpolarisierung des Generators Nr. II. Dies wurde als eine Methode für Gefahrbremsung von Short vorgeschlagen und ausgeführt. Der Widerstand der Verbindungsleitung begrenzt einigermaßen die auftretende Spannung und verursacht gleichzeitig eine weniger stoßartige Wirkung, weil dadurch eine Schwächung der Magnetfelder bewirkt wird. Um so höher ist natürlich die Gefahr des Verbrennens für den Kommutator. Bei dieser Gefahrbremsung, die nur eine einzige Schaltstellung besitzt, kommt ein besonderer Bremswiderstand in Wegfall.

Im übrigen bietet die Berechnung der Bremswiderstände bei Anwendung von zwei oder mehr Motoren nichts Neues gegen das Verfahren bei nur einem Motor, so daß wir hier nicht weiter darauf eingehen.

Bremsung im Gefälle. Es könnte uns bei der Kurzschlußbremse nun nur noch interessieren, was eintritt, wenn in irgend einem Gefälle, wo der Wagen eine treibende Kraft durch seine eigene Schwere erfährt, die Bremse auf eine bestimmte Schaltstufe eingestellt wird. Der Wagen wird dann diejenige Geschwindigkeit annehmen, bei welcher die Motoren eine Bremskraft entwickeln, die genau gleich ist der treibenden Kraft.

Nehmen wir als Beispiel einen einmotorigen Wagen von 10,800 kg Gewicht, der sich in einem Gefälle von 42 $^0/_{00}$ bewegen soll. Die treibende Kraft, die auf ihn einwirkt, ist dann

$$10{,}8\,(42 - 12) = 324 \text{ kg},$$

wenn wir den Traktionskoeffizienten = 12 kg/t annehmen. Aus Fig. 48 ersieht man, daß eine Bremskraft von 324 kg von unserem Motor bei 40 Ampère hergegeben wird. Wir brauchen nun, um die entsprechenden Geschwindigkeiten zu erfahren, nur in Fig. 51 dieselben aus den Kurven v_g für die Stromstärke 40 abzulesen, und erhalten

für	Stellung	I	10,5	km/Stunde,
„	„	II	7,—	„
„	„	III	4,2	„
„	„	IV	2,7	„
„	„	V	1,7	„

Der Wagenführer hat es also in der Hand, eine dieser Geschwindigkeiten einzustellen. Aus diesem Beispiel ergibt sich ohne Schwierigkeit auch das Verfahren, das man bei Verwendung von zwei Motoren einschlagen wird.

Elektromagnetische Bremse. Die Behandlung der elektromagnetischen Bremsen, insoweit dabei das Verhalten des Generators in Betracht kommt, kann in derselben Weise erfolgen, wie bei der Kurzschlußbremse, nur daß man zumeist mit einer entsprechend geringeren Stromstärke zu rechnen hat. Dies ist ein Vorteil der elektromagnetischen Bremsen, der dem Motor zu gute kommt. Das Bremsen mit Kurzschlußbremse ist nämlich nach allem, was wir darüber darlegten, eine starke und häufig infolge der abnormen Stromstärke auch gefährliche Beanspruchung des Motors, und setzt beste und kräftige Bauart des Motors voraus, wenn es dauernd im Betriebe gehandhabt werden soll. Es wäre deshalb wohl zu empfehlen, die Kurzschlußbremsung stets nur als Notbremsung zu benutzen.

Die elektromagnetische Bremse verringert die Ansprüche an die Motorleistung in sehr bedeutendem Maße und ist der Kurzschlußbremsung unbedingt vorzuziehen. Auch ihre Wirksamkeit ist übrigens eine höhere, da mit fallender Stromstärke die vom Magnetfeld ausgehende Bremskraft nicht proportional mit dem Strome fällt, wie bei der Kurzschlußbremsung.

Das Reversieren. Man ersieht aus der Flemingschen Regel, daß der Sinn der Drehrichtung von der Richtung der Kraftlinien und von der Richtung des Ankerstromes abhängig ist. Kehren wir entweder die Richtung des Ankerstromes oder die Richtung des Feldes, d. h. den Feldstrom um, so kehrt sich auch der Sinn der Drehrichtung um. Kehren wir dagegen Feld- und Ankerstrom um, so bleibt die Drehrichtung dieselbe. Wir können also einen Bahnmotor dadurch zur umgekehrten Drehbewegung bringen, daß wir entweder seinen Ankerstrom oder seinen Feldstrom umkehren, d. h. daß wir entweder Anker oder Feld so schalten, daß sie nun vom Strome in der entgegengesetzten Richtung durchflossen werden. Die letztere Methode würde zur Vernichtung und Umkehrung des Magnetfeldes infolge der Selbstinduktion Zeit und Energie brauchen, und infolgedessen zieht man in der Praxis die erste Methode vor, indem man bei der Reversierung genau dieselbe Umschaltung der Ankerbürsten gegen die Verbindung zu den Feldspulen vornimmt, wie bei der Bremsung (Fig. 46), nur daß bei der Reversierung der Motor unter der äußeren Spannung bleibt.

Wir betrachten zunächst einen Motorwagen, der mit nur einem Motor ausgerüstet ist. Steht der Wagen im Augenblick des Reversierens still, so wird sich genau derselbe Vorgang abspielen, wie bei dem Anfahren; ist der Wagen jedoch in Vorwärtsfahrt begriffen, während reversiert wird, so stellen sich ganz andere Erscheinungen ein. Da der Motor im ersten Augenblick unter der

Wirkung der lebendigen Kraft des Wagens seine Drehrichtung beibehalten muß, also umgekehrt läuft, als der Schaltung entsprechen würde, ist auch seine Gegen-EMK umgekehrt wie als Motor, d. h. sie ist nicht entgegengesetzt zum Strom gerichtet, sondern Strom und EMK arbeiten in demselben Sinne. Mit anderen Worten, der Motor arbeitet in diesem Augenblicke als Generator, braucht für seinen Antrieb natürlich mechanische Energie, die er der lebendigen Kraft des Wagens entnimmt, und wirkt so bremsend. Der Stromkreis dieses Generators ist durch den Anker des Stromerzeugers im Kraftwerk geschlossen.

Der reversierte Motor arbeitet also im ersten Augenblick als Generator in Reihe mit der Kraftwerkmaschine. Beide Spannungen addieren sich, und der ganze Widerstand des Stromkreises besteht nur aus dem Motorwiderstande, den eventuellen Vorschaltwiderständen, dem Widerstande der Zuleitungen und dem inneren Widerstande der Stromerzeugungsmaschine in der Kraftstation. Dieser letztere Widerstand ist gegen die anderen zu vernachlässigen. Die Spannung, die der reversierte Motor erzeugt, hängt natürlich ganz von der Geschwindigkeit des Wagens ab und läßt sich bei bekanntem Widerstand des Stromkreises nach Fig. 47 ermitteln.

Man sieht jedoch ohne weiteres, daß die eventuell auftretende Stromstärke leicht das Doppelte des zulässigen Anfahrstromes erreicht. Das Reversieren bei höheren Geschwindigkeiten z. B. zum Zwecke der Bremsung ist also im geordneten Betriebe völlig unzulässig.

Noch ungünstiger stellt sich die Sache, wenn zwei oder mehr Motoren im Wagen vorhanden sind. Die übliche Bauart des Schalters bedingt dann, daß bei Reversierung zunächst mindestens zwei Motoren in Serie liegen, so daß sich ihre Spannungen addieren.

Liegen zwei Motoren beim Reversieren parallel, so treten, so lange der Wagen noch vorwärts fährt, dieselben Erscheinungen auf wie die bei der Kurzschlußbremse auf Seite 163 erwähnten, und ist auch hier eine Ausgleichsleitung wünschenswert.

IV.

Die Wirkungsweise der Nebenschlufsmotoren.

Motoren mit anderer Schaltung als die Hauptstrommotoren, also insbesondere Nebenschlußmotoren und Compoundmotoren, haben für die Zwecke elektrischer Bahnen eine verhältnismäßig geringe Anwendung gefunden, so daß es gerechtfertigt ist, wenn diesen Motoren hier weniger Aufmerksamkeit geschenkt werden soll, als den Hauptstrommotoren, zumal auch ein großer Teil der Aufgaben, die betreffs der Hauptstrommotoren behandelt wurden, sich sinngemäß für die anderen Motoren in ganz entsprechender Weise lösen läßt, so daß es genügen dürfte, hier nur die Grundzüge zu erörtern und die den Nebenschlußmotoren besonderen Eigentümlichkeiten kurz hervorzuheben.

Drehmoment und Umdrehungszahl. Der Nebenschlußmotor ist in erster Linie dadurch gekennzeichnet, daß seine Erregung nicht vom Strome abhängig ist, den er aufnimmt, sondern von der Spannung, unter der er arbeitet; so lange diese also konstant bleibt, ist auch die Erregung konstant.

Nun ist nach Gleichung 3:

$$M_d = \varepsilon_1 \frac{1}{2\,\pi g} \cdot \frac{p}{p_1} \frac{\Phi N}{10^8} \cdot J_a$$

und nach Gleichung 6:

$$n = \frac{p_1}{p} \frac{60 \cdot 10^8}{\Phi N} (E_a - J_a R_a).$$

Wenn nun die Spannung konstant, d. h. auch Φ konstant ist, so muß

$$M_d = \varepsilon_1 k \cdot J_a$$

sein, d. h. das Drehmoment (oder die Zugkraft) eines Nebenschlußmotors ist bei konstanter Spannung (abgesehen von ε_1) direkt proportional dem Ankerstrom.

Andererseits ist

$$n = k_1 (E_a - J_a R_a) = k_1 \cdot e$$

wobei

$$k_1 = \frac{p_1}{p} \cdot \frac{60 \cdot 10^8}{\Phi N}$$

eine konstante Größe.

Sowohl das Drehmoment also, wie auch die Umdrehungszahl eines Nebenschlußmotors, lassen sich, von der Stromstärke abhängig bei konstanter Betriebsspannung als gerade Linie darstellen, und die Gerade, welche sich auf die Umdrehungszahl bezieht, ist zugleich in irgend einem Maßstabe gemessen die Gegen-EMK des Motors (Fig. 56).

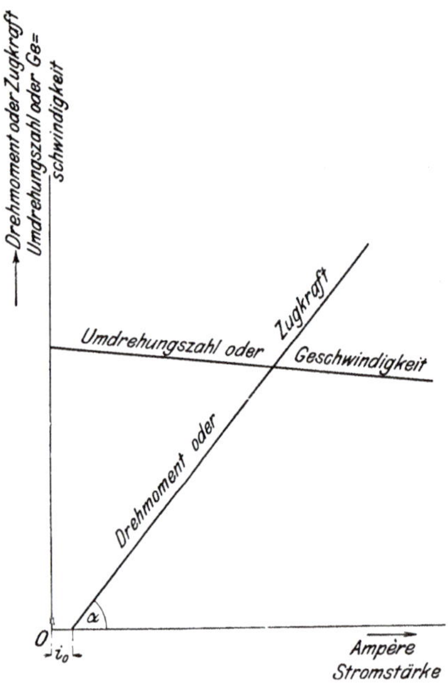

Fig. 56.

Die Umdrehungszahl eines Nebenschlußmotors ändert sich hiernach mit der Belastung nur sehr wenig, nämlich nur entsprechend dem Spannungsabfall $J_a R_a$ im Motoranker, der bekanntlich gegenüber der Betriebsspannung E sehr klein ist. Annähernd kann man also auch sagen, daß der Nebenschlußmotor bei allen Belastungen mit konstanter Umdrehungszahl läuft, vorausgesetzt zunächst, daß die Spannung konstant bleibt.

Dies ist der erste große Unterschied zwischen Nebenschluß- und Hauptstrommotor. Während der Hauptstrommotor bei geringer Last sehr rasch läuft und bei großer Last langsam, ändert der Nebenschlußmotor seine Geschwindigkeit kaum nennenswert, wie auch die Belastung sich ändern mag. Der vollkommen entlastete Nebenschlußmotor wird also nicht „durchgehen“ wie der Hauptstrommotor, sondern auch bei Leerlauf seine Geschwindigkeit beibehalten.

Dadurch nun, daß die Geschwindigkeit nahezu konstant bleibt, ist auch ε_1 nahezu konstant, da dieses ja von Φ und n ausschließlich abhängt.

Das Drehmoment des Nebenschlußmotors ist also mit großer

Annäherung durch eine Gerade dargestellt, welche unter einem Winkel α gegen die Abscisse geneigt ist, dessen trigonometrische Tangente: $\operatorname{tg} \alpha = \varepsilon_1 \frac{1}{2\pi g} \cdot \frac{p}{p_1} \frac{\Phi N}{10^8}$ ist. Übrigens geht diese Gerade nicht vom Ursprung aus, sondern schneidet die Abscissenachse in einem Punkte, dem die Stromstärke i_0, nämlich die Leerlaufstromstärke, entspricht. Da beim Nebenschlußmotor ε_1 nahezu konstant ist, ist auch der „nutzlose Strom" nahezu gleich dem „Leerlaufstrom".

Da das Drehmoment mit wachsender Stromstärke zunimmt, sollte man vermuten, daß der Nebenschlußmotor gleichwie der Hauptstrommotor ein starkes Anzugsmoment habe. Dies ist indes nicht der Fall. Die starke Ankerstromstärke bringt nämlich zunächst in der Zuleitung einen starken Spannungsabfall hervor, so daß die Feldstärke infolge der geringeren Spannung von vornherein schwach ist. Hierzu kommt nun noch die starke Rückwirkung des Ankerstromes auf das Feld und die Selbstinduktion der Feldspulen, so daß trotz des großen Ankerstromes infolge des geringen Feldes im besten Falle nur ein sehr kleines Anzugsmoment zustande kommt. Diese Betrachtung ist natürlich nur von theoretischem Interesse, denn weder kann man einen Hauptstrommotor, noch einen Nebenschlußmotor direkt ohne Einschaltung von Widerständen an die volle Betriebsspannung legen, weil eine absolut unzulässige Ankerstromstärke die Folge wäre.

Einfluß der Betriebsspannung. Wir haben bisher konstante Betriebsspannung vorausgesetzt. Ändert sich diese, so muß natürlich auch die Feldstärke sich ändern und dementsprechend das Drehmoment, auch wenn die Ankerstromstärke gleich bleibt. Dies ist ein weiterer wichtiger Unterschied gegen den Hauptstrommotor, bei dem das Drehmoment, wie wir sahen, praktisch genommen, von der Spannung unabhängig ist.

Um ein Urteil über die Änderung des Drehmomentes mit der Spannung zu gewinnen, muß man die Magnetisierungskurven des Nebenschlußmotors kennen, die aus den gewöhnlich gegebenen charakteristischen Kurven nicht ableitbar ist, wie dies beim Hauptstrommotor der Fall war. Es sei nun in Fig. 57 die Feldstärke abhängig vom Erregerstrom gegeben. Ist dieser J_m, der Widerstand der Nebenschlußspulen R_m, so gilt $J_m = \frac{E}{R_m}$. Wir können also in Fig. 57 statt J_m in der Abscisse direkt die veränderliche Spannung E auftragen. Hat nun der Motor bei der Spannung E ein Drehmoment M_d oder eine Zugkraft Z, so ist bei einer Span nung E' bei unveränderter Ankerstromstärke das Drehmoment

$$M_d' = M_d \frac{\Phi'}{\Phi},$$

oder die Zugkraft

$$Z' = Z \cdot \frac{\Phi'}{\Phi},$$

wenn Φ die Feldstärke ist, welche der Spannung E entspricht, und Φ' die Feldstärke bei der Spannung E'.

Die Magnetisierungskurve stellt also auch für jeden Ankerstrom die Drehmomente oder Zugkräfte des Motors für jede beliebige Spannung vor. Man hat die Ordinaten nur statt im Maßstabe Φ in einem anderen Maßstabe abzulesen, der dadurch be-

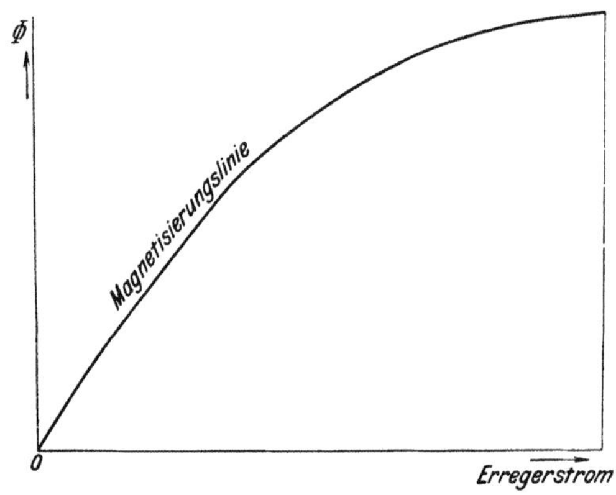

Fig. 57.

stimmt ist, daß für die gegebene Spannung E, d. h. einen bestimmten Erregerstrom, auch das Drehmoment M_d in kgm aus dem Motordiagramm bekannt ist. Dementsprechend lassen sich dann in Fig. 57 die Abscissen als Spannungen, die Ordinaten als Drehmomente (bestimmte Ankerstromstärke vorausgesetzt) ablesen.

Man kann, um eine einfache Betrachtungsweise zu gewinnen, etwa $\Phi = c \cdot E$ setzen, wobei c eine Proportionalitätskonstante vorstellt. Annähernd verhalten sich dann die Drehmomente bei verschiedenen Spannungen direkt wie diese selbst, also $\frac{M_d}{M_d'} = \frac{E}{E'}$.

Was nun die Umdrehungszahlen anbelangt, so verhalten sich diese, wenn nur das Feld geändert wird, umgekehrt wie die entsprechenden Feldstärken. Da sich aber gleichzeitig die Gegen-EMK ändert, nämlich $E - J_a R_a$ in $E' - J_a R_a$, so gilt

$$\frac{n}{n'} = \frac{E - J_a R_a}{E' - J_a R_a} \cdot \frac{\Phi'}{\Phi}.$$

Setzt man wieder annähernd $\Phi = c\,E$, $\Phi' = c\,E'$, so ist

$$\frac{n}{n'} = \frac{E - J_a R_a}{E' - J_a R_a} \cdot \frac{E'}{E}.$$

Da $J_a R_a$ gegen E klein ist, sieht man, daß $\frac{E - J_a R_a}{E' - J_a R_a}$ nahezu gleich $\frac{E}{E'}$ sein wird, so daß also auch n nahezu gleich n' ist.

Dies trifft natürlich nur unter der Voraussetzung zu, daß $\frac{\Phi}{\Phi'} = \frac{E}{E'}$, d. h. unter der Voraussetzung, daß die Magnetisierungs-

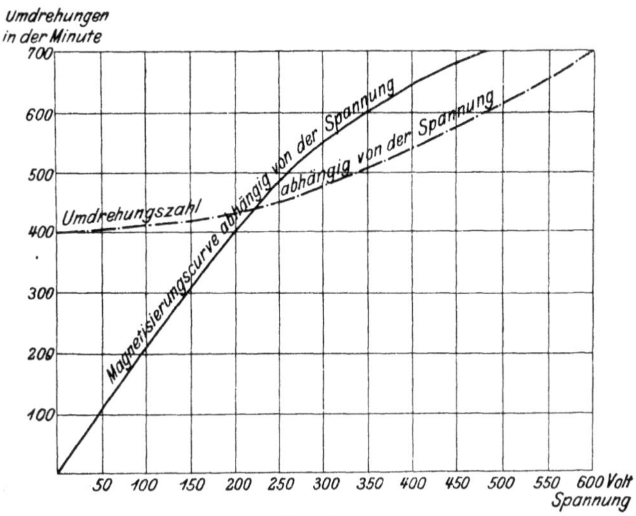

Fig. 58.

kurve eine Gerade vorstellt, wie dies bei Motoren mit sehr schwach gesättigtem Felde nahezu der Fall sein wird. In der Regel ist jedoch das Feld des Motors ziemlich gesättigt und dann macht sich auch der Abfall in der Umdrehungszahl mit abnehmender Spannung beträchtlich bemerkbar. Um darüber ein Urteil zu gewinnen, nehmen wir in Fig. 58 die Magnetisierungskurve eines Nebenschlußmotors an und wählen als Abscisse die Spannungen, welche, wie wir früher erwähnten, den Erregerstromstärken direkt proportional sind.

Bei konstanter Spannung ist nun auch die Erregung konstant und die Umdrehungszahlen verhalten sich proportional zu den Gegen-EMKen, d. h.

$$\frac{n_1}{n_2} = \frac{e_1}{e_2} = \frac{E - J_1 R_a}{E - J_2 R_a}.$$

Bei der Stromstärke Null ist die Gegen-EMK des Motors

gleich der Betriebsspannung. Besitzt er dabei eine Umdrehungszahl n_0', so wird seine Umdrehungszahl bei irgend einer Stromstärke J, die wir n_J nennen wollen, $n_J = \frac{E - J R_a}{E} \cdot n_0$ sein. Es genügt also n_0 zu kennen, um n_J für irgend eine Stromstärke zu berechnen. n_0 ist aber für verschiedene Spannungen leicht zu berechnen, wenn die Magnetisierungskurve bekannt ist. Ist z. B. n_0 für die Betriebsspannung E gegeben, so ist für eine Spannung E' (bei welcher, wie aus der Magnetisierungskurve zu entnehmen ist, das Feld Φ' Kraftlinien besitzt) $n_0' = n_0 \frac{E' \Phi}{E \Phi'}$. Man kann also für jede beliebige Spannung die Umdrehungszahl des Motors für

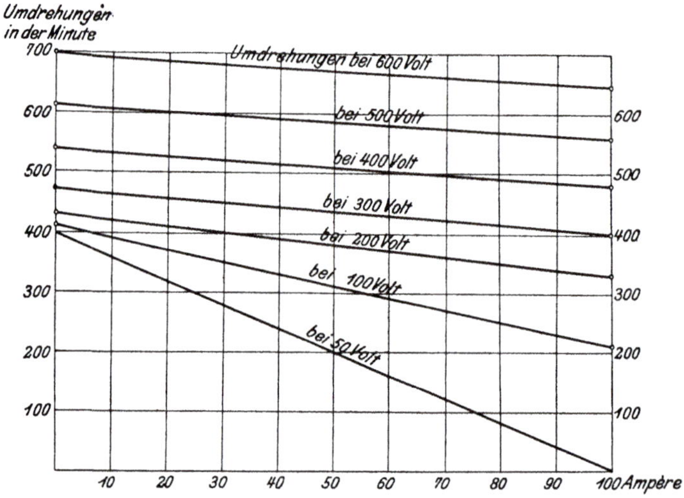

Fig. 59.

die Stromstärke 0 ableiten und diese so gefundenen Umdrehungszahlen abhängig von der Betriebsspannung zeichnen, wie dies in Fig. 58 geschehen ist. Man sieht leicht ein, daß die dergestalt erhaltene Kurve für höhere Spannungen um so steiler ansteigt, je stärker die Magnete gesättigt sind. Denn würde z. B. bei der Steigerung der Spannung von E auf E' die Sättigung bereits so hoch sein, daß Φ' nahezu gleich Φ bleibt, so würden die Umdrehungszahlen proportional der Spannung zunehmen $n' = n \frac{E'}{E}$.

Die verschiedenen aus Fig. 58 ersichtlichen Werte von n_0 für 600, 500, 400, 300 und 200 Volt wurden in Fig. 59 auf der Ordinatenachse aufgetragen und für eine bestimmte Stromstärke (100 Ampère) die zugehörigen Werte n_J (n_{100}) berechnet, woraus sich die Umdrehungszahlen für verschiedene Stromstärken bei den genannten Spannungen ergeben.

Einfluß der Feldstärke. Die vorstehenden Betrachtungen zeigen zugleich auch im wesentlichen die Vorgänge, welche eintreten werden, wenn die Feldstärke des Motors geändert wird, nur daß wir jetzt mit unveränderter Spannung zu rechnen haben. Bezüglich des Drehmomentes ist überhaupt nichts anderes zu sagen, als das bereits oben Ausgeführte, daß nämlich das Drehmoment direkt proportional mit der Feldstärke zu- und abnimmt.

Die Änderung der Umdrehungszahl und damit der Wagengeschwindigkeit vereinfacht sich dagegen insofern, als bei konstanter Spannung die Umdrehungszahlen umgekehrt proportional zur Feldstärke sind. Kennt man also diese aus der gegebenen Magnetisierungskurve, so ist die Umrechnung ohne weiteres zu bewirken. Die Geraden, welche den Umdrehungszahlen bei den verschiedenen Feldstärken abhängig von der Stromstärke entsprechen, schneiden sich alle in einem Punkte der Abscissenachse, welcher der Stromstärke $J_0 = \frac{E}{R_a}$ entspricht. Diese Geraden sind also streng genommen nicht parallel, doch werden sie, weil J_0 im Vergleich zu den in Betracht kommenden Stromstärken sehr groß ist, nahezu parallel erscheinen.

Wir sehen, daß auch hier, wie beim Hauptstrommotor, die Änderung der Feldstärke ein Mittel zur Regulierung der Geschwindigkeit gibt und werden weiter unten nochmals Gelegenheit haben, hierauf zurückzukommen.

Die Änderung der Anzahl Ankerleiter hat beim Nebenschlußmotor dieselben Folgen wie beim Hauptstrommotor, so daß wir hier auf die diesbezüglichen Ausführungen (S. 94 ff.) verweisen können.

Das Zusammenarbeiten zweier Motoren. Die Methoden, welche wir verwenden, um das Zusammenarbeiten zweier Nebenschlußmotoren theoretisch zu prüfen, sind dieselben, die wir bei den Hauptstrommotoren erläutert haben. Insofern beide Motoren genau übereinstimmende Geschwindigkeits- und Zugkraftkurven haben, werden wir dann auch dieselben Ergebnisse wie dort finden, nämlich daß die Motoren in Serienschaltung mit nahezu der halben Geschwindigkeit laufen, wie bei Parallelschaltung und daß bei letzterer die beiden Motoren genau dieselbe Stromstärke aufnehmen.

Indes ist der Fall, daß beide Motoren genau gleiche Eigenschaften besitzen, sehr selten, denn auch ganz gleiche Konstruktion, gleiches magnetisches Material und elektrisches Verhalten vorausgesetzt, genügt doch schon die geringe Mehrabnutzung des einen

Laufrades, um die Umdrehungszahlen ein wenig abweichen zu lassen, wozu dann noch kommt, daß meistens von vornherein die beiden Motoren nicht dieselbe magnetische Durchlässigkeit besitzen, so dass der eine ein etwas stärkeres, der andere ein etwas schwächeres Feld erzeugen wird. Außerdem kann aber eine solche Ungleichheit der Felder infolge verschiedenen Ohmschen Widerstandes der Spulen, oder durch das schlechte Anliegen eines Kontaktes, oder endlich dadurch verursacht werden, daß infolge eines Isolationsfehlers in der einen Spule einige Windungen kurzgeschlossen sind.

Wir sahen nun früher beim Hauptstrommotor, daß die Folge derartiger Ungleichheiten in den Feldern der beiden zusammenarbeitenden Motoren eine ungleiche Belastungsverteilung hervorruft derart, daß der Motor mit dem schwächeren Feld mehr Strom nehmen muß, als der Motor mit starkem Feld. Da beim Hauptstrommotor die Erregung vom Ankerstrom abhängig ist, so wird der Motor mit schwächerem Felde bei der Mehrentnahme von Strom dieses sofort kräftigen, so daß der Belastungsunterschied nicht zu groß werden kann, wenn die beiden Motoren nicht allzu ungleichartig sind. Beim Nebenschlußmotor ist die Erregung unabhängig vom Ankerstrome, eine Verstärkung des Feldes infolge der Mehrbelastung tritt also nicht ein, eher vielmehr eine Schwächung infolge der Ankerrückwirkung. Es ist also ohne weiteres einzusehen, daß der Nebenschlußmotor sich in dieser Beziehung ungünstiger verhalten muß als der Hauptstrommotor, und wir wollen im folgenden untersuchen, in welchem Maße dies der Fall ist.

Zunächst betrachten wir die Serienschaltung. Da beide Anker von demselben Strome durchflossen werden, kann die ungleichmäßige Arbeit der Motoren natürlich nur in der von ihnen aufgenommenen Spannung zum Ausdruck kommen. Der Motor mit stärkerem Feld wird eine größere elektromotorische Gegenkraft entwickeln, als der Motor mit schwachem Feld, da beide dieselbe Umdrehungszahl besitzen. Es wird also auch der Motor mit starkem Feld einen größeren Beitrag zur Zugkraft geben, als der andere Motor, gleichgiltig, ob die Feldspulen parallel oder gleichfalls in Reihe geschaltet liegen. Im letzteren Falle, der indes sehr ungewöhnlich wäre, würde allerdings der Unterschied der von beiden Motoren abgegebenen Zugkräfte erheblicher sein als im ersten. Bleiben die Feldspulen der beiden Motoren auch während der Serienschaltung der Anker miteinander parallel, so können wir für die graphische Bestimmung der verschiedenen Zugkräfte genau dasselbe Verfahren benutzen, wie bei den Hauptstrommotoren (Fig. 31). Anders dagegen, wenn auch die Feldspulen gleichzeitig mit den Ankern in Serie geschaltet würden. Dann könnte man in der

Weise vorgehen, daß man zunächst für irgend eine Stromstärke J die elektromotorischen Gegenkräfte e_1 und e_2 beider Motoren bei der Betriebsspannung bestimmt und abhängig von der Geschwindigkeit aufträgt. Die Geraden, welche diese beiden Punkte mit dem Ursprung verbinden, geben die elektromotorische Gegenkraft e_1 für Motor I resp. e_2 für Motor II für jede Geschwindigkeit. Bildet man dann die Summe $e_1 + e_2$ für jede Geschwindigkeit, so erhält man für einen bestimmten Wert $e_1 + e_2 = E - 2\,J R_a$ diejenige Geschwindigkeit, bei welcher diese Motoren mit der Stromstärke J laufen werden. Da auch die äußere Spannung für jeden Motor bekannt ist, nämlich $e_1 + R_a J$ für den ersten und $e_2 + R_a J$ für den zweiten Motor, so läßt sich bei bekannter Magnetisierungskurve die Zugkraft Z_1 und Z_2 angeben, also auch ihre Summe $Z_1 + Z_2$. Konstruiert man $Z_1 + Z_2$ für eine ganze Reihe von Stromstärken und trägt die gefundenen Werte abhängig von der Stromstärke auf, so kann man natürlich leicht graphisch jenen Wert von $Z_1 + Z_2$ auffinden, welcher dem Bahnwiderstande entspricht, wodurch auch die zugehörige Stromstärke und Umdrehungszahl (Geschwindigkeit) bestimmt ist.

Bedeutend wichtiger wird die Untersuchung der Belastungsverteilung zwischen beiden Motoren, wenn diese in Parallelschaltung liegen. Da die Umdrehungszahlen der Motoren mit steigender Belastung nur wenig abfallen, bietet die klare Darstellung des Problems, wenn wir ähnlich wie in Fig. 29 für Hauptstrommotore vorgehen wollen, einige Schwierigkeit. Es wurde daher eine kleine Änderung vorgenommen, insofern als in Fig. 60 die Geschwindigkeit abhängig von der Stromstärke nicht vom Ursprung aus gezählt wird, sondern von irgend einem Anfangspunkte, der außerhalb der Zeichenebene fällt. Wie wir sehen werden, stört diese Darstellung keineswegs den Gang unserer Betrachtung. Der verhältnismäßig geringfügige Abfall der Geschwindigkeit von 26,3 (bezw. 25) km auf 24,3 (bezw. 23) km bei einer Belastungsänderung von 0 auf 80 Ampère kommt nun aber in der Zeichnung stark zum Ausdruck, was die Klarstellung des Vorganges wesentlich fördert. Die dargestellten Geschwindigkeiten entsprechen dabei einer $5\,^0/_0$igen Verschiedenheit der Felder.

Bei 25 km Geschwindigkeit hat der Motor mit starkem Feld eine Gegen-EMK, die genau so groß ist, wie die zugeführte Betriebsspannung, d. h. der Motor nimmt bei dieser Geschwindigkeit keinen Strom mehr auf und gibt daher auch keine Arbeit ab. Der zweite Motor besitzt aber bei derselben Geschwindigkeit eine um $5\,^0/_0$ geringere Gegen-EMK, er nimmt daher noch etwa 52 Ampère auf. Da beide Motoren notgedrungen bei derselben Geschwindigkeit laufen müssen, heißt das nichts anderes, als daß der eine Motor die volle Arbeit übernimmt, während der andere vollständig leer läuft. Ja, da er nicht einmal den Leerlaufstrom aufnimmt, muß der Motor mit schwachem Feld offenbar auch die Leerlaufverluste des ersten Motors decken. Was geschieht nun, wenn der Wagen noch schneller als 25 km fährt? Motor Nr. I, d. h. der Motor mit starkem Feld, erzeugt dann eine elektromotorische Kraft, die höher als die Betriebsspannung ist, und wird daher als Generator laufen. Der von ihm erzeugte Strom dient zunächst für den Bedarf des Motors II. Da aber dieser den Antrieb von Motor Nr. I besorgt und außerdem den Bewegungswiderstand des Wagens zu überwinden hat, so kann natürlich die Stromstärke des als Generator laufenden Motors nicht ausreichend sein für den zweiten Motor und dieser muß neben dem Strom, den er vom ersten bezieht, noch einen zusätzlichen Strom aus der Kraftleitung entnehmen. Mit anderen Worten, die Spannung des Motors, der als Generator läuft, kann nicht über die Betriebsspannung steigen und der Wagen kann also nie mit einer größeren Geschwindigkeit als 25 km in der Stunde laufen, solange nicht eine Energiezufuhr zum Wagen auf einem anderen Wege als durch den Motor stattfindet. Im Gefälle z. B. kann natürlich die Spannung höher werden, obwohl auch hier nur selten beide Motoren als Generatoren arbeiten werden, erst dann nämlich, wenn die Geschwindigkeit über 26,3 km/St. gestiegen ist. Der Motor mit starkem Feld wird dann einen entsprechend größeren Strom als Generator abgeben als der zweite Motor. Indessen sollen uns hier diese Verhältnisse nicht weiter beschäftigen, da wir später bei Wiedergewinnung der Energie hierauf zurückkommen werden. Zu erwähnen haben wir nur noch, daß diese Belastungsverschiebung nicht allein bei verschiedener Feldstärke der beiden Motoren auftreten wird, sondern auch bei verschiedenen Laufraddurchmessern infolge ungleicher Abnutzung u. s. w., da natürlich nur die Differenz der von der Stromstärke abhängigen Geschwindigkeitskurven maßgebend ist, gleichgültig, von welchen Ursachen diese Differenz herrührt.

Man sieht, daß sich die Nebenschlußmotoren in Bezug auf das Zusammenarbeiten in Parallelschaltung außerordentlich ungünstig verhalten, da der eine Motor gewöhnlich beträchtlich mehr belastet ist als der andere. Fig. 60 zeigt auch, daß die Differenz der Stromstärken nahezu konstant bleibt, gleichgültig, bei welchem Bahnwiderstand die Motoren laufen. Will man die Belastungsverteilung für irgend einen gegebenen Bahnwiderstand ermitteln, so wird man wieder die Summe der Zugkräfte beider Motoren $Z_1 + Z_2$ abhängig von der Geschwindigkeit darstellen. In Fig. 60 ist für eine Geschwindigkeit zwischen 26,3 und 25 km natürlich nur die Zugkraft des einen Motors vorhanden, während der andere Motor Zugkraft verzehrt, d. h. einen Bewegungswiderstand vorstellt, der für Fig. 60 nicht weiter berücksichtigt wurde. Erst bei einer Geschwindigkeit, die kleiner ist als 25 km/St., beginnt auch der zweite Motor Zugkraft abzugeben.

Für denjenigen Wert von $Z_1 + Z_2$, welcher gleich dem Bahnwiderstand ist, wird der zugehörige Geschwindigkeitswert die Geschwindigkeit des Wagens geben, während die Stromwerte, welche

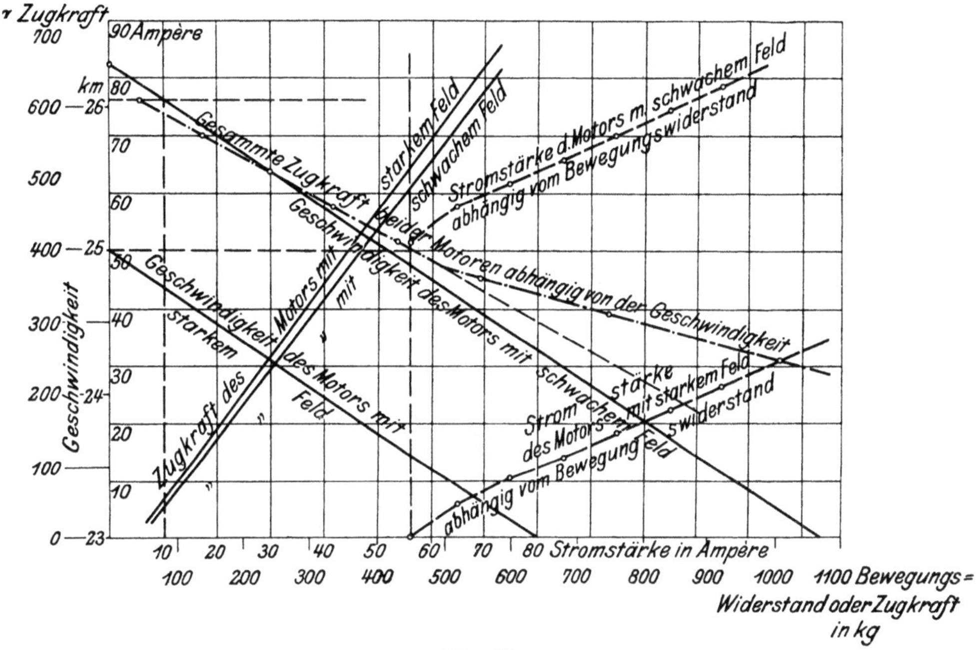

Fig. 60.

dieser Geschwindigkeit für den ersten und zweiten Motor entsprechen, die Belastung der beiden Motoren direkt angeben. In Fig. 60 wurden nun noch diese Stromstärken abhängig vom Bahnwiderstand als Abscisse aufgetragen, um so ein anschauliches Bild von der Belastungsverschiebung zu geben.

Regulierung der Geschwindigkeit. Bezüglich der Regulierung der Geschwindigkeit gilt für den Nebenschlußmotor, soweit die zur Verfügung stehenden Mittel in Betracht kommen, genau dasselbe, wie für den Hauptstrommotor. Von praktischer Bedeutung sind wieder hauptsächlich die Verwendung von Vorschaltwiderständen, die Serien-Parallelschaltung und die Änderung der Erregung.

Die anzuwendenden Vorschaltwiderstände dürfen natürlich nur im Stromkreis des Ankers liegen, wie in Fig. 61 angedeutet. Da sich demnach während der Regulierung der Erregerstrom nicht ändert, bleibt auch der Kraftlinienfluß Φ ungeändert. Ist bei irgend einer Ankerstromstärke J_a die normale Geschwindigkeit des Motors v, so wird sie v' nach Einschaltung des Vorschaltwiderstandes R_v sein und es ist $v' = v \frac{E - J_a (R_v + R_a)}{E - J_a R_a}$, d. h. die Geschwindigkeiten verhalten sich direkt wie die Gegen-EMKe.

Die für die Hauptstrommotoren gegebene Konstruktion zur Aufsuchung der neuen Geschwindigkeitskurve (Fig. 32) ist also auch für Nebenschlußmotoren verwendbar. Die Zugkraftskurve wird sich nicht ändern, da die Erregung konstant bleibt.

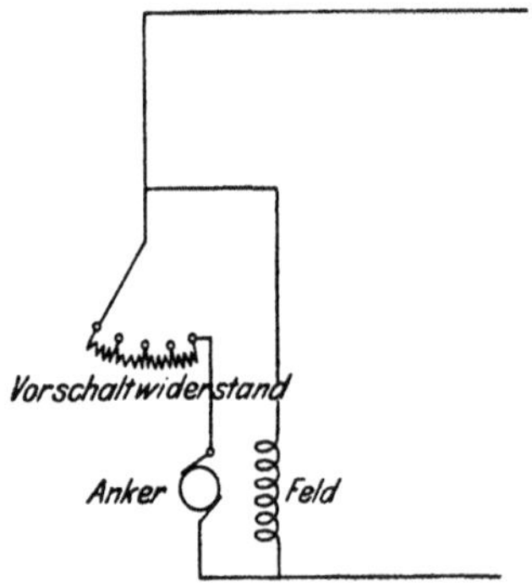

Fig. 61.

Bezüglich der Serien-Parallelschaltung wurde das Wichtigste bereits oben bemerkt. Auch hier wird man zweckmäßig nur die Anker in Serie und parallel schalten, die Feldspulen dagegen ständig zwischen den Polen der Zuleitung geschaltet lassen.

Ist v_s die Geschwindigkeit bei Serienschaltung, v_p die Geschwindigkeit bei Parallelschaltung, so ist wieder

$$v_s = v_p \frac{E - 2 J_a R_a}{2 (E - J_a R_a)}.$$

Die Regulierung durch Beeinflussung des magnetischen Feldes ist bei Nebenschlußmotoren noch viel ökonomischer als bei Hauptstrommotoren, da der Verlust im Regulierwiderstand oder im Nebenschluß der Spulen infolge des geringen Erregerstromes verschwindend ist. Diese Methode empfiehlt sich also in erster Linie, jedoch nur dort, wo die Wagen nur mit einem Motor ausgerüstet sind. Bei Wagen mit zwei und mehr Motoren werden durch diese Reguliermethode leicht ganz unzulässige Belastungsverschiebungen verursacht, so daß die Einwendungen, die wir bezüglich der Sprague-schaltung erwähnten, in erhöhtem Maße hier gelten.

Zum Schlusse wollen wir noch erwähnen, daß die Praxis bei den Nebenschlußmotoren ähnlich wie bei den Hauptstrommotoren dazu geführt hat, keine andere Reguliermethode als die mittels Vorschaltwiderständen anzuwenden. Selbst die Serien-Parallelschaltung aber, die bei Hauptstrommotoren überall angewendet wird, ist bei Nebenschlußmotoren nahezu vollständig aufgegeben und liegen statt dessen die Motoren durchweg in fester Parallelschaltung. Der Grund hierfür ist in der überaus großen Empfindlichkeit der Nebenschlußmotoren gegen Schwächung in der Erregung zu suchen, und zum Teil auch darin, daß man auf gewisse Vorteile verzichtet, nur um möglichst einfache Schalteranordnung zu erreichen.

Das Anfahren. Das Anfahren des Wagens wird mit Nebenschlußmotoren in ähnlicher Weise wie bei den Hauptstrommotoren besorgt, doch liegt natürlich das Feld stets an der vollen Spannung der Zuleitung. Man wird wieder die Vorschaltwiderstände in der Weise bestimmen, daß man den Anfahrstrom zwischen zwei Grenzen, einer oberen J_1 und einer unteren J_2, variieren läßt. Da nun aber die Erregung bei beiden Stromstärken konstant bleibt, lassen sich die Vorschaltwiderstände in einfacherer Weise ermitteln, als bei den Hauptstrommotoren. Man geht am besten rechnerisch vor, indem man die folgende Überlegung benutzt. Nennen wir die einzelnen Vorschaltstufen $R_{v_1} R_{v_2} \ldots R_{v_n}$, und die Summen $R_{v_1} + R_a = R_1$

$$R_{v_2} + R_a = R_2 \text{ u. s. w. } R_{v_n} + R_a = R_n$$

dann ist $R_1 = \frac{E}{J_1}$. Bei eingeschaltetem R_1 und bei einer gewissen Geschwindigkeit, die einer Gegen-EMK e_2 entspricht, wird der Anfahrstrom auf den Wert J_2 gesunken sein und es ist

$$J_2 = \frac{E - e_2}{R_1}.$$

Bei derselben Geschwindigkeit soll nun, wenn R_1 in R_2 übergeht, die Stromstärke wieder auf J_1 anwachsen. Da die Magnetisierung für J_1 dieselbe ist wie für J_2, bleibt auch e_2 unverändert und es ist

$$J_1 = \frac{E - e_2}{R_2}.$$

Aus den beiden letzten Gleichungen ergibt sich aber auch sofort

$$\frac{J_2}{J_1} = \frac{R_2}{R_1}.$$

Nennen wir das Verhältnis $\frac{J_2}{J_1} = \alpha$, so ist also $\frac{R_2}{R_1} = \alpha$.

Für eine weitere höhere Geschwindigkeit wird bei eingeschaltetem R_2 die Gegen-EMK e_3 werden und die Stromstärke J_2, so daß

$$J_2 = \frac{E - e_3}{R_2}.$$

Bei derselben Geschwindigkeit gilt aber auch

$$J_1 = \frac{E - e_3}{R_3}$$

oder durch Division beider Gleichungen

$$\frac{J_2}{J_1} = \frac{R_3}{R_2} = \alpha.$$

Auf diese Weise läßt sich zeigen, daß das Verhältnis zweier aufeinander folgender Widerstände stets α bleibt, also:

$$\frac{R_2}{R_1} = \frac{R_3}{R_2} = \frac{R_4}{R_3} = \cdots = \frac{R_n}{R_{n-1}} = \alpha,$$

d. h. die Größen $R_1 R_2 \cdots R_n$ bilden eine geometrische Reihe, deren Quotient $\alpha = \frac{J_2}{J_1}$ ist.

Dieses Verhältnis $\frac{J_2}{J_1}$ ist jedoch nicht beliebig wählbar, sondern liegt fest, wenn die maximale Stromstärke J_1 angenommen und die Anzahl der Schaltstellungen gegeben ist. Auf der letzten, also der n-ten Sehaltstellung, soll nämlich kein Widerstand mehr eingeschaltet sein, d. h. $R_n = R_a$. Nun ist aber $R_n = R_1 \alpha^{n-1}$ oder, wenn wir für R_n und R_1 die gefundenen Werte einsetzen,

$$R_a = \frac{E}{J_1} \alpha^{n-1} \text{ oder } \log \alpha = \frac{1}{n-1} \log \frac{R_a J_1}{E}.$$

Aus dieser Gleichung läßt sich, wenn J_1 angenommen wird, α berechnen, wodurch dann auch $J_2 = \alpha J_1$ und die einzelnen Schaltstufen

$$R_{v_1} = R_1 - R_a$$
$$R_{v_2} = R_2 - R_a \cdots$$

bestimmt sind.

Von einer weiteren Behandlung dieser Aufgaben sehen wir hier ab, da diese Anleitung genügen dürfte, um auch die nötigen Unterlagen für die Berechnung bei Serien-Parallelschaltung zu liefern.[1])

Wiedergewinnung der Energie. Wir haben uns nun noch mit der Wiedergewinnung von Energie im Gefälle zu beschäftigen, die bei den Nebenschlußmotoren möglich ist und bei verschiedenen Anlagen tatsächlich Anwendung fand. Eine solche Wiedergewinnung der Energie ist bei Hauptstrommotoren nicht möglich, angeblich weil Hauptstrommotoren nicht mit demselben Drehsinn als Generatoren laufen können, wie als Motoren.[2]) Diese Erklärung ist unrichtig,

[1]) Vergl. auch Erens, ETZ 1899. Heft 16.

[2]) Siehe z. B. Blondel-Dubois, tome II. pag. 178.

denn wir sahen im vorhergehenden Teil, daß die Hauptstrommotoren beim Bremsen ganz vortrefflich als Generatoren laufen und dabei Spannungen über 500 Volt erzeugen, trotzdem sie ihren Drehsinn nicht geändert haben. Es ist nur, wie wir sahen, eine Umschaltung der Verbindungen zwischen Anker und Feld notwendig, um diese Wirkung zu erzielen. Allerdings würde diese Umschaltung nicht ausreichen, denn die von den Motoren erzeugte Spannung liegt nun in Serie zum Netz, während zur Wiedergewinnung von Energie eine Parallelschaltung der erzeugten Motorspannung zur Netzspannung notwendig ist. Es müßte also noch ein Vertauschen der Polklemmen vorgenommen werden.

Indessen ist aber auch auf diese Weise ein nutzbringendes Arbeiten der Hauptstrommotoren nicht zu erreichen und zwar einfach aus dem Grunde, weil diese Motoren sich bei Gegenschaltung von 500 Volt im allgemeinen nicht mehr selbst erregen können. Denken wir uns einen Motorwagen mit Hauptstrommotoren auf einem Gefälle, so wird er dasselbe bei ausgeschalteten Motoren mit einer gewissen Beschleunigung hinabzueilen trachten. Schalten wir nun auf Bremse, d. h. schließen wir den Motor als Generator geschaltet auf einen kleinen Widerstand kurz, so wird auch bei geringem rückständigen Magnetismus in der Regel eine Spannung entstehen, die den Strom in den Magnetspulen verstärkt, derart eine Erhöhung der Spannung und also auch eine Erhöhung der Stromstärke bewirkt u. s. w., bis der Motor unter voller Erregung läuft. Schalten wir aber den Motor auf 500 Volt Spannung statt auf einen Widerstand, so müßte seine Geschwindigkeit größer sein, als diejenige ist, die dem Durchgehen entspricht, damit er Strom durch die Magnetspulen ins Netz schicken und so auf Erregung kommen kann. Eine solche Geschwindigkeit ist natürlich unmöglich und daher auch die Wiedergewinnung der Energie bei Hauptstrommotoren.

Bedeutend günstiger liegen die Verhältnisse bei dem Nebenschlußmotor, der zunächst überhaupt keine Umschaltung braucht, um bei derselben Drehrichtung als Generator zu laufen. Wir sahen früher, daß der Nebenschlußmotor eine gewisse maximale Geschwindigkeit besitzt, bei welcher er keinen Strom aus dem Netz mehr aufnimmt, was also anzeigt, daß seine Gegen-EMK nun gleich der Netzspannung ist. Steigt diese Geschwindigkeit infolge der treibenden Kraft des Wagens, der das Gefälle herabrollt, noch weiter an, so wird auch die Gegen-EMK noch größer werden, d. h. sie wird direkt die treibende EMK und der Motor läuft als Generator, dessen Klemmenspannung zu der Spannung in der Kraftstation parallel arbeitet, also die Stromerzeugungsmaschinen in ihrer

Arbeit unterstützt, von einem Teil dieser Arbeit entlastet. Ebenso gut kann natürlich der Motor die von ihm erzeugte Energie einer im Wagen oder in der Kraftstation vorhandenen Akkumulatorenbatterie zuschicken.

Der Vorgang ist also ein außerordentlich einfacher und bedarf keiner weiteren Erläuterung. Interessant ist es aber, sich über die Wirtschaftlichkeit dieses Systems Rechenschaft zu geben.

Es sei z. B. die Steigung der zu befahrenden Linie $s\,^0/_{00}$, d. h. auf einer Länge von 1000 m muß das Fahrzeug um s m gehoben werden. Dazu ist eine Arbeit nötig, welche ihrer Größe nach durch $G \cdot 1000 \cdot s$ gegeben ist, wenn G das Gewicht des Fahrzeuges in Tonnen vorstellt. Sei nun der Traktionskoeffizient ζ, d. h. der Widerstand, der sich in der Ebene der Bewegung des Fahrzeuges entgegenstellt $G\zeta$, so ist die Arbeit, welche aufgewendet werden muß, um diesen Widerstand auf einer Länge von 1000 m zu überwinden

$$G\zeta \cdot 1000,$$

die gesamte zu leistende Arbeit ist also $1000\,G\,(s+\zeta)$. Für diesen Arbeitsbetrag muß elektrisch eine Leistung W_1 Wattstunden aufgewendet werden und es ist

$$W_1 = \frac{1000\,G}{\eta_m}(s+\zeta) \cdot \frac{g}{3600}$$

wenn η_m den Wirkungsgrad des Motors vorstellt.

Bei der Talfahrt wird nun von der Schwerkraft eine Arbeit $G \cdot 1000 \cdot s$ geleistet, von welcher zunächst derjenige Arbeitsbetrag bestritten wird, welcher zur Überwindung des Bahnwiderstandes notwendig ist. Da dieser wieder durch $G \cdot \zeta \cdot 1000$ gegeben ist, so steht für die Wiedergewinnung eine mechanische Arbeit

$$1000\,G\,(s-\zeta)$$

zur Verfügung, welche in elektrische Energie umgesetzt W_2 Wattstunden entsprechen wird, derart, daß

$$W_2 = 1000\,G\,(s-\zeta)\,\eta_g \cdot \frac{g}{3600},$$

wobei η_g den Wirkungsgrad des als Generator laufenden Motors vorstellt.

Bildet man das Verhältnis $\frac{W_2}{W_1}$, so erhält man den Wirkungsgrad einer derartigen Wiedergewinnung und es ist:

$$\frac{W_2}{W_1} = \eta_m\,\eta_g\,\frac{s-\zeta}{s+\zeta}.$$

Wie von vornherein zu erwarten war, hängt dieser Wirkungsgrad wesentlich von der mittleren Steigung ab, die befahren wird. Ist $s = \zeta$, so ist eine Wiedergewinnung noch nicht möglich, denn das Verhältnis $\frac{W_2}{W_1}$ wird 0.

Bei der Barmer Bergbahn ist z. B. die durchschnittliche Steigung s ca. 116 ‰. Nimmt man nun ζ etwa zu 10 kg pro Tonne an und $\eta_m = \eta_g = 0{,}8$, so wird

$$\frac{W_2}{W_1} = 0{,}64 \frac{116 - 10}{116 + 10} = \frac{106}{126} 0{,}64,$$

$$\frac{W_2}{W_1} = 0{,}84 \cdot 0{,}64 = 53{,}76\,\%.$$

Es können also ca. 54 % der aufgewendeten Energie wiedergewonnen werden.[1])

Arbeiten die Motoren als Generatoren nicht direkt ins Netz, sondern auf eine Akkumulatorenbatterie im Wagen oder in der Kraftstation, so wird die gewonnene Energie noch um die Verluste im Akkumulator verringert, oder wenn wir den Wirkungsgrad des Akkumulators mit η_a bezeichnen, wird

$$\frac{W_2}{W_1} = \eta_a \eta_m \eta_g \frac{s - \zeta}{s + \zeta}.$$

Vergleich zwischen Hauptstrom- und Nebenschlußmotoren. Wie wir bereits erwähnten, haben die Nebenschlußmotoren nur eine sehr beschränkte Verwendung gefunden und sich für den praktischen Betrieb nicht einbürgern können. Die Gründe hierfür bildeten den Gegenstand einer längeren Erörterung in der Elektrotechnischen Zeitschrift,[2]) bei welcher Gelegenheit jedoch der Hauptnachteil des Nebenschlußmotors, nämlich seine Empfindlichkeit gegen Veränderungen des Feldes und ungleiche Abnutzung der Laufräder und die infolgedessen leicht auftretende starke Belastungsverschiebung zwischen zwei parallel arbeitenden Motoren nicht erwähnt wurde. Sollen zwei Nebenschlußmotoren parallel arbeiten, so müssen besondere Vorsichtsmaßregeln getroffen werden, um dies zu ermöglichen. Es müssen die Felder beider Motoren mittels Ballastwiderstandes genau einreguliert und die nötigen Schaltungen für das Anfahren und die Geschwindigkeitsregulierung in der einfachsten Weise bewirkt werden. Gewöhnlich verzichtet man auf die Serien-

---

[1]) Vergl. Daubner, Die Barmer Bergbahn, Zeitschrift des Vereins deutscher Ingenieure. Heft 1. 1902.

[2]) ETZ 1897 Heft 9, 18, 20, 21, 25 (Baxter, Luxenberg, Bauch, Engelhardt, Egger).

Parallelschaltung und auch auf die ökonomische Regulierung durch Veränderung des Feldes.

Die Schaltung der Nebenschlußmotoren macht aber auch deswegen Schwierigkeit, weil die Magnetspulen eine viel höhere Selbstinduktion besitzen als bei den Hauptstrommotoren.

Eine weitere Eigentümlichkeit des Nebenschlußmotors ist darin begründet, daß er seine Geschwindigkeit bei starker Belastung nur unerheblich vermindert. Auf einer Steigung z. B. wird ein mit Nebenschlußmotoren ausgerüsteter Wagen mit nahezu unverminderter Geschwindigkeit bergan fahren und dabei natürlich einen viel stärkeren Strom verbrauchen, als ein Hauptstrommotor, der, wie wir wissen, auf der Steigung ganz selbsttätig eine geringere Geschwindigkeit annimmt. Auf den Energieverbrauch scheint dies nun allerdings zunächst keinen Einfluß zu haben, weil der Nebenschlußmotor in der Steigung den stärkeren Strom nur während einer kürzeren Zeit aufnehmen wird als der Hauptstrommotor, welcher infolge der geringeren Geschwindigkeit natürlich länger zum Zurücklegen der Steigung brauchen wird, den schwächeren Strom. Aber es ist doch auch hier aus zweifachem Grunde der Nebenschlußmotor unökonomischer, erstens weil er tatsächlich einen größeren Widerstand zu überwinden hat als der Hauptstrommotor, da der Luftwiderstand für den Motorwagen mit Nebenschlußmotoren größer ist, zweitens aber, weil infolge der größeren Stromstöße die Belastung in der Zentralstation mehr schwanken wird und die Maschinen daher unökonomischer arbeiten werden als im anderen Fall.

Ferner neigt der Nebenschlußmotor bei starken Belastungen eher zum Funken am Kommutator als der Hauptstrommotor. Denn bei diesem letzteren nimmt mit starker Belastung auch das Feld zu, oder die sich entgegen arbeitenden Ampèrewindungen des Ankers und des Feldes bleiben stets in einem konstanten Verhältnis, dagegen bleibt das Feld beim Nebenschlußmotor konstant, während die Ampèrewindungen des Ankers mit der Belastung zunehmen.

Schließlich leidet ein Nebenschlußmotor erfahrungsgemäß in den Feldspulen häufig an Isolationsfehlern, da es bei der gedrängten Bauart eines Bahnmotors nicht möglich ist, die Feldspulen ganz ebenso auszubilden, wie dies bei den stationären Nebenschlußmotoren der Fall ist.

Diesen Nachteilen gegenüber mit dem Hauptstrommotor zeigt der Nebenschlußmotor verhältnismäßig wenig Vorteile. Für die Einhaltung des Fahrplanes ist allerdings seine gleichmäßige Geschwindigkeit angenehm; als tatsächlichen hervorragenden Vorteil kann man ihm aber eigentlich nur die Möglichkeit der Wiedergewinnung der Energie nachrühmen. Für Bahnen, deren mittlere Steigung nicht über etwa 10 $^0/_{00}$ liegt, hat allerdings diese Wiedergewinnung keine Bedeutung, aber wir sahen wohl, daß bei Bergbahnen mit starker Steigung der Nebenschlußmotor eine beträchtliche Energieersparnis gestattet, die seine übrigen Nachteile vergessen läßt.

Motoren mit besonderer Erregung und Compoundmotoren. Motoren mit besonderer Erregung unterscheiden sich dadurch von den Nebenschlußmotoren, daß die Erregung von einer besonderen Stromquelle gespeist wird, welche von der Betriebsspannung unabhängig ist. Derartige Motoren werden sich also in allen übrigen Punkten genau wie Nebenschlußmotoren verhalten, nur insofern nicht, als die Betriebsspannung geändert wird. Bei Änderung der Betriebsspannung wird nämlich ein solcher Motor bei unveränderter Stromstärke stets das gleiche Drehmoment hergeben, weil das Feld von der Spannungsänderung nicht beeinflußt wird. Ähnlich werden sich die Umdrehungszahlen einfach wie die Gegen-EMKe verhalten, während bei den Nebenschlußmotoren dieses Verhältnis noch mit $\frac{\Phi'}{\Phi}$ zu multiplizieren war.

Compoundmotoren haben eine zweifache Wickelung für die Feldpole, eine davon wird vom Hauptstrom durchflossen, während die zweite im Nebenschluß liegt. Derartige Motoren werden also in ihrem Verhalten sich zwischen den Hauptstrom- und Nebenschlußmotoren bewegen und sich den charakteristischen Eigenschaften des einen oder andern nähern je nach der Erregerwickelung, welche überwiegt.

Sowohl die Motoren mit besonderer Erregung, wie auch die Compoundmotoren sind ohne Bedeutung für den Bahnbetrieb, so daß wir von einer näheren Besprechung hier absehen können.

V.

Bauart der Bahnmotoren.

Die Bauart im allgemeinen. Grundlegende Bedingungen. Der Bahnmotor hat sich im Laufe weniger Jahre infolge der sehr schwierigen und eigenartigen Verhältnisse, denen er Rechnung zu tragen hat, zu einem von den übrigen elektrischen Motoren stark abweichenden Typus entwickelt, und zwar mit einer überraschenden Einheitlichkeit, die nur der Schnelligkeit der Entwickelung auch dieses Zweiges der Elektrotechnik sowie dem gesteigerten Ideen- und Güteraustausche unter den Kulturvölkern am Ende des 19. Jahrhunderts zugeschrieben werden kann. Allerdings war die natürliche Vorbedingung für eine derartig einheitliche Entwickelung dadurch gegeben, daß der Bahnbetrieb überall gleiche, und zwar eng begrenzte, sowie unumgängliche Erfordernisse an die Bauart des Motors stellte.

Diese Erfordernisse sind, kurz angedeutet, die folgenden:

1. Da der Motor die Achse eines bewegten Fahrzeuges treibt, muß er zur Vermeidung kraftverzehrender und betriebsunsicherer Zwischenkonstruktionen benachbart der Achse angeordnet werden, obgleich er dadurch dem Straßenschmutz, dem Staub und der Feuchtigkeit, sowie äußeren mechanischen Beschädigungen durch Fremdkörper in denkbar ungünstigster Weise ausgesetzt wird. Durch diese Rücksichten ist die Form des Feldes ohne weiteres so vorgeschrieben, daß der Anker von ihm wie in einen schützenden Mantel eingeschlossen wird.

Es ist natürlich wichtig, jede Staub-, Öl-, Schmutz- und Feuchtigkeitsansammlung in diesem Mantel selbst aufs sorgfältigste zu vermeiden. Derselbe erhält daher weder Vorsprünge noch Vertiefungen, noch Spalten, sondern wird von möglichst glatten und in sich geschlossenen Außenformen begrenzt. Inwieweit dieses Ziel erreicht worden ist, wird ein Blick auf die beigegebenen Tafeln und Figuren lehren.

2. Der Körper des Magnetfeldes, als der schwerste Teil des Motors, muß sich zur Ersparung toten Gewichtes und unnötiger Verluste in seiner Form aufs knappste an den Anker anschmiegen, durch die Wahl geeigneten Materials aufs leichteste konstruiert werden.

Nach Blondel-Dubois rechnet man für jedes Kilogramm Drehmoment, ausgeübt am Umfang des Triebes

$$M_d = \frac{\text{Leistung in PS} \times 716}{\text{Umdrehungszahl}},$$

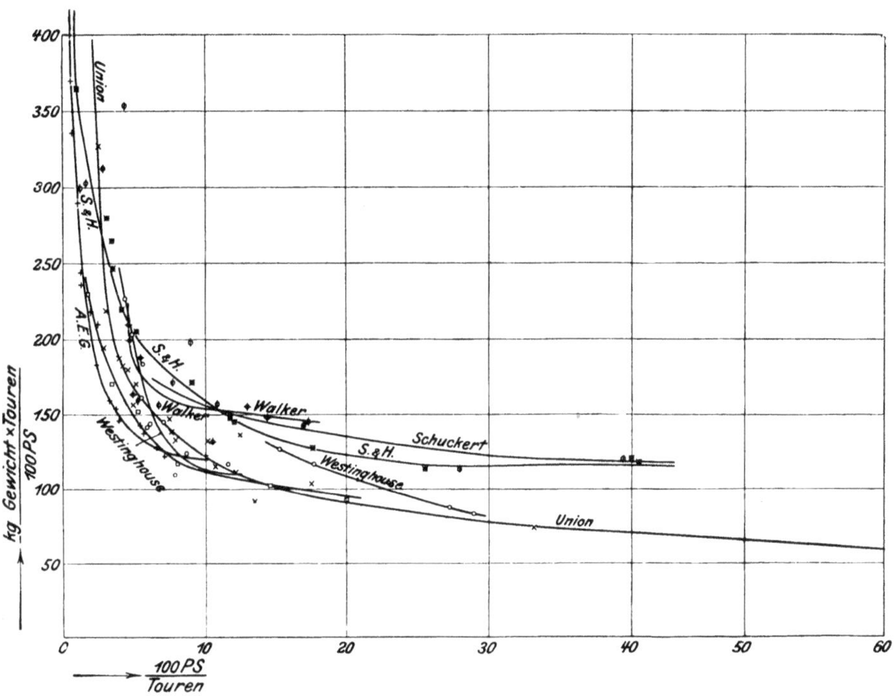

Fig. 62.

etwa 23 bis 30 kg Motorgewicht, bei hohen Umfangsgeschwindigkeiten von 20 bis 25 m pro Sekunde 15 bis 20 kg Motorgewicht, bei größeren, halb offenen Vollbahnmotoren etwa 15 kg Motorgewicht.

In Fig. 62 haben die Verfasser für sämtliche Typen einiger Fabrikationsgesellschaften (vgl. Teil VII, Tabelle 19) als Abscisse das Verhältnis der Leistung zur Umdrehungszahl graphisch aufgetragen und als Ordinate das Verhältnis des Gewichtes zu der als Abscisse aufgetragenen Größe, wodurch sich für jede Motortype ein bestimmter Punkt ergibt.

Verbindet man diese Punkte, so ergeben sich die interessanten hyperbelähnlichen Kurven für die Fabrikate der einzelnen Gesellschaften. Lassen diese Kurven auch ohne nähere Konstruktionsdaten keinen Schluß auf den Vorteil der einen oder anderen Konstruktionsart zu, so werden sie dem projektierenden Ingenieur doch einen brauchbaren Anhalt bieten, um die ungefähren gegenseitigen Beziehungen zwischen Leistung, Umdrehungszahl und Gewicht beurteilen und bei gegebener Größe von Leistung und Umdrehungszahl das Gewicht schätzen zu können.

3. Die Breitenausdehnung des Motors ist durch den lichten Raum zwischen den Rädern, d. h. durch die Spurweite, seine Höhenausdehnung wie Anordnung der Feldspulen und Größe des Ankerdurchmessers durch den Raddurchmesser, und dieser wieder durch die Betriebsverhältnisse der Bahnen in engen Grenzen von vornherein festgelegt.

4. Der Motor muß, da er stark schwankenden Beanspruchungen ausgesetzt ist, kräftig gebaut, und trotz der unter 1. angeführten Rücksichten wenigstens in seinen empfindlichsten Teilen, selbst im Betriebe, leicht zugänglich, und in kurzen Betriebspausen leicht zerlegbar und herausnehmbar sein. Deshalb ist beim heutigen Bahnmotor der Kommutator durch Klappen zugänglich, das Feld durch Scharniere aufklappbar, jeder einzelne Teil wie Polschuhe, Feldspulen, Anker, Kollektor, Bürstenbrücke, Trieb, Lager leicht entfernbar und ersetzlich, und der ganze Motor so befestigt, daß er leicht ausgebaut werden kann.

5. Man begnügt sich mit einem möglichst kleinen Luftzwischenraum, um mit der Erregung zu sparen, braucht aber trotzdem ein starkes Feld, um die Rückwirkung des Ankers (Gegenwindungen sind nicht vorhanden, da die Bürsten stets in der neutralen Linie liegen) unschädlich zu machen und funkenlosen Lauf zu erzielen. Infolgedessen erhalten die Polschuhe und Ankerzähne eine hohe Induktion, die ersteren etwa 15—16000, die letzteren etwa 12—13000 Kraftlinien, während im Luftzwischenraume eine Induktion von etwa 9—10000, an der Zahnwurzel bei modernen Motoren von 22—25000 Kraftlinien vorhanden ist. Diese mittleren Werte werden vielfach nicht erreicht, und andererseits besonders bei zweipoligen Motoren auch überschritten.

6. Zur Erzielung möglichst geringer Abmessungen und niedrigsten Gewichtes dürfen nur Materialien mit den besten elektrischen und magnetischen Eigenschaften Verwendung finden, wie elektrolytisches Kupfer, weiche Eisenbleche, bester blasenfreier Gußstahl, beste Isolationsmaterialien.

7. Trotz knappster Abmessungen und Gewichte muß doch eine

weitgehende Überlastungsfähigkeit hauptsächlich in elektrischer Beziehung d. h. eine hohe Stromdichte in Erregerspule, Anker und Kollektor, durch Ventilation des Ankers, Lamellierung der Polschuhe, in mechanischer Richtung durch kräftige Ankerzähne und Bandagen möglich sein.

8. Der Wirkungsgrad muß möglichst hoch sein; er liegt zwischen 80 und 90 % bei Leistungen von 20 bis 150, auch 200 PS., z. B. sind die Verluste des Motors G. E. 1000 bei 50 Ampère Stromstärke:

5 % für Reibung in Lagern und Zahnrädern,
4 % für Hysteresis und Foucaultströme,
3 % für Ohmschen Verlust,
4 % für Erregung.

Dazu kommen im Betriebe selbst noch zusätzliche Reibungsverluste durch Abnutzung und Unreinlichkeit. Näheres hierüber findet man weiter unten in den Tabellen über Konstruktionsdaten.

9. Trotz seiner starken Beanspruchung darf der Motor sich nicht zu stark erwärmen. Zulässig sind die Erwärmungsgrenzen, welche z. B. in den Normalien des Verbandes deutscher Elektrotechniker festgelegt sind und deren Wortlaut bereits in Teil II mitgeteilt wurde.

10. Sache der Formgebung und der Fabrikationstechnik ist es, alle Teile so herzustellen, daß sie ohne die geringste Nacharbeit mit Ersatzstücken vertauscht werden können. Diese moderne, für Massenherstellung allgemein gültige Vorschrift gilt hier in erhöhtem Maße, da der Bahnmotor im praktischen Betrieb in den weitaus meisten Fällen von ungeübtem Bedienungspersonal behandelt werden muß. Man geht deshalb so weit, angefangen vom kleinsten Schräubchen bis herauf zum kompletten Anker und Gehäuse, jeden Konstruktionsteil, ob ein Stück für sich oder eine komplette Konstruktionseinheit, ohne die geringste Nacharbeit, auswechselbar herzustellen. Es ist daher wohl nicht zu viel gesagt, daß der Abnehmer als unbedingtes Erfordernis an einen wirklich modern gebauten Motor verlangen kann und soll, daß er bei der Abnahme von jedem gelieferten Motor beliebige Teile fortnehmend und zu einem neuen vollständigen Motor zusammenstellend, von diesem ohne weiteres die Erfüllung der bei der Lieferung übernommenen Garantien eingehalten findet. Die Massenherstellung hat den weiteren Vorteil der billigen Erstehungskosten; bilden doch die Arbeitslöhne bei modern eingerichteten Fabriken nur etwa 10—15 % der Selbstkosten eines Bahnmotors. Da der Anker des Bahnmotors allein etwa $^4/_5$ der Arbeitslöhne für den ganzen Motor verzehrt, ist auf die leichte Herstellung des Ankers das Hauptaugenmerk zu richten.

Form des Magnetfeldes. Abgesehen von der veralteten Hufeisenform kommen bei Bahnmotoren nur folgende 6 geschlossene Eisenformen vor:

1. Zweipolige Form mit zwei horizontal neben dem Anker liegenden Erregerpolen. Dieselbe hat nur geringe Verbreitung gefunden, da sie horizontal in der Mitte nicht teilbar ist; deshalb wurde die obere Fläche des würfelförmigen Magnetfeldes deckelartig abnehmbar hergestellt (Kummer-Motor).

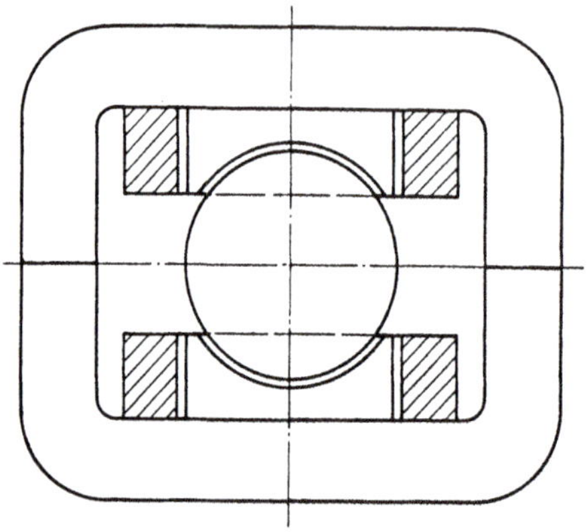

Fig. 63.

2. Zweipolige Form mit zwei in sich geschlossenen Kraftlinienkreisen zweier vertikal angeordneter Erregerpole. Dieselbe ist horizontal in der Mittellinie teilbar und wird zur Beschränkung der Höhenausdehnung des Motors mit Erregerspulen, die den Ankerkörper teilweise überragen, ausgeführt (vgl. Fig. 63). Dieser Art sind die Motorkonstruktionen:

Thomson-Houston SRG (single reduction gear),
Kummer FS.

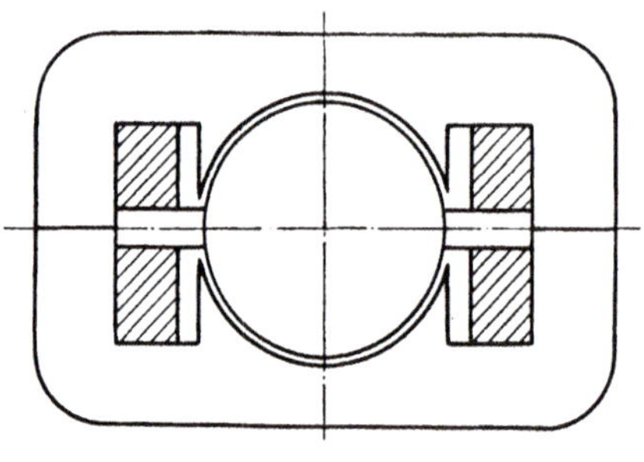

Fig. 64.

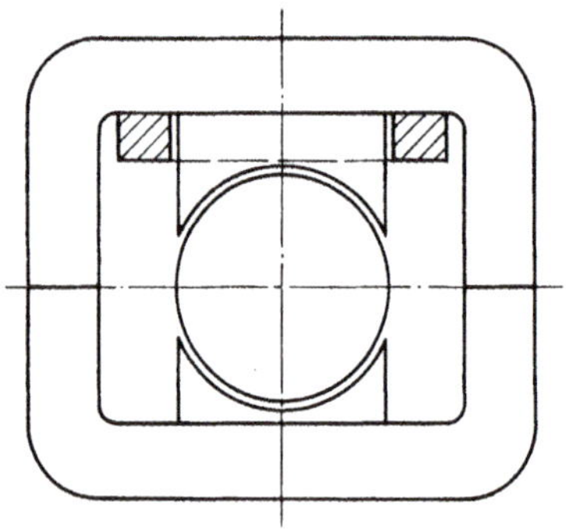

Fig. 65.

Bei der letzteren Konstruktion befinden sich die Erregerspulen direkt seitlich des Ankers, so daß der Motor sehr flach wird (vgl. Fig. 64).

3. Zweipolige Form mit nur einer Erregerspule, d. h. einem Erreger- und einem Folgepol (vgl. Fig. 65). Diese Form hat den Vorteil für sich, daß durch den stärker erregten oberen Pol, vermöge

der stärkeren Anziehung des Ankers, die Lager entlastet werden, und die oben hängende Spule gut gegen Schmutz und Öl geschützt, unten dagegen gar keine Spule vorhanden ist. Der letztere Vorteil ist aber ein problematischer, da bei einem modernen Motor ein Ansammeln von Verunreinigungen im Gehäuse überhaupt nicht geduldet werden soll, der erstere Vorteil ist dagegen die Ursache eines viel gewichtigeren Nachteiles, da die ungleichmäßige Verteilung der Kraftlinien infolge der Streuung Neigung zur Funkung hervorruft.

In Amerika galt diese Form für sehr brauchbar bei einfacher Ausrüstung des Wagens, d. h. mit nur einem Motor; hierher gehört die Type Thomson-Houston WP 30 und WP 50 (water proof).

Krizik baut einen derartigen Motor für Spezialzwecke (vgl. unter Anordnung des Gehäuses weiter unten) nach dem System von Fischer-Hinnen mit neben dem Anker liegender Erregerspule und Teilung zwischen Erreger- und Folgepol.

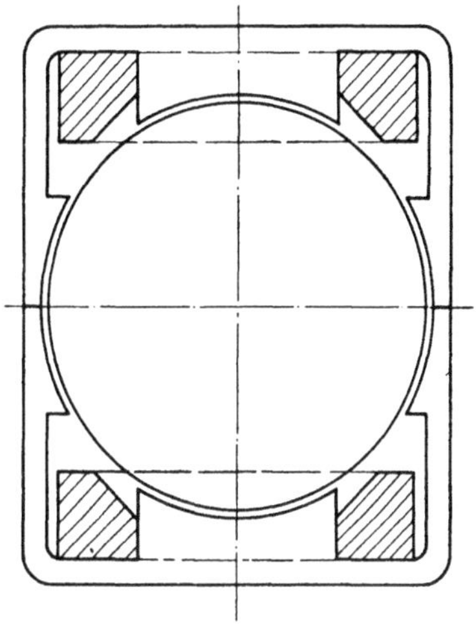

Fig. 66.

4. Vierpoliger würfelförmiger Motor mit zwei Erregerpolen und zwei Folgepolen (vgl. Fig. 66). Werden die Folgepole seitlich neben dem Anker angewendet, so wird durch die Erregerspulen über und unter dem Anker die Höhenabmessung größer als die Breite, ein Umstand, der bei der oft beschränkten Höhe des verfügbaren Raumes hinderlich wirkt, bei engen, aber hohen Wagendrehgestellen aber andererseits günstig ist, da die Ankerwelle dicht an die Achse herangerückt werden kann. Kommen die Erregerpole seitlich des Ankers zu liegen, so wird eine flachere Konstruktion ermöglicht und die Eisenform wird diagonal geteilt.

Zu der ersten Anordnung gehören:

Motor GE 800 der Union Electricitäts-Gesellschaft,
der erste Motor der Lorain Steel Co.,
ein Örlikon-Bahnmotor,
ein Rieter-Motor und verschiedene Schmalspurmotore.

Zu der zweiten Anordnung gehören:

der Sperry-Motor,
ein Motor (B-Type) von Siemens & Halske (vgl. Fig. 209 u. ff.),
Vollbahnmotor von Schuckert (vgl. Fig. 124/125).

Der Nachteil dieser Polform besteht in der bei völliger Symmetrie der Anordnung doch mangelnden Gleichmäßigkeit des Kraftlinienfeldes, infolge des Umstandes, daß nicht alle Pole selbständig erregt werden. Durch diese Anordnung entsteht nämlich eine Streuung des Feldes, die einen solchen Betrag annehmen kann, daß die neutrale Linie des Ankers, je nach der Belastung und Fahrtrichtung, sich verschiebt, wodurch eine funkenlose Kommutation an den beim Bahnmotor stets in der neutralen Linie angeordneten Bürsten unmöglich wird. Da gerade auf diesen Punkt die Kon-

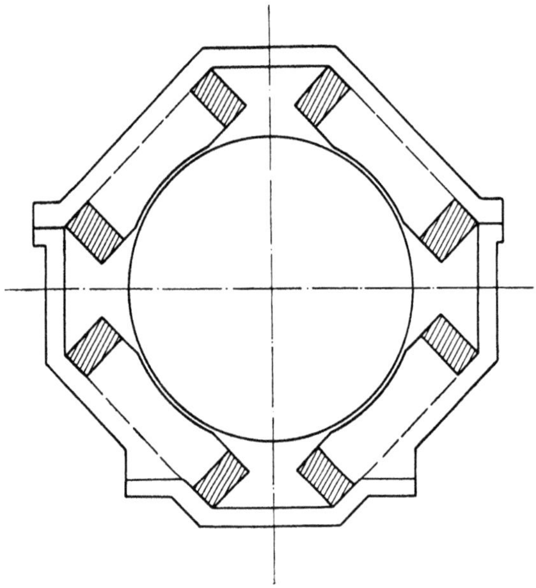

Fig. 67.

strukteure mehr und mehr Gewicht gelegt haben, wurde diese allerdings anfangs weit verbreitete Form doch im allgemeinen zu gunsten der folgenden fallen gelassen.

5. Vierpoliger Motor mit vier gerade oder schräg angeordneten Erregerpolen würfelförmig, achteckig oder kreisrund geformt. Diese Anordnung ist als die allgemein übliche moderne Konstruktion für gewöhnliche Bahnverhältnisse zu bezeichnen, sie ist horizontal teilbar, hat ein völlig gleichmäßiges Kraftlinienfeld und kann durch knappste Raumausnützung und geringstes Eisengewicht allen oben aufgestellten Anforderungen am besten genügen (vgl. Fig 67 und 68). Hierher gehören die modernen Motoren aller Firmen.

Die Union U-Type besitzt vier vertikal und horizontal angeordnete Pole mit gleichen Erregerspulen, ist diagonal geteilt und mit Stirnschildern versehen. Dieselbe Form mit senk- und wagerecht angeordneten Erregerspulen, von denen die über und unter dem Motor liegenden beiden Spulen zur möglichsten

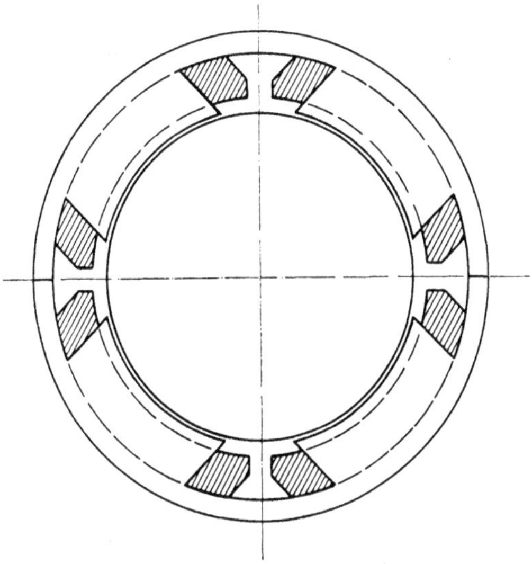

Fig. 68.

Beschränkung der Höhe des Motors flacher als die seitlichen Spulen ausgebildet sind, wurde für den Motor der Central London

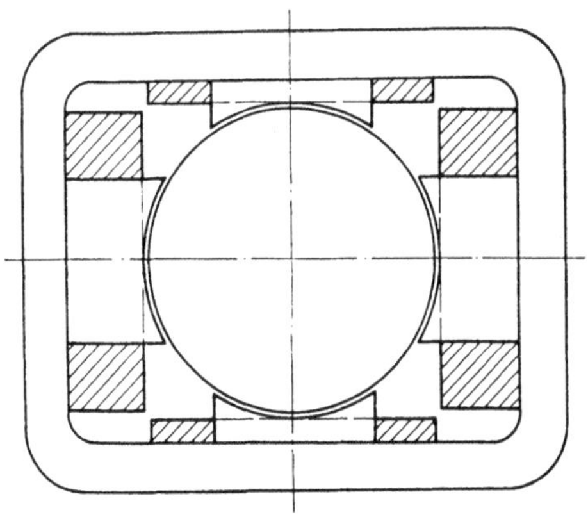

Fig. 69.

Railway von der British Thomson-Houston Company in London benutzt. Derselbe ist diagonalgeteilt und sein Feld nichtvöllig gleichmäßig, ähnlich, aber nicht in demselben Grade wie bei der Form unter 4. (Fig. 69).

6. Sechspolige Form, welche Short für größere Motoren für Vollbahnbetrieb entwarf, mit 3 Erreger- und 3 Folgepolen, und zwar direkt auf die Wagenachse anzubringen, daher mit möglichst großem Ankerdurchmesser und möglichst flachem Folgepol unter dem Anker wegen der geringen lichten Höhe zwischen Motor und Oberbau (vgl. Fig. 70). Diese Form ist mechanisch völlig und auch magnetisch fast ausbalanciert, da Erreger- und Folgepol durch so geringen Weg voneinander getrennt sind, daß von Streuung hier nur in verschwindendem Maße die Rede sein kann.

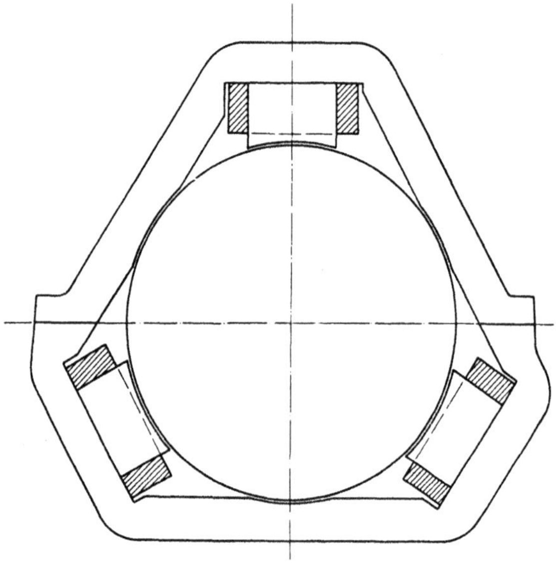

Fig. 70.

Arten der Ankerwickelung. Die natürlichste Verbindung der einzelnen wirksamen Drähte und die ursprüngliche Wickelungsart ist die, einen fortlaufenden Draht so zu wickeln, daß seine auf einem ringförmigen Ankerkörper außen aufliegende Länge wirksam wird, während die im Innern des Ringes zurükkehrenden Zwischenlängen desselben Drahtes die „toten“ Drahtverbindungen vorstellen. Dadurch, daß die ganze Wickelung in sich zurückkehrt, wird die Verbindung zwischen den beiden Bürsten stets durch 2 parallele Stromkreise ununterbrochen hergestellt. Dies ist die einfachste geschlossene Reihenwickelung.

An Stelle des ringförmigen Ankerkörpers kann auch ein trommelförmiger Körper treten, wodurch die tote Drahtlänge verringert werden kann, da der rückkehrende Draht auch auf die äußere Mantelfläche gelegt und dadurch wirksam wird. Diese Form hat sich aus weiter unten zu besprechenden Konstruktionsvorteilen für Bahnmotoren so gut wie ausschließlich eingebürgert.

Bei der einfachsten Ringwickelung wird Draht neben Draht gewickelt, bis der Ankerumfang mit Drähten bedeckt ist. Eine gewisse Anzahl solcher Drahtwindungen bilden zusammen eine Spule, und hinter einer jeden Spule wird die Wickelung an ein Kommutatorsegment angeschlossen. In der Zeichnung Fig. 71 und 72 wurde jedoch der Einfachheit halber jede Spule nur als eine einzige Windung angenommen. Fig. 71 zeigt eine zweipolige Ankerwickelung und ihre Abwickelung nach Aufschneiden derselben und

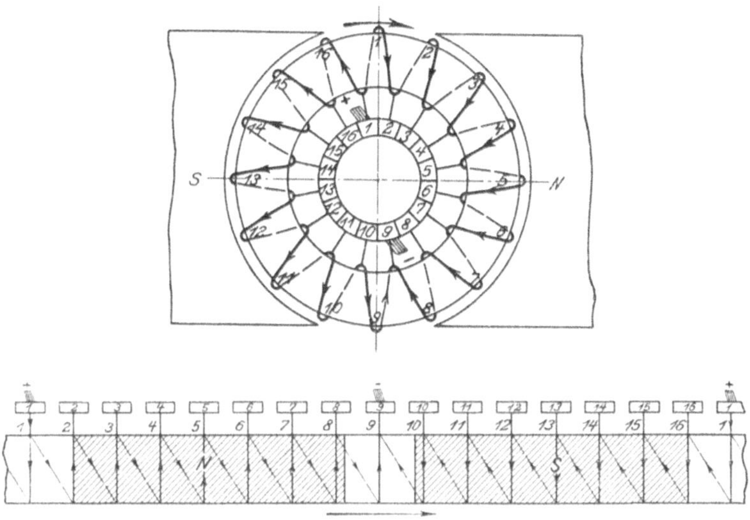

Fig. 71.

Ausbreitung in eine Ebene, wobei die Polausdehnung im Verhältnis zur Wickelung schraffiert angedeutet ist.

Bei vier- oder mehrpoligen Motoren wären bei dieser Wickelungsart mehr als zwei Bürsten nötig und die Bürsten der gleichnamigen Pole unter sich leitend zu verbinden. Bei den schwierigen Betriebsverhältnissen eines Bahnmotors ist aber die Verringerung der Bürstenzahl auf das niedrigst zulässige Maß äußerst wichtig, da der Kommutator beim Bahnmotor in einem abgeschlossenen, während des Betriebes unzugänglichen Raume arbeitet. Nach Mordeys Vorgang wird daher die notwendige Querverbindung bereits innerhalb des Ankers oder Kommutators durch gegenseitige Verbindung sämtlicher Drahtenden gleichen Potentials hergestellt (Fig. 72). Durch diese Schaltung erhält der Anker ebensoviel

Stromkreise, als Pole vorhanden sind. Um dies zu vermeiden, wird bei Bahnmotoren, bei denen Reihenschaltung, d. h. nur zwei Ankerstromkreise unabhängig von der Polzahl, vorgezogen werden, der Ankerumfang nicht mehr fortlaufend bewickelt. Es werden

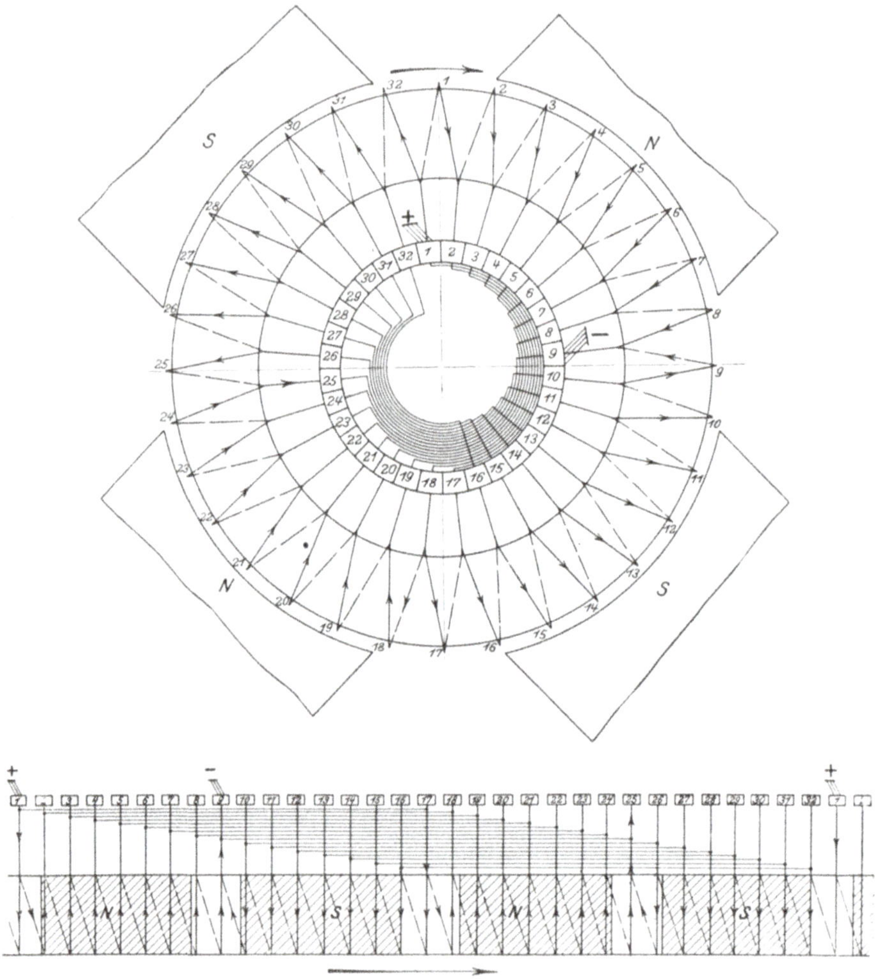

Fig. 72.

vielmehr sämtliche Spulen in zwei Gruppen mit entgegengesetzter Stromrichtung geteilt, und, von den Bürsten ausgehend, in jeder Gruppe die unter gleichnamigem Pole mit gleichem Potential liegenden Spulen fortlaufend miteinander verbunden (Perry). Nach dieser Wickelungsart sind viele ältere amerikanische Bahnmotoren konstruiert, in Europa meist mit der von Arnold angegebenen Abänderung, daß jedes Spulenende an je ein eigenes Kommutatorsegment angeschlossen wird, so daß die Anzahl Kollektorsegmente gleich der doppelten Anzahl der Spulen ist (Fig. 73). Die gegenseitige Verbindung der Spulen erfolgt in diesem Falle wieder wie bei Mordey

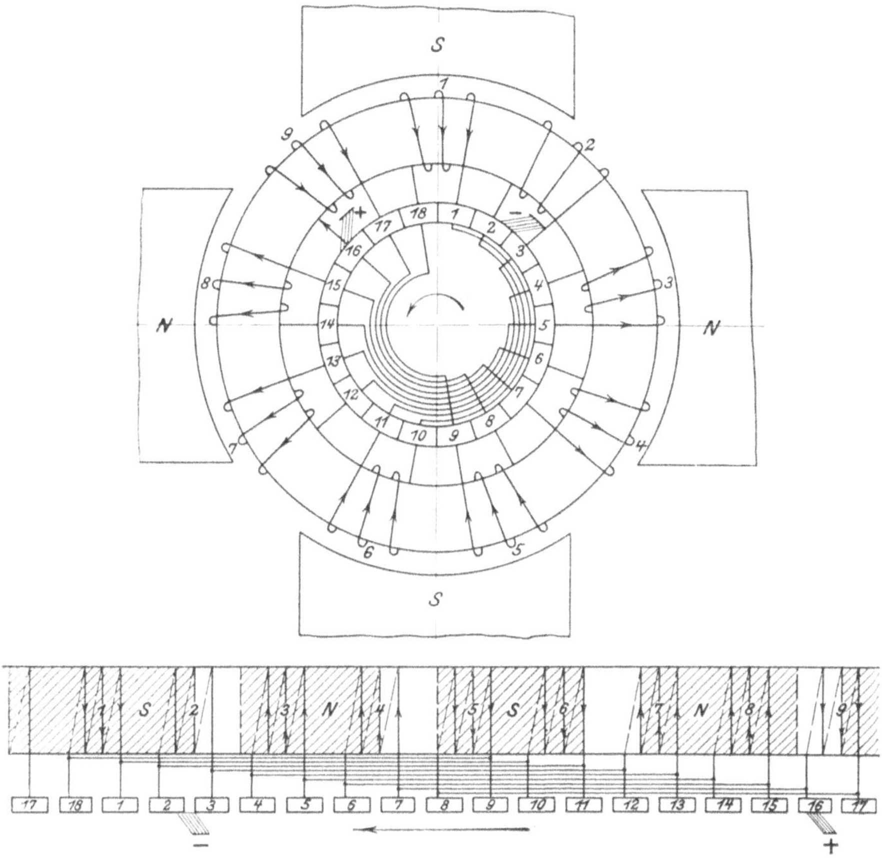

Fig. 73.

(Fig. 72) durch Querverbindungen innerhalb des Kollektors. Diese Methode verbindet mit dem Vorteil der Reihenschaltung noch den weiteren Vorteil, daß während der Kommutation von den Bürsten nur immer eine Spule kurzgeschlossen wird, wie man aus Fig. 73 leicht ersehen kann.

Die Ringwickelung wurde verwendet bei folgenden Motoren:

Short Brush Electric Co.,

Thomson-Houston SRG, WP 30, WP 50,

GE 800 (frühere Type),
Thury Type Co. de l'Industrie électrique,
Örlikon,
Rieter,
Kummer,
Ganz & Co.

Der Hauptvorteil der Ringwickelung besteht in der geringen Potentialdifferenz zwischen benachbarten Drähten. Als Eigenheit ließe sich auch noch anführen, daß eine einzelne Spule nach einer Beschädigung ohne weiteres beseitigt und ersetzt werden kann, ohne daß gleichzeitig andere Spulen entfernt werden müssen. Es ist dagegen ein Hauptnachteil der Ringwickelung, daß durch die Natur des in sich geschlossenen Ringes ein Aufbringen fertig hergestellter Spulen sich von selbst ausschließt. Es werden dadurch, daß die Spulen erst durch den Vorgang des Wickelns selbst entstehen, die Herstellungskosten beträchtlich höher als bei Trommelankern. Zu diesem allgemeinen Nachteil der Ringwickelung kommt noch speziell für Bahnen der Umstand in Betracht, daß durch den nötigen Hohlraum im Innern des Ringes, der den rückkehrenden toten Drahtverbindungen dient, der Ankerdurchmesser nicht auf so kleinen Durchmesser und Schwerpunktsradius gebracht werden kann, als dies beim Trommelanker möglich ist. Dies wirkt beim Bahnmotor um so störender, als gerade in der neuesten Zeit auf eine möglichst geringe Schwungmassenwirkung bei der Beurteilung der Güte der Konstruktion das Augenmerk besonders gerichtet wird. Es ist dies auch vollkommen einleuchtend, da der Bahnmotor beim fortwährenden Anfahren und Anhalten, überhaupt bei den intermittierenden schwankenden Beanspruchungen schnell und ohne Arbeitsverlust den wechselnden Verhältnissen zu folgen imstande sein muß. Für die mehrpoligen Ringwickelungen ist als weiterer Nachteil zu berücksichtigen, daß durch die Querverbindungen die eine Hälfte der Stromkreise größeren Widerstand besitzt als die andere.

Alle diese Nachteile, welche der Trommelwickelung nicht anhaften, verbunden mit großen Vorteilen in der möglichen Raumausnutzung und mechanischen Herstellungsweise der Wickelung bei Trommelankern, haben im Laufe der letzten Zeit die Konstrukteure veranlaßt, die Trommelwickelung für Bahnmotoren so gut wie ausschließlich zu verwenden. Sie ist insofern nicht so einfach verständlich wie die Ringwickelung, als der zurückkehrende Draht derselben Spule, da er auch wirksam sein soll, aber in bezug auf seine Lage zu den Magneten in entgegengesetzter Richtung vom Strom durchflossen wird, unter einem entgegengesetzten Pole liegen muß. Damit die Ankerwickelung eine über den ganzen Umfang des Ankers geschlossene wird, muß der Wickelungsschritt verschieden von der Poldistanz sein. Bei den Bahnankern ist er stets um die einfache Spulendistanz, d. h. um die Entfernung zweier am Ankerumfang nebeneinander liegenden Spulen größer oder kleiner als die Poldistanz. Bezeichnet y den Wickelungsschritt, gemessen in einfachen Spulenentfernungen am Ankerumfang, N_s die Anzahl wirksamer Spulen, p die Anzahl Polpaare, so ist bei nur zwei parallelen Stromkreisen:

$$y = \frac{N_s \pm 1}{p} = y_1 + y_2,$$

worin y_1 und y_2 die beiden Teilschritte an der vorderen und hinteren Stirnseite der Trommel bedeuten. y_1 ist nicht stets gleich y_2,

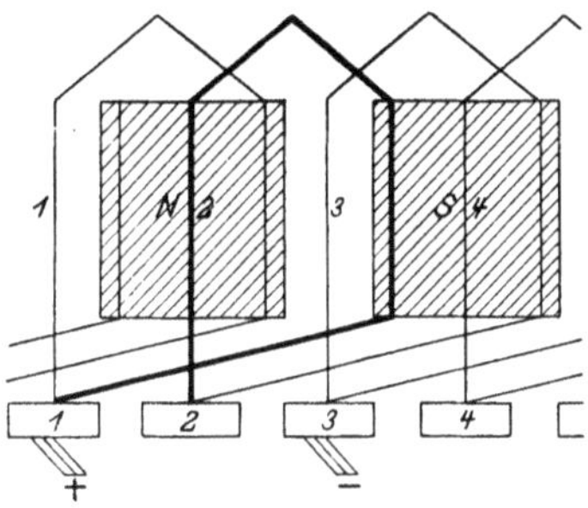

Fig. 74.

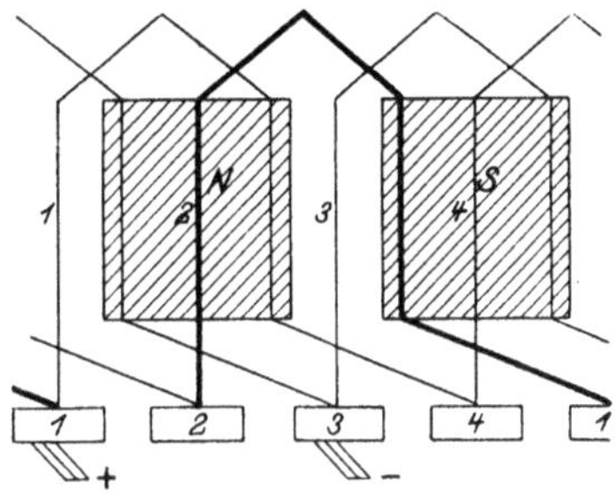

Fig. 75.

sondern häufig um 2 größer oder kleiner; jedoch müssen y_1 und y_2 stets ungerade sein, damit die Wickelung fortschreitet.

Je nachdem die Wickelung von Pol zu Pol weiter fortschreitet und nacheinander sämtliche Pole durchläuft — oder vom zweiten Pol sofort wieder zum ersten Pol zurückkehrt und nur um die Differenz der Wickelungsschritte fortschreitet, unterscheidet man bei den Trommelankern zwischen Wellen- und Schleifenwickelung, deren Unterschied, wie Fig. 74 und 75 in der Abwickelung deutlich zeigen, dadurch wichtig wird, daß bei der Schleifenform die Spulenenden ein und derselben Spule sich gegenseitig kreuzen, während bei der Wellenform die Spule offen bleibt. Der Wickelungsschritt ist bei der Wellenwickelung meist aus Herstellungsrücksichten vorn und hinten gleich, d. h. $y_1 = y_2$, bei der Schleifenwickelung ist dieser Vorteil natürlich unmöglich. Besonders wichtig wird die Wahl der Spulenform erst bei mehrpoligen Ankern, da bei diesen infolge des rückkehrenden Charakters der Schleife, wie man aus Fig. 76 entnehmen kann, bei Schleifenwickelung stets ebenso viel Bürsten als Pole nötig sind, während die Wellenwickelung den großen Vorzug besitzt, daß man infolge des fortlaufenden Charakters der Welle stets nur zwei Bürsten braucht (Fig. 77). Da dieser Gesichtspunkt, wie bereits bei der Ringwickelung erörtert, eine Lebensfrage für Bahnmotoren bedeutet, ist es einleuchtend, daß man die Wellenwickelung für dieselben allgemein der Schleifenwickelung vorzieht. Allerdings

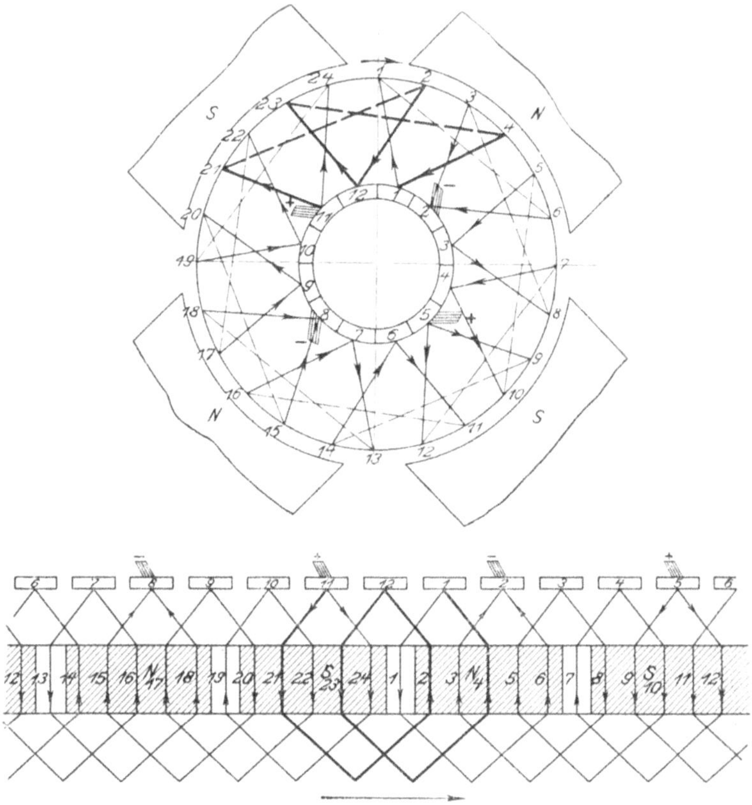

Fig. 76.

könnte man bei dieser durch innere Querverbindungen im Kommutator ebenso wie bei Ringankern die Bürstenzahl auf zwei verringern. Es ist den Verfassern aber keine ausgeführte Konstruktion eines derartigen Trommelankers für Bahnmotoren bekannt. Auch das Fortfallen der vielen Kreuzungsstellen aller Schleifenspulen in sich gilt als besonderer Vorzug des mechanischen Aufbaues einer Wellenwickelung, wie weiter unten im Abschnitte über die Bauart der Anker näher besprochen wird. An dieser Stelle soll bloß noch erwähnt werden, daß der mechanische Aufbau der Wickelung schon im

Wickelungsschema, wie Fig. 77 und 78 beweisen, Unterschiede hervorrufen kann, die mit der Wickelungsart an sich gar nichts zu tun haben, sondern bloß aus Konstruktionsrücksichten, und zwar durch Veränderung der relativen Lage der Wickelung zum Kommutator entstehen. Wegen der schweren Zugänglichkeit des Kommutators beim Bahnmotor müssen beide Bürsten oberhalb des

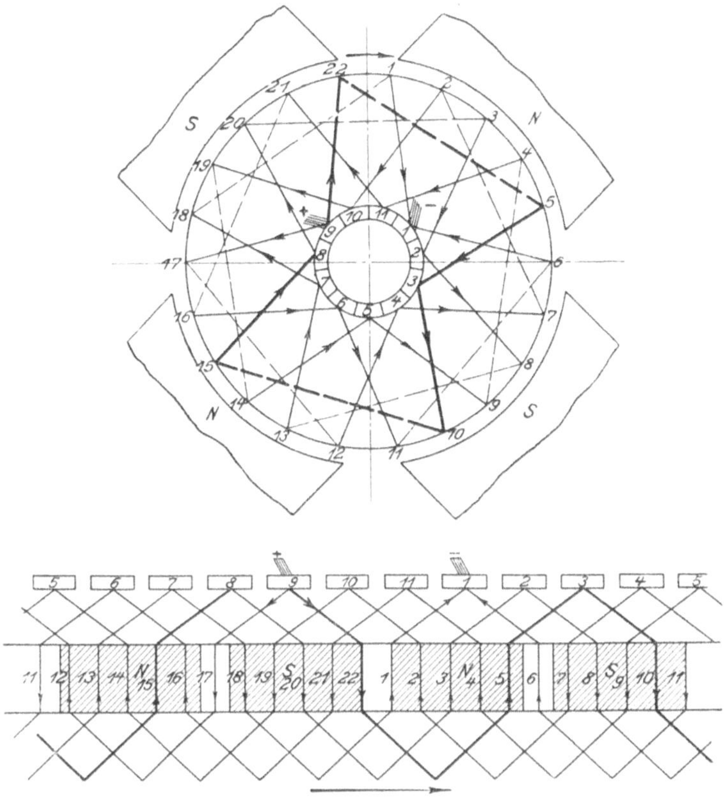

Fig. 77.

Kommutators liegen, damit sie von oben durch geeignete Öffnungen leichter bedient und besichtigt werden können. Deshalb müssen sie bei vertikal und horizontal liegenden Polen in der neutralen Linie zwischen zwei Polen liegen; dann geht die eine Verbindung der Spule zum Kommutator radial, wie in Fig. 74, 75 und 78 z. B. beim Motor GE 800. Dies hat den Nachteil, daß die Verbindungsdrähte zum Kommutator nicht so knapp im Raume angeordnet werden können als im anderen Falle, wo bei schräg liegenden Polen die Bürsten unter den Polen liegen und die Verbindungen vom Kommutator gleichwinkelig abgehen, wie in Fig. 77.

Kombinierte Wellenwickelung mit zwischengeschalteten Schleifen. Die praktische konstruktive Ausbildung dieser Wickelungsart besteht darin, daß die Motoren statt einer einzigen Windung pro Spule deren mehrere in Serie besitzen, welche eine

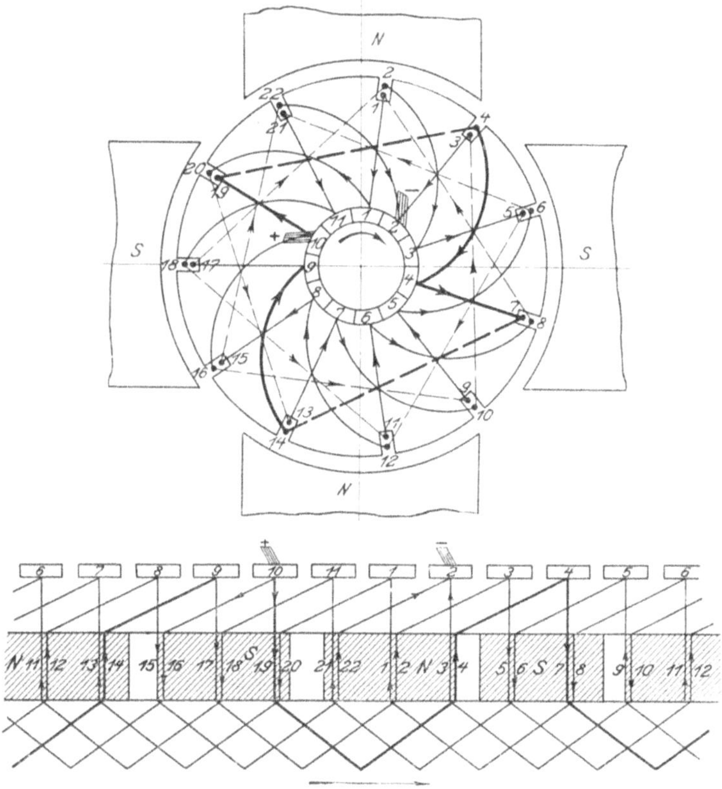

Fig. 78.

Schleife bilden. Die Anzahl der Windungen hängt ab vom Verwendungszweck, z. B. der Spannung, Umdrehungszahl oder sonstigen speziellen Betriebsverhältnissen.

Es wird beispielsweise Motor WP 50 mit 9, 12, 13 Windungen, GE 800 mit 3, 4, 6 Windungen pro Spule hergestellt. Es bilden diese rückkehrenden Windungen dann in sich natürlich Schleifen, die zwischen die aufeinander folgenden Wellen eingeschaltet sind.

Wellenwickelung mit verringerter Nutenanzahl. Um die Nutenzahl zu verringern, werden bei den Bahnmotoren oft benachbarte Spulen zu zweien oder mehreren in je eine einzige Nut nebeneinander und auch zu zweien übereinander gelegt, z. B. beim A-Motor der English Electric Mfg. Co. (Dick, Kerr & Co.) 123 Spulen oder 246 Spulenseiten in 41 Nuten; es entfallen somit für jede Nut 6 Spulenseiten. Im allgemeinen enthält dabei jede Spulenseite zwei, drei oder mehr wirksame Leiter. Ebenso werden bei einem anderen Motor 111 Spulen d. h. 222 Spulenseiten in 37 Nuten gelegt, bei dem älteren Westinghouse-Motor Nr. 12 A: 93 Spulen in 47 Nuten. In diesem letztgenannten Falle muß natürlich für die fehlende Spule eine „blinde" Spule eingelegt werden, und zwar verwendet man für diesen Zweck nicht ein beliebiges Füllmaterial, da dadurch das Gleichgewicht des Ankers beim Rotieren gestört werden würde, sondern eine regelrechte Spule, die aber natürlich an ihren Enden ohne Verbindung mit der eigentlichen Wickelung bleibt.

Diese Zusammenlegung benachbarter Spulen in eine gemeinschaftliche Nut ist vom elektrischen Standpunkte keine besondere Wickelungsart, sondern nur eine mechanische Abänderung, die große Vorzüge in der billigen Erzeugungsweise der Anker und Dauerhaftigkeit der Isolation im Betriebe ergeben hat. Man hat bei dieser Zusammenlegung darauf Bedacht zu nehmen, daß die zusammengelegten Spulenseiten in gleicher Richtung vom Strom durchflossen werden, damit die Nut nicht magnetisch neutral wird und die Gleichmäßigkeit der Kraftlinienverteilung stört. Die Spannungsdifferenz zwischen den zusammengelegten Spulenseiten ist fast die ganze Klemmenspannung, worauf durch Einlegen einer besonderen Isolation zwischen die einzelnen Lagen derselben Nut Rücksicht genommen wird.

In mechanischer Beziehung legt man Gewicht darauf, daß, wenn die eine Seite einer bestimmten Spule in der unteren Hälfte der Nut liegt, die andere Seite derselben Spule in der entsprechenden Nut oben zu liegen kommt, damit alle Spulen gleiche Abmessungen erhalten und fabrikmäßig auf ein und derselben Schablone hergestellt werden können (vgl. Fig. 78). Aus demselben Grunde läßt man, wenn irgend möglich, die vorderen und hinteren Stirnverbindungen sich über die gleiche Anzahl Nuten erstrecken. Es wird durch derartige Anordnung die Herstellungsweise der Spulen und der ganzen Wickelung außerordentlich vereinfacht. Um das Aufbringen von fertigen Spulen, die aus benachbarten zusammengelegten Spulenseiten zusammengesetzt sind, und die Herstellung der Verbindungen zwischen denselben und den Kollektorlamellen zu einem ganz mechanischen Verfahren auszugestalten und jeden Irrtum dabei von vornherein auszuschließen, scheint das Verfahren, welches Short bei seiner A-Type der English Electric Mfg. Co. verwendete, recht empfehlenswert, indem die einzelnen, in einer Lage vereinigten Spulen verschiedenfarbig beklöppelt werden. Dadurch sind alle zusammengehörigen Spulenenden leicht erkennbar; z. B. werden bei einem Anker mit drei Spulenseiten pro Lage die drei Farben weiß, rot und blau verwendet.

Bauart des Ankers und seiner Teile. Ankerkörper. Material. Der Ankerkörper wird, wie bei jeder modernen elektrischen Maschine, aus dünnen Blechen von nicht mehr als etwa 0,6 bis 0,5 mm Dicke, die durch Papier oder Anstrich mit Firnis oder durch eine Oxydschicht mit Firnisanstrich gegeneinander isoliert werden, zusammengesetzt. Der Raum, welchen die Isolation gegenüber dem wirksamen Eisen einnimmt, wird durch starkes mechanisches Zusammenpressen des ganzen Körpers auf ein Minimum, durchschnittlich etwa 7 bis 11 % des wirksamen Eisens, beschränkt. Die Herstellung der Nuten erfolgt auf zweierlei Weise, durch Stanzen oder Fräsen. In ersterem Falle werden die Bleche von vornherein bei ihrer Erzeugung aus dem vollen Blech fertig hergestellt. Es hat dieser Vorgang den großen Vorzug einer guten Beschaffenheit der Blechkanten und außerdem sehr niedriger Herstellungskosten, insbesondere wenn, wie in Fig. 81 dargestellt, sämtliche Nuten gleichzeitig gestanzt werden. Nach dem Stanzen werden umgebördelte Kanten durch Druck geglättet und der entstehende Grat sauber nachgefeilt, um tadellos glatte Nutwände zu erhalten.

Werden dagegen die Nuten durch Fräsen erzeugt, so kann dies erst nach der Zusammensetzung der Bleche geschehen; es besteht dann die Gefahr, daß Frässpäne Wirbelströme verursachen. Ein Vorteil des nachträglichen Fräsens besteht darin, daß die Anschaffungskosten der Stanzformen, die für jede Nutgröße und jeden Ankerdurchmesser neu hergestellt werden müssen, fortfallen. Gleichwohl hat sich das Stanzen allgemein eingeführt.

Nach dem Stanzen werden die Bleche zur Bildung einer Oxydschicht nochmals geglüht, trotzdem sie sich dabei vielfach ungleichmäßig verziehen oder „werfen“ und nachgefeilt werden müssen. Dieser Übelstand tritt beim Bekleben der Bleche mit Papier nicht auf. Dieser Arbeitsvorgang wird im übrigen in sehr einfacher Weise von Spezialmaschinen mit sofortiger Trocknung des Klebestoffes gleich innerhalb der Maschine vorgenommen; daher sind die Ansichten darüber noch geteilt, ob der etwas größere Raumbedarf der Papierisolation oder die immerhin geringe Nacharbeit des Feilens geglühter, fertig gestanzter Bleche als geringerer Nachteil aufzufassen und welche Isolation der Bleche demnach vorzuziehen ist.

Herstellung des Blechkörpers. Die Bleche werden meist direkt auf die Welle gebracht, nur bei Ringankern benötigt man natürlich hierfür einer Büchse, die aus Rotguß hergestellt wird (vergl. Fig. 94). In den vereinzelten Fällen, bei denen die Bleche von Trommelankern zum bequemen Abziehen des Kernes von der Welle nicht unmittelbar auf die Welle geschoben werden, z. B. beim Motor GE 1200, wird die Büchse aus Gußeisen hergestellt.

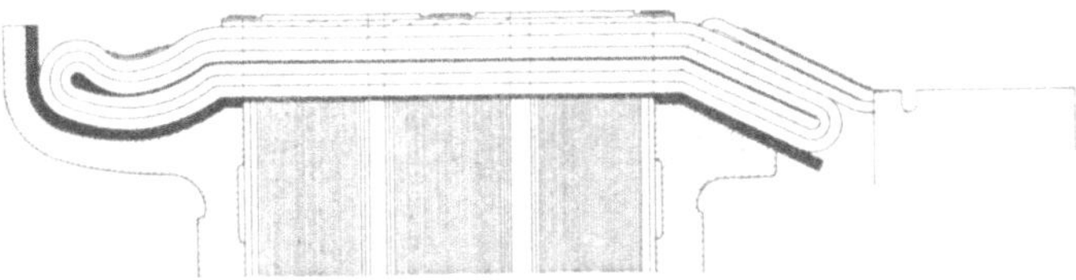

Fig. 79.

Als Endbleche verwendet man stärkere Bleche von 1—3 mm Dicke. Zum Zusammenhalten des ganzen Körpers dienen schließlich stärkere Gußplatten von etwa 10 mm Stärke oder auch auf der einen Seite ein als Haube oder Glocke ausgebildetes größeres Gußstück (vergl. Fig. 79), das gleichzeitig als Stütze für den Wickelkopf benutzt wird. Diese Gußhaube wird für die Längsventilation und auch am Umfang zur Vermeidung von Streufeldern und Wirbelstromver-

Fig. 80.

lusten bisweilen durchbrochen konstruiert. Als Material dafür steht Gußeisen und Gußstahl, dagegen nicht Rotguß in Verwendung. Wenn die sonstige Konstruktion es zuläßt, ist es empfehlenswert, diese Abschlußscheiben möglichst weit bis zum Ankerumfang auch fingerartig bis zwischen die Nutenwickelung hinaufreichen zu lassen. Gegen Verdrehung wird der Blechkern durch einen Längskeil gesichert.

Die Querventilation des Ankers, die bei den neuesten Konstruktionen nie fehlt, solange die Längenausdehnung des Ankers es irgend zuläßt, wird gebildet, indem man zwischen den Blechen an gewissen Stellen einen freien Luftzwischenraum läßt (vergl. Fig. 80).

Fig. 81.

Die hierzu nötigen Einsatzstücke müssen imstande sein, den starken Druck beim Zusammenpressen des Blechkörpers auszuhalten. Es werden daher hierzu radial hochkantig gestellte Blechstreifen verwendet, die entweder, wie bei einem Thomson-Houston-Motor, in ein zentrales Stück eingegossen oder bei anderen auf ein stärkeres

Fig. 82.

Blech irgendwie aufgenietet werden. Den Ventilationsöffnungen benachbart folgen ähnlich den Endblechen dickere Bleche. Die Entfernungen zwischen den einzelnen Ventilationsöffnungen werden meist ganz gleich oder wenigstens symmetrisch gemacht. Richtiger erscheint jedoch das Vorgehen der A. E. G. (vergl. Taf. I), die Ventilationsöffnungen nach dem Kollektor zu näher aneinander zu rücken, da für diesen Ankerteil eine höhere Erwärmung zu befürchten ist und dieselbe vermieden werden sollte.

Längsventilation. Da die erwähnten Einsatzstücke in den Öffnungen schaufelartig wie die Speichen einer Zentrifugalpumpe wirken und die Luft radial herausschleudern sollen, muß man achsiale Öffnungen benachbart der Welle zum Ansaugen frischer Luft vorsehen. Zu diesem Zwecke erhalten die Ankerbleche als Längsventilation rings um die Welle einen Kranzvon kreisrunden oder ringsegmentartigen Löchern, wie dies Fig. 81 und 82 für den neuen Short-Motor und die neue A. E. G.-Motortype zeigt (vergl. auch Tafel VIII Union-Motor und Tafel VII S. & H.-Motor).

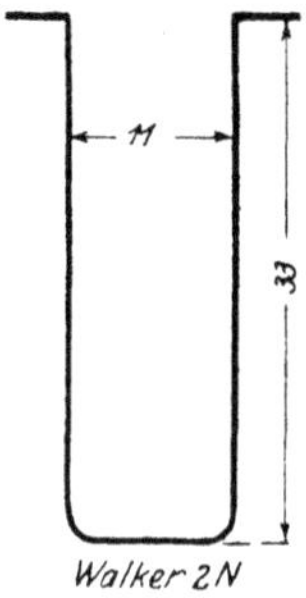

Fig. 83.

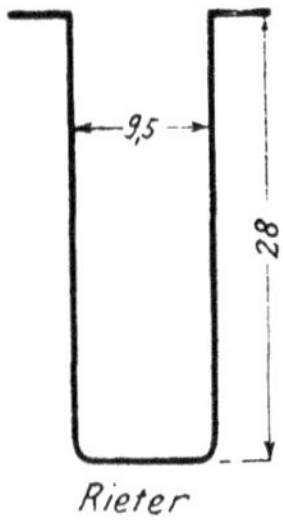

Fig. 84.

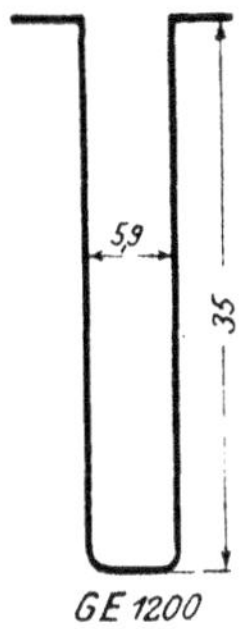

Fig. 85.

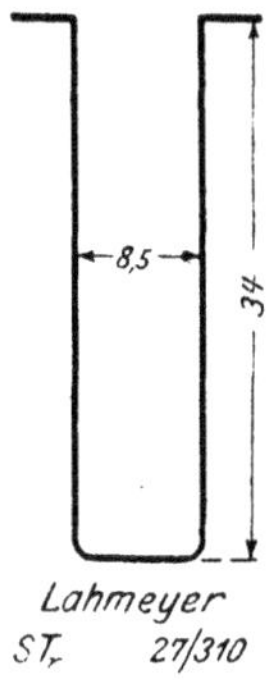

Fig. 86.

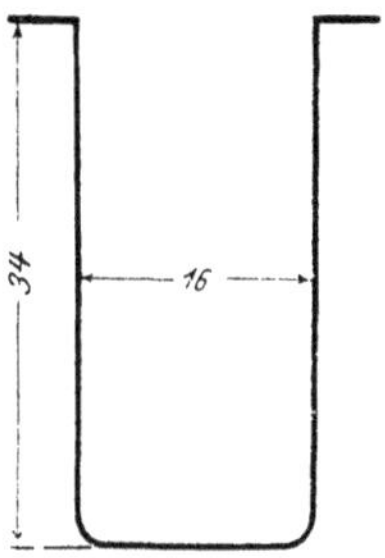

Fig. 87.

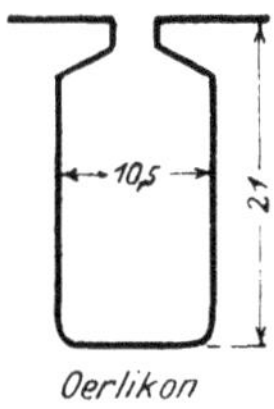

Fig. 88.

Fig. 89.

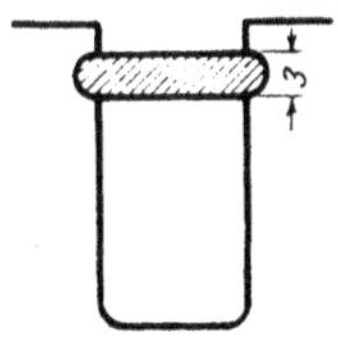

Fig. 90.

In demselben Maße, wie man heutzutage bei Bahnmotoren Ankerdurchmesser und Schwungmoment möglichst zu verringern sucht, vermindert man auch die Anzahl der Nuten und vergrößert ihren Querschnitt. Eine geringe Anzahl breiter Nuten hat die verschiedensten Vorzüge im Gefolge: Die Isolation der Spulen nimmt für die gleiche Kupfermenge bedeutend weniger Raum in Anspruch, die Auskleidung der Nuten kann sorgfältiger und deshalb auch dauerhafter ausgeführt werden und die Herstellungskosten verringern sich durch die Einfachheit des Einlegens einer geringen Anzahl vereinigter Spulen ganz wesentlich; die Zähne werden kräftiger und widerstandsfähiger. Diese breiteren Nuten werden dann durch Zusammenlegen mehrerer benachbarter Spulen ausgefüllt, z. B. besaß die ältere Type GE 800 105 Nuten zu je 6 Windungen, während die Neukonstruktion der Type, GE 52, nur 29 Nuten zu je 24 Windungen erhielt.

Nutquerschnitt. Da bei Trommelankern die Spulen zweckmäßig fertig eingelegt werden, erhalten die Nuten gerade Wände, bei Ringankern können die Wände auch überhängen, da die Spulen erst durch den Wickelungsvorgang selbst entstehen. Bei den letzteren können daher die überragenden Zähne direkt zum Festhalten der Wickelung gegen die Zentrifugalkraft durch Einschieben von Fiber- oder Holzkeilen benutzt werden. Fig. 83—90 zeigen einige Nutquerschnitte mit den Abmessungen bekannter Motore; die Abmessungen sind für die Nuttiefe 20—35 mm, die Nutbreite 6—15 mm,

Fig. 91.

etwa gleich dem Doppelten des Luftzwischenraums zwischen Ankerkörper und Polschuh.

Die Ankerwelle wird nur aus Stahl hergestellt. Ihr gefährlicher Querschnitt liegt direkt am Lager der Triebseite. Wichtig ist es bei kleinen Leistungen für die Berechnung der Wellenstärke auch die zusätzliche Beanspruchung durch magnetischen einseitigen Zug zu berücksichtigen. Infolge der natürlichen Durchbiegung der Welle und infolge Lagerabnutzung ist eine Ungleichheit des Luftzwischenraumes über und unter dem Anker unvermeidlich. Der magnetische Zug ist nach Fischer-Hinnen[1])

$$Z_m = \frac{B^2 S_p}{25 \cdot 10^6} \frac{h}{\delta \alpha} A,$$

worin B die normale Induktion im Luftzwischenraum, S_p der Querschnitt eines Poles in qcm, δ der normale Luftabstand in cm, h die zulässige Lagerabnutzung einschl. Wellendurchbiegung in cm, α der Quotient vom gesamten magnetischen Widerstand zum Luftwiderstand, A bei vierpoligen Motoren mit vertikal und horizontal liegenden Polen $= 2$, bei schräg liegenden Polen $= 2{,}8$ ist.

Die Ankerwelle, von der Fig. 91 ein Bild ihrer gewöhnlichen Gestaltung gibt, wird an den Stellen, wo sie in den Lagern liegt, auf Schleifmaschinen mit Mikrometereinstellung geschliffen.

[1]) Fischer-Hinnen, Die Wirkungsweise, Berechnung und Konstruktion elektrischer Gleichstrommaschinen 1899, S. 259.

Ankerwickelung. Die Isolation der Ankerwickelung ist gegen den Eisenkörper eine dreifache bis fünffache, und zwar muß man unterscheiden zwischen 1. der Isolation des Kupferdrahtes an sich gegenüber anderen Drähten derselben Spule, 2. der Isolation der in dieselbe Nut verlegten Spulen gegeneinander, 3. die Isolation der Lagen derselben Nut gegeneinander, und 4. der Wickelung insgesamt gegenüber dem Ankerkörper.

Für die Isolation unter 1. und 2. verwendet man eine dreifache Baumwollumspinnung oder eine zweimalige Umspinnung und einmalige Umklöppelung des Drahtes, der dann noch mit Schellack bestrichen wird. Je nach der Dicke des Drahtes rechnet man für den Raumbedarf dieser Isolation im ersteren Falle 0,45 — 0,55, im

Fig. 92. Walker-Anker.

letzteren Falle 0,5 — 0,6 mm. Diese so isolierten Drähte werden nach dem Wickeln auf der Schablone erst durch Trocknen bei 120° C. von aller Feuchtigkeit befreit, ehe sie in Isolierflüssigkeit getaucht werden und nach wiederholtem Trocknen und Eintauchen eine fertige Spule in sich bilden. So viele Spulen, als in derselben Lage derselben Nut liegen sollen, werden darauf gemeinsam mit Isolierband umwickelt entweder in die mit Isoliermaterial ausgefütterte Nut sorgfältig eingebettet, wobei man zwischen obere und untere Lage derselben Nut noch eine besondere Isolierung einlegt (vergl. Fig. 92), oder die Spule wird vor dem Einbringen mit der gegen den Ankerkörper vorzusehenden Isolation verkleidet und in die nackte Nut, aber wiederum unter Zwischenlegung einer besonderen Isolation zwischen beiden Lagen eingebracht (vergl. Fig. 93). Bei Ringankern muß natürlich der isolierte Draht direkt in den aus Isoliermaterial bestehenden Kasten gewickelt werden (vergl. Fig. 94, älterer Örlikonanker).

Als Material für die Isolation unter 3. und 4. verwendet man Preßspan, Fiberpapier und hauptsächlich Mikanit, und achtet besonders darauf, daß die einzelnen Lagen Isoliermaterial nicht durchgehende Fugen bilden können, d. h. daß die stumpf gegeneinander stoßenden Isolierstücke sich in den aufeinanderfolgenden Lagen überlappen.

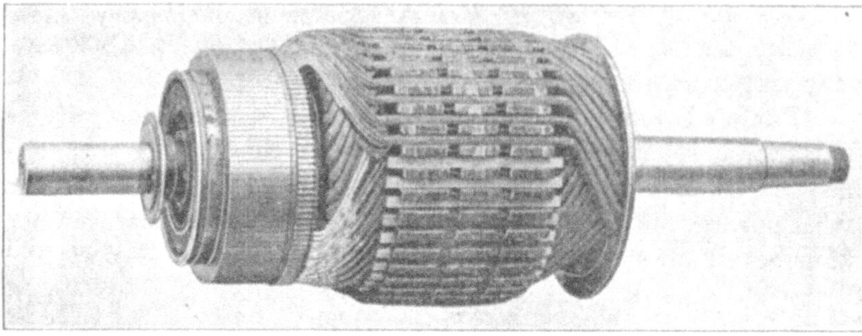

Fig. 93. Anker der English Electric Mfg. Co.

Ob es besser ist, die Isolation gegen den Ankerkörper vorher einzubringen oder die fertig isolierte Spule in die nackte Nut zu legen, läßt sich allgemein nicht entscheiden, da dies ganz von der Gewissenhaftigkeit der Ausführung abhängt. Die Herstellung der Isolation um die Spule läßt sich außerhalb der Nut natürlich sorgfältiger vornehmen als innerhalb der Nut. Es müssen aber andererseits die Nutwände sehr sauber nachgefeilt sein, damit nicht etwa vorstehende Kanten und Spitzen beim Einbringen der fertigen Spule nachträglich die Isolation zerschneiden, da die Spule stets, um einen festen Halt zu gewinnen, sehr stramm in die Nut eingeklopft werden muß. Dagegen ist ein unbestreitbarer Vorteil dieses letzteren Verfahrens, daß man die in einen Mantel von Mica, Preßspan und Leinwand eingelegte fertige Spule mit Isolierband umwickeln und wiederholt in Isolierlack eintauchen und

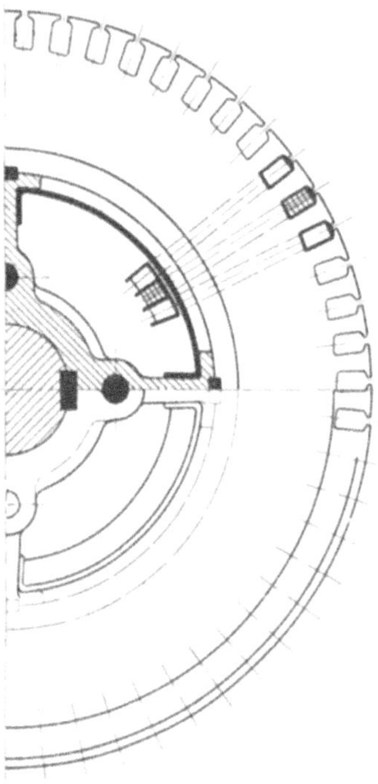

Fig. 94. Örlikon-Anker.

trocknen kann, wobei das trockene Gewebe die Isolierflüssigkeit gut ansaugt, so daß sich die angefeuchtete Spule dann auch leicht unter Druck in die genaue Form des Nutquerschnittes pressen läßt.

Die Wichtigkeit guten Materials und guter Ausführung der Isolation darf jedenfalls nicht unterschätzt werden, hängt doch davon in erster Linie die zulässige Erwärmung und zulässige Leistung des ganzen Motors ab. Ja, man geht sogar in der Wertschätzung einer guten Spulenisolation so weit, daß man eine solche als das einzige nur durch vielseitige Erfahrung zu ergründende Geheimnis, einen guten Bahnmotor bauen zu können, hinstellt.

Der Kupferquerschnitt der Wickelung ist bei den Stromstärken, für welche Bahnmotoren üblicher Größe gebaut werden, für gewöhnlich nicht so groß, daß man zu einer Stabwickelung, bei welcher Stirnseite und wirksamer Leiter aus verschiedenen Teilen zusammengesetzt sind, übergehen müßte. Es werden vielmehr Spulen aus fortlaufendem Draht meist runden, seltener rechteckigen Querschnittes angewendet. Bei großen Querschnitten wird gewöhnlich der Raumersparnis wegen die Kupferlitze in rechteckige Form gepreßt (vergl. Motor Nr. III unter Konstruktionsdaten). Die Stromdichte im Ankerkupfer beträgt nach Tabelle 3 und 12 im Mittel etwa 3—5 Amp. pro mm^2, die Grenzen liegen etwa bei 2,5 und 7 Amp. für die Normalbeanspruchung, während die obere Grenze bei Überlastungen z. B. auf starken, aber kurzen Steigungen etwa den doppelten Wert erreicht. Wichtig für die Bemessung des Ankers ist auch der Gesamtwiderstand der Wickelung (dessen Wert für einige Motoren in Tabelle 3 wiedergegeben ist), da von ihm die Stromwärme im Anker bestimmt wird. Tabelle 12 zeigt, daß etwa 3 bis 6 cm^2 Ankeroberfläche auf jedes Watt Verlust gerechnet werden. Hierbei sei erwähnt, daß dort auch das Produkt Ampère $\times$ Anzahl wirksamer Leiter (Ampèrestäbe) pro Centimeter Umfang angegeben sind; dasselbe beträgt im Mittel etwa 150—250.

Die Form der Spulen ergibt sich beim Ringanker direkt aus der Gestalt des zu bewickelnden Eisenkernes und des über denselben geschobenen Kastens aus Isoliermaterial. Beim Trommelanker ergab sich die Spulenform ursprünglich, als die Spulen noch unmittelbar durch den Wickelungsvorgang entstanden, ebenfalls aus der Gestalt der Eisentrommel sowie durch das Anschwellen des Drahtwulstes an der Stirnseite der Trommel. Diese Herstellungsweise hatte aber mancherlei Mängel im Gefolge. Durch das Anwachsen des Wulstes an der Stirnseite wurden nämlich die zuletzt gewickelten toten Stirnverbindungen 10—15 % länger als die zuerst gewickelten und führten durch ihren höheren Widerstand eine Ungleichförmigkeit der Wickelung auch in elektrischer Beziehung herbei. Auch mußte infolge dieser Wickelungsmethode bei jeder Beschädigung die ganze Wickelung entfernt werden. Man ging daher bei Trommelankern bald zur Verwendung schablonenmäßig fertig gewickelter Spulen über, so daß die Bezeichnung des „Wickelns“ streng genommen auf die Herstellung einer Trommelwickelung nicht mehr angewendet werden kann; vielmehr entsteht eine solche durch Zusammensetzen fertig hergestellter Spulen; die Bezeichnung „Wickeln“ ist aber auch auf diesen Herstellungsvorgang übertragen worden und allgemein gebräuchlich geblieben. Die schablonenmäßige Herstellung der Spulen hat den großen Vorzug, daß sie Maschinenarbeit, sorgfältigere Isolierung und bequemes Auswechseln beschädigter Spulen ermöglicht. Sehr wichtig ist auch der Gesichtspunkt, daß diese Spulen durch Massenherstellung billiger erzeugt werden können.

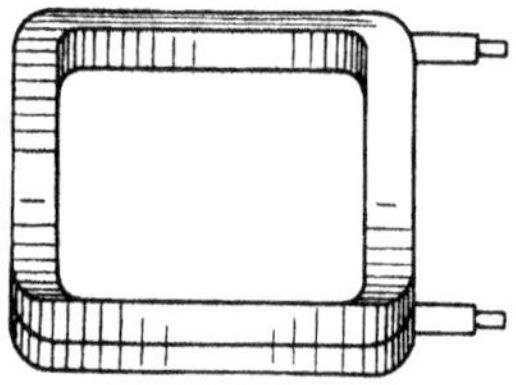

Fig. 95.

Die älteste Schablonenform war ein einfaches Rechteck, jedoch wurden die Seiten des Rechtecks, welche die Verbindungen an der Stirnseite der Trommel, im folgenden kurz die „Stirnseiten der Spule“ genannt, bilden sollten, in geeigneter Weise (vgl. Fig. 95) nach dem Einbringen, soweit es nötig war, eingeknickt. Um bei

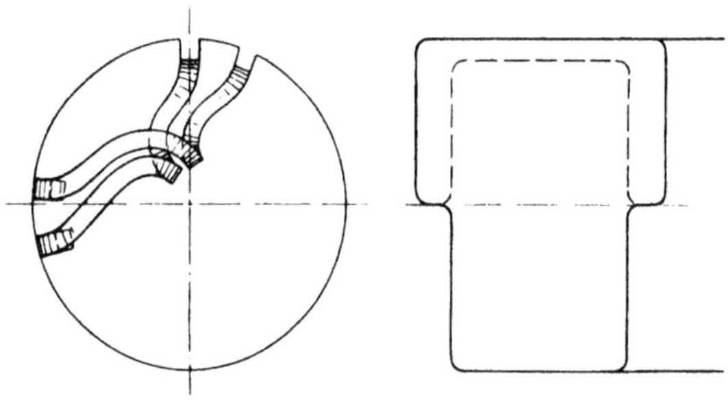

Fig. 96.

eintretenden Schäden nicht alle Spulen abheben zu müssen, wurden verschieden lange Spulen verwendet; so hat z. B. Westinghouse-Motor Nr. 12 A: 23 kurze und 24 lange Spulen. Dieser Grundsatz wurde in völlig neuer, geistreicher Weise durch Rudolf Eickemeyer weiter ausgebildet, und zwar derartig, daß die Stirnseite jeder Spule in zwei verschiedene Ebenen zu liegen kommt. Fig. 96 zeigt die Spulenform rechts dargestellt, und zwar in punktierter Linie so, wie sie hergestellt wird, in ausgezogener Linie so, wie sie aufgebogen und in eine Ebene projiziert aussehen würde, links so, wie sie in Wirklichkeit aufgebogen und am Anker angebracht wird. Diese Spulenform vereinigt mehrere bedeutende Vorteile in sich.

1. Dadurch, daß die Stirnseite jeder Spule in zwei verschiedenen Ebenen fortschreitet, kann eine zusammenhängende Isolationsebene zwischen diese beiden Ebenen eingelegt werden. Demnach werden die sehr unangenehmen Kreuzungsstellen der Spulen unter sich in sehr einfacher Weise völlig vermieden.

2. Die Stirnseite der Wickelung wird durch das kongruente Aneinanderpassen der einzelnen Spulen gleichsam ein fester zu-

Fig. 97. Union-GE-Anker.

sammenhängender Körper. Die Längenausdehnung des Ankers kann dadurch auf das notwendigste Maß beschränkt werden. Dies ist aber ein Punkt von hoher Wichtigkeit, da der gesamte Motor durch die Spurweite nur eine eng begrenzte Länge besitzen darf. Auch die mechanische Güte des Ankers wird durch diese widerstandsfähige Konstruktion der Stirnverbindungen verbessert.

3. Zum Herausnehmen einer schadhaften Spule ist nur das Abheben so vieler zwischenliegender Spulen erforderlich, als der Wickelungsschritt beträgt (Fig. 97). Dieser letztere Vorteil ist allerdings dann illusorisch, wenn durch das Herausheben dieser zwischenliegenden Spulen deren eigene Isolation infolge Ungeschicklichkeit der Handwerker beschädigt wird. In diesem Falle ist natürlich eine Neubewickelung des Ankers unvermeidlich.

Die Herstellung der Eickemeyer-Spulen erfolgt auf Schablonen nach Art der in Fig. 98 u. 99 dargestellten Formen, d. h. in zusammengelegtem Zustande. Durch das Auseinanderbiegen der Spule, welches nach Fertigstellung, und zwar mit der Hand, bewerkstelligt wird, ist die Isolation am scharfen Knickpunkt, wo die

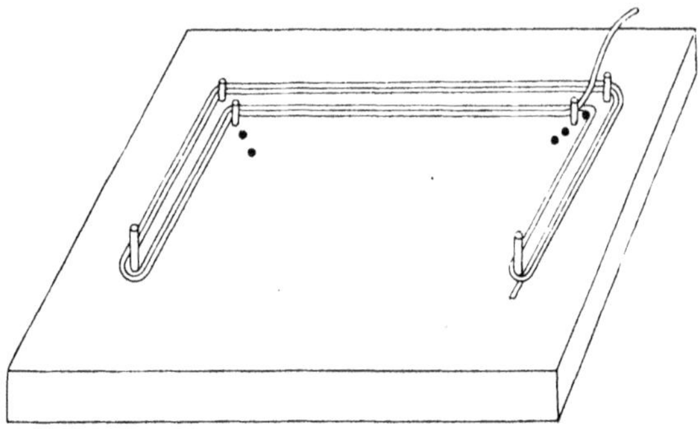

Fig. 98.

Stirnseite der Spule aus der einen Ebene in die andere übertritt, stets gefährdet, so daß dies der schwächste Punkt der Spule wird.

Dieser Übelstand wird beseitigt, die Länge der Stirnverbindungen wesentlich verkürzt, und dabei doch jeder Vorteil der Eickemeyer-Spule erfüllt durch die sogenannte „straight-out", d. h. gerade gewickelte Spule. Ihre Entstehungsweise ist am leichtesten verständlich, wenn man sich vorstellt, daß, wie dies auch ursprünglich der Fall war, zur Erzeugung der Spule der Draht mehrfach hintereinander um zwei in geeigneter Entfernung voneinander befestigte Pflöcke gewickelt wird (vgl. *a* in Fig. 100), und zwar wird der Draht so oft herumgewickelt, als die Spule Windungen erhalten soll, wobei die folgenden Windungen derart immer in dieselbe Ebene gelegt werden, daß sie sich von außen an die vorhergehende Windung anschmiegen. Zieht man dieses Drahtgebilde, wie *a* in Fig. 100 andeutet, hochkantig, d. h. senkrecht zur Wickelungsebene auseinander (*b* in Fig. 100), so ist klar, daß die in *a* als erste um die Pflöcke gelegte Windung nunmehr auf der einen Längsseite der Spule oben, auf der anderen Längsseite unten in der Nut zu liegen kommt. Hierin liegt ein Vorteil dieser Spulen begründet, da ohne weiteres, wenn der Anfang der ersten Windung oben liegt, auch das Ende der letzten Windung oben liegen muß, ohne

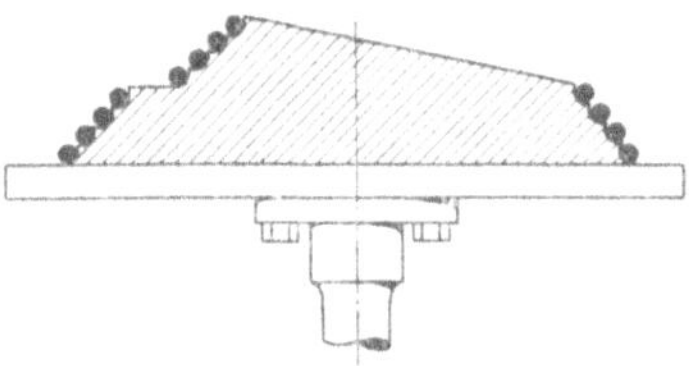

Fig. 99.

daß man ein Durchstecken oder Kreuzen der Drähte innerhalb der Spule benötigt (*c* in Fig. 100). (Durch Ausschneiden eines Blattes Papier nach *a* in Fig. 100 kann man sich den Vorgang leicht selbst vor Augen führen.) Die beiden Spulenenden können bis zur Spulenspitze in der Spule verbleiben oder bereits beim Austritt aus der Nut abzweigen. Um die Kollektorverbindungen und die Ankerlänge auf ein Minimum zu beschränken, wird der letztgenannte Fall bei Bahnmotoren die Regel bilden. Natürlich muß dann das Spulenende

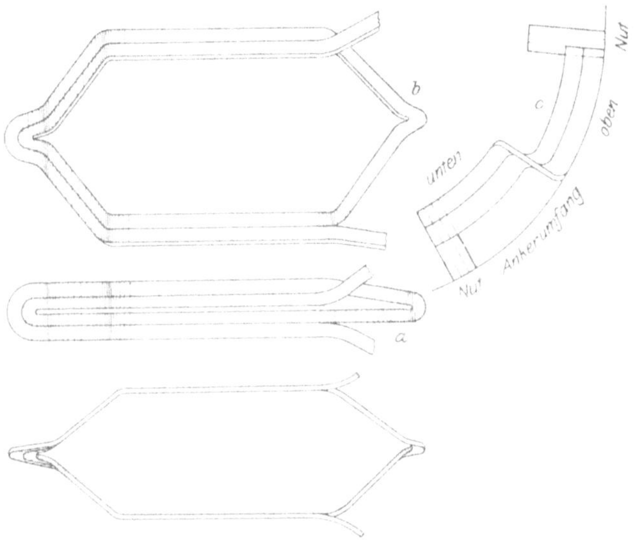

Fig. 100.

der unteren Lage durch die obere hindurchgesteckt werden (vgl. Fig. 79).

Ein großer Vorteil dieser gerade gewickelten Spulen ist es, daß sie auf Schablonen in ihrer endgültig richtigen Form fertig hergestellt und ohne das geringste Nachbiegen in die Nut eingelegt werden können. Ihre Stirnseiten bilden eine Zylinderoberfläche, die in sich bereits genügend Steifigkeit besitzt, oder auch durch haubenartige Ausbildung der Ankerendscheibe, wie bereits oben unter „Ankerkörper" erwähnt, mechanisch gestützt werden kann. Da bei beschränkter Spurweite das Ankerlager unter diesen Hohlzylinder hineinreichen kann und die Haube dann gleich als Schutz der Wickelung gegen Verunreinigung vom Lager her dient, ist diese Spulenform mit Ankerhaube vielfach angewendet worden, insbesondere von Short bei den Walker-Motoren und den Motoren der English Electric Mfg. Co. Gerade gewickelte Spulen besitzen auch einige Westinghouse-Motoren und der neue Lahmeyer- und Brush-Motor. Eine Zwischenform zwischen der Eickemeyer- und der gerade gewickelten Spule benutzt die Westinghouse-Gesellschaft und AEG bei einigen

Fig. 101. Westinghouse-Anker.

ihrer neueren Typen, indem die gerade Spule um die Hälfte ihres über den Ankerkörper vorstehenden Endes, etwa um 60 mm, umgebogen wird. Auf diese Weise wird dem Wickelkopf ohne jede Unterstützung eine genügende Steifheit verliehen (vgl. Fig. 101 und Tafel I).

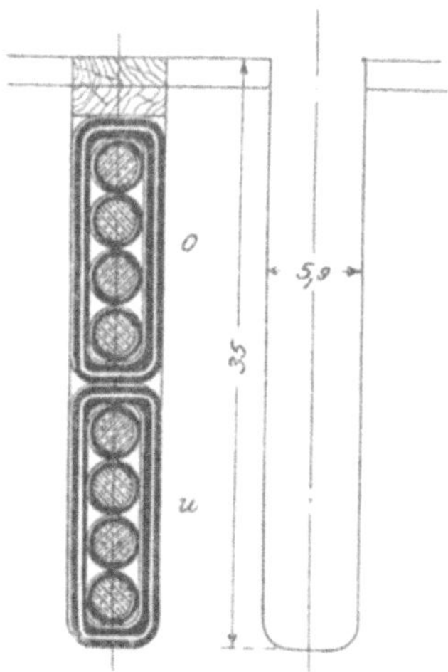

Fig. 102.

Bandagen. Die Befestigung der Spulen erfolgt, wo dies nicht durch die überhängenden Zähne in der Nut selbst möglich ist, nicht durch das früher übliche Einschieben eines Holzkeiles in eine Längsriefe unterhalb des Zahnkopfes, sondern ausschließlich durch Bandagen aus Draht oder Bindfaden, die den ganzen Anker umfassen. Der Druck der Bandage wird, um die Isolation der Spulen zu schonen, mittels eines über die Spule gelegten Holz- oder Fiberstreifens auf die Spule übertragen (Fig. 102). Um den Luftzwischenraum zwischen Ankereisen und Polfläche möglichst zu verringern, legt man die Bandagen neuerdings gewöhnlich in Vertiefungen der Ankeroberfläche, die man nicht durch Abdrehen, sondern durch Einlegen von Blechen kleineren Durchmessers herstellt. — Da die Drahtbänder im magnetischen Felde durch Entstehen von Wirbelströmen so heiß werden können, daß ihre Lötung schmilzt, so legt man nur die unentbehrlichen Bandagen innerhalb, die kräftigeren außerhalb der Polfläche (vgl. Fig. 103) oder es werden sogar, wie z. B. bei Ankern von Westinghouse und Kummer, auf den zylindrischen Teil des Ankers unter den Polen gar keine Drahtbänder gelegt. Die Walker Co. benutzte die Ankerhaube bei gerade gewickelten Spulen als Unterlage für Bandagen. Anderenfalls muß man die auf dem Wickelkopf liegenden Bandagen gegen Abgleiten sichern; es geschieht dies am einfachsten durch Verlötung mit schmalen Blechquerstreifen, die von der nächsten auf dem zylindrischen Teil des Ankers gelegenen Bandage festgehalten werden (vergl. A.E.G.-Motor Fig. 182). — Die Anordnung der Drahtbandagen erfolgt gewöhnlich derart, daß auf eine Preßspanlage eine Glimmerlage von 0,6 mm Dicke kommt, welche mit Schellack angestrichen wird. Erst dann folgt die Drahtbandage, welche aus

Fig. 103. Lahmeyer-Anker.

Bronze- oder Stahldraht von 0,8—1,6 mm Durchmesser besteht und 10—15 mm breit wird. Die Bandage wird alle 20—30 cm durch Messingbleche zusammengehalten und in ihrer ganzen Länge in sich verlötet. Das letztere Verfahren wird allerdings von manchen Konstrukteuren wegen der bereits erwähnten Gefahr des Heißwerdens infolge von Wirbelströmen verworfen. Unter Bindfadenbandagen kann eine Isolation fortfallen, wodurch dieselben trotz des größeren Bindfadenquerschnittes nicht mehr Raum beanspruchen als die Drahtbandagen.

Für die Berechnung der Tangentialkraft in den Bandagen T_b gilt (nach Arnold Ankerwickelungen S. 272)

$$T_b = \frac{N \cdot q \cdot l \cdot v^2}{3100 D_a},$$

worin N die Anzahl wirksamer Drähte, q den Querschnitt des Ankerwickelungsdrahtes in qmm, l die Ankerlänge in cm, v die Umfangsgeschwindigkeit in m pro Sek., D_a den Ankerdurchmesser in cm bedeutet. Die Größe der Umfangsgeschwindigkeit beträgt im Maximum 15—20 m/Sek., normal etwa 7—12 m pro Sek., (wie sich aus Tabelle 2 ergibt). Als Bruchbelastung kann man für

Stahldraht 65—120 kg pro mm^2,
Bronzedraht 65—85 kg pro mm^2,
Messingdraht 50 kg pro mm^2

zulassen, jedoch rechnet man mit achtfacher Sicherheit.

Um die Bandagen auf ihre Haltbarkeit zu prüfen, läßt man die Motoren zweckmäßig mit einer bedeutend erhöhten Umdrehungszahl laufen. So gibt z. B. die Lorain Steel Co. an, daß sie ihre Bandagen durch einen Prüfversuch mit 3000 Umdrehungen pro Minute auf Haltbarkeit untersucht.

Fertigstellungsarbeiten. Ein Verkleiden der Ankerstirnseiten mit Segeltuchkappen wird vielfach als Schutz gegen Schmutz

Fig. 104. Örlikon-Anker.

und Feuchtigkeit angewendet. Diese Segeltuchkappen werden, wie dies Fig. 104 zeigt, durch die Bandagen festgehalten. Auch auf dem Kollektor werden sie mit Bandagen befestigt, und gerade an der Kollektorseite sind sie beliebt, da sie einen guten Schutz der Kollektorverbindungen gegen Verkohlen durch Funken und gegen Verunreinigung durch Kohlenteilchen gewährleisten. Bei vielen modernen Motortypen werden jedoch gar keine Schutzkappen mehr angewendet, weil sie sich mit Längsventilation des Ankerkernes schwer vereinen lassen, auch bei der vorzüglichen Isolation schablonenmäßig hergestellter Spulen wohl entbehrlich sind, ganz besonders aber, weil sie gerade den Teil der Spulen wärmend einhüllen, der am besten allseitiger Luftzirkulation und Abkühlung ausgesetzt sein sollte. Doch findet man häufig auch beiden Gesichtspunkten Rechnung getragen durch Anwendung schmaler Schutzkappen, die in direkter Nachbarschaft des Kollektors bis etwa zur Hälfte des Wickelkopfes reichen (vgl. Fig. 105).

Als Schutz gegen Eindringen von Feuchtigkeit wird der Anker nach Fertigstellung völlig und in reichlicher Weise mit Schellackfirnis bestrichen, von manchen Firmen sogar direkt in Asphaltflüssigkeit getaucht und dann getrocknet. Gegen das Eintauchen der Anker läßt sich allerdings wohl einwenden, daß sich die inneren Hohlräume, die für die Ventilation so wichtig sind und besonders für dieselbe geschaffen werden, leicht verstopfen, wenn die Flüssigkeit beim Trocknen zähflüssig wird und sich an irgend einem Vorsprung festsetzt. Als bestes Material an Firnis wird unbestritten von vielen Seiten die B-Komposition der Standard Paint Co. angegeben, doch kommen auch andere Lacke amerikanischen Ursprunges wie Sterling Firnis dafür in Betracht.

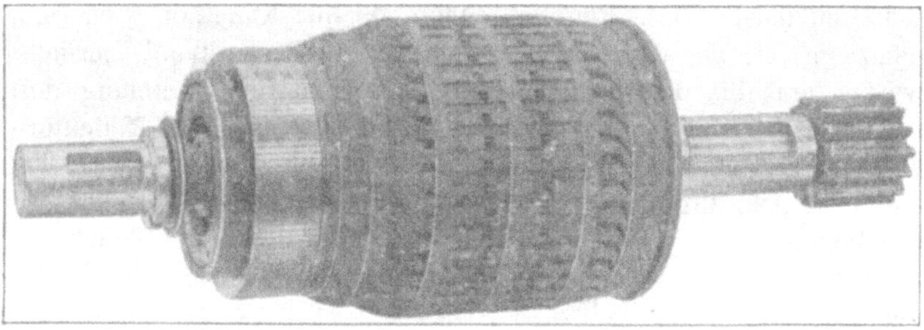

Fig. 105. Motoranker der English Electric Mfg. Co.

Eine Kontrolle, ob der Anker völlig ausbalanciert ist, sollte sowohl vor als nach der Bewickelung erfolgen. Bei Verwendung guten Materials und geschickter Arbeiter wird es aber eine Ausnahme sein, daß sich Fehler zeigen, die durch Hinzufügen oder Wegnehmen von Material, wozu meist Blei verwendet wird, ausgeglichen werden müssen.

Die Prüfung des Ankers und seiner Teile umfaßt die Isolationsprüfung der einzelnen Spulen vor ihrer Verwendung, die Isolationsprüfung des fertigen Ankers zwischen den Kollektorlamellen, der Wickelung gegen den Ankerkörper und der Kollektorlamellen gegen die Kollektorbüchse, die Widerstandsmessung des fertigen Ankers und zwischen je zwei benachbarten Kollektorlamellen. Für gewöhnlich wird die Isolation der einzelnen Spulen ebenso wie die des fertigen Ankers mit Wechselstrom von 1500 bis zu 5000 Volt Spannung auf Durchschlagen untersucht. Höher zu gehen, ist nicht angebracht, weil dadurch die Isolation unnötigerweise überangestrengt werden würde. Nähere Angaben über die Prüfungsmethoden sind unten im VI. Teil zu finden.

Bauart des Kollektors. Abmessungen. Die Anzahl der Kollektorlamellen möglichst hoch zu wählen, ist vorteilhaft, weil dadurch eine geringe Spannung zwischen benachbarten Lamellen erzielt und die Selbstinduktion der Spulen beim Kommutationsvorgang auf ein möglichst geringes Maß beschränkt wird. Dagegen kommt hierfür die Verringerung der Stromschwankungen nicht in Betracht, da die bei Bahnankern gewöhnliche Lamellenzahl von etwa 100 so hoch ist, daß die Stromschwankungen nur ein Hundertstel Prozent des Strom-Mittelwertes betragen.

Die Abmessungen der Kollektoren sind durch die enge Bauart der Motoren aufs knappste beschränkt. Der Durchmesser ergibt sich aus der Anzahl Lamellen, da jede derselben am Umfange eine Mindeststärke von etwa 5 mm nicht unterschreiten darf. Diese Rücksicht kann, da der Kollektor wiederum nicht größer als der Ankerdurchmesser werden kann, zurückwirken auf die Wahl der Lamellenzahl und der Wickelung des Ankers; bei vielen neueren Konstruktionen ist der Kollektordurchmesser nur wenig kleiner als der Ankerdurchmesser. Es hat diese Anordnung sehr kurze und gut herzustellende Kollektorverbindungen zur Wickelung im Gefolge. Die Breite des Kollektors ist direkt abhängig von der notwendigen Bürstenauflagefläche, da die Dicke der Bürsten etwa $1^1/_2$- bis 3mal so stark als die Lamelle selbst, d. h. also 10 bis 25 mm stark ist. Es werden für Bahnmotoren, wie schon hier erwähnt werden mag, ausschließlich radial angelegte harte Kohlenbürsten von hohem Widerstande verwendet, für welche eine Stromdichte von 4—10 Ampère pro cm^2 Auflagefläche nicht überschritten werden sollte. Man rechnet mit der kleineren Zahl für die Beanspruchung durch Dauerstrombelastung behufs Vermeidung zu hoher Erwärmung der Bürste, mit dem größeren Werte der Stromdichte für die maximalen Stromstöße des Bahnbetriebes, behufs Vermeidung unzulässigen Funkens. Beispiele ausgeführter Kollektoren sind weiter unten (vgl. insbesondere Tabelle 13) enthalten.

Das Material, aus welchem der Kollektor zusammengesetzt wird muß in Rücksicht auf die erschwerten Betriebsverhältnisse des Bahnmotors mit besonderer Sorgfalt ausgesucht werden. Die Lamellen werden aus hartem Kupfer hergestellt, und zwar aus fertigen Stäben, die je nach dem Radius des Kollektorumfanges und nach der Lamellenzahl besonders gezogen oder gewalzt werden. Nie verwendet man für diese Zwecke gegossenes Kupfer. Aus diesen Stäben werden die Lamellen herausgesägt, gestanzt, gefräst oder geschmiedet, jedoch wird der definitiv richtige Durchmesser erst nach dem Zusammensetzen durch Abdrehen gewonnen.

Die Glimmerisolation der Lamellen gegeneinander wird nicht, wie sonst bei Mika üblich, aus Teilstücken, die sich gegenseitig überlappen, sondern bloß aus Blättern von ganzer Kollektorlänge zusammengesetzt. Diese Isolation muß dieselbe Abnutzung wie die Lamellen selbst besitzen. Aus diesem Grunde ist die richtige Bemessung der Stärke der Glimmerzwischenlagen von großer Wichtigkeit; bei zu dünner Lage erfolgt die Abnutzung des Glimmers schneller als beim Kupfer, wodurch die entstehenden Rinnen sich mit Staub und Kohlenteilchen füllen und eine leitende Brücke ergeben, während umgekehrt eine zu dicke Glimmerschicht nach einiger Zeit das Kupfer überragt und Funkung erzeugt. Gewöhnlich werden die Einlagen am Umfang 0,8 mm stark gemacht,

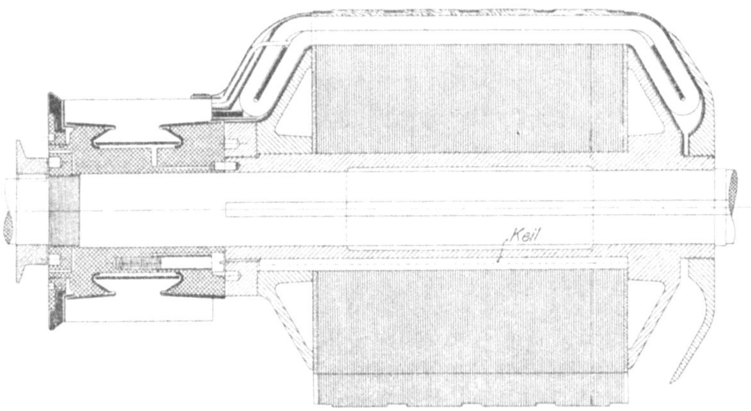

Fig. 106. Union-Anker GE 1200.

wobei zu bemerken ist, daß die Spannungsdifferenz zwischen benachbarten Lamellen nur einen kleinen Teil der Klemmenspannung des Motors beträgt. Dagegen tritt die volle Klemmenspannung auf zwischen den Lamellen und ihren Befestigungsteilen. Es wird daher diese Isolation etwa dreimal so stark gemacht. Diese letztere besteht aus sorgfältig überlappten, zusammengesetzten Streifen Glimmer oder fertig gepreßten Formstücken aus Mikanit mit Luftisolation oder auch ohne solche gegen die Welle. Die Mikanit-Formstücke werden, wie aus den Tafeln ersichtlich ist, entweder aus zwei, drei oder mehr Teilen zusammengesetzt, im ersteren Falle aus einem Stück mit Z-Querschnitt und einem mit $\angle$-Querschnitt, im zweiten Falle aus zwei Stücken mit ZQuerschnitt und einem ganz zylindrischen, zwischenliegenden Stücke. Bei sonst gleicher Güte des Materials und dichtem Schließen der Fugen ist natürlich der erste Fall den anderen vorzuziehen, da jeder Fortfall einer Fuge von Vorteil ist. — Auch die Stirnseiten der Kollektorlamellen sind meist geerdeten Teilen, sei es des Gehäuses oder der Kollektorbüchse, so nahe, daß man besondere Vorsichtsmaßregeln gegen das Auftreten von Erdschlüssen treffen muß. Es geschieht dies entweder durch das Anschrauben eines Isolationsringes von außen, wie z. B. beim Union-Motor GE 1200 (vergl. Fig. 106), oder indem man die dicken Formstücke der Isolation zur Büchse weit über die Stirnseiten vorstehen läßt und mit einer schellackierten Bindfadenbandage solide um die Büchse befestigt (vergl. Taf. I). Unzweckmäßig erscheint dagegen die in Fig. 108 angeordnete Rinne vor der Stirnseite der Lamellen bei einer älteren Ankertype, da gerade durch dieselbe vermöge Ansammelns von Schmutz und Kohlenstaub eine Überbrückung der schmalen Isolationsschicht befördert werden könnte. Die Vorsorge gegen jede Möglichkeit der Ansammlung von Fremdkörpern infolge von Fugen geht sogar so weit, daß man die Längsfuge der Kollektorbüchse, wie auf Fig. 106 für GE 1200 und auf Taf. I für den A.E.G.-Motor ersichtlich, nach innen legt, obgleich dadurch der Ausbau des Kollektors nötig wird, wenn die Schrauben, welche die Büchse zusammenhalten, nachgezogen werden sollen. Auch läßt man bei den Kollektoren alle anderen nennenswerten Hohlräume, die im Betrieb durch Entstehung eines Erdschlusses gefährlich werden könnten, mit Isolationsmasse sozusagen verkitten.

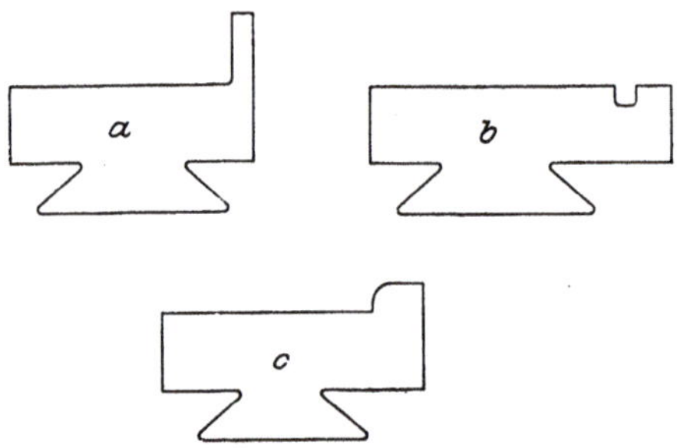

Fig. 107.

Lamellenform. Der Anschluß der Wickelung an die Lamellen wird zur Vermeidung von Beschädigungen der Isolation und der Lötstellen am besten möglichst entfernt vom Bürstenauflager angebracht. Um trotzdem aber beim Bahnmotor an Raum zu sparen, muß durch geeignete Lamellenform hierfür gesorgt werden. Fig. 107 und Fig. 108 geben die üblichen Formen an; bei derjenigen nach Fig. 108 besteht der einzige Schutz gegen die direkt benachbarten Funkenstellen in der durch eine Bandage befestigten Segeltuchkappe. Von den in Fig. 107 dargestellten Formen ist die erste Form *a* für geschmiedete, die anderen beiden für gezogene Lamellenstreifen anwendbar. Form *a* ist für die Aufnahme der Verbindungsdrähte mit einem Ansatz versehen, bei der Form *b* dient eine tiefe Nut dafür, ein Abdrehen der ganz geraden, aber verlängerten Kollektorlamelle zu ermöglichen; diese Nut hat den bereits öfter angezogenen Nachteil, als Staubsammler dienen zu können. Form *c* ist Tafel I entnommen und hat den gleichen Zweck wie Form *a*, hat aber den Vorteil größerer Gedrungenheit. — Der Längsschnitt, den die Lamelle an der Anschlußstelle der Drähte erhalten soll, wird hineingesägt oder gefräst. Die Spulenenden werden für

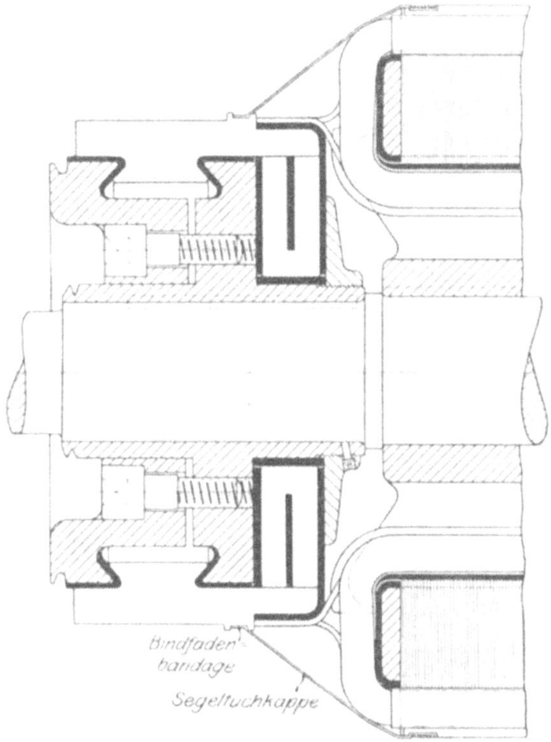

Fig. 108.

gewöhnlich in diesen Schnitt eingelötet; nur die Lorain Steel Co. gibt ausdrücklich an, daß sie die Spulenenden nicht löten, sondern einstemmen läßt.

Um die Lamelle selbst zur größtmöglichen Abnutzung frei zu lassen, erfolgt heutzutage die Befestigung derselben ausschließlich durch einen unterhalb angebrachten, besonderen, schwalbenschwanzförmig unterschnittenen Ansatz, der von zwei zylindrischen, backenartig eingreifenden Teilen, der Kollektorbüchse, umklammert wird. Die Büchse wird bei neueren Motoren stets als ein selbständiges, auswechselbares Werkstück konstruiert, daher in sich durch Bolzen zusammengehalten und stramm, meist hydraulisch, auf die Welle aufgezogen. Auch die Isolierformstücke werden von der Büchse möglichst straff zusammengepreßt unter Anwendung hydraulischen Druckes und Erwärmung sowie Erweichung des Mikanits. Nach Erkalten und Trocknung werden die Schrauben nochmals nachgezogen. Bei Kollektoren größeren Durchmessers ist die gußeiserne Büchse gleichzeitig mit Öffnungen für die Längsventilation versehen und glockenartig ausgebildet. — Die nach Mordey- und Arnoldscher Schaltung (vgl. S. 197) bei Ringankern innerhalb des Kollektors anzubringenden Querverbindungen der Lamellen untereinander werden in einer an den Kollektor direkt anstoßenden Kammer, dem Gabelkopf, wie in Fig. 108 dargestellt, untergebracht, allseitig gut gegen Erde isoliert und mit dem Werkstück des Kollektors verschraubt.

Geprüft werden die Kollektoren etwa mit 2000 Volt Wechselspannung zwischen Lamellen und Körper und mit etwa 500 Volt zwischen benachbarten Lamellen.

Bauart des Bürstenapparates. Bürstenhalter. Da die Bürsten, wie schon erwähnt, Kohlenbürsten mit hohem Widerstande sind, die nicht verstellt zu werden brauchen und wegen der Reversierbarkeit der Motoren nicht verstellt werden dürfen, weichen die Halterkonstruktionen wesentlich von denjenigen anderer Motoren ab. Insbesondere fällt hier der Bolzen, um den sich sonst der ganze Bürstenapparat zu drehen pflegt, fort. Vielmehr sind die Bürstenhalter hier nichts anderes als einfache prismatische Hohlformen aus Bronze zur Aufnahme der Kohlen mit einem an den Kollektor radial anpressenden Feder-Druckstück, und zwar für jede Kohle mit besonderem Druckstück. Dieses ist meist versehen mit bequemer Handhabe zum Abheben des Druckdaumens

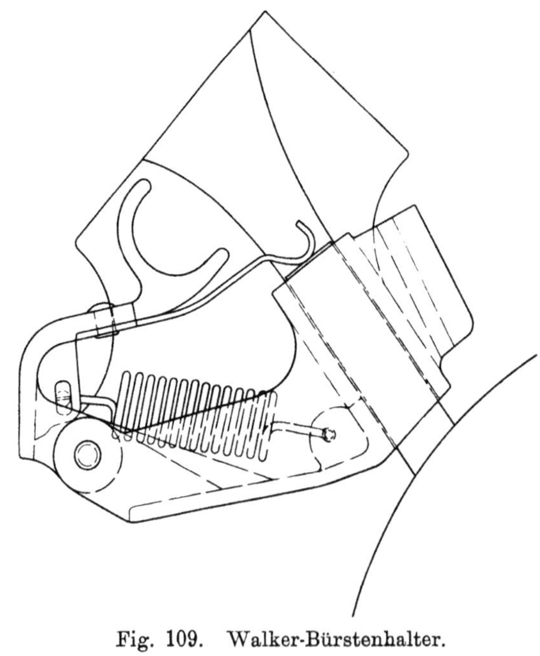

Fig. 109. Walker-Bürstenhalter.

von der Bürste und zum Nachstellen der Federkraft. Einige typische Beispiele sind in den Tafeln sowie in Fig. 109—112 dargestellt. Die Bürstenhalter sind gewöhnlich ganz steif befestigt, bei einigen Konstruktionen aber auch radial oder axial einstellbar. Radiale Einstellbarkeit zeigt z. B. der Halter auf Taf. II und derjenige auf Taf. IV, axiale derjenige auf Tafel I und X.

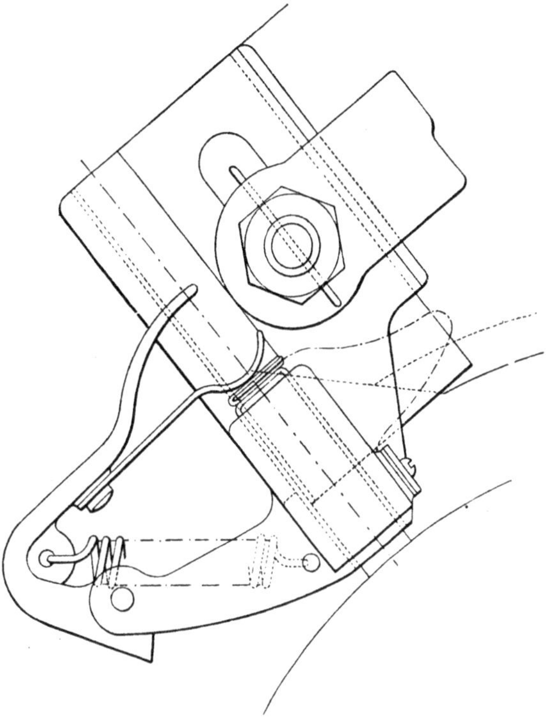

Fig. 110.

Für die Bürsten selbst kommt in erster Linie in Betracht, daß sie hohen Widerstand besitzen müssen, worin ihr Hauptvorzug gegenüber den Kupferbürsten besteht. Man kocht sie vor Gebrauch noch in Paraffin. — Sie bestehen aus feinkörniger Kohle und werden in Retorten gebrannt. Das Material muß dicht und fest sein und muß deshalb, um gut auf dem Kollektor aufzuliegen, zylindrisch angeschliffen werden. Am bequemsten schleift man die Bürsten an, indem man sie in den Bürstenhalter einlegt und ein elastisches Schleifmaterial, wie Glaspapier, mit dem Schleifmittel nach oben auf den Kollektor legt. Der obere Teil der Bürste wird des besseren Kontaktes wegen gewöhnlich galvanisch verkupfert. Dieser Kupferüberzug darf aber niemals bis an den Kollektor heranreichen, da sonst die Gefahr des Festhaftens von Kupferstaub in der Glimmerisolation vorliegt. — Zur Sicherung eines guten Kontaktes legt man auch unter das Feder-Druckstück ein Messingstück, welches durch ein Stück biegsamen Litzendrahtes mit dem Körper des Bürstenhalters leitend verbunden ist. — Wenn man den Kollektor bis zur mechanisch zulässigen Grenze sich abnutzen läßt, wird man in den meisten Fällen (es hängt dies ab von der Lamellenhöhe) gezwungen sein, bei stark abgenutzten Lamellen entsprechend der schmäleren Lamellenbreite auch schmälere Bürsten zu verwenden. Auch die Bürsten selbst können ziemlich weit abgenutzt werden, und zwar solange der Bürstenfederdruck stark genug bleibt. Manche Konstruktionen erlauben eine sehr leicht zu bewerkstelligende Nachstellung des Federdruckes, eine sehr zweckmäßige Einrichtung, da gerade die Vernachlässigung solch untergeordneter Konstruktionseinzelheiten oft die unangenehmsten Störungen in Bedienung und Betrieb zur Folge hat. Konstruktionen, die dieser Einrichtung entbehren, lassen nur etwa 20—25 mm Bürstenabnutzung zu. Der Bürstendruck auf den Kollektor soll 250 bis 300 g pro cm^2 Bürstenauflagefläche nicht unterschreiten. Ist Kollektor und Bürste gleichzeitig stark abgenützt, so reicht auch eine Federnachstellung nicht aus. Es würde dann eine radiale Verschiebbarkeit des Halters erforderlich sein, um den genannten Druck ausüben zu können.

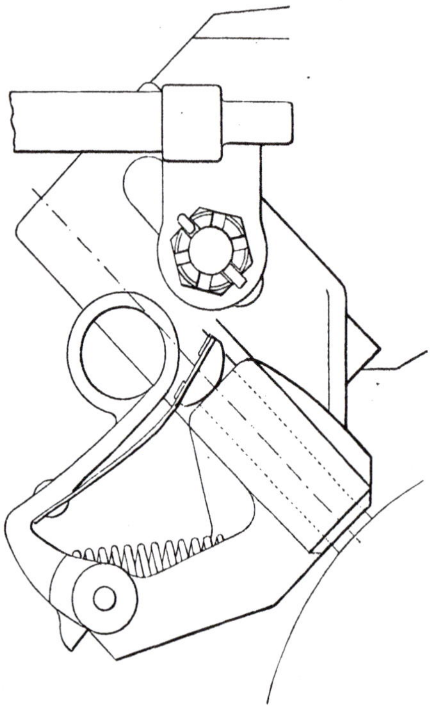

Fig. 111.

Die **Befestigung des Bürstenhalters** am Gehäuse sollte stets leichten Ausbau und Auswechselbarkeit ermöglichen. Auch in dieser Konstruktionseinzelheit verursacht mancher sonst noch so guter Motor im Betriebe Unannehmlichkeiten. Allgemein werden die Bürstenhalter gemeinsam an einer Brücke befestigt, die aus Vulcasbeston oder imprägniertem, hartem Holze hergestellt und an das Gehäuse befestigt wird. Zweckmäßig ordnet man, wie z. B. die Schuckert-Gesellschaft, die Befestigung und die Größe der Bedienungsöffnungen so an, daß die ganze Brücke komplett herausgehoben werden kann. Neuerdings hat man auch jeden Bürstenhalter für sich direkt mittels isolierender Buchsen oder gepreßter Bolzen am Gehäuse befestigt, und zwar beim Helios-Motor (vgl. Taf. IV), ebenso bei schmalen Grubenbahnmotoren von Siemens & Halske (Fig. 126) an einem radialen Bolzen, bei einigen neueren Westinghouse- und A.E.G.-Motoren an einem axialen Bolzen. Die leichte Auswechselbarkeit bei dieser Anordnung mit Bolzen ist in die Augen springend.

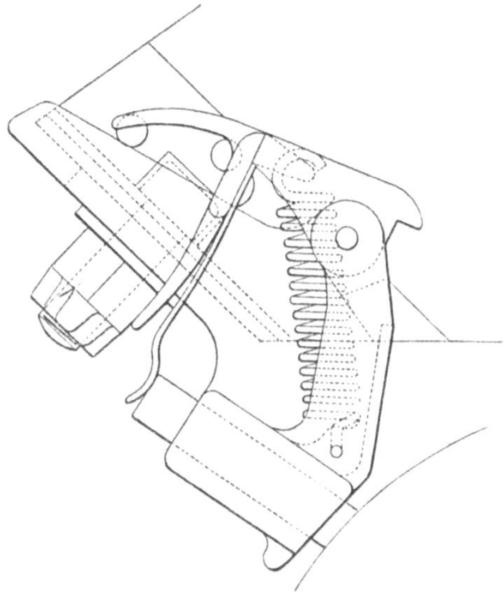

Fig. 112.

Bauart des Gehäuses und seiner Teile. Bauart der Feldspulen. Material. Für die Isolation des Spulendrahtes wird im allgemeinen eine doppelte Baumwollbeklöppelung für ausreichend erachtet. An Stelle derselben wird in der ersten Lage auch Asbest verwendet, auf welche eine einfache Baumwollbeklöppelung aufgebracht wird. Der Querschnitt des zur Verwendung kommenden Spulendrahtes ist bei den normalen Größen der Bahnmotoren ein runder, nur ausnahmsweise rechteckig.

Die Spulenform richtet sich wegen der beschränkten Raumausdehnung der Motoren ganz nach der Gehäuseform, an welche sich die Spulen eng anschließen. Ein bezeichnendes Beispiel für Rücksichtnahme auf flache Gehäuseform ist ein älterer Kummer-Motor (Fig. 65), dessen Erregerspulen direkt um den Anker liegen. Außerdem ist der Raumersparnis wegen die Spule oft nicht mehr eben, sondern gekrümmt oder liegt in allerdings seltenen Fällen im Winkel zweier Ebenen. Häufig sind die Konstrukteure sogar genötigt, zu absonderlicher Ausgestaltung der Spulenform überzugehen, wie z. B. beim Breguet-Motor, dessen eine Feldspule infolge Raummangels in zwei Teile geteilt werden mußte, damit der eine Teil in den anderen eingeschachtelt werden konnte (vergl.

Fig. 113). Natürlich wird ein solcher Fall immer eine Ausnahme bilden, da unter derartigen Konstruktionen die Einfachheit und die Billigkeit der Herstellungsarbeit leidet; auch wird man schon aus Gründen der Auswechselbarkeit aller Teile im Betriebe möglichst alle Feldspulen desselben Motors gleich konstruieren.

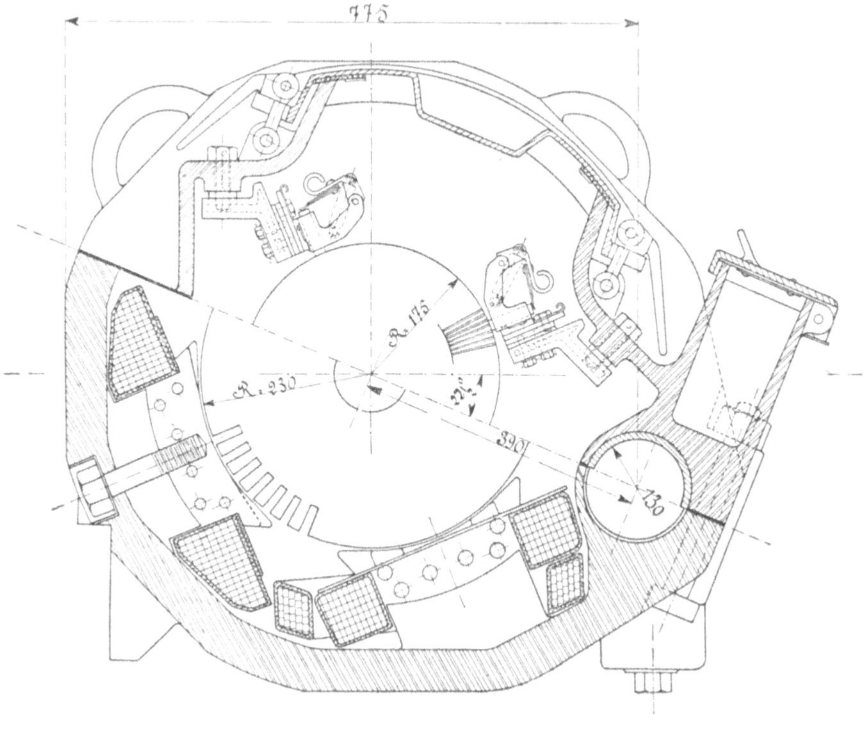

Fig. 113. Breguet-Motor.

Die Herstellungsweise der Spulen ist derart, daß der Draht, wie Fig. 114 zeigt, direkt ohne Einlegen eines Kastens aus Isolationsmaterial auf hölzerne Schablonen gewickelt wird. Bei manchen Firmen wird jede Lage vor dem Weiterwickeln mit Ankerlack getränkt. Die Anwendung von Leinwandzwischenlagen dürfte dagegen bei Bahnmotoren des Raumverlustes wegen selten angewendet werden. Meist wird die Spule erst, wenn sie fertig gewickelt ist, mit den auf Fig. 114 sichtbaren, kreuzweise vorgesehenen Bändern verschnürt und mit Ankerlack getränkt werden. Darauf wird die fertige Spule, wie dies in Fig. 115 rechts zu sehen ist, mit wechselnden Lagen von Papier und Mika oder auch bloß mit Mikanit oder mit Mikatuch und schließlich mit Isolierband dicht umwickelt und endlich in isolierende heiße Asphaltmischung eingetaucht.

Nach dem Trocknen ist die Spule dann so gut wie in einen wasser dichten Mantel eingeschlossen. Da die einzige Unterbrechungsstelle dieses Mantels dort liegt, wo die Anschlußdrähte oder Klemmen

Fig. 114. Methode der Walker Co.

hervorragen, so muß man diesen Stellen Sorgfalt widmen, um die Möglichkeit eines Eindringens von Feuchtigkeit auszuschließen, indem man sie durch Isolierband und Lack abdichtet.

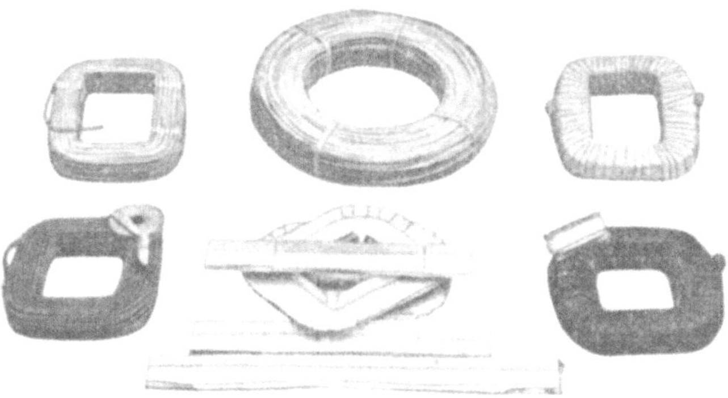

Fig. 115. Feldspule der English Electric Mfg. Co.

Die Befestigung der Feldspulen erfolgte bei Polen ohne Pol spitzen durch besondere Halterstücke, die bei älteren Motoren die Spulen kastenartig einschlossen und mit je vier Bolzen am Gehäuse befestigt wurden. Der besseren Abkühlung wegen bildete man aber die Halterstücke auch bloß als metallene Schutzecken, Deckplatten, oder sonstwie geeignet geformte Klammern aus (vergl. Fig. 116). Besitzen dagegen die angeschraubten Polschuhe weit genug vorstehende Polspitzen, so genügt dieser Halt völlig für die Befestigung der Feldspulen. Man pflegt dann, um jede Beweglichkeit derselben unter den Polspitzen zu beseitigen und die Feldspulen beim straffen Einspannen nicht an der Isolation zu beschädigen, leichtes Füllmaterial, wie Blechplatten, Preßspan, Pappe u. s. w. einzulegen. Auch verwenden viele Firmen, wie z. B. die English Electric Mfg. Co. (vergl. Fig. 117) einen leichten Bronzerahmen für diesen

Fig. 116. Helios-Motor.

Zweck; derselbe bedeckt aber die Spulen-Oberfläche nur in sehr geringem Maße.

Erwähnt sei hier noch, daß es sich empfiehlt, die unten liegende Feldspule bei vertikal angeordneten Erregerpolen nicht direkt auf den Gehäuseboden, sondern auf kleine Isolationsunterlegstücke zu legen, da sich am Boden bei aller Reinlichkeit im Betriebe doch Öl und beim Erkalten des Motors Kondensationswasser oft ansammeln wird.

Der Anschluß der Spulen an die Wagenleitungen erfolgt jetzt allgemein unter Fortfall eines ehemals üblich gewesenen Klemmbrettes im Innern des Motors, indem die isolierten Kabel unmittelbar durch das Gehäuse hindurchgeführt und in den Löchern des Gehäuses durch Gummi-, Holz- oder andere Isolationsbuchsen abgedichtet werden. Die Verbindung der Spulen des Obergehäuses

Fig. 117. Gehäuseteile des Motors der English Electric Mfg. Co.

mit denen des Untergehäuses liegt zur bequemen Abschaltung außerhalb des Gehäuses, oft sogar jenseits der Wagenachse (vergl. Tafel VIII. Union-Motor). Bei einigen neuen Motoren ist in recht handlicher Weise dafür ein Stöpselkontakt vorgesehen, welcher in einer Führung am Gehäuse lose geführt wird (vgl. Taf. I. A.E.G.-Motor).

Bauart des Magnetgestelles und der Pole. Material. Als Material für das Gehäuse verwendete man ursprünglich Gußeisen; da aber zur Erzeugung derselben Kraftlinienzahl im Stahlguß bei sonst gleichen Bedingungen nur etwa der halbe Querschnitt des Magnetgestelles genügt, ist man heute dazu übergegangen, ausschließlich weichen Gußstahl zu verwenden. Man verbindet dabei mit der Ersparung toten Gewichtes den Vorteil höchster mechanischer Festigkeit.

Die Polstücke wurden bei den älteren Typen direkt als ein Teil des Gehäusegußstückes gegossen. Durch die neuerdings in Anwendung kommenden breiten Nuten und den kleinen Luftzwischenraum bei hoher Kraftliniendichte ergab sich die Notwendigkeit, zur Vermeidung der Erhitzung der Polstücke durch Wirbelströme, welche Leistung und Wirkungsgrad stark beeinträchtigten, besondere Polschuhe aus geblättertem, weichem Eisen herzustellen.

Die Isolation der Bleche gegeneinander erfolgt ähnlich wie bei den Ankerblechen, jedoch begnügt man sich mit einem der Verfahren allein, entweder dem Ausglühen oder Lackieren derselben, so daß man bei den Polschuhen etwa 95 % der Pollänge als wirksames Eisen erhält gegen etwa 90 % beim Anker. Die zusammengesetzten Blechpakete werden zwischen zwei stärkere Platten gelegt und durch zwei oder mehr durchgehende Bolzen, die mit versenktem Kopf kalt vernietet werden, zusammengehalten.

Die Befestigung der Polschuhe erfolgt in verschiedener Weise. Die nach Einführung der geblätterten Pole bei vielen Typen angewendete Befestigungsart bestand darin, die fertigen Blechpakete in das Gußstahlgehäuse mit einzugießen. Es wurde dadurch sicherlich der Übergang des magnetischen Kraftlinienflusses vom Joch zum Polschuh am besten gewährleistet. Da auf diese Weise aber ein Ausbau und eine Auswechselbarkeit der Polschuhe nicht möglich ist, befestigt man die Polschuhe am Gehäuse besser durch Bolzen, die entweder Stehbolzen oder durchgehende Bolzen mit Kopf sind, um die Feldspulen bequem ein- und ausbauen zu können, wozu besonders die weiter unten begründete Einführung von weit vorstehenden Polspitzen nötigte. Die Stehbolzen wurden verschiedentlich unmittelbar in das Blechpaket eingeschraubt; vorzuziehen ist jedoch für diesen Zweck das Einlegen eines schwalbenschwanzförmigen oder kreisrunden Eisenstückes, wie aus Fig. 118 ersichtlich. Bei durchgehenden Bolzen wird der Bolzenkopf bündig mit der Polfläche eingelassen. Die letztere Methode hat gegenüber der vorigen den Nachteil, daß die Kraftlinienverteilung an der Stelle der Bolzenköpfe nicht völlig homogen bleibt.

Polform. Die Form der Polschuhblätter ist schon mannigfachen Versuchen unterworfen worden, ohne daß sich hierin dieselbe Einheitlichkeit der Ausführungsart wie bei den übrigen die Bahnmotoren betreffenden Fragen herausgebildet hätte. Die Trennungslinie zum Joch wird aus Herstellungsrücksichten stets kreissegmentartig hergestellt, damit der Polschuh sich genau an die sauber abgedrehten Flächen des Gehäuses anlegt. Die Polfläche wurde bei massiven Polen oder eingegossenen lamellierten Polen nach Form I der Fig. 118 ausgebildet. In letzterem Falle wurde eine Vergrößerung der Kraftliniendichte an den spitzen Polkanten durch Abschneiden der Spitzen bei der halben Anzahl Bleche, ähnlich auch bei Form VIII, versucht. Durch Anwendung von vorstehenden Polspitzen bei den Formen II bis VIII war man im stande, das Verhältnis der Polbogen zum Ankerumfang von etwa 65 % auf 70 % bis 73 % zu erhöhen (vergl. unten Tabelle 6). Die weit ausgreifende Form der Polspitzen hatte aber die unangenehme Folge, daß die Kraftliniendichte in ihnen zu gering wurde, um ein für funkenloses Kommutieren genügendes Feld zu erzeugen, es trat vielmehr, weil die Bürsten nicht verstellt werden können, bei Überlastung infolge der Rückwirkung des Ankers starkes Funken auf. Um diesen Übelstand durch höhere Induktion in den Polspitzen zu beseitigen, wurden die Formen V bis VIII in Anwendung gebracht. Form V, von

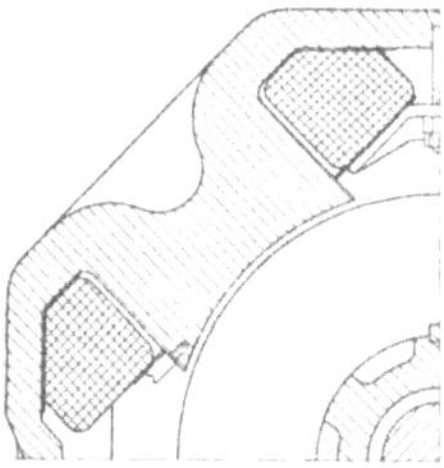

Form I. (Helios-Motor StM 30)
$^1/_{10}$ natürl. Gr.

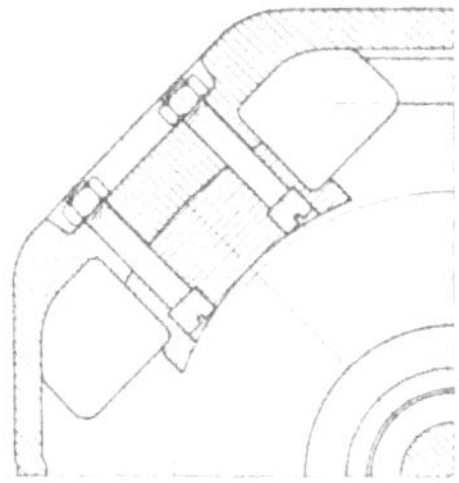

Form II. (Walker-Motor 55 N)
$^1/_{10}$ natürl. Gr.

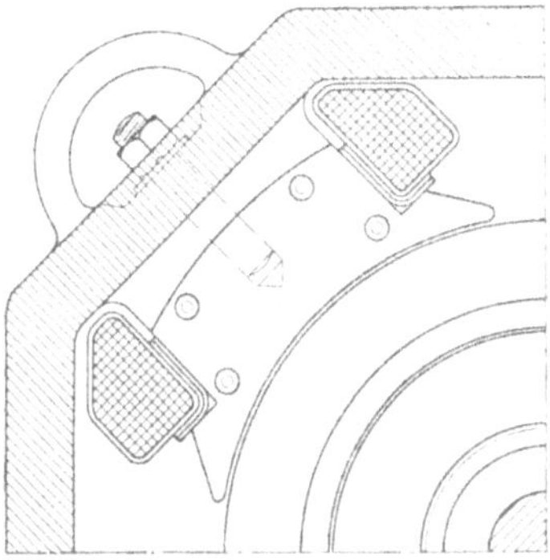

Form III. (Örlikon-Motor)
$^1/_{10}$ natürl. Gr.

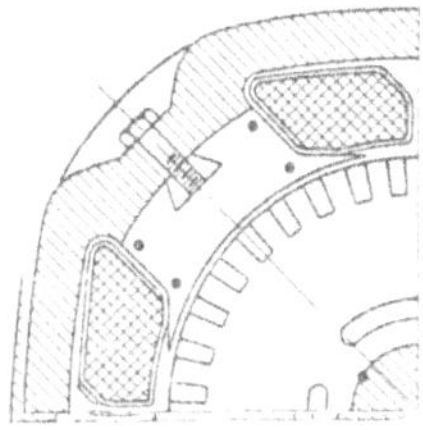

Form IV. (Ganz-Motor)
$^1/_{10}$ natürl. Gr.

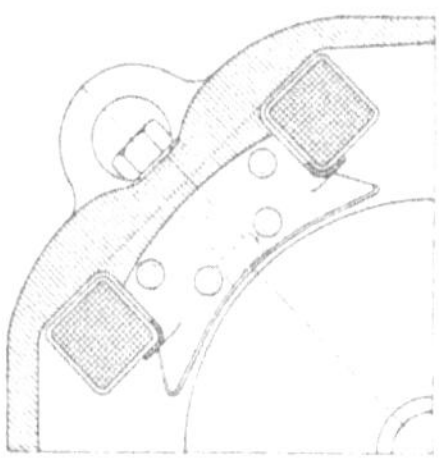

Form V. (Motor der English Electric Mfg.Co.)
$^1/_{10}$ natürl. Gr.

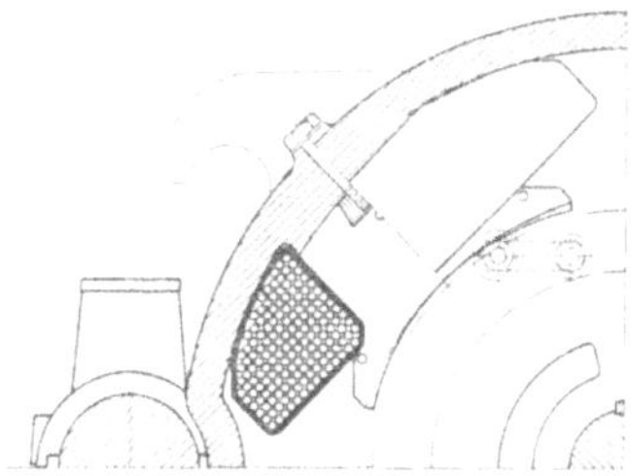

Form VI. (Motor-Entwurf v. Kapp)
$^1/_7$ natürl. Gr.

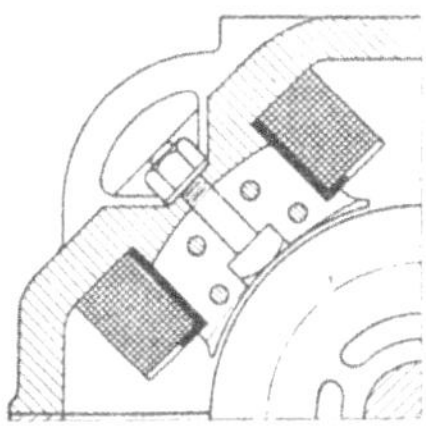

Form VII. (Union-Motor GE 52)
$^1/_{16}$ natürl. Gr.

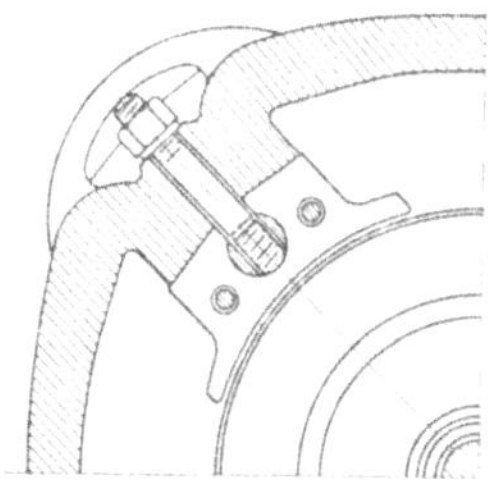

Form VIII. (Westinghouse-Motor 62)
$^1/_{10}$ natürl. Gr.

Fig. 118. Polformen.

Short für seinen neuen Motor benutzt, hat unter den Polspitzen durch Verwendung eines größeren Krümmungsradius und starke Abrundung einen größeren Luftzwischenraum als in der Polmitte. Bei Form 6 ist nach Kapp's Entwurf die Polkante nur nach einer Seite flacher gekrümmt, so daß bei abwechselnder Rechts- oder Linkslage dieser Abflachung mit 1,0 cm Luftabstand beide Polspitzen im Mittel $\frac{0,5 + 1,0}{2} = 0,75$ cm Luftabstand haben, während die Polmitte 0,5 cm Luftabstand besitzt. Ähnlich, aber mit stärkerem Zurücktreten der gekürzten Polspitzen ist Form VII von der General

Fig. 119. Westinghouse-Motorgehäuse.

Electric Co. ausgebildet. Form VIII wurde bei neueren Motoren von der Westinghouse-Gesellschaft verwendet, und zwar erhält ein Teil der Bleche gar keine Polspitzen. Man hat auf diese Weise gegenüber der Kappschen Form es stets in der Hand, für jede Type das Verhältnis der beschnittenen Polbleche zu den unbeschnittenen zu bestimmen, welches im ersteren Falle bei abwechselnder Lage des einen unsymmetrischen Bleches immer gleich eins sein muß, z. B. könnte man dann für kleinere Motoren zwei beschnittene zwischen drei unbeschnittene Bleche legen, bei größeren Motoren dagegen das Verhältnis umgekehrt machen. Als Nachteil dieser Form gegenüber der von Kapp vorgeschlagenen ist aber der Umstand anzuführen, daß man doppelte Stanzen braucht, wenn man nicht vorzieht, das Beschneiden der Polspitzen nachträglich vorzunehmen. Nach Form VIII ist der in Fig. 119 abgebildete Westinghouse-Motor konstruiert. Übrigens wurde auch ein radiales Aufschlitzen der Polbleche in der Mittellinie bereits versucht, wie dies bei Generatoren

Fig. 120. Motorgehäuse der English El. Mfg. Co.

öfters vorkommt, um die Ankerrückwirkung zu verringern. Schließlich muß noch erwähnt werden, daß Short bei seinen neuen Motoren auch eine Ventilation der Polschuhe durch analoge Fortsetzung der Anker-Radial-Ventilation innerhalb der Polbleche (wie Fig. 120 zeigt) durchgeführt hat; doch wurden irgend welche Öffnungen durch das Gehäuse hindurch nicht vorgesehen. Immerhin dürfte das freie Zirkulieren der durch die Ankerventilation herausgeschleuderten Luft auch innerhalb der Polschuhe sowie die unmittelbare Berührung derselben mit dem von außen gekühlten Gehäuse von Vorteil sein.

Gehäuseform. Die allgemeine Anordnung des Magnetfeldes wurde bereits oben S. 190 u. ff. besprochen. Es erübrigt daher bloß noch die Konstruktionseinzelheiten in Betracht zu ziehen.

Die Gehäuse der modernen Typen der Bahnmotoren sind ausschließlich ganz geschlossen gebaut. Die halb offenen Gehäuse der Thomson-Houston-W P-Type sind veraltet zu nennen. Nur bei großen Motoren für Lokomotiven und Bahnen mit eigenem Bahnkörper schien ein halb offenes Gehäuse doch gewisse Vorzüge in sich zu vereinigen, die es veranlaßten, daß Short einige halb offene Typen für derartige Zwecke konstruierte, es sind dies die Motoren: Walker 20 L (Fig. 121) und 25 L (Fig. 122), sowie der sechspolige,

Fig. 121. Walker-Motor 20 L.

direkt auf der Achse sitzende Motor, dessen Magnetsystem in Fig. 70 dargestellt wurde. Bei allen diesen Typen ist die untere Hälfte des Gehäuses mit den Ankerlagern aus einem Stück hergestellt, während die obere an den Stirnseiten offen bleibt. Hierdurch wird natürlich die Abkühlung des Motors, durch den die frische Luft während der Fahrt unbehindert hindurchstreichen kann, außerordentlich verbessert, und sein Gewicht kann gegenüber einer geschlossenen Gehäusekonstruktion wesentlich verringert werden. Es ist verständlich, daß bei großen Motoren der hierdurch zu erzielende Vorteil viel gewichtiger ist als bei kleinen Typen, auch ist wohl die Notwendigkeit einer allseitigen Einkapselung bei Bahnen mit eigenem Bahnkörper nicht so gebieterisch wie bei Straßenbahnen. Immerhin ist auch bei den neuerdings auf den Markt gekommenen großen Vollbahntypen, wie z. B. dem 125 PS-GE-Motor für die Great Northern and City Railway (vergl. Fig. 123) durchwegs ein allseitig geschlossenes Gehäuse verwendet worden.

Teilung der geschlossenen Gehäuse. Die Möglichkeit der Teilung der völlig geschlossenen Gehäuse wurde für jede Anordnung

Fig. 122. Walker-Motor 25 L.

der Magnete schon Seite 190 u. ff. gewürdigt. Die Gehäuse werden aus zwei oder mehr wasser- und staubdicht aneinander gepaßten Teilstücken konstruiert. Die große Mehrzahl der Konstruktionen wird horizontal in der Mittellinie in zwei Hälften geteilt. Von den diagonal geteilten Motoren sei hier der große Vollbahnmotor A B 62 von Schuckert erwähnt (vergl. Fig. 124 und 125), der für unmittelbaren Antrieb der Laufachse ohne Übersetzung konstruiert ist. Als Beispiel einer andersartigen horizontalen Teilung des Gehäuses möge hier der ältere Örlikon-Motor genannt werden, der außer einer über der Mittellinie liegenden Teillinie noch eine Art Fußbodendeckel horizontal abgetrennt hatte (Fig. 67). Weiterhin

Fig. 123. Union GE 65.

hat sich für gewisse Spezialtypen noch eine von den vorhergehenden völlig abweichende Art der Teilung als praktisch ergeben und verbreitete Anwendung gefunden. Um nämlich die Länge des Motors möglichst klein halten zu können, wird das würfelförmige oder zylindrische, auch achteckige Gehäuse rings um den Anker aus einem Stück (ab und zu auch aus zwei Hälften) hergestellt, dagegen werden die beiden Stirnflächen ganz flach

Fig. 124. Schuckert-Motor AB 62.

und schildförmig ausgebildet, enthalten die Ankerlager und werden an das eigentliche Gehäuse angeschraubt. Diese Stirnschilder werden ent-

Fig. 125. Schuckert-Motor AB 62.

weder als kreisrunder Ausschnitt bündig in die Stirnfläche eingelassen oder als volle Seitenfläche angesetzt (vergl. Fig. 126, S. & H.-Motor u. Taf. X). Da sie unmittelbar die Ankerwellenlager enthalten, ermöglicht ihre Beseitigung das Einbringen und Ausbauen des Ankers und der Polschuhe. Andererseits wird aber hierdurch auch die Zugänglichkeit des Ankers nicht unbedeutend erschwert. Doch hat man diesen Nachteil in Kauf genommen, um bei kleinen Spurweiten überhaupt die benötigte Motorleistung unterbringen und bei großen Vollbahnmotoren die Motorabmessungen auf das denkbar geringste Maß bringen zu können. Fig. 126 zeigt weiter noch, wie das eine Stirnschild glockenartig die Kommutatorlänge umgreift und somit den Bürstenhalter gleichzeitig trägt. — An dieser Stelle muß übrigens noch die ganz eigenartige Gehäuseausbildung eines zwei-

Fig. 126. S & H.-Motor D 14/8,5.

poligen Motors von Fr. Krizik erwähnt werden (vergl. Tafel XI). Bei demselben ist der Folgepol von dem Erregerpol durch eine schrägliegende Teillinie abgetrennt.

Die Abdichtung der einzelnen Konstruktionsteile wird bei modernen Konstruktionen selten durch Falz und Nut mit Filzeinlage oder sonstige Dichtungsmittel bewirkt. Das gewöhnliche und bei der Präzision des modernen Maschinenbaues auch völlig ausreichende Verfahren besteht einfach in glatter Bearbeitung der Stoßflächen und Festpressen derselben mittels Verbindungsbolzen, die natürlich sorgfältig gesichert werden und dann die Fugen völlig staubdicht halten.

Bedienungsöffnungen der geschlossenen Gehäuse sind nötig, um den Motor auch im Betriebe besichtigen und kleine Teile, wie z. B. Bürsten und Bürstenhalterteile auswechseln zu können.

Die wichtigste derartige Öffnung ist die über den Bürsten oder dem Kollektor, welcher in den Betriebspausen stets einer Wartung und Fürsorge bedarf. Schuckert-Motoren haben für diese Zwecke eine so große Öffnung, daß man die komplette Bürstenbrücke herauszuheben vermag. Sind die Bürstenhalter nur mittels Bolzen unmittelbar am Gehäuse befestigt, so werden die Öffnungen stets zum Auswechseln dieser Teile ausreichen. Eine Reinigungsöffnung befindet sich zweckmäßig an der tiefsten Stelle des Bodens, damit alle Feuchtigkeit und Unreinlichkeit durch sie abgelassen werden kann. Bei neueren Typen wird auch diese Öffnung wenigstens so groß gemacht, daß man mit der Hand hindurchreichen kann. Außer diesen wichtigsten beiden Öffnungen werden gerade bei den um den Anker aus einem Stück hergestellten Gehäusen allseitig größere Handlöcher vorgesehen (vgl. Fig. 123), um wenigstens jederzeit das Innere behufs Revision besichtigen und betasten zu können, da ein Auswechseln irgend welcher Teile bei denselben immerhin mit Schwierigkeiten verknüpft ist. Weitere kleine Revisionsöffnungen dienen dazu, die Größe des Luftzwischenraumes zwischen Anker und Polschuh nach Auslaufen der Ankerlagerschalen kontrollieren zu können. Dieselben sind in geradliniger Verlängerung des Luftzwischenraumes eines der unteren Pole entweder einseitig angebracht zur Messung mittels Spurmaßes oder doppelseitig, um mit dem Auge frei durchblicken zu können (vgl. Teil VI, Revisionen).

Natürlich müssen auch alle diese Bedienungsöffnungen im Betriebe wasser- und staubdicht geschlossen sein. Die größeren Öffnungen werden durch Klappen mit Scharnieren oder abnehmbare Deckel geschlossen, die meist mit Asbest oder mit in Falz und Nut eingelegter Gummischnur abgedichtet und durch Riegel, Flügelmuttern oder geeignete federnde Druckstücke angepreßt werden. Die anderen handgroßen Bedienungs- und Reinigungsöffnungen sind mit festgeschraubten, oft bündig eingepaßten Deckeln verschlossen, die nach amerikanischem Vorgang (wie auf Tafel VIII für den Motor GE 52 gezeigt) durch Zwischenpressen einer Art kompakter Gummimasse abgedichtet werden. Die kleineren Revisionsöffnungen werden am einfachsten mittels Verschlußschrauben geschlossen.

Durchgehende Ventilationsöffnungen werden am besten völlig vermieden, da sie nur Veranlassung zur Verunreinigung des Motorinneren sind und in Rücksicht hierauf wieder so gekünstelt geführt werden müssen, daß ihr Nutzen ein sehr fraglicher wird. Immerhin wurden mehrfach schon in dieser Hinsicht Versuche angestellt, z. B. hat der neue Stanley-Motor mit Schwamm gefüllte Ventilationskanäle in den Deckeln. Ebenso ist auf Tafel IV ein derartiger Versuch zu sehen.

Anker- und Achslager. Die Lager der Bahnmotoren haben volle Lagerschalen mit Aussparungen für Schmierkissen, Schmierzöpfe oder mit Schmierrinnen. Sogenannte Ringschmierlager, bei denen ein frei rotierender Ring das Schmiermittel zuführt, haben sich bei den Bahnmotoren wegen der vorkommenden Erschütterungen allgemein nicht bewährt, da die Ringe in hüpfende Bewegung geraten und eine gleichmäßige, sparsame Schmierung damit unvereinbar ist. Als Material für die Lagerschalen verwendet man entweder Gußeisen oder Bronze mit Weißmetallausfütterung oder reine Bronzeschalen. Die Weißmetalllager sind billiger als die Bronzelager, müssen aber wegen ihrer größeren Abnutzung öfters ausgewechselt werden, da man bei Bahnmotoren nur 1,5—2,5 mm Abnutzung zulassen kann. In der letzten Zeit scheinen sich die Ansichten über den Wert der beiden Materialien insofern geklärt zu haben, als man für Ankerlager ziemlich allgemein Weißmetall, für die Achslager Bronze bevorzugt.

Die Art der Anordnung der Lager steht im engen Zusammenhang mit der beabsichtigten Bedienungsweise des Motors. Demnach werden die Ankerlager entweder ein- oder zweiteilig hergestellt. Die Achslager müssen zum Einlegen der Achse stets zweiteilig sein, jedoch besteht ein grundsätzlicher Unterschied darin, ob die Ober- oder Unterhälfte des Lagers am Gehäuse angegossen wird.

Wird nämlich die eine Lagerhälfte am Obergehäuse angegossen, so läßt sich der Motor nach unten aufklappen, im anderen Falle muß er nach oben aufgeklappt werden. Da das Aufklappen der Motoren stets über Revisionsgruben stattfindet, sind beide Methoden bequem anwendbar. Man versieht zu diesem Zwecke die Gehäuse auf der einen Seite mit Scharnieren oder mit Ösen, die in ein am Obergehäuse angeordnetes Horn eingehängt werden, in welchem sich die Ösen bequem drehen können. Es genügt dann ein Lösen weniger Bolzen, um das Gehäuse aufklappen und das Motorinnere besichtigen zu können. Sind nun die Ankerlager aus einem selbständigen, einteiligen Gußstück hergestellt, welches auf die Ankerwelle aufgeschoben, mittels Falz und Nut in das Gehäuse eingepaßt oder mit flanschartigen Ansätzen versehen als Stirnschild angeschraubt wird, so kann man dieselben benutzen, um den Anker je nach Bedarf beim Aufklappen an seiner Stelle zu lassen oder herauszunehmen.

Nehmen wir zuerst den Fall, daß der Motor, wie in Fig. 127 und 128 dargestellt, nach unten aufgeklappt wird, so genügt es, diese einteiligen Ankerlager an Bolzen des Obergehäuses hängen zu lassen. An Stelle des in Fig. 127 gezeichneten, von oben einzuschraubenden Bolzens wendet die Westinghouse-Gesellschaft einen Haken an, der unter die Ankerwelle herumgreifend am Obergehäuse befestigt wird.

Im zweiten Falle, wo der Motor nach oben aufgeklappt wird, ist das Belassen des Ankers an Ort und Stelle natürlich sehr einfach; zum Herausheben des Ankers dagegen benutzt man, in ganz ähnlicher Weise wie vorher zum Festhalten des Ankers, die einteiligen Ankerlager, indem man in vorgesehene Bolzenlöcher Traghaken einschraubt.

Diese beiden Methoden bedeuteten einen großen Fortschritt gegenüber der früher allgemein angewendeten, die darin bestand, daß der Motor für jede Besichtigung ausgebaut und dabei in seine

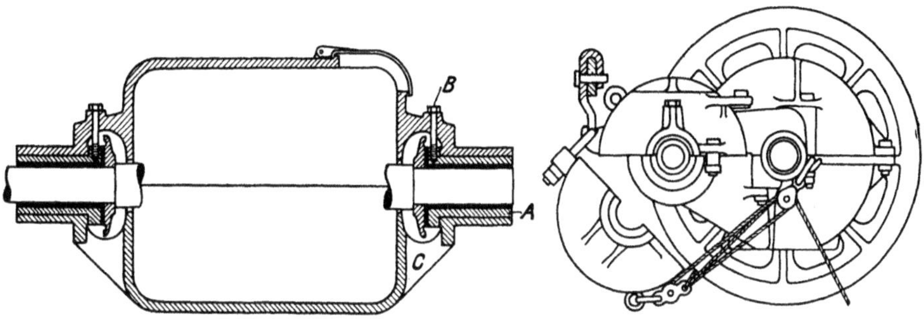

Fig. 127. Walker-Motor.

einzelnen Teile zerlegt werden mußte. Allerdings ist dieser Vorgang auch bei modernen Konstruktionen nicht zu umgehen, wenn das Gehäuse selbst aus Mangel an Platz um die Wagenachse herumgreift, wie dies bei den großen Motoren: Walker 25 L, GE 51, Westinghouse 50 C, Kummer flache Type, Motor Maison Breguet, der Fall ist. So groß aber der erwähnte Fortschritt war, so hatte er doch den Nachteil, daß in das Motorinnere beim Aufklappen durch den Schmutz des umgebenden Untergestells Fremdkörper eindrangen, die Isolation beschädigten und den Kollektor verunreinigten.

Zur Vermeidung dieser Übelstände ging die weitere Entwickelung dahin, daß der ungeöffnete Motor als Ganzes ausgebaut und zur sofortigen Wieder-Indienststellung des Wagens durch einen Reservemotor ersetzt wurde. Ist nun die obere Gehäusehälfte mit Pratzenlagern versehen, so erübrigt nur ein Herausheben des Motors nach oben. Es muß dann entweder zu diesem Zwecke der Wagenkasten abgehoben werden, was recht langwierig und umständlich ist, da außer den Kabelverbindungen auch das Bremsgestänge gelöst werden muß, oder der Motor müßte durch die Revisions-Fußbodenöffnung des Wagens herausgehoben werden. Dieser Vorgang ist sehr schwierig, die Anwendung eines Hebezeuges fast unmöglich, wenn man es nicht direkt im Wagen besonders aufbaut. Eine Beschädigung der Wagenausstattung ist dabei kaum vermeidlich und das ganze Verfahren daher wenig ratsam. — Ist dagegen die untere Achslagerhälfte am Gehäuse angegossen, so läßt sich der ganze Motor nach Unterbringen eines in vertikaler Richtung verstellbaren, fahrbaren

Fig. 128. S. & H.-Motor cD 17/18.

Tisches in außerordentlich handlicher Weise selbst von ungeschultem Personal herablassen. Hierfür werden von Hand oder hydraulisch betriebene Spezial-Hebevorrichtungen vorgesehen (vgl. Teil VI).

Die vielen Vorzüge dieses Verfahrens haben demselben in kurzer Zeit, insbesondere in Amerika, große Verbreitung verschafft und man nahm infolgedessen auch den kleinen Nachteil mit in Kauf, daß der Motor in seinen Achslagern immer am Deckel hängt, sodaß die Bolzen der Achslager ständig durch das ganze Motorgewicht beansprucht werden. Natürlich würde nichts im Wege stehen, die Achslagerdeckel so zu konstruieren, daß sie übergeschoben die Bolzen entlasten. Jedoch wurde, soweit bekannt, dies nirgends ausgeführt. Im übrigen müssen bei diesem Verfahren die zum Motor führenden Kabelverbindungen jedesmal gelöst werden. Man verwendet deshalb ein Klemmbrett mit Stöpselkontakten, von dem in Fig. 129 ein Beispiel dargestellt wird. Bemerkenswert ist für dasselbe, daß die einzelnen Kontakte durch die auf der Figur sichtbaren Radialstifte unverwechselbar gemacht wurden.

Was die **Abmessungen** der Lager betrifft, so ist es bei den wechselnden Beanspruchungen und der ungünstigen Arbeitsweise

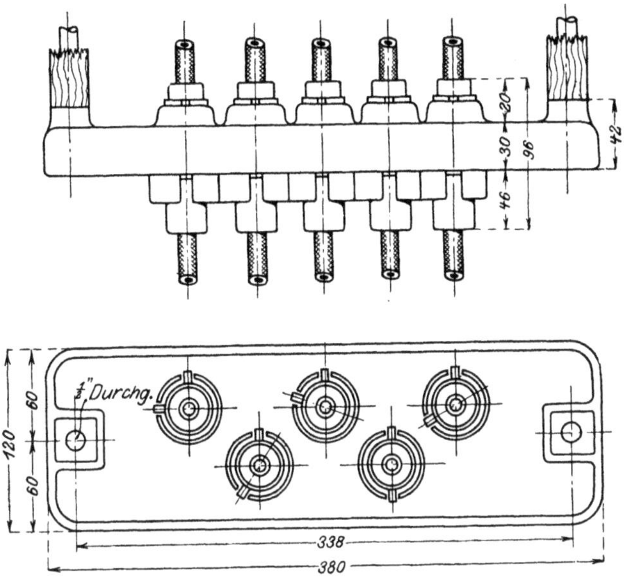

Fig. 129. A.E.G.-Klemmbrett.

der Bahnmotoren ratsam, mit dem Flächendruck nicht zu hoch zu gehen. Andererseits zwingt aber die Spurweite oft zur größten Beschränkung der Ankerlagerlänge. Das Lager an der Triebseite ist das bei weitem stärker beanspruchte und daher gewöhnlich längere Lager. Bei schmaler Spurweite läßt man dasselbe, wenn möglich, bis unter den Wickelkopf des Ankers hineinreichen. Bei den Motoren GE 73 und Helios StM 30 (Tafel IV) reicht sogar das Lager der Kollektorseite bis tief unter den Kollektor hinein.

Schließlich muß noch erwähnt werden, daß es im allgemeinen üblich ist, die Achslager auf der von der Kollektorseite aus gesehen rechts liegenden Seite des Motors anzuordnen, während die Anordnung auf der entgegengesetzten Seite von einigen Firmen auch ausgeführt wird, aber nur auf besondere Bestellung.

Die Schmiergefäße liegen, wenn durch Fett geschmiert wird, oberhalb der Lager damit das Fett beim Warmwerden abträufelt; wenn Ölschmierung vorgesehen wird, liegen sie unterhalb oder neben den Lagern, indem das Öl durch Zöpfe oder Schmierkissen angesaugt und an der Welle abgestreift wird. Neuerdings werden vielfach beide Schmierarten gleichzeitig verwendet und sehen dann die Schmiergefäße etwa so aus, wie in Fig. 130 für den neuen Short-Motor dargestellt, wobei beide Schmiergefäße bequem von oben bedient werden können. Liegen, wie bei anderen Konstruktionen, die Behälter über und unter der Ankerwelle, statt wie in Fig. 130 seitlich neben derselben, so wird zweckmäßig der Ölbehälter unten allseitig geschlossen und seine Bedienungsöffnung, bequemer Zugänglichkeit halber nach oben geführt, indem ein dünnes Röhrchen außerhalb oder innerhalb des oben liegenden Fettbehälters bis unter den Deckel desselben hochgeführt wird (Tafel I).

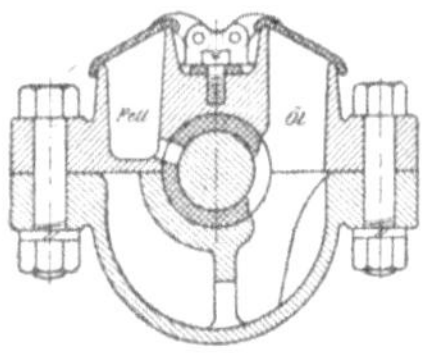

Fig. 130.

Besondere Sorgfalt wird auf einen guten Schutz des Motorinneren gegen Eindringen von Öl vom Ankerlager her verwandt, indem geeignete Abflußöffnungen und Ölfänger vorgesehen werden. Die Anordnung derselben ist allerdings meist wegen Raummangels mit großen Schwierigkeiten verknüpft. Wenn irgend möglich, läßt man die Schmierflüssigkeit direkt zur Erde abtropfen, wie in Fig. 131 und in einigen der Tafeln dargestellt. Es ist dies sicherlich das Beste, was sich bei so beschränkten Raumverhältnissen und der Schwierigkeit der Bedienung im Betriebe tun läßt. Als Ölfänger verwendet man glockenartige Scheiben oder Angüsse der Lager, die das Öl auf nach außen geneigte Ebenen abtropfen lassen. Manche Konstrukteure verwenden sogar doppelte ineinander greifende Ölfängerscheiben, wie dies auf Fig. 132 für einen Motor der E. & H. Charleroi und in Tafel VII für einen S. & H.-

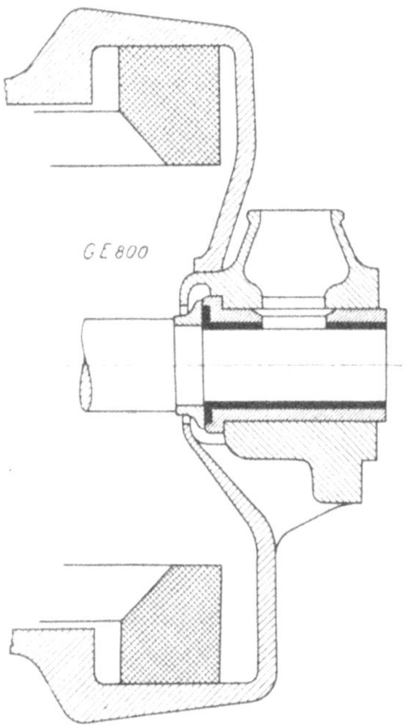

Fig. 131. Union-Motor GE 800.

Motor ersichtlich ist. Bei dem letzteren ist die Abflußöffnung während der Fahrt mit einem Deckel verschließbar.

Bauart der Motor-Aufhängung und der Übersetzung. Notwendigkeit einer elastischen Aufhängung. Die natürliche Befestigung eines Bahnmotors wäre seine möglichst steife Verankerung an einem mit den Wagenachsen starr verbundenen Trägersystem. Diese in dem ersten Entwickelungsstadium elektrischer Bahnmotoren wohl versuchte Anordnung erwies sich im Betriebe als ungeeignet wegen der starken Erschütterungen der Achsen bei ihrer Vorwärtsbewegung. Die Erschütterungen entstehen vornehmlich durch die geringe Durchbiegungsfestigkeit der Schienenstöße, infolgederen das Rad die Schiene, von der es abläuft, am Ende durchbiegt, so daß das Ende der folgenden noch unbelasteten Schiene höher liegt. Dadurch empfängt das Rad beim Anfahren an das höher stehende Schienenende einen starken Stoß nach oben und übt beim Zurückfallen eine heftige Hammerwirkung auf das folgende Schienenende aus. Durch das fortwährend wiederholte Aufstoßen des Rades nutzen sich dann die beiden Schienenenden am Stoß ungleich ab, und zwar um so mehr, wenn das Rad immer in derselben Richtung den Stoß befährt, d. h. also bei zweigleisigen Strecken, und um so mehr, je größer das Hammergewicht, d. h. das unabgefederte Gewicht ist. Durch die ungleiche Abnutzung der Schienenenden am Stoß nehmen die Erschütterungen zu, die Lockerung der Bettung an dieser Stelle macht Fortschritte, und so steigern sich die Wirkungen weiter gegenseitig. Andere Ursachen für Erschütterungen bilden noch etwaige Unreinlichkeiten des im Straßenniveau liegenden Gleises, insbesondere Steine, die in die Rille eingezwängt liegen. Schließlich sind auch die bei jedem

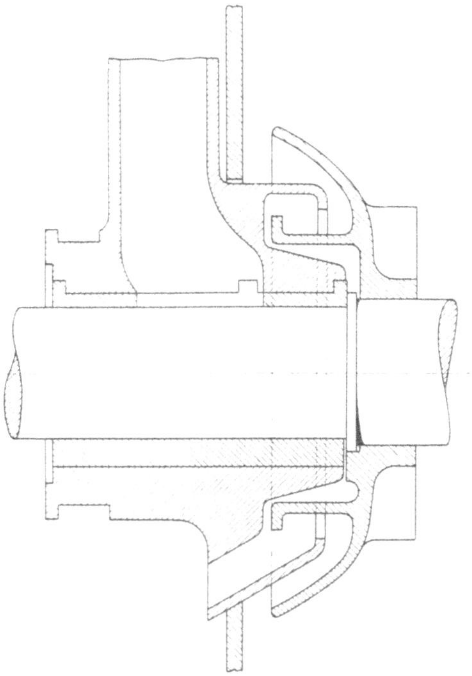

Fig. 132. Älterer E. & H.-Motor.

selbstbewegten Fahrzeuge auftretenden schlingernden Bewegungen senkrecht zur Gleisachse, die durch den nötigen Spielraum zwischen Radspur und Gleisspur entstehen, keineswegs unbedeutend.

Den schädlichen, zerstörenden Einfluß dieser Stoßwirkungen zu vermindern, ist von höchster Wichtigkeit, da sonst die Lager ebenso wie die Zahnräder unzulässig großer Abnutzung unterworfen sind, die Schrauben des Motors sich lockern müssen, und die fein empfindlichen Wickelungs- und Isolationsmaterialien allmählich ihre innere Struktur verändern, brüchig werden und ihren Isolationswiderstand verlieren. — Es muß aber gleich hier erwähnt werden, daß die Verringerung des Hammergewichtes durch Abfederung der der Stoßwirkung unterworfenen Massen nicht allein die schädlichen Einflüsse gänzlich beseitigen kann, sondern daß man außerdem gut tut, das Übel am Ursprungsorte anzufassen und für peinliche Instandhaltung des Gleises, insbesondere aber für möglichst widerstandsfähige Schienenstöße zu sorgen. In dieser Erkenntnis sind auch viele Konstrukteure von komplizierten und geistreichen, für die Triebart selbst aber unvorteilhaften Aufhängungsarten nachträglich wieder abgegangen und zu den folgenden einfachen, im Betriebe gut bewährten Methoden zurückgekehrt. Der Grundgedanke derselben besteht darin, daß die Motorwelle nur mit einem bestimmten Radius ohne jedes Spiel um die Wagenachse schwingen darf, um einen unverändert guten Eingriff der Zahnräder ineinander zu gewährleisten, daß aber der Motor selbst, in dieser Entfernung mittels zweier angegossener Wagenachslager oder mittels Schwingen gehalten, eine gewisse federnde Eigenbewegung um die Wagenachse oder um seine eigene Achse ausführen darf.

Nasenaufhängungen. Die einfachste Lösung des Problems der Abfederung und der Erzielung einer Eigenbewegung des Motors ist zugleich auch die fast allgemein übliche. Man befestigt die der Wagenachse abgelegene Seite des Motors unter Zwischenschaltung von Spiralfedern (Blattfeder-Anordnungen sind den Verfassern nicht bekannt geworden) irgendwie am Untergestell, für gewöhnlich unter Benutzung eines Querträgers. Der letztere wird dabei entweder (Fall I) am Motor befestigt und gegen das Untergestell abgefedert, oder (Fall II) die Federn werden in selteneren Fällen zwischen Motor und steif am Untergestell befestigten Querträger gelegt. Eine nach beiden Richtungen, d. h. zum Motor und zum Untergestell zwischengeschaltete Federung des Querträgers dürfte versucht worden sein, hat sich aber jedenfalls nicht bewährt. Nehmen wir den zweiten Fall vorweg, so geschieht bei ihm die Stützung des Motors auf der Spiralfeder durch einen plattenartigen mit erhöhten Rändern versehenen Anguß, wie dies in Fig. 133, sowie auf Tafel IV für den Helios-Motor St. M. 20 dargestellt ist. Diese Methode wird auch von der Schuckert-Gesellschaft und anderen angewendet. Die Befestigung des Motors am Querträger im Falle I erfolgt entweder steif oder gelenkartig, oder auch durch einen Gleitrahmen.

Der für die Befestigung nötige Anguß hat dieser Aufhängungsart ihren Namen gegeben, da der Motor einen nasenartigen Ansatz erhält, welcher sich direkt auf den Querträger auflegt. Unterhalb der Nase wird der Querbalken durch zwei oder vier Bolzen am Gehäuse angeschraubt (vergl. Tafel VII und VIII). Bei neueren Ausführungen wird übrigens die Nase auch völlig fortgelassen (vergl. Fig. 134). Bei dieser steifen Befestigung des Querträgers muß der letztere natürlich selbst in den Grenzen der Schwingungen des Motors die drehende Bewegung um die Wagenachse mitmachen. Handelt es sich hierbei auch nur um ganz geringfügige seitliche Verschiebungen gegenüber dem schon an sich kleinen vertikalen Federspiel, so ist man doch vielfach aus diesem Grunde schon zu einer gelenkartigen Befestigung des Trägers übergegangen. Zur Notwendigkeit wird diese konstruktive Abänderung, wenn der Motor eine Lenkachse anzutreiben hat.

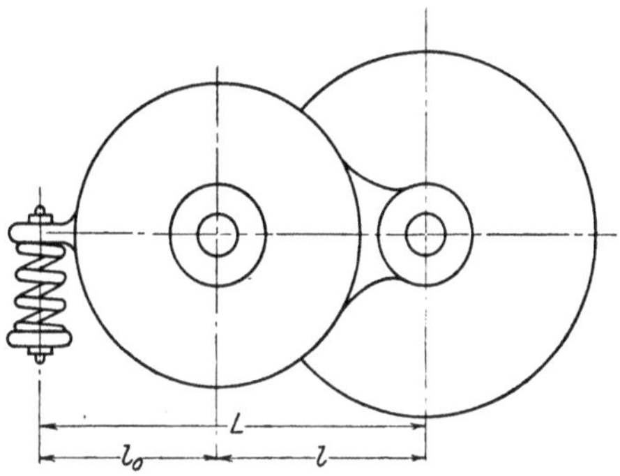

Fig. 133.

Lenkachsen sind solche Achsen, die man eine geringe Drehbewegung gegenüber der Wagenlängsachse ausführen läßt, um Kurven von kleinem Radius mit Wagen von verhältnismäßig großem Radstand durchfahren zu können. Da der Motor diese kleine Drehbewegung gegenüber dem Untergestell natürlich selbst mitmachen muß, ist es erforderlich, die Aufhängungsteile so anzuordnen, daß eine geringe Längs- und Querverschiebung des Motors gegenüber dem Untergestell möglich ist. Man erzielt dies durch eine Befestigung nach Fig. 135, die gleichzeitig als Gelenk und als Gleitrahmen ausgebildet ist. Die gelenkartige Befestigung erfolgt durch eine an das Gehäuse angegossene Öse mit horizontalem Bolzen und zwar mittels eines Aufhängungseisens. Diese Öse hat den Vorzug, daß man sie sowohl für Wagen als Lokomotiven, bei welch' letzteren die Träger gewöhnlich tiefer liegen müssen, verwenden kann, je nachdem man das Aufhängungseisen über der Öse anbringt oder unter dieselbe herunterklappt. Das Aufhängungseisen wird so hergestellt, daß es in seinem oberen Teile den Querträger umklammert. Es

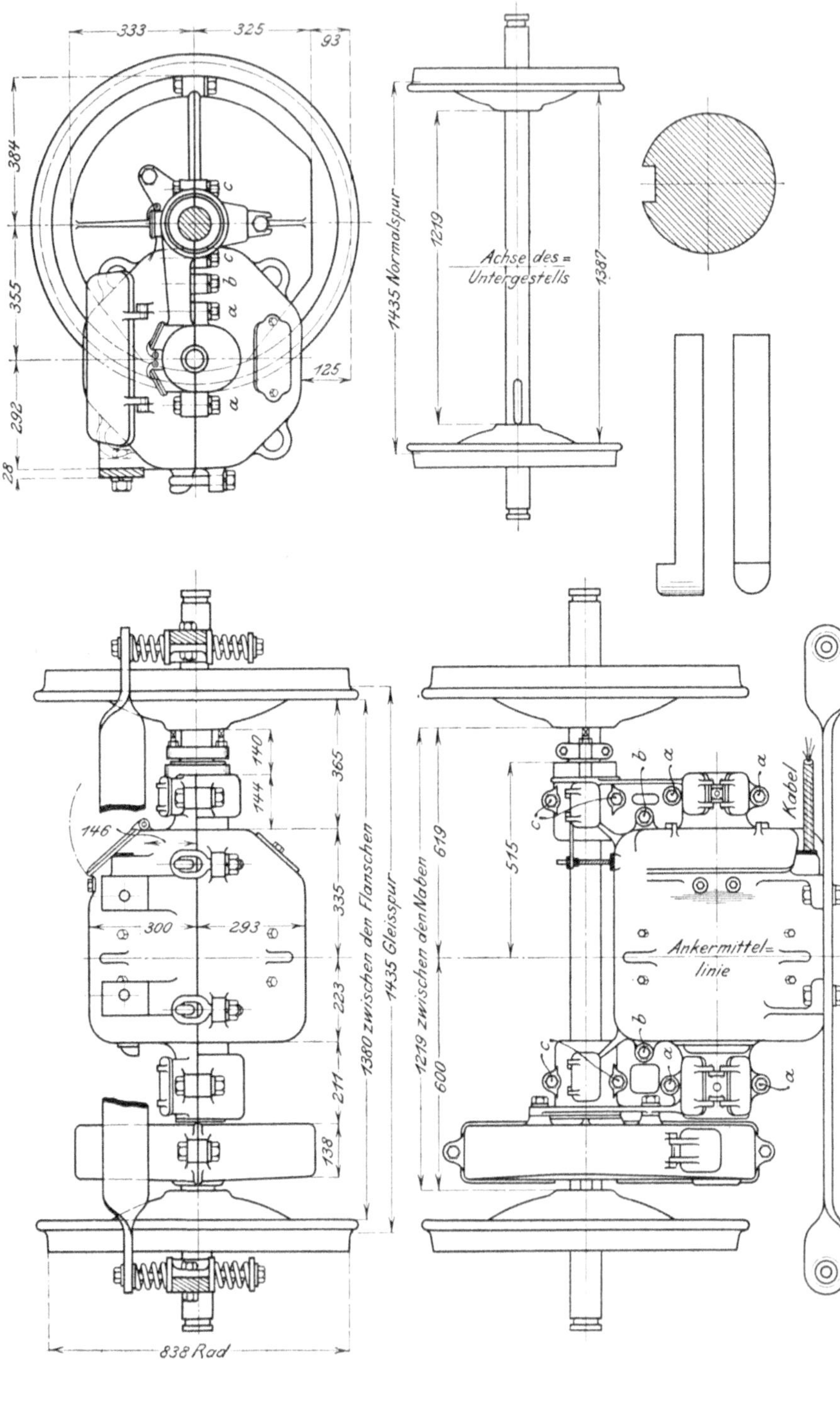

Fig. 134. Motor der English Electric Mfg. Co.

wird mit demselben je nach Bedarf verbolzt oder, wie in Fig. 135, als Gleitrahmen ausgeführt. Bei steifer Bolzenbefestigung erhält dann der Querträger selbst in seinen Endauflagern eine seitliche Verschiebbarkeit. Statt der Verwendung eines als Gleitrahmen ausgebildeten Aufhängeeisens, wird auch in bestimmten Fällen, insbesondere für kleine Grubenlokomotiven, ein unmittelbarer Anguß des Gehäuses nahe dem Boden als Gleitrahmen ausgebildet, und der Querträger durch denselben hindurchgeschoben (Taf. X).

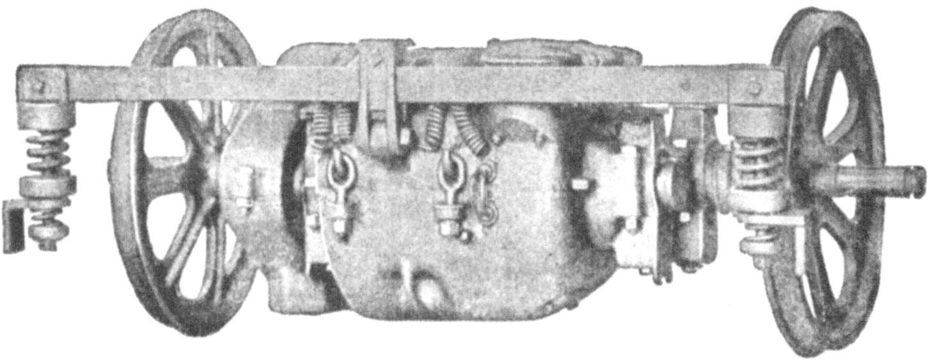

Fig. 135. Westinghouse-Motor.

Die Federn sind, wie erwähnt, stets Spiralfedern. Sie werden sowohl ober- als unterhalb des tragenden Teils, d. h. als doppelseitige Federn verwendet, die sehr verschieden stark beansprucht werden, daher auch verschieden dimensioniert werden können. Es ist dabei zu beachten, daß bei Umkehr der Fahrtrichtung die Richtung des Zahndruckes sich umkehrt, während das Motorgewicht und die Stoßkräfte, die auf das Rad wirken, ihre Richtung nicht wechseln. Für die Berechnung der Federn werden aber die letzteren allein ausschlaggebend sein. Um ein baldiges Nachgeben und Lockern der Federn und dementsprechendes klapperndes Geräusch der Aufhängung bei jeder Erschütterung sowie beim Anfahren zu vermeiden, rechnet man, um sicher zu gehen, etwa mit der dreifachen Belastung. Auch das zulässige Spiel der Federn pflegt man eng zu begrenzen, nämlich auf etwa 10—20 mm.

Schwerpunktsaufhängungen. Hierher gehören alle jene Aufhängungsmethoden, welche in mehr oder weniger vollkommener Weise erstreben, die Erschütterungen der Wagenachse im vertikalen Sinne in eine unschädliche drehende Bewegung des Motors um seine Stützpunkte, die gleichzeitig seine eigene Gewichtsachse bilden, umzuwandeln. Hierin liegt der grundsätzliche Unterschied gegenüber den bisher behandelten Aufhängungsarten. Dabei kann der Motor entweder wie bei den Nasenaufhängungen durch angegossene Pratzen die Wagenachse fest umfassen und sich um dieselbe drehen, wobei aber die Wagenachse durch seine Schwerpunktsaufhängung von seinem Gewicht entlastet ist, oder es können beiderseits vom Motor liegende Schwingen die gegenseitige Entfernung der beiden Achsen gewährleisten und dabei seine Drehung um die eigene Achse zulassen. Der Vorteil derartiger Anordnungen ist einleuchtend, da ja in beiden Fällen durch Erschütterungen der Wagenachse das Motorgewicht nicht angehoben wird, daher auch keine Hammerwirkung auf das Gleis ausüben kann. Wenn trotzdem diese Methoden bei weitem keine so allgemeine Verbreitung gefunden haben, so liegt dies vornehmlich darin, daß sie den

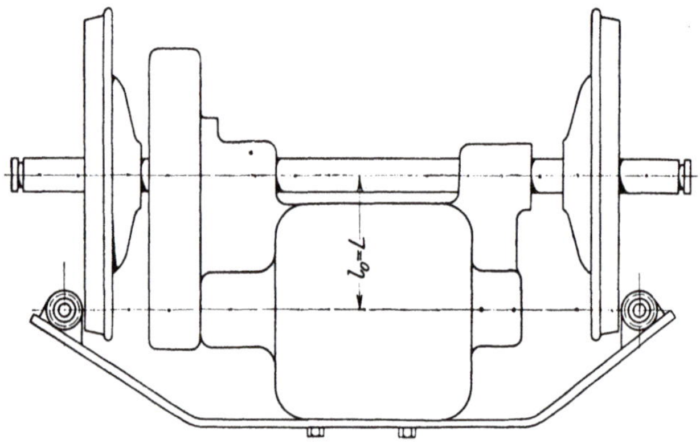

Fig. 136.

grundsätzlichen Gedanken ihrer Konstruktion nur angenähert, teilweise sogar nur recht unvollkommen praktisch erreichen und zu dieser angenäherten Erreichung des Zieles einen weit umständlicheren Apparat von Hebeln und Federn benötigen, welcher im Betriebe leicht zu Störungen Anlaß gibt, jedenfalls aber mehr Unterhaltung und größere Sorgfalt in der Bedienung erfordert, als die Nasenaufhängung. Es ist daher bezeichnend, daß gerade die einfachste Ausführungsart, die aus einer sinngemäßen Abänderung der Nasenaufhängung hervorgeht, wieder die weiteste Anwendung gefunden hat. In zweiter Hinsicht ist die allzu große Beweglichkeit einiger Aufhängungen ein Nachteil für die Wirkungsweise des Motors, wie wir unten bei der Schwingenaufhängung sehen werden.

Schwerpunktsaufhängung bei angegossenen Achslagern. Querträgeraufhängung. Die bereits erwähnte einfache Abänderung der Nasenaufhängung für diese Zwecke besteht darin, daß der Querträger den Motor jochförmig bis zur Motormittellinie die angenähert auch die Schwerpunktslinie des Motors darstellen wird, auf beiden Seiten umgreift und die Federung dieses Joches dann in derselben Weise vorgenommen wird, wie die Federung eines geraden Querträgers (Fig. 136).

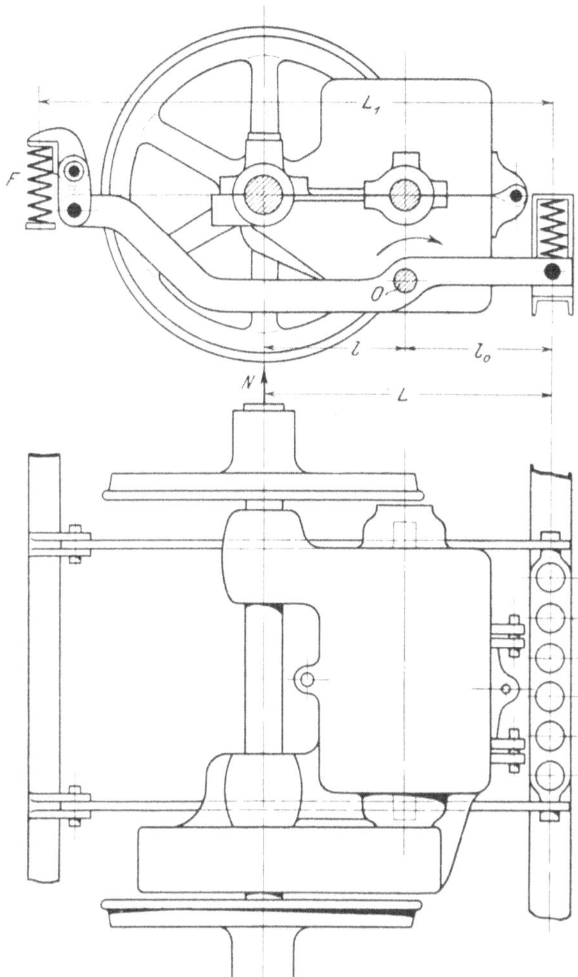

Fig. 137. Union-Motor.

Diese, wie erwähnt, am weitesten verbreitete Aufhängungsart erreicht die Abfederung des Motorschwerpunktes in sehr glücklicher Weise. Sie kann auch leicht zu größerer Beweglichkeit des Motors bei Lenkachsen verwendet werden, indem die Federbefestigung statt ganz steif, wie in Fig. 136, gelenkartig in der Weise ausgebildet wird, daß das Joch eine Drehung um eine senkrechte Achse in der Wagenmittellinie auszuführen befähigt ist, d. h. sich ein wenig seitlich und in der Längsrichtung verschieben kann. Aufhängungen dieser Art sind den Verfassern von folgenden Firmen: General Electric Co., S. & H., A. E. G., Örlikon bekannt geworden. Für die letztere ist auf Tafel V eine Anordnung mit nur bis auf halben Weg umgebogenem Querträger gezeichnet.

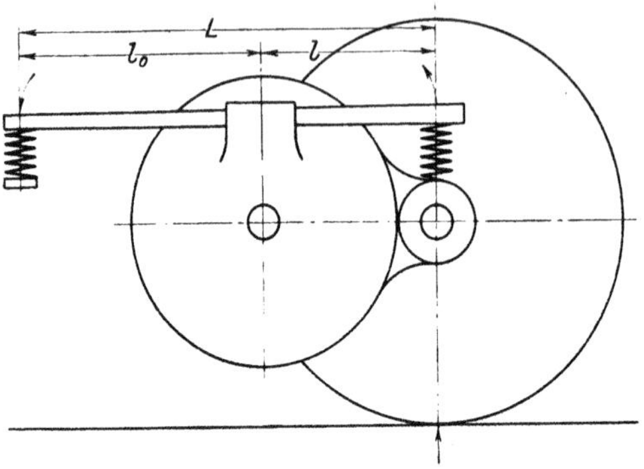

Fig. 138.

Bei der **Längsträgeraufhängung** wird der Motor in seiner Mittellinie auf beiden Seiten von je einem Längsträger im Schwerpunkt unterstützt. Die Befestigung des Motors an diesen Längsträgern erfolgt entweder durch einen Drehzapfen, um dem Motor eine Drehung um seine eigenen Aufhängungspunkte zu gestatten

Fig. 139. Westinghouse-Motor.

(Fig. 137), oder durch Einschieben des flachen Längsträgers in eine an das Gehäuse angegossene rahmenartige Aussparung, in welch letzterem Falle der Längsträger selbst die Drehbewegung des Motors mitmachen muß (Fig. 138). Zu unterscheiden ist noch, ob dieser Stützungspunkt unterhalb der Motormitte, wie bei Konstruktionen der General Electric Co. (Fig. 137), oder oberhalb der Mitte, wie bei der Westinghouse-Konstruktion (Fig. 139) und derjenigen von

Ganz & Co. (vergl. Tafel III) liegt. In Fig. 137 wird beim Herabfallen des Rades nach einem Aufwärtsstoß das Motorgewicht entgegengesetzt zu der Hammerwirkung, bei der Anordnung nach Tafel III

Fig. 140. Westinghouse-Motor.

im selben Sinne auf das Gleis wirken. Die Federung der beiden Längsträger erfolgt durch Spiralfedern an jedem Ende derselben, so daß der Motor durch vier einfache oder doppelte Federn getragen wird, und zwar wird der unten liegende Längsträger von

Fig. 141. Westinghouse-Motor.

der General Electric Co. jenseits der Achse, der oben liegende Längsträger der Westinghouse Co. direkt auf der Achse gestützt, wie aus obigen Figuren ersichtlich. Um aber eine allzu große Beweglichkeit des ganzen Systems zu vermeiden, wurden auch, wie Fig. 137 zeigt, beide Längsträger an den Enden steif miteinander verbunden und die Verbindungskonstruktion an sich ausreichend (hier durch 6 Spiralfedern) gefedert. Hierin findet man bereits den Übergang zur Wiegenaufhängung, wie sie von der Westinghouse-

Fig. 142. Westinghouse-Motor.

Gesellschaft (Fig. 140—142) verwendet wird. Dieselbe stellt eine Vereinigung der Längsträger- mit einer Querträgeraufhängung dar, indem die beiden Längsträger jochartig in ein Stück vereinigt werden

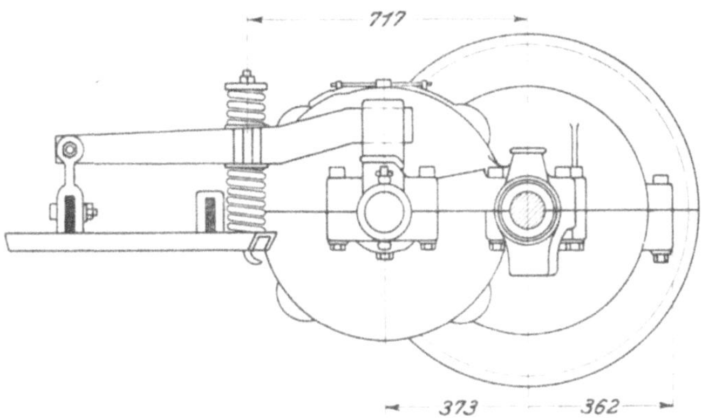

Fig. 143. Lorain Steel-Motor.

und an der Stelle der Rundung, d. h. auf der der Wagenachse abgelegenen Seite des Motors, sich durch Anhängung bezw. Aufliegen auf einen gefederten Querbalken stützen. Die beiden Enden des Joches sind dagegen, wie oben die Längsträger, wieder auf der Achse selbst abgefedert. Das Joch selbst liegt also nur auf drei Punkten auf, doch liegt der eine Punkt auf einem nach zwei Seiten gefederten Träger. Die Lorain Steel-Gesellschaft verwendet

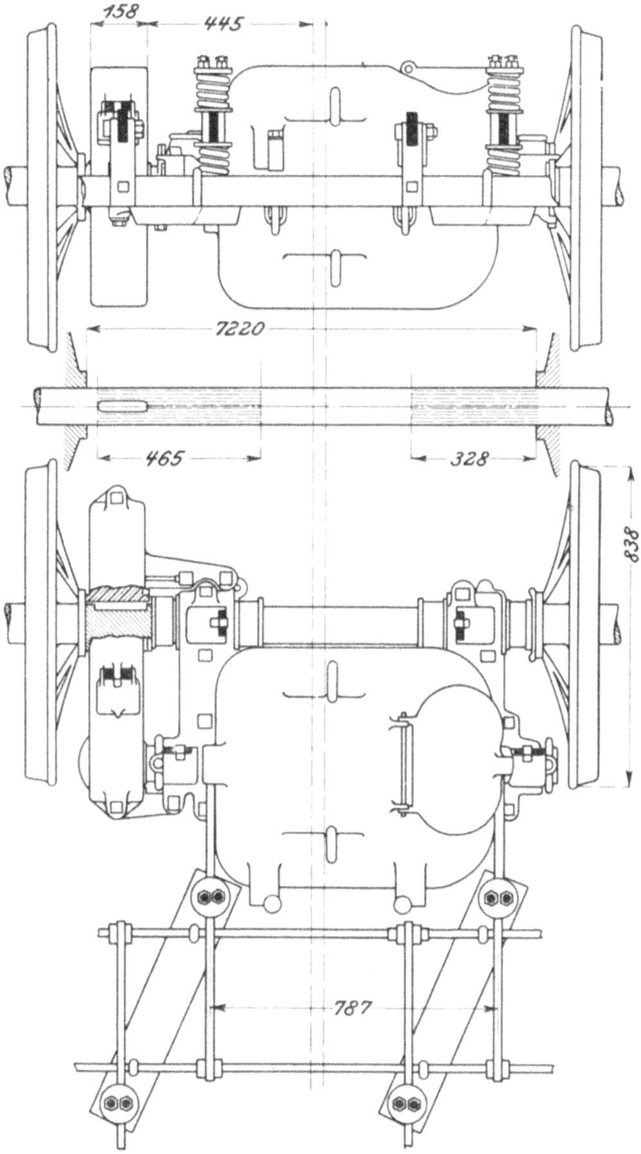

Fig. 144. Lorain Steel-Motor.

eine abweichende Art der Schwerpunktsaufhängung, bei welcher die beiden seitlichen Längsträger, wie aus Fig. 143 und 144 ersichtlich, nur als einarmige Hebel zum Schwerpunktsdrehpunkt ausgebildet sind und, durch ein eigenartiges System von Gestängen miteinander verbunden, gegen das Untergestell doppelt abgefedert werden. Als ein Vorzug aller dieser beweglichen und komplizierten Aufhängungsarten wird in der amerikanischen Literatur eine geringere Abnutzung der Achslager gerühmt. In Europa haben dieselben wohl keine Verbreitung finden können.

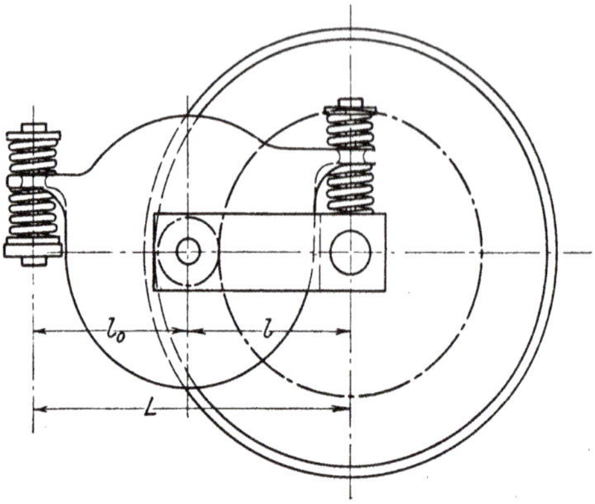

Fig. 145.

Schwerpunktsaufhängung mit Schwinge. Diese Aufhängung ist von den bisherigen dadurch ganz abweichend, daß der Motor selbst überhaupt keine Achslager erhält, damit er sich um seine eigene Achse drehen kann. Der richtige Eingriff der Zahn-

Fig. 146. Walker-Motor.

räder wird durch zwei die beiden Achsen umgreifende, frei bewegliche Schwingen gewährleistet. Diese Schwingen sind zwei auf jeder Seite des Motors die Ankerlager umfassende Gußstücke oder ein einziges Joch. Die Befestigung des Motorgehäuses erfolgt dann, wie Fig. 145 zeigt, durch Angüsse, welche gabel- oder ösenartig zwischen doppelte Federn eingelegt, sich auf der einen Seite auf die Schwingen bezw. das Joch, auf der anderen Seite auf einen Querbalken stützen. Um kleine seitliche Verschiebungen zu ermöglichen, wurde dieser Anordnung auch eine gelenkartige Befestigung an einem gegen das Untergestell abgefederten Querbalken vorgezogen (Fig. 146). Die Aufhängung mit Schwinge wurde nach Shorts Angaben von der Walker Co. und von der Schuckert-Gesellschaft verwendet. Der Vorteil der großen Beweglichkeit des Motors gegenüber Stoßwirkungen scheint aber den Nachteil nicht haben wettmachen zu können, daß der Motor, statt das Zahnrad zu drehen, selbst am Zahnrad unter Überwindung des entgegenstehenden Federdruckes aufzusteigen suchte.

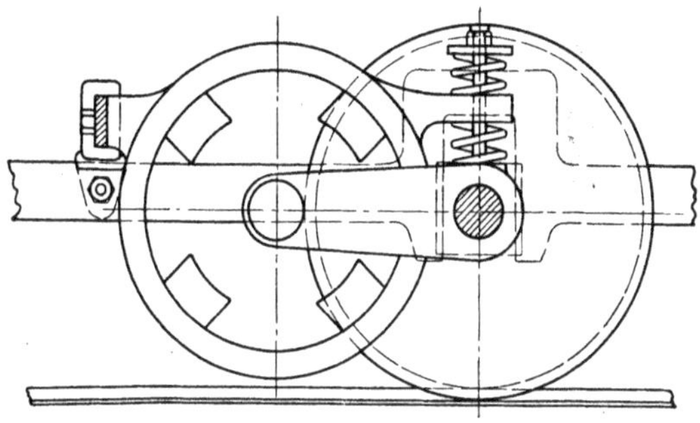

Fig. 147.

Bei späteren Ausführungen hat die Walker Co. die gelenkartige Befestigung durch eine steife Nasenaufhängung ersetzt (Fig. 147) und ist sogar unter Fortlassung der Schwinge, zur einfachen Nasenaufhängung übergegangen. Hierfür ist sicherlich auch der Gesichtspunkt maßgebend gewesen, daß der Motor bei einer derartig beweglichen Aufhängungsweise durch einen Bruch oder ein Nachlassen der Federn gefährdet wird.

Besondere Aufhängungsarten. Der Vollständigkeit halber sind noch einige besondere Aufhängungsarten von Bahnmotoren zu erwähnen, die bestimmten Zwecken zu dienen haben und von den bisher behandelten Methoden abweichen.

Die Aufhängung zweier Motoren in einem Baldwin-Drehgestell mit kleinem Radstand (Fig. 148) wurde einmal der Raumersparnis wegen, und zweitens, um den Untergestellrahmen nach Lösen weniger Bolzen abheben und die Motoren und Achsen ausbauen zu können, so konstruiert, daß beide Motoren sich auf zwei gemeinsame seitliche Längsträger stützen, die selbst federnd den an beiden Untergestellachsen aufgehängt sind.

Die Aufhängung zweier Motoren in einem Drehgestell bei sehr schmaler Spurweite (Taf. XI). Die mit Kegelradübersetzung auf die Achsen arbeitenden beiden Motoren erhalten keine unmittelbare elastische Aufhängung, sondern werden außerhalb der Gleisspur direkt von beiden Seiten an den für sich gegen die Achsen abgefederten Untergestellrahmen steif befestigt.

Anordnung eines Zahnstangenmotors mit doppelter Übersetzung (nach Fig. 149). Da beim Zahnstangenbetrieb ein Verlust an Adhäsionsgewicht ohne Bedeutung ist, wurde der Filderbahn-Motor von Siemens & Halske so angeordnet, daß er auf

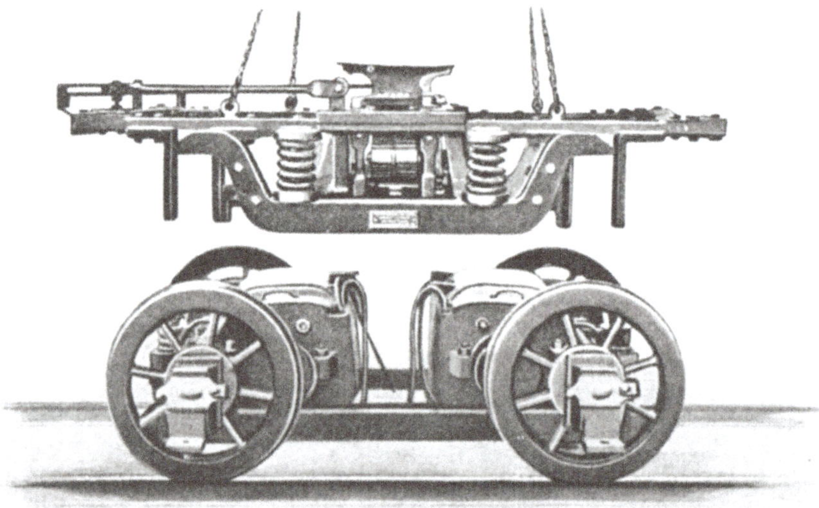

Fig. 148. Westinghouse-Motoren mit abgehobenem Baldwin-Untergestell.

der dem doppelten Vorgelege entgegengesetzten Seite von einer Hilfsachse mit Laufrädern kleinen Durchmessers getragen wurde.

Bahnmotoren ohne Übersetzung, die direkt auf die Achse aufgebracht werden, sind bei größeren, langsamer laufenden Typen und verhältnismäßig größeren Wagengeschwindigkeiten entweder vollständig unabgefedert befestigt worden, oder die Motorachse wird als Hohlachse ausgebildet und treibt die durchgehende Wagenachse mit einer federnden Kuppelung. Diese letztere Anordnungsweise, die von der A. E. G. für Vollbahnmotoren verwendet wurde, wurde neuerdings versucht, da sich als Nachteile gänzlich steifer Anordnung bei der Central London Railway und an anderen Orten erklärlicherweise starke Erschütterungen des Untergrundes bemerkbar machten; jedoch wird dieses Problem in Zukunft noch weitere Bearbeitung bedürfen.[1])

Übersetzung. Für den Antrieb der Wagenachse durch Bahnmotoren ist die Verwendung von Kettenübertragung als veraltet anzusehen, und zwar in erster Linie wegen ihrer Betriebsunsicherheit, durch großen toten Gang und große Abnutzung.

Schraubenrad mit Schnecke (vergl. Fig. 150) und Kegelrad (Taf. XI) kommen vereinzelt in solchen Fällen vor, bei denen die Anwendung einer anderen Übersetzung, insbesondere wegen

Fig. 149. Siemens & Halske-Motor 25/50 für die Filderbahn.

der räumlichen Anordnung des Motors ausgeschlossen ist. Die Konstruktion nach Fig. 150 wurde beispielsweise nötig, wie Fischer-Hinnen angibt, weil ausdrücklich vom Konstrukteur verlangt worden war, bestehende Untergestelle, in welchen absolut kein Platz vorhanden war, ohne größere Abänderungen zu benutzen. Es mußte deshalb der schnelllaufende Motor außerhalb des Untergestelles angebracht werden und wegen der großen für den Zahnradbetrieb nötigen Übersetzung Schneckenübertragung gewählt werden.

Demgegenüber ist einfache Zahnradübersetzung und für spezielle Verhältnisse, wie Zahnrad- und Bergbahnen sowie Rangierlokomotiven, doppelte Übersetzung die allein moderne und durchaus bewährte Übertragungsmethode.

Die Art der Anordnung einfacher Zahnradübersetzung ist

[1]) Ausführlicheres hierüber: Lasche, Schnellbahnwagen, ETZ 1901 S. 803 und Zeitschrift des V. D. I. 1901, S. 1261.

im Prinzip schon durch das vorhergehende (Gehäusekonstruktion und Aufhängungsweise) genügend beleuchtet.

Die Zahnräder werden aus Stahl hergestellt, das Triebrad (kleine Zahnrad) wird gewöhnlich aus einem gut durchgeschmiedeten Stahlstück herausgearbeitet und gefräst, das große Zahnrad meist aus Gußstahl hergestellt und die Zähne gefräst. Während der Trieb daher aus einem Stücke auf den konischen Wellenstumpf aufgepreßt wird, besteht das große Zahnrad aus zwei durch 4, 6 oder 8 Bolzen zusammengehaltenen Stücken. Sehr wichtig ist es, bei noch so beschränktem Raume infolge schmaler Spur doch stets nur einen geringen Flächendruck und mäßige Materialbeanspruchung in den Zähnen zuzulassen, da anderenfalls infolge unvermeidlicher Unreinlichkeiten und starker Stöße wiederholt Beschädigungen der Zähne eintreten, die den Betrieb stark in Mitleidenschaft ziehen können. Die Zahnbreite des Triebes wählt man wegen des axialen Spieles der Ankerwelle gewöhnlich etwa 10 mm größer als die des großen Zahnrades, um stets die volle Auflagefläche ausnutzen zu können.

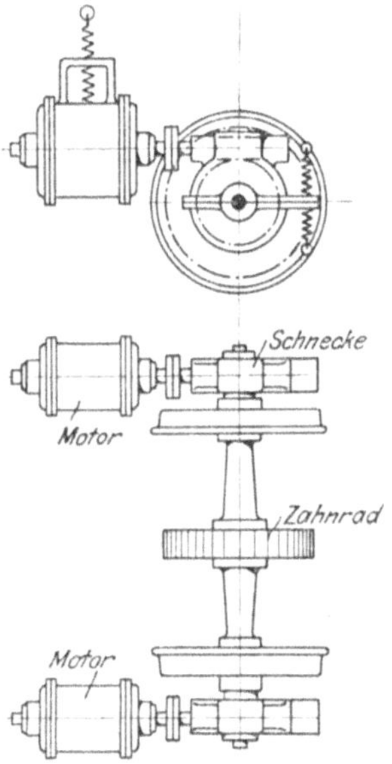

Fig. 150. Krizik-Motoren. (Fischer-Hinnen.)

Die Zahnräder werden stets in ein besonderes, staub- und wasserdicht schließendes Gehäuse zum Schutz eingeschlossen, den sogenannten Zahnradschutzkasten. Derselbe besteht aus Gußeisen oder vernieteten Blechformen, neuerdings auch aus hydraulisch gepreßten Formen von Stahl- oder einfachem Walzblech. Die Schuckert-Gesellschaft, welche die letztere Herstellungsweise benutzt, befestigt den Schutzkasten auch derart, daß er beim Aufklappen des Motors nicht entfernt zu werden braucht, ein für kurze Besichtigungen im Betriebe sicherlich angenehmer Umstand. Für gewöhnlich ist dies nicht möglich, wenn der Schutzkasten seitlich am Ober- bezw. Untergehäuse angeschraubt wird. Der Kasten ist stets zweiteilig und erhält oben ein bequemes Handloch, durch welches das Schmiermittel, im allgemeinen steifes Fett vermischt mit feinstem Sägemehl, eingebracht wird.

Über die Größe der Übersetzung und ihre Grenzen geben die in den Typenverzeichnissen (Teil VII) enthaltenen Angaben genügend Aufschluß. Die Gepflogenheiten der verschiedenen Gesellschaften unterscheiden sich dabei häufig grundsätzlich. Während z. B. die Union-E.G. für jede Motortype nur eine bestimmte Übersetzung liefert und die nötigen Abstufungen in Zugkraft und Geschwindigkeit durch Umwickelung des Ankers erzielt, wendet die Westinghouse-Gesellschaft für jede Type eine lange Reihe verschiedener Übersetzungen an. — Um einen guten Eingriff der Zahnräder zu erzielen, muß (unter Voraussetzung einer unabänderlichen Entfernung zwischen Motormittellinie und Wagenachse) die Zahnteilung um so kleiner gewählt werden, je größer die Übersetzung wird.

Fig. 151. Siemens & Halske-Motor.

Die obere Grenze für die Übersetzung liegt dementsprechend bei der geringsten zulässigen Zahnteilung. Für die gewöhnlich bei Bahnmotoren vorkommenden Abmessungen wird dadurch die größte Übersetzung etwa bei 5 (70:14) liegen.

Doppelte Zahnradübersetzung wird daher bei Überschreitung dieses Verhältnisses sich als nötig erweisen. Als Beispiele derartiger Konstruktionen geben wir in Fig. 151 einen Motor von Siemens & Halske und in Fig. 152 einen solchen der A.E.G. Im ersteren Falle liegt das doppelte Vorgelege seitlich vom Motor, welcher durch angegossene Lager Vorgelegewelle und Wagenachse umfaßt, im zweiten Falle wird der in gewöhnlicher Weise konstruierte Motor mit besonderen Gußstücken verschraubt, welche die Wagenachslager enthalten, wobei das Vorgelege-Zahnrad dann zentral zwischen die beiden Achslager zu liegen kommt.

Zur Erzielung richtigen Zusammenarbeitens der Zahnräder benötigt man für jeden Bahnmotor, der in seiner Breitenabmessung nicht genau die lichte Entfernung der beiden Radnaben ausfüllt,

Fig. 152. Motor AB 55 der Allgemeinen Elektrizitäts-Gesellschaft

eines besonderen Stellringes. Die Anbringung desselben ist erforderlich, da sonst der Motor infolge seiner elastischen Aufhängung in Kurven und infolge Erschütterungen hin- und herwandern würde, so daß die Zahnräder nicht in ihrer vollen Breite im Eingriff bleiben könnten. Ursprünglich wurden für diesen Zweck einfache, zweiteilige, verschraubte Ringe benutzt, die natürlich für jeden Fall besonders der lichten Breite entsprechend angepaßt werden mußten. Besser verwendet man, um diese kostspieligen Nacharbeiten zu vermeiden, Stellringe mit in axialer Richtung einstellbaren Stelldruckschrauben, die in ihrer definitiv richtigen Einstellung irgendwie gesichert werden können (Fig. 153).

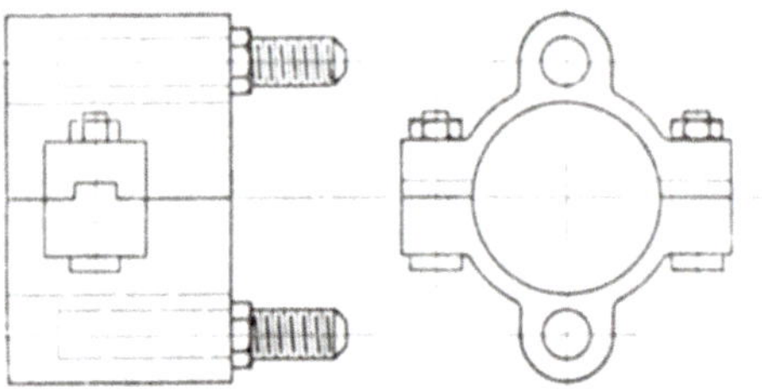

Fig. 153.

Konstruktionsdaten (hierzu Tafel I, V, VII und VIII). Dieser Abschnitt, welcher zahlenmäßige Angaben über die Bahnmotoren enthalten soll, kann nur ein Interesse beanspruchen, wenn die angeführten Zahlen aus der Praxis, und zwar neueren bekannten Motorkonstruktionen entnommen sind. Andererseits übergeben aber die Konstruktionsfirmen das Zahlenmaterial über ihre letzten Konstruktionen aus leicht begreiflichen Gründen nicht gern der Öffentlichkeit. Daher kommt es, daß zahlenmäßig nur wenige Bahnmotoren in der Literatur besprochen sind. Im Folgenden wollen wir den vollständigen Konstruktionsdaten, die Parshall und Hobart im Engineering[1]) über drei General-Electric-Motoren I—III veröffentlicht haben, noch die in Arnolds Konstruktionstafeln 1902 enthaltenen Zahlen über drei neuere Bahnmotoren europäischer Herkunft IV—VI anreihen.

Die drei erstgenannten Motoren I—III sind zwar von den Verfassern nicht benannt, scheinen aber durchaus den Typen GE 800(I), GE 52(II) und dem Lokomotivmotor der British Thomson-Houston Co. für die Central London Railway (III)[2]) zu entsprechen. Die drei letztgenannten Bahnmotoren IV—VI sind Typen von Siemens & Halske (IV), der Allgemeinen Elektrizitäts-Gesellschaft (V), und von Örlikon (VI). Zeichnerisch ist von diesen Typen GE 52 in Taf. VIII dargestellt, während die in den Tafeln VII, I und V dargestellten Motoren zwar ähnliche, aber spätere Konstruktionen derselben Firmen S. & H., A.E.G. und Örlikon darstellen. Tabelle 1—10 geben die durchgerechneten Zahlenwerte für diese 7 Motoren und sind infolge ihrer Ausführlichkeit ohne weitere Erläuterungen verständlich.

Als Vervollständigung der Angaben folgen dann noch in den Tabellen 11—13 Konstruktionsdaten über Anker, Feldspulen und Kollektoren für eine ganze Reihe europäischer und amerikanischer bewährter Motortypen.

---

[1]) Engineering 1899, S. 475 ff.
[2]) Vergl. Kapp, Elektromechanische Konstruktionen, 1902, Tafel 30.

Tabelle 1.

	I	II	III	IV	V	VI
Motor.						
Normalleistung (1 St.) in PS	24,2	27	117	26	35	35
Tourenzahl pro Min.	555	640	183	640	530	430
Spannung (Volt)	500	500	500	600	500	500
Stromstärke (Amp.)	45,5	51	192	37,5	60	58
Polzahl	4	4	4	4	4	4
Übersetzung	1:4,78 = 14:67	1:4,78 = 14:67	ohne Übersetzung	—	—	—
Wirkungsgrad bei der Normalleistung $^0/_0$	79,5	79	91	—	—	—
Geschwindigkeit des Wagens in km/St.	18,5	21	37,1	—	—	—
Laufraddurchmesser in mm	840	840	1067	—	—	—
Entsprechende Zugkraft in kg	360	350	860	—	—	—
Frequenz in Perioden pro Sek.	18,5	21,4	6,1	21,4	17,7	14,4
Gewicht des Motors ohne Zahnräder in kg	694	660	5440	—	—	—

Tabelle 2.

	I	II	III	IV	V	VI
Ankerkörper.						
Durchmesser in mm	406	280	571	342	320	390
Ankerlänge insgesamt in mm	203	228	711	180	180	150
Quer-Ventilationen in mm	nicht vorhanden	3×6,35	nicht vorhanden	nicht vorhanden	nicht vorhanden	nicht vorhanden
Wirksame Eisenlänge in mm bei 10 $^0/_0$ Raumbedarf d. Isolation der Bleche	182,5	188	640	162	162	135
Blechdicke in mm	0,5	0,63	0,63	0,5	0,5	0,5
Nuttiefe in mm	35,5	32,8	44	31,5	32	37
Nutbreite in mm	6,1	12	13,2	14	13,5	14,5
Zahl der Nuten	105	29	61	33	33	37
Umfangsgeschwindigkeit in m pro Sek.	11,8	9,4	5,5	11	8,9	8,5
Zahnstärke an der Wurzel in mm	4,15	11,3	11,8	12,5	10,9	12,3

	I	II	III	IV	V	VI
Zahnstärke am Umfang in mm	6,1	18,4	16,1	18,5	16,9	18,6
Längsventilation, innerer Durchmesser der Blechscheiben in mm	nicht vorhanden			vorhanden	nicht vorhanden	
Demnach Eisenhöhe ohne Zähne in mm	—	—	—	106	77	118

Tabelle 3.

	I	II	III	IV	V	VI
Ankerwickelung.						
Anzahl wirksamer Ankerleiter	840	696	366	792	792	1110
Anzahl der Ankerleiter pro Nut	8	24	6	24	24	30
Spulenseiten pro Nut . . .	2	6	6	6	6	6
Windungen pro Spule . .	4	4	1	4	4	5
Spulenzahl insgesamt . . .	105	87	183	99	99	111
Anzahl der Spulen, die mechanisch in einer Lage zu je einer Spule vereinigt werden	reine Wellenwickelung bezw. Wellenwickelung mit zwischengeschalteten Schleifen 1	3	3	—	—	—
Demnach fertig gewickelte Formspulen	105	29	61	—	—	—
Drahtdurchmesser nackt (bezw. Rechteck in mm) .	2,9	2,59	2,54×15,3 Litze	2,59	2,8	2,75
do. dreif. besponnen . . .	—	—	—	—	3,0	3,0
Drahtquerschnitt entsprechend einem Kupferquerschnitt einfachen Kupferdrahtes von qmm .	6,6	5,3	31	5,3	6,20	5,9
Stromdichte in Ampère pro qmm	3,45	4,8	3,1	3,54	4,84	4,91
Mittlere Länge einer Windung in m	1,09	0,98	2,388	—	—	—
Anzahl der Stromkreise . .	2	2	2	2	2	2
Anzahl der Windungen . .	420	348	183	396	396	555
Anzahl der in Serie liegenden Windungen	210	174	91	198	198	277
Drahtlänge zwischen den Bürsten in m	229	171	216	—	—	—
Widerstand zwischen den Bürsten in Ohm	0,394	0,36	0,073	—	—	—

	I	II	III	IV	V	VI
Gemessen bei °C.	95 °C.	96 °C.	70 °C.	—	—	—
Ohmscher Spannungsabfall im Anker in Volt . . .	18	18,3	14	—	—	—
Ampèrestäbe pro cm Ankerumfang	150	200	196	156	238	263
Kupfergewicht in kg . . .	27,0	ca. 16,0	122	—	—	—

Tabelle 4.

	I	II	III	IV	V	VI
Kollektor.						
Kollektordurchmesser in mm	215	204	483	220	235	265
Lamellenanzahl (gleich der Spulenzahl)	105	87	183	99	99	111
Lamellen pro Nut	1	3	3	3	3	3
Lamellendicke am Umfang in mm	5,4	6,2	7,25	6,0	6,45	6,5
do. innen in mm	3,25	2,74	5,0	—	—	—
Dicke der Mikaisolation in mm	1,0	1,27	1,0	1,0	1,0	1,0
Benutzbare Kollektorlänge in mm	95	72	200	80	80	106

Tabelle 5.

	I	II	III	IV	V	VI
Bürsten.						
Zahl der Bürstensätze . .	2	2	2	2	2	2
Zahl der Bürsten pro Satz .	1	2	4	—	—	—
Bürstenbreite in mm . . .	57	32	44,5			
Bürstendicke in mm (= b) .	12,5	12,5	17			
Bürstenauflagefläche in qcm	7,2	2×4,0	4×7,75			
Stromdichte Ampèren pro qcm	6,3	6,3	6,2			
Bürstenwiderstand (bei 0,193 Ohm pro qcm Auflagefläche) in Ohm . . .	0,053	0,048	0,0125			
Spannungsabfall in den Bürsten in Volt	2,5	2,4	2			
Umfangsgeschwindigkeit des Kollektors in m pro Sek. (= v_k)	6,21	6,80	4,6			

	I	II	III	IV	V	VI
Frequenz der Kommutation in Perioden pro Sek. $\left(\sim = \frac{v_k}{2\,b}\right)$	250	270	135			
Gleichzeitig kurzgeschlossene Spulen	3	2	3			
Windungen pro Spule . .	4	4	1			
Gleichzeitig unter d. Bürsten befindliche Leiter . . .	24	16	6			

Tabelle 6.

	I	II	III	IV	V	VI
Pole.						
Wirksame Länge der Polfläche in mm	203	218	711	180	180	150
				gleich d. wirklichen Ankerlänge		
Länge des Polbogens in mm	209	154	335	190	175	240
				ideelle, vergrößerte Länge		
Durchmesser der Polbohrung in mm	412	288	586	348	330	396
Verhältnis des Polbogens zur Teilung[1])	0,66	0,69	0,73	0,705	0,70	0,785
Luftzwischenraum im Mittel in mm	3,55 über dem Anker 3,2 unter dem Anker 4,0	3,55 über dem Anker 3.2 unter dem Anker 4,0	7,0 über dem Anker 6 unter dem Anker 8	3	5	3

Tabelle 7.

	I	II	III	IV	V	VI
Feldspulen.						
Anzahl d. Windungen per Pol	203	156,5	kleine 15, große 76	190	140	85
Zahl der Polspulen	2	4	2 kleine und 2 große Feldspulen	4	4	4
Windungen insgesamt . .	406	626	182	760	560	340
Mittlere Länge einer Windung in m	1,18	0,915	2,388	—	—	—
Drahtdurchmesser (Litze) nackt in mm	4,11	4,62	kleine 2×1,27×22,2 u. 2×1,5 ×22,2 große 1,27×54 u. 1,5 ×54	—	4×7	—
do. 3-fach besponnen . .	—	—	—	—	—	—

[1]) Westinghouse-Motor Nr. 49: 0,66; Nr. 68: 0,695.

	I	II	III	IV	V	VI
Drahtquerschnitt	13,3	16,8	kleine 125 große 151	16	28	23,8
Kupfergewicht in kg	58	—	590	—	—	—
Widerstand bei °C in Ohm	0,81 bei 95° C	0,76 bei 95° C	kleine 0,019 große 0,049 bei 70° C 0,068 insgesamt	—	—	—
Ohmscher Spannungsverlust in Volt	26 bei 32 Amp., das Feld mit 30% geshuntet	38,6	13	—	—	—
Stromdichte in Amp. pro mm²	2,42	2,98	kleine 1,54 große 1,28	2,34	2,14	2,44

Tabelle 8.

	I	II	III	IV	V	VI
Die Feldstärke (nach Schätzung).						
Gesamtkraftlinienzahl im Anker per Pol in Einheiten von 10^6	2,92	2,96	21,2	3,23	3,29	2,94
Magnetischer Streuungskoeffizient	1,25	1,25	1,15	—	1,26	—
Kraftlinienzahl im Pol	3,65	3,70	24,4	—	4,2	—
Ankerkörper: Kernquerschnitt in cm²	405	107,8	1550	—	260	315
Induktion im Körper	7 200	27 500 wegen Streuung geschätzt auf 20 000	13 600	—	12 500	9300
Magnetischer Kraftlinienweg pro Pol in cm	10	7,6	15,2	—	—	—
Ampèrewindungen per cm Kraftlinienweg	3	355	15,8	—	—	—
Gesamte Ampèrewindungen pro Pol	30	2700	240	—	—	—
Zähne: Zahnquerschnitt am Fuß in cm²	145	129	980	—	—	—
Zahnlänge in cm	3,55	3,27	4,4	3,15	3,2	3,7
Mittlere ideelle Induktion am Zahnfuß ohne Verzerrung	20 000	23 000	21 700	24 300	25 200	22 300
Maximale Induktion etc.	—	—	—	—	—	—
Wirkliche Induktion etc.	19 400	21 500	20 000	22 200	22 800	21 000
Ampèrewindungen per cm Kraftlinienweg am Fuß	275	510	395	530	640	380
Gesamte Ampèrewindungen pro Pol	980	1680	1730	—	—	—

	I	II	III	IV	V	VI
Luft: Mittlerer Luftzwischenraum in cm	0,355	0,355	0,71	0,3	0,5	0,3
Luftquerschnitt unterm Polschuh in cm²	425	354 infolge Beschneidung der halben Zahl Polspitzen nur 290	2390	340	315	360
Induktion am Polschuh	6830	10 200	8820	9400	10 600	8200
Gesamte Ampèrewindungen pro Pol	1920	2900	5000	—	—	—
Gehäuse: Mittlerer Querschnitt in cm²	336	252	1550	—	—	—
Magnetischer Kraftlinienweg pro Pol in cm	22,8	19,0	43,2	—	—	—
Mittlere Induktion	10 800	15 000	15 800	15 000	13 200	14 200
Ampèrewindungen per cm Kraftlinienweg	14	35,5	41,4	—	—	—
Gesamte Ampèrewindungen pro Pol	320	670	1 780	—	—	—
Demnach benötigte Ampèrewindungen:						
für den Ankerkern	30	2700	240			
„ die Zähne	980	1680	1730			
„ „ Luft	1920	2900	5000			
Magnet und Gehäuse	320	670	1780			
insgesamt:	3250	7950	8750			
Erregerwickelung pro Pol Windungen	101,5	156,5	$\frac{15+76}{2}$	190	140	85
Erregerstrom in Amp.	32	51	192	37,5	60	58
Demnach Ampèrewindungen	3250	7950	8750	6750	8400	4950

Tabelle 9.

	I	II	III
Verluste und Wirkungsgrad.			
Stromwärme im Anker in Watt	$45{,}5^2 \cdot 0{,}394 = 815$	$51^2 \cdot 0{,}36 = 925$	$192^2 \cdot 0{,}073 = 2700$
Eisengewicht im Anker in kg	142	54,5	860
Eisenverlust im Anker in Watt	800	1120	2650
Demnach Watt pro kg Eisen	5,6	20,6	3,14
Gesamter Ankerverlust in Watt	1615	2045	5350
Stromwärme i. d. Feldspule in Watt	$32^2 \cdot 0{,}81 = 830$	$51^2 \cdot 0{,}76 = 2000$	$192^2 \cdot 0{,}068 = 2500$
Stromwärme in den Bürsten in Watt	$45{,}5^2 \cdot 0{,}053 = 110$	$51^2 \cdot 0{,}048 = 122$	$192^2 \cdot 0{,}0125 = 460$

	I	II	III
Reibungs- und zusätzliche Verluste in Watt	86	96	270
Gesamter Kollektor- u. Bürsten-Verlust in Watt . . .	196	218	730
Kollektor-Oberfläche in cm^2 .	645	610	3300
Watt pro cm^2 Oberfläche . .	0,3	0,36	0,222
Demnach gesamter Verlust:			
Stromwärme im Anker . . .	815	925	2 700
„ „ Feld . . .	830	2 000	2 500
Eisenverlust im Anker . . .	800	1 120	2 650
Kollektor und Bürsten . . .	196	218	730
Reibungsverlust	2 000	1 200	—
Leistung	18 100	20 200	87 500
	22 741	25 663	96 080
Ergibt Wirkungsgrad . . .	79,5 %	79 %	kommerziell etwa 91 %

Tabelle 10.

	I	II	III
Gewichte in kg.			
Ankerkern	114	24,5	860
Ankerkupfer	27	16,0	122
Anker komplett	289	162	1360
Feldspulen-Kupfer	58	—	590
Gehäuse ohne Spulen	235	—	3490

Tabelle 11.

Angaben über ausgeführte Erregerwickelungen.

Motortype	1 Stromstärke Amp.	2 Anzahl der Feldspulen	3 Windungen pro Spule	4 Drahtstärke mm	5 Draht-Querschnitt mm²	6 Stromdichte in Amp. mm²	Bemerkungen
Allgem. Elektr. Ges.	60	4	140	4 × 7	28	2,14	
Union-G. E. 800 . .	45,5	2	203	4,1	13,2	2,42	Feld mit Nebenschluß versehen.
— 1000 . .	(60)	2	133	—	21,1	2,9	
— 1200 . .	(69)	2	198	4,6	16,6	2,65	
— 52 . .	(47)	4	156,5	4,62	16,8	2,98	
Lahmeyer STr. 27/310	57	4	98	5,2	21,2	2,69	
Rieter	50	2	288	4,4	15,2	3,3	
Örlikon	25	4	160	3,2	8,0	3,12	
Örlikon	58	4	85	—	23,8	2,44	
Siemens & Halske .	37,5	4	190	—	16	2,34	
Walker 2 N	(35)	4	125	4,56	16,6	2,64	
— 3 N 4 . . .	61	4	—	4,56	16,6	3,72	
— 3 N 5 . . .	48,5	4	—	4,56	16,6	2,96	
— 3 S	49	4	—	4,18	—	—	
— 55 N	61	4	—	5,8	26,4	2,30	
— 5 S	57	4	—	—	—	—	
— 4 A	(52)	4	—	4,56	16,6	3,13	
— 10 L	(87)	4	—	6,54	33,5	2,6	
— 15 L	(130)	2	—	8,25	53,0	2,45	
— 20 L	(215)	2	—	10,8	92,0	2,34	
— 25 L	(345)	4	—	11,7	108,0	3,19	

Tabelle 12.

Angaben über ausgeführte

Motor-Type	1 Leistung PS_e des Motors	2 Stromstärke Amp.[2])	3 Umdrehungen pro Min.	4 Übersetzungsverhältnis	5 Anzahl der Ankerleiter	6 Anzahl der Nuten	7 Anzahl der Leiter pro Nut	8 Drahtstärke mm	9 Draht-Querschnitt mm^2	10 Stromdichte Amp. pro mm^2
Allgemeine Elektr. Ges.	35	60	530	—	792	33	24	2,8	6,2	4,84
Union-G. E. 800 . .	25	45,5	555	{ 4,78 3,76	840	105	8	2,9	6,6	3,45
— 1000 . .	35	(60)	—	3,94	744	93	8	—	—	—
— 1200 . .	40	(69)	—	3,53	840	105	8	—	—	—
— 2000 . .	110	(190)	—	3,18	282	141	2	—	—	—
— 51 . .	80	(138)	—	1,74	444	37	12	—	—	—
— 52 . .	27	(47)	—	4,78	696	29	24	—	—	—
— 57 . .	50	(87)	640	{ 3,72 4,31	594 444	33 37	18 12	— —	— —	— —
— 58 . .	35	(60)	—	—	—	—	—	—	—	—
— 54 . .	25	(43)	690	4,78	696	29	24	—	—	—
— 67 . .	38	(66)	525	3,94	666	37	18	—	—	—
— 73 . .	75	(130)	485	4.23	468	39	12	—	—	—
— 66 . .	125	(215)	540	4.23	390	39	10	—	—	—
— 55 . .	160	(275)	580	3,29	282	47	6	—	—	—
— 53 . .	45	(78)	480	4,6	666	37	18	—	—	—
Lahmeyer STr. 27/310	—	57	350	—	636	53	12	2,5 × 4,0	10	2,85
Rieter[1])	—	50	—	—	756	63	12	2,7	5,75	4,35
Örlikon[1])	—	25	—	4,9	944	59	16	2	3,14	4,0
do.	35	58	430	—	1110	37	30	2,75	5,9	4,91
Siemens & Halske .	26	37,5 bei 600 Volt	640	—	792	33	24	2,59	5,3	3,54
Walker 2 N . . .	20	(35)	400	5,41	1440	48	30	2	3,14	5,6
— 3 N 4 . . .	—	61	—	—	436	—	—	2,28	4,1	7,34
— 3 N 5 . . .	25	48,5	600	4,78	545	—	—	2,03	3,24	7,3
— 3 S . . .	25	49	600	4,78	880	55	16	2,2	3,8	6,4
— 55 N . . .	—	61	—	—	429	48	9	2 × 2,03	4,06	4,62
— 5 S . . .	—	57	—	—	760	95	8	7,0 × 1,0	5,5	5,2
— 4 A . . .	30	(52)	550	4,78	760	95	8	2,58	5,2	5,0
— 10 L . . .	50	(87)	525	3,90	570	95	6	3,66	10,6	4,1
— 15 L . . .	75	(130)	580	3,29	456	57	8	1,06×15,2	16,1	4,04
— 20 L . . .	125	(215)	660	3,37	252	63	4	1,83×17,8	32,5	3,3
— 25 L . . .	200	(345)	750	4,4	438	73	6	1,14×15,2	17,3	—
Westinghouse 12 A .	25—30	(47)	505—700	4,86	940	47	20	—	—	—
— 38 B .	50	(87)	500—525	4,86	540	45	12	—	—	—
— 49 .	35	—	—	4,86	—	—	—	—	—	—
— 56 .	55	—	—	{ 4,86 3,56	—	—	—	—	—	—

[1]) Ringanker.

[2]) Die eingeklammerten Werte sind für 85 % Wirkungsgrad und 500 Volt ermittelt.

Tabelle 12.

Anker und Ankerwickelungen.

11	12	13	14	15	16	17	18	19	20	21	22	23
Amp.-Stäbe per cm Umfang	Watt per qcm Oberfläche	Anzahl der Bandagen	Anzahl der Kollektor-lamellen	Nuten-tiefe mm	Nuten-breite mm	Anker-Durchmesser mm	Ankerlänge wirklich mm	Umfangs-geschwindig-keit m/Sek.	Ankerlager am Trieb: Durch-messer mm	Ankerlager am Trieb: Länge mm	Anker-Gewicht kg (M=Motor-gewicht)	Quellen-angabe[3]
238	—	—	99	32	13,5	320	180	8,9	—	—	—	A_2
150	—	—	105	35,5	6,1	406	203	11,8	63	152	(M: 667)	E_2
200	—	—	93	—	—	356	333	—	76	203	(M: 1250)	B
228	—	—	105	—	—	406	330	—	83	203	(M: 1350)	A_1
182	—	—	141	—	—	470	337	—	83	203	(M: 2120)	
240	—	—	111	—	—	406	267	—	83	210	(M: 2140)	D
186	—	—	87	—	—	279	229	—	70	197	(M: 940)	E_2
231	—	6	99	—	—	356	305	12,0	83	222	(M: 1670)	
133	—		111	—	—						313	H
—	—	—	—	—	—	—	—	—	—	—	(M: 1190)	
163	—	6	115	—	—	292	229	11,0	70	197	173	
190	—	6	111	—	—	368	216	10,0	76	203	261	
211	—	—	117	—	—	458	260	11,6	90	254	522	H
291	—	11	195	—	—	458	317	13,0	102	254	590	
279	—	11	141	—	—	445	382	13,5	100	280	694	
204	—	5	111	—	—	406	190	10,2	76	197	295	
273	—	—	—	34	8,5	410	310	7,5	—	—	—	E_1
143	—	—	—	28	9,5	420	235	—	—	—	—	A_1
95	—	—	118	19	10,5	396	216	—	—	—	—	
				geschlossen								
263	—	—	111	37	14,5	390	150	8,75	—	—	—	A_2
156	—	—	99	31,5	14	342	180	11,5	—	—	—	
259	—	—	143	—	—	381	349	8,0	—	—	—	
263	0,34	—	109	—	—	324	371	10,2	—	—	185	
262	0,34	3		—	—				—	—		
255	—	4	95	30	8	324	190	10,2	63	140	185	E_1
220	0,18	—	143	—	—	380	190	—	—	—	—	
212	—	—	—	29	6	325	235	—	—	—	—	D
195	—	5	95	—	—	324	235	9,3	63	140	—	
206	—	5	95	—	—	381	254	10,5	70	152	340	
206	—	3	227	—	—	457	219	13,9	76	216	475	
189	—	—	125	—	—	457	330	15,9	83	203	—	
—	—	10	218	—	—	483	343	(19,0)	89	229	630	
239	—	14	93	—	—	295	190	10,8	64	152	163	
213	—	8	135	—	—	352	203	9,7	70	152	238	
—	—	—	—	—	—	352	165	—	70	181	200	H
—	—	—	—	—	—	355	304	—	82	220	327	

[3]) A_1 bedeutet: Arnold, Konstruktionstafeln, ältere Auflage; A_2 bedeutet dasselbe, Auflage 1902; B = Blondel-Dubois, Band I; D = Dawson, Electric traction pocket book Tabelle 85 und 87, Auflage 1901; H = Herrick, Railway handbook, S. 352—358; E_1 = eigene Angabe der Firma; E_2 = Engineering 1899, Band I.

Tabelle 13.

Angaben über ausgeführte Kollektoren.

Motor-Type	1 Strom-stärke Amp.	2 Anzahl der Lamellen	3 Kollektor-Durch-messer mm	4 Teilung in mm einschl. Isolation	5 Kollektor-Länge mm	6 Bürsten-abmes-sungen mm	7 Bürsten-auflage-fläche cm^2	8 Strom-dichte in Amp. pro cm^2	9 Spezif. Auflage-fläche in qmm pro Amp.	Be-merkungen
Allgem. Elektr. Ges.	60	99	235	7,45	80	—	—	—	—	Die einge-klammerten Zahlen sind geschätzt.
Union-G. E. 800	45,5	105	215	6,4	95	—	—	—	—	
Union-G. E. 1000	61	93	210	7,1	—	—	—	—	—	
Union-G. E. 1200 C.	44	105	230	6,88	135	(110 × 15)	16,5	2,67	37,5	
Union-G. E. 52	51	87	204	7,5	72	—	—	—	—	
English Electric Mfg. Co. A-Type	43	123	280	7,12	102	76 × (15)	11,4	3,76	26,5	
Rieter	50	163	290	5,6	143	90 × (15)	13,5	3,7	27,0	} mit Gabelkopf
Örlikon	25	118	240	6,38	90	70 × (15)	10,5	2,4	41,6	} mit Gabelkopf
Örlikon	58	111	265	7,5	106	—	—	—	—	
Siemens & Halske	37,5	99	220	7,0	80	—	—	—	—	
Walker 2 N	35	143	252	5,53	—	38 × 19	7,2	4,85	20,6	
Walker 55 N	61	143	305	6,7	73	64 × 22	14,0	4,35	23,0	

VI.

Behandlung und Untersuchung der Bahnmotoren.

Messungen. Es sollen hier die Messungen an den Bahnmotoren nur insoweit berücksichtigt werden, als sie für den Bahntechniker von praktischem Interesse sind.

Wir unterscheiden Messungen, die nur im Prüfraum vorgenommen werden können und solche, die im Betrieb d. h. im Wagen selbst erfolgen.

Messungen im Prüfraum. Zu diesen Messungen gehören sowohl die Prüfmethoden in der Fabrik bei Fertigstellung des Fabrikates, als auch die Kontrollverfahren, die seitens eines gewissenhaften Abnehmers bei Übernahme der Lieferung erfolgen, die eigentlichen Abnahmeprüfungen, sowie die Feststellungsmethoden der Zusammenschaltbarkeit der Motoren, nennen wir sie die Schaltungsprüfungen.

Die Fabrikationsprüfungen mögen hier nur kurz aufgezählt werden; denn ihre Anwendung im Betriebe des Abnehmers ist nicht möglich, weil dazu ganz besondere Einrichtungen nötig sind, die im Bahnbetrieb für gewöhnlich nicht vorhanden und nicht erforderlich sind. Es empfiehlt sich indes, daß der Abnehmer durch eine Vertrauensperson in der Fabrik vertreten ist, wenn die vorgeschriebenen Kontrollmessungen, die in den Lieferungsbedingungen enthalten sind, dort ausgeführt werden. Diese Messungen beziehen sich auf den Widerstand, den die Isolation der Wickelungen eines Motors gegen Durchschlagen ausübt, und betreffen Messungen, die mit hoher Wechselstromspannung ausgeführt werden.

Einzelne Anker- und Feldspulen sollen, nachdem sie zehn Stunden im Wasser gelegen haben, noch mindestens 400000 Ohm Isolationswiderstand besitzen und eine Wechselstromspannung von mindestens 2000 Volt eine Stunde lang auszuhalten vermögen. Die Isolation soll auch nicht unter dauernder Erwärmung leiden, der Isolationswiderstand soll daher nach zehnstündiger Erwärmung auf etwa 50° C. Übertemperatur nicht nachlassen.

Der fertig hergestellte Motor wird sowohl in der Feld- als in der Ankerwickelung, wenn er nach einstündiger voller Belastung mit seiner Nominalleistung warm geworden ist, mit 2500 bis zu 5000 Volt Wechselstrom auf Durchschlagen geprüft. Diese Grenzen sind, wie ersichtlich, ziemlich weit auseinander liegend. Der Grund hierfür ist wohl darin zu suchen, daß die Ansichten der verschiedenen Fabrikationsgesellschaften über den Wert hoher Prüfspannungen sehr von einander abweichen. Der Kollektor wird mit etwa 2000 Volt Wechselstrom zwischen Lamellen und Welle und mit etwa 500 Volt zwischen benachbarten Lamellen geprüft, natürlich solange die Spulen der Ankerwickelung noch nicht angeschlossen sind. Die Firma Electricité & Hydraulique, Charleroi, wendet folgende Reihenfolge bei den Fabrikationsprüfungen an:

Der fertige Motor wird während 5 Minuten mit einer Wechselstromspannung von 3000 Volt geprüft, hierauf läuft er während einer Stunde mit Volllast und alsdann während 10 Minuten mit einer Überlastung von 50 %. Nach diesen Versuchen darf eine Isolationsmessung nicht weniger als 1 Megohm ergeben. Vor der Montage der Anker werden diese und die Kollektoren mit einer Wechselstromspannung von 5000 Volt geprüft.

In den Normalien für elektrische Maschinen hat der Verband Deutscher Elektrotechniker Minimalwerte für die zu verwendenden Prüfspannungen sowie Normalien für die Prüfmethoden angegeben, welche im folgenden, soweit sie hier in Betracht kommen, im Wortlaut wiedergegeben seien:

„§ 26. Die Messung des Isolationswiderstandes wird nicht vorgeschrieben, wohl aber eine Prüfung auf Isolierfestigkeit (Durchschlagsprobe), welche am Erzeugungsort, bei größeren Objekten auch vor Inbetriebsetzung am Aufstellungsort vorzunehmen ist. Maschinen und Transformatoren müssen im stande sein, eine solche Probe mit einer in nachfolgendem festgesetzten höheren Spannung, als die normale Betriebsspannung ist, eine halbe Stunde lang auszuhalten. Die Prüfung ist bei warmem Zustande der Maschine vorzunehmen und später nur ausnahmsweise zu wiederholen, damit die Gefahr einer späteren Beschädigung vermieden wird.

„Maschinen und Transformatoren bis 5000 Volt sollen mit der doppelten Betriebsspannung, jedoch nicht mit weniger als 100 Volt geprüft werden. Maschinen und Transformatoren von 5000 bis 10000 Volt sind mit 5000 Volt Überspannung zu prüfen. Von 10000 Volt an beträgt die Prüfspannung das Eineinhalbfache der Betriebsspannung.

„§ 27. Diese Prüfspannungen beziehen sich auf Isolation von Wickelungen gegen das Gestell, sowie bei elektrisch getrennten Wickelungen gegeneinander. In letzterem Falle ist bei Wickelungen verschiedener Spannung immer die höchste sich ergebende Prüfspannung anzuwenden.

„§ 28. Zwei elektrisch verbundene Wickelungen verschiedener Spannungen sind gleichfalls mit der der Wickelung höchster Spannung entsprechenden Prüfspannung gegen Gestell zu prüfen.

„§ 29. Sind Maschinen oder Transformatoren in Serie geschaltet, so sind, außer obiger Prüfung, die verbundenen Wickelungen mit einer der Spannung des ganzen Systems entsprechenden Prüfspannung gegen Erde zu prüfen.

„§ 30. Obige Angaben über die Prüfspannung gelten unter der Annahme, daß die Prüfung mit gleicher Stromart vorgenommen wird, mit welcher die Wickelungen im Betriebe benutzt werden. Sollte dagegen eine betriebsmäßig von Gleichstrom durchflossene Wickelung mit Wechselstrom geprüft werden, so braucht nur der 0,7fache Wert der vorgenannten Prüfspannung angewendet zu werden. Wird umgekehrt eine betriebsmäßig von Wechselstrom durchflossene Wickelung mit Gleichstrom geprüft, so muß die Prüfspannung 1,4mal so hoch genommen werden, wie oben angegeben.

„§ 31. Ist eine Wickelung betriebsmäßig mit dem Gestell leitend verbunden, so ist diese Verbindung für die Prüfung und Isolierfestigkeit zu unterbrechen. Die Prüfspannung einer solchen Wickelung gegen Gestell richtet sich dann aber auch nur nach der größten Spannung, welche zwischen irgend einem Punkte der Wickelung und des Gestelles im Betriebe auftreten kann.“ —

Die weiter zu erwähnenden Abnahmeprüfungen können vom Abnehmer vorgenommen werden, da zu denselben nur gewisse feinere Instrumente bezw. die Gleichstromspannung des Bahnbetriebes nötig sind. Sie betreffen genaue Widerstands- und Isolationsmessungen, sowie Abbremsen und Leistungsuntersuchungen mit Temperaturmessungen und Messung des Wirkungsgrades.

Widerstandsmessungen. In einfachen Fällen, bei denen es sich nur darum handelt, festzustellen, ob einzelne gleich gewickelte Spulen denselben Widerstand haben, wie eine als richtig befundene Spule, ist als einfachstes Verfahren zu empfehlen, einen beliebigen Strom durch sämtliche hintereinander geschaltete Spulen zu schicken und an den Klemmen jeder Spule den Spannungsabfall durch ein Voltmeter oder Galvanometer von hohem Widerstand zu messen. Durch den Ausschlag ergibt sich, ob der Widerstand der zu prüfenden Spulen gleich dem bekannten Widerstande der richtigen Spule ist. Setzt man an die Stelle des bekannten Widerstandes einen regulierbaren Rheostaten, dann vermag man den unbekannten Widerstand durch diesen Versuch auch absolut auszuwerten (Substitutionsmethode).

Ein anderes indirektes Verfahren besteht darin, durch Feldspule oder Anker, welchen letzteren man allenfalls festklemmt, einen Strom zu senden, dessen Stärke J mittels eines Ampèremeters gemessen wird. Mißt man außerdem den Spannungsabfall E an den Klemmen des unbekannten Widerstandes R durch ein Voltmeter, so ist $R=\frac{E}{J}$ Ohm. Da die zu bestimmenden Widerstände in ihren ungefähren Größen meist bekannt sein werden, so ist der nötige Meßbereich der Instrumente leicht vorher zu bestimmen. Im allgemeinen wird ein Voltmeter, das bis fünf Volt, und ein Ampèremeter, das bis zehn Ampère zeigt, ausreichen. Bei Benutzung der Betriebsspannung von 500 Volt für diesen Versuch muß ein Regulierwiderstand zum Abdrosseln der Spannung, der die gleiche Stromstärke auszuhalten vermag, vorgeschaltet werden. Es ist bei der-

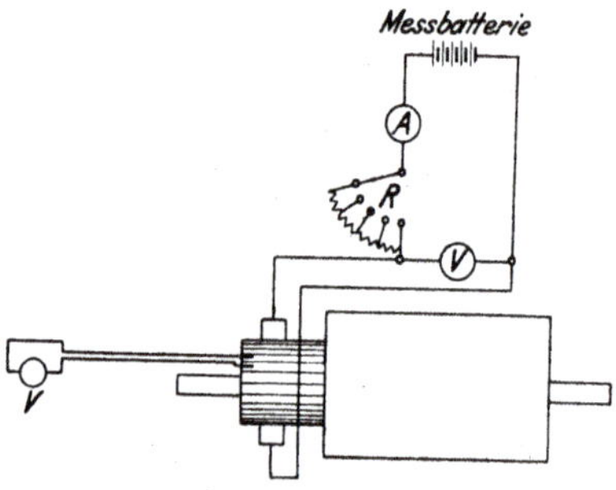

Fig. 154.

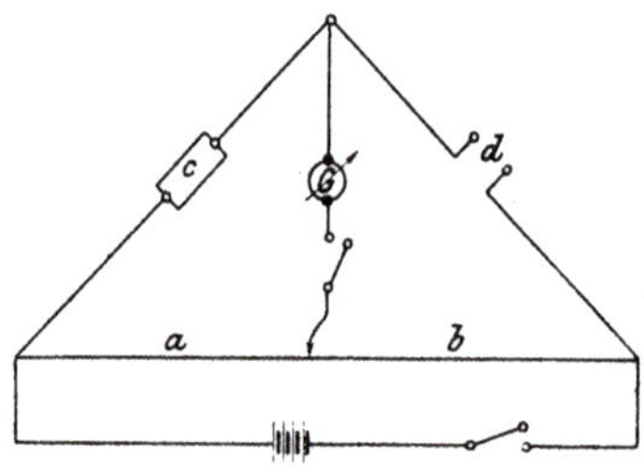

Fig. 155.

selben Schaltung auch möglich, die Widerstände zwischen je zwei benachbarten Lamellen des Ankers zu messen, indem man die Klemmen eines Voltmeters, das bis zwei Volt anzeigt, an je zwei benachbarte Lamellen anlegt, wobei man auf guten Kontakt zwischen Meßdraht und Lamelle zu achten hat. Da der den Anker durchfließende Strom in allen Fällen derselbe ist, stehen die Widerstände der einzelnen Wickelungsteile im direkten Verhältnis der gemessenen Spannungen (vgl. Schaltung Fig. 154).

Ist der ungefähre Betrag des Widerstandes nicht von vornherein bekannt oder eine genügende Stromquelle nicht vorhanden, so sind die erwähnten Messungen nicht bequem verwendbar und Nullmethoden vorzuziehen; die gebräuchlichsten derselben sind die Wheatstonesche (Fig. 155) und die Thomsonsche Brückenmethode (Fig. 157), von denen besonders für die erstere handliche, transportable Apparate zusammengestellt im Handel erhältlich sind (vgl. Fig. 156). Ist in Fig. 155 und Fig. 157 $a:b=c:d$ (in Fig. 157 $=e:f$), so zeigt das Galvanometer keinen Ausschlag; im Falle der

Thomson-Brücke ist dabei vorausgesetzt, daß $a = c$ und $b = d$ ist. Daraus kann man den unbekannten Widerstand d bezw. f berechnen. Für das Verhältnis $a : b$ bezw. $e : f$ benutzt man zweckmäßig einen kalibrierten Draht, dessen Widerstandsteile genau im Verhältnis der betreffenden Längenteile stehen und daher durch einfaches Verschieben des Zeigers auf der untergelegten Skala abgelesen werden können. Diese beiden Verfahren sind unbeeinflußt von Schwankungen der elektromotorischen Kraft der Stromquelle, was einen großen Vorzug dieser Meßmethoden gegenüber den vorhergehenden bedeutet. Dagegen machen sich bei Messungen an Spulen Induktionswirkungen durch starke Ausschläge des Galvanometers beim Öffnen und Schließen des Stromkreises unangenehm fühlbar. Es empfiehlt sich

Fig. 156. S. & H.-Meßbrücke.

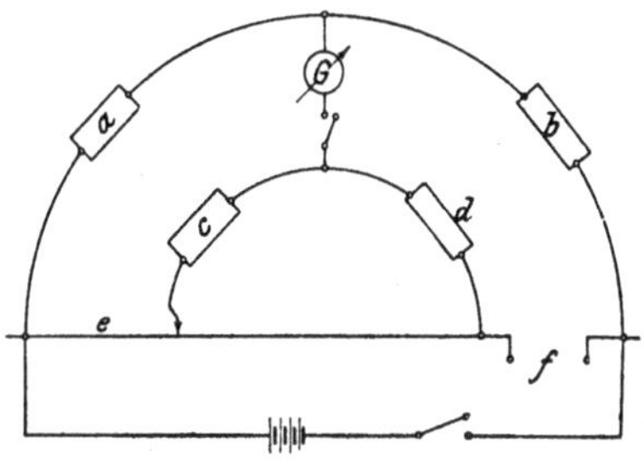

Fig. 157.

dann, zuerst nur den Batteriestromkreis zu schließen und das Galvanometer erst nach einigen Sekunden einzuschalten.

Isolationsmessungen. Während die Isolation der Spulen in der Fabrik bei ihrer Herstellung mittels Hochspannung auf Durchschlagen geprüft wird, wie schon oben erwähnt, ist dieses Verfahren im Betriebe, abgesehen von seiner Unbequemlichkeit und Kostspieligkeit, auch deshalb nicht empfehlenswert, weil auf diese Weise die Isolation noch schneller zerstört werden würde als durch natürliche Beanspruchung. Jede Isolation leidet nämlich mit der Zeit nicht nur durch mechanische Beanspruchung (durch Druck, Abbiegung, Eindringen von scharfkantigem Staub und sonstigen Fremdkörpern) sowie durch Erwärmung abwechselnd mit Abkühlung, durch übermäßige Erwärmungen, durch Eindringen von Feuchtigkeit, sondern auch durch Beanspruchung mit übermäßigen Spannungen. Man benutzt deshalb zur Feststellung des Isolationswiderstandes nur die Widerstandsmessungen mit mittlerer Spannung von etwa 500 Volt. Die zu verwendenden Schaltungen können dieselben sein, wie die bei den Widerstandsmessungen bereits erwähnten, nur daß der Meßbereich sich nunmehr auf hohe Widerstände beziehen muß, z. B. läßt sich die Substitutionsmethode solange anwenden, als man genügend hohe Rheostaten zur Verfügung hat. Ist das letztere nicht der Fall, so kann man sich dadurch helfen, daß man ein Galvanometer verwendet, dessen Ausschläge sich proportional der Stromstärke ändern. Hat der zur Verfügung stehende Vergleichs-Rheostat nur $^1/_n$ des Isolationswiderstandes, so wird bei Einschaltung des Rheostaten der Ausschlag n-mal so groß sein müssen als bei Einschaltung des Isolationswiderstandes.

Wird dadurch der Ausschlag beim Einschalten des Rheostaten zu groß, so kann man auch das Galvanometer in Nebenschluß zu einem bekannten Widerstand legen und den Ausschlag dadurch beliebig verringern. Ist der Isolationswiderstand gering im Vergleich zum inneren Widerstand des Galvanometers, so ist es besser, an Stelle der Substitutionsmethode die indirekte Messung von Strom und Spannung vorzunehmen, indem man ein Milliampèremeter von geringem Widerstande in Hintereinanderschaltung mit dem Isolationswiderstand wählt, und die Stromstärke J sowie die an ihm liegende Spannung E gleichzeitig mißt, es ist dann $R = \frac{E}{J}$. Bei diesem Versuche kann die volle Betriebsspannung benutzt werden, wenn man sich vorher überzeugt hat, daß kein offenbarer Isolationsfehler vorhanden ist. Die gleiche Meßmethode liegt den im Handel käuflichen Isolationsmessern zu Grunde, nur mit dem Unterschied, daß man für die letzteren als Stromquelle einige Leclanché- oder Trockenelemente benutzt, die in einem Kasten untergebracht sind und mit einem Galvanometer fest verbunden in Serie liegen. Das Galvanometer kann dann selbst nach dem anzulegenden Isolationswiderstand geeicht werden und eine Skala zum direkten Ablesen desselben erhalten; da die Spannung der Stromquelle und der vorgeschaltete Galvanometerwiderstand stets konstant bleiben, so erübrigt sich eine Messung des Spannungsabfalles im Isolationswiderstand. Der Meßbereich dieser Isolationsmesser, die für den Werkstatts- und Montagegebrauch sehr geeignet sind, wenn sie auch keine weitgehende Genauigkeit der Messung ergeben können, erstreckt sich gewöhnlich von 500 bis 100000 oder mehr Ohm.

Auf demselben Gedanken beruht eine in Amerika übliche Meßmethode: die Verwendung eines Voltmeters von bekanntem hohem inneren Widerstand in Hintereinanderschaltung mit dem Isolationswiderstand direkt bei Betriebsspannung. Dieselbe ist weit genauer als die vorher erwähnte, weil man gleich nach der Isolationsmessung unter Ausschaltung des Isolationswiderstandes (vgl. Schaltung nach Fig. 158) die Betriebsspannung kontrollieren kann. Ist R_e der Widerstand des Voltmeters, E_2 die gemessene Spannung, E_1 die Betriebsspannung, x der Isolationswiderstand, so ist:

$$E_2 = R_e \frac{E_1}{R_e + x},$$

$$\frac{E_2}{E_1} = \frac{R_e}{R_e + x} \quad \text{und} \quad x = \left(\frac{E_1}{E_2} - 1\right) R_e .$$

Diese Methode ist trotz ihrer Genauigkeit auch für den Monteur verwendbar. Da z. B. die Weston-Voltmeter einen genau bekannten Widerstand (etwa 80 000 Ohm) besitzen und die Betriebsspannung in der Regel wenig variiert, kann der Monteur eine Tabelle in die Hand bekommen, die für jede Voltablesung den gemessenen Isolationswiderstand angibt.

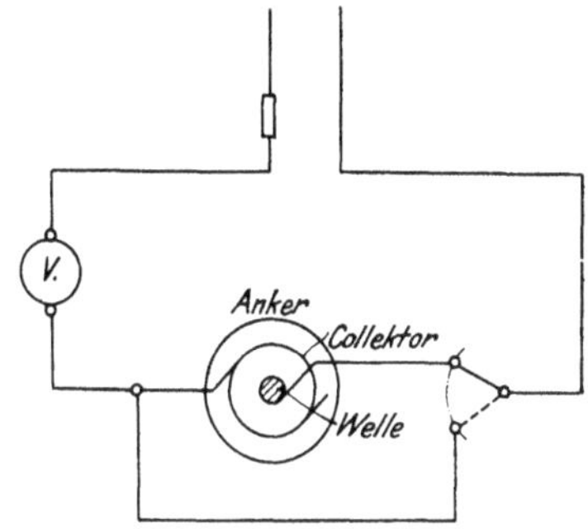

Fig. 158.

Leistungsmessungen. Die Leistung eines Motors ist, wie bereits in Teil II erörtert, hauptsächlich begrenzt durch seine Erwärmung bei einer dem Betriebe entsprechenden Dauerbelastung. Es werden sich daher hierauf die vom Lieferanten zu gebenden Garantien in erster Linie zu erstrecken haben.

Ebenso sind Messungen der unbeschränkten Dauerleistung des Motors und seiner Temperaturerhöhung bei derselben, sowie die Bestimmung der Funkungsgrenze die wichtigsten Abnahmeprüfungen, während der Wirkungsgrad bei Bahnmotoren erst in zweiter Hinsicht in Betracht kommt.

Ein rein mechanisches Verfahren für die Belastung des Motors im Prüfraum ist die Verwendung des Pronyschen Zaumes. An die Stelle des Zahntriebes wird eine Riemenscheibe aufgebracht, dieselbe von Holzbacken fest umklammert, welche selbst an einem langen Hebelarm befestigt, am besten völlig ausbalanciert werden. Durch die Reibung der Holzbacken, die durch Anziehen der Flügelmuttern vermehrt wird, kann die ganze Leistung des Motors verzehrt werden, indem man je nach der Motorleistung den Zaum durch entsprechend große angehängte Gewichte ausbalanciert erhält (vgl. Fig. 159). Eine ähnliche Versuchsanordnung zeigt Fig. 160. Ist

n die Umdrehungszahl des Motors pro Sekunde, $M = G \cdot l$ das statische Moment des belasteten Zaumes in kgm, so läßt sich die Leistung mit $\frac{2\pi n}{60 \cdot 75} \cdot Gl = \frac{n}{716{,}56} \cdot G \cdot l = 0{,}001396 \cdot G \cdot n \cdot l$ in Pferdekräften berechnen, wenn G in kg, l in m. In Amerika wird der Zaum in einer etwas anderen Form in Verbindung mit einer Dezimalwage (vgl. Fig. 160) verwendet. Eine mit seitlichen Flanschen versehene Riemenscheibe wird durch ein schmiedeeisernes Band mit Holzausfütterung gebremst, welches sich wiederum durch Schrauben festziehen läßt,

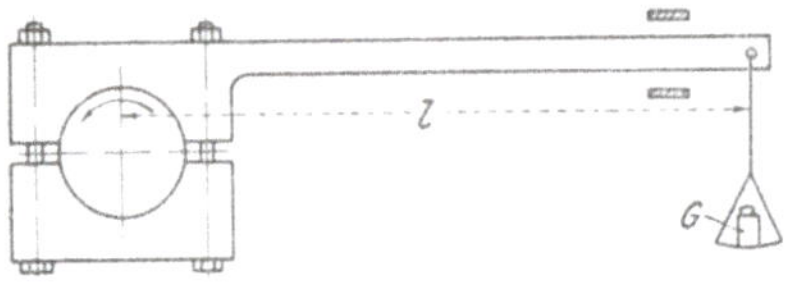

Fig. 159.

das Ende des Hebels liegt mittels einer Schneide auf der Plattform der Wage, unter Zwischenschaltung eines auf Gummischeiben liegenden Brettes; diese letzteren dienen zur Aufnahme der Vibrationen. Zur Vermeidung zu großer Erhitzung der Klemmbacken läßt man über das Rad Seifenwasser rieseln, oder die Riemenscheibe wird auch innen so konstruiert, daß eine Kühlung durch selbsttätigen Zu- und Ablauf des Wassers erzielt werden kann (vgl. Fig. 161). Eine andere in der Handhabung bequemere Belastungsweise als der Pronysche Zaum ist das Ankuppeln eines zweiten geeichten Motors, der als Generator arbeitet. Die Anordnung ist außerordentlich einfach, und zwar läßt man den Generator sich entweder selbst erregen, um auf einen Widerstand zu arbeiten, oder die Felderregung des Generators wird mit dem Motor in Serie geschaltet, während der Anker des Generators für sich auf den Widerstand geschaltet wird. Die beiden Triebenden der Motoren werden zusammengekuppelt oder die beiden Triebe arbeiten auf eine zwischen die Motoren in die Achslager des einen Motors gelegte Zwischenwelle. Unbequem ist jedoch und bei Dauerversuchen unökonomisch die Vernichtung der vom Generator erzeugten elektrischen Energie in einem Wasserwiderstand oder einer Lampenbatterie. Manchmal benutzt man feste Widerstände, deren Wärme zur Anheizung von Trockenöfen benutzt werden kann. Im allgemeinen wird es jedoch vorgezogen, den elektrischen Strom wieder dem Motor zuzuführen, so daß ein vollständiger Kreislauf entsteht und nur die Verlustarbeit als Differenz der zugeführten und wiedergewonnenen von einer

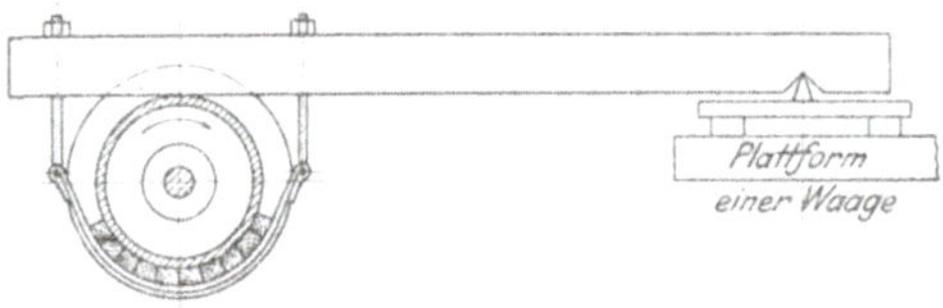

Fig. 160.

fremden Stromquelle geliefert zu werden braucht. Es ist dadurch möglich, mit der Leistung auch sofort den Wirkungsgrad des Motors festzustellen (vgl. Näheres hierüber unter Wirkungsgradbestimmung). Man kann auf diese Weise auch, ohne allzugroßen Energieaufwand, den Motor in weiten Grenzen überlasten, um festzustellen, ob er in der Tat die maximale Stromstärke, deren Aufnahme ohne betriebsgefährliche Funkung vom Lieferanten garantiert worden ist, zu kommutieren vermag.

Die Temperaturmessung muß, damit der Motor keine Zeit hat, sich durch Strahlung abzukühlen, im unmittelbaren Anschluß

Fig. 161.

an die Dauerbelastung, und zwar an eine ununterbrochen einstündige Belastung, vorgenommen werden. Für gewöhnlich wird sie mit einem Thermometer ausgeführt, nachdem der Motor mit Tüchern zum Zusammenhalten der Wärme bedeckt wurde. Genauere Resultate gibt die Messung des Widerstandes R_w des warmen Motors; man erhält dann die Temperaturerhöhung gegenüber der umgebenden Luft aus der Formel:

$$\tau = \frac{R_w - R_k}{0{,}0037\,R_k},$$

worin R_k den Widerstand des kalten Motors, d. h. bei der Temperatur der umgebenden Luft bedeutet.

Es hängt von der Bauart des Motors und vom Isolationsmaterial ab, in welchem Grade der Motor die Temperaturerhöhung der Spulen annimmt. Bei vielen Motoren werden die durch das Thermometer und die Widerstandsmessung ermittelten Werte wenig voneinander abweichen. Bei manchen Motoren kann man aber große Unterschiede feststellen, wie z. B. bei den beiden Motoren, für welche die Ergebnisse der Thermometer- und Widerstandsmessung nach den Kurven *A* und *B* in Fig. 162 und 163 eingetragen sind. Wir ersehen aus den genannten Kurven, daß bei ein- und demselben Motor die wirkliche Temperatur um etwa 50% höher ist als die durch Thermometer gemessene.

Es empfiehlt sich deshalb, obgleich die Normalien des Verbandes Deutscher Elektrotechniker nur für Feldspulen die Wider-

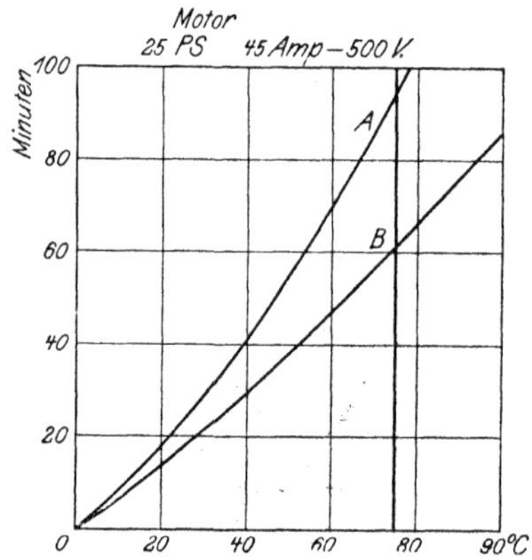

Fig. 162.

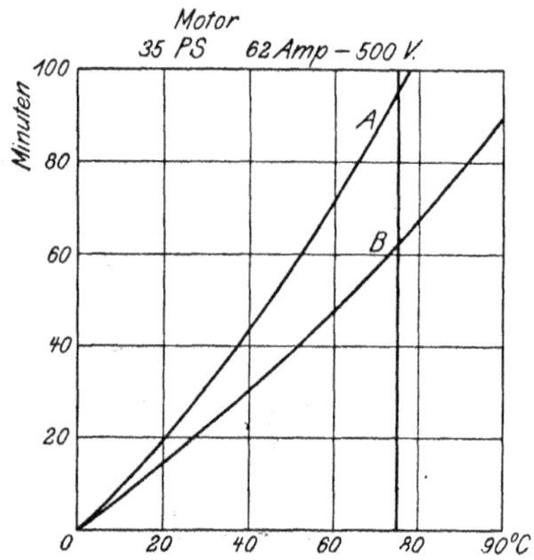

Fig. 163.

standsmessung vorschreiben, doch von Zeit zu Zeit oder wenigstens für jede Bauart nach der Fabrikation bezw. bei der Abnahme sich über die wirkliche Temperatur auch der Ankerspulen durch eine Widerstandsmessung des erhitzten Motors zu unterrichten.

Die hierher gehörigen Bestimmungen der genannten deutschen Normalien für elektrische Maschinen lauten wörtlich wie folgt:

„§ 12. Bei der Prüfung auf Temperaturzunahme dürfen die betriebsmäßig vorgesehenen Umhüllungen, Abdeckungen, Ummantelungen u. s. w. von Maschinen und Transformatoren nicht entfernt, geöffnet oder erheblich verändert werden. Eine etwa durch den praktischen Betrieb hervorgerufene und bei der Konstruktion in Rechnung gezogene Kühlung kann im allgemeinen bei der Prüfung nachgeahmt werden, jedoch ist es nicht zulässig, bei Straßenbahnmotoren den durch die Fahrt erzeugten Luftzug bei der Prüfung künstlich herzustellen.

„§ 13. Als Lufttemperatur gilt jene der zuströmenden Luft oder, wenn keine entschiedene Luftströmung bemerkbar ist, die mittlere Temperatur der die Maschine umgebenden Luft in Höhe der Maschinenmitte, wobei in beiden Fällen in etwa 1 m Entfernung von der Maschine zu messen ist. Die Lufttemperatur ist während des letzten Viertels der Versuchszeit in regelmäßigen Zeitabschnitten zu messen und daraus der Mittelwert zu nehmen.

„§ 14. Wird ein Thermometer zur Messung der Temperatur verwendet, so muß eine möglichst gute Wärmeleitung zwischen diesem und dem zu messenden Maschinenteil herbeigeführt werden z. B. durch Stanniolumhüllung. Zur Vermeidung von Wärmeverlusten wird die Kugel des Thermometers und die Meßstelle außerdem mit einem schlechten Wärmeleiter (trockener Putzwolle u. dgl.) überdeckt. Die Ablesung findet erst statt, nachdem das Thermometer nicht mehr steigt.

„§ 15. Mit Ausnahme der mit Gleichstrom erregten Feldspulen und aller ruhenden Wickelungen werden alle Teile der Generatoren und Motoren mittels Thermometer auf ihre Temperaturzunahme untersucht.

„Bei thermometrischen Messungen sind, soweit wie möglich, jeweilig die Punkte höchster Temperatur zu ermitteln, und die dort gemessenen Temperaturen sind maßgebend.

„§ 16. Die Temperatur der mit Gleichstrom erregten Feldspulen und aller ruhenden Wickelungen bei Generatoren und Motoren ist aus der Widerstandszunahme zu bestimmen. Dabei ist, wenn der Temperaturkoeffizient des Kupfers nicht für jeden Fall besonders bestimmt wird, dieser Koeffizient als 0,004 anzunehmen.“ —

Wirkungsgradbestimmung. Der Wirkungsgrad des Motors ist bei Benutzung des Pronyschen Zaumes der Quotient aus abgebremster Leistung und zugeführter elektrischer Leistung. Dabei sind alle Verluste bis zum Zahntrieb berücksichtigt. Will man auch die Verluste der Zahnradübersetzung und der Achslagerreibung einbeziehen, so bringt man zweckmäßig den Pronyschen Zaum direkt auf der Radbandage an und läßt die Radachse in den Motorachslagern rotieren. Wird zur Abbremsung des Motors ein gleich großer als Generator laufender Motor verwendet, so ist der Verlust in jedem Motor etwa die Hälfte des Gesamtverlustes, und dieser wird wiederum durch die Differenz der gewonnenen gegenüber der zugeführten Leistung gemessen. Wenn die Motoren nicht nur gleich groß, sondern auch von ganz gleicher Bauart sind, so wird es leicht sein, den Strom des Generators genau gleich dem Motorstrom einzuregulieren, wodurch es natürlich notwendig wird, die Energie des Generators in einem regulierbaren Widerstand zu vernichten.

Es ist dann der Gesamtwirkungsgrad, da auch die Umdrehungszahlen übereinstimmen, direkt das Verhältnis der Klemmenspannungen $\frac{E_1}{E_2}$ und der Wirkungsgrad jedes Motors ist dann gleich $\sqrt{\frac{E_1}{E_2}}$, worin E_1 die Generator-, E_2 die Motorspannung ist. Denn ist L die mechanische Leistung des Motors, J die für beide Maschinen gleiche Stromstärke, so ist

$$\text{für den Motor } L = \eta E_2 J,$$
$$\text{für den Generator } E_1 J = \eta L.$$

Multipliziert man beide Gleichungen miteinander, so ergibt sich

$$\eta^2 = \frac{E_1}{E_2}.$$

Eine andere Schaltweise desselben Versuches zielt darauf hin, die vom Generator hergegebene Energie dem Motor sofort wieder zuzuführen, so daß bloß die Verlustarbeit von fremder Stromquelle entnommen zu werden braucht. Es gibt für diesen Zweck mehrere voneinander abweichende Schaltanordnungen:

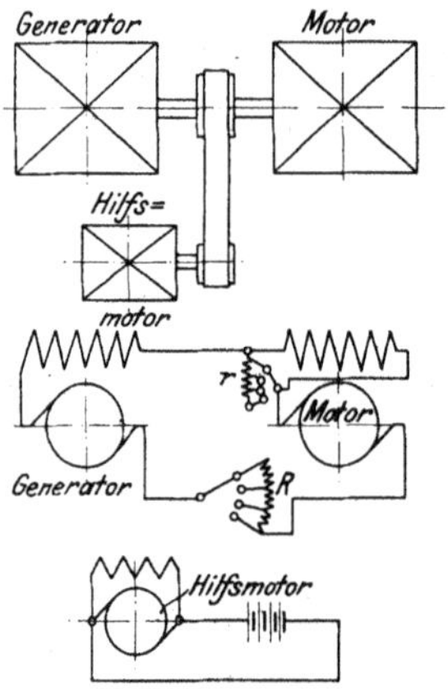

Fig. 164.

1. Hintereinanderschaltung von Motor und Generator mit Selbsterregung in einen Stromkreis und Antrieb des gekuppelten Motorgenerators durch einen kleinen Hilfsmotor (von $^1/_4$ bis $^1/_3$ der Größe der zu prüfenden Motoren). Diese Schaltung wird in amerikanischen Werkstätten am häufigsten verwendet (vgl. Fig. 164).

Sie bezweckt, den Motorgenerator durch den von einer fremden Stromquelle gespeisten Hilfsmotor auf solche Geschwindigkeit zu bringen und auf ihr zu erhalten, daß der Generator dem Motor die normale Klemmenspannung E abgibt.

Das Anlassen der Motorgeneratorgruppe erfolgt durch einen Vorschaltwiderstand R, der die ganze Spannung abdrosseln können muß, damit man die Generatorspannung erst allmählich auf den Motor legen kann. Vor erreichter voller Spannung muß anfangs das Feld des Motors noch durch einen Nebenschlußwiderstand r geschwächt werden, damit der Motor, der mit gleichem Strom und gleicher Geschwindigkeit wie der Generator läuft, eine niedrigere gegenelektromotorische Kraft als der Generator entwickelt. Anderenfalls würde ein Gleichgewichtszustand nicht zu erreichen sein. Ist ein solcher erreicht, dann stellt die effektive Leistung des Hilfsmotors, vermindert um den etwaigen Riemenverlust, sämtliche Verluste des Motorgenerators, sie seien mit L_1 bezeichnet, dar.

Wenn der Hilfsmotor geeicht ist und sein Wirkungsgrad für jede Belastung bekannt ist, genügt es, die demselben zugeführte elektrische Energie, sowie die dem Prüfmotor zugeführte Energie zu messen, um den gesuchten Wirkungsgrad zu finden. Ist dann L die vom Generator erzeugte und die vom Motor aufgenommene Energie, so gibt der Motor ηL an den Generator ab. Außerdem führt der Hilfsmotor dem Generator die Leistung L_1 zu. Die ganze dem Generator zugeführte Leistung ist also $L_1 + \eta L$. Da er selbst die Leistung L erzeugt, gilt:

$$\eta (L_1 + \eta L) = L$$

oder

$$\eta^2 L + \eta L_1 - L = 0,$$

woraus schließlich der Wirkungsgrad

$$\eta = \frac{1}{2L}\left(\sqrt{L_1^{\,2} + 4L^2} - L_1\right)$$

folgt, oder bequemer die angenäherte Formel

$$\eta = \sqrt{\frac{L - \frac{L_1}{2}}{L + \frac{L_1}{2}}}$$

2. Dieselbe Schaltung wie unter 1, jedoch mit Fremderregung der beiden Prüfmotoren von besonderen Batterien aus (nach Hopkinsons Angaben, vergl. Fig. 165). Hierbei hält man die Erregung beim Generator über, beim Motor unter dem normalen Betrage und mißt bei normalem Strome die von außen zugeführten Energiemengen; sie seien für die Generatorerregung L_2, für die Motorerregung L_3, dann ergibt sich als gesuchter Wirkungsgrad, wenn die effektive Leistung des Hilfsmotors, wiederum vermindert um den etwaigen Riemenverlust, mit L_1 bezeichnet wird, annähernd:

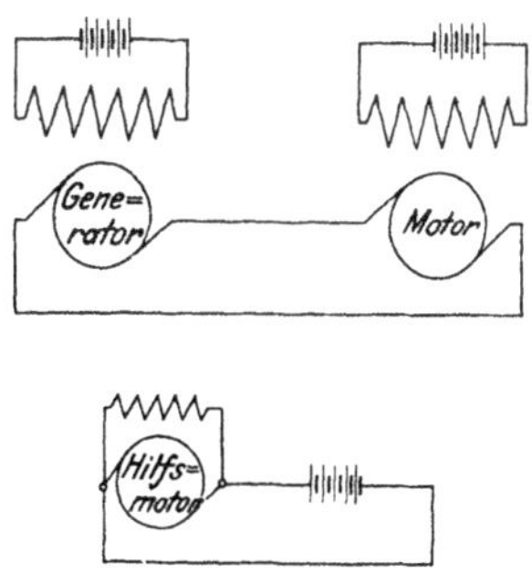

Fig. 165.

$$\eta = \sqrt{\frac{L - \frac{L_1}{2}}{L + \frac{L_1}{2} + L_2 + L_3}}$$

3. Dieselbe Hintereinanderschaltung des mechanisch gekuppelten Motors und Generators, jedoch wird statt der Anwendung eines Hilfsmotors eine Hilfsdynamo in den Stromkreis der beiden Prüfmotoren eingeschaltet. Diese Schaltung wurde von Kapp angegeben (vergl. Fig. 166).

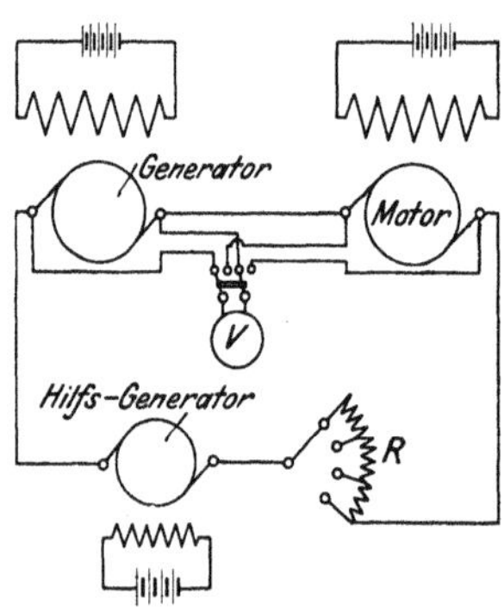

Fig. 166.

Die Hilfsdynamo erhält ihren Antrieb von einer fremden Kraftmaschine. Die Felderregung des Motorgenerators und der Hilfsdynamo wird so einreguliert, daß die beiden Maschinen mit normalem Strom und normaler Geschwindigkeit laufen. Man mißt hierbei die Klemmenspannung jeder der drei Maschinen und die Stromstärke. Die Klemmenspannung der Hilfsdynamo ist $E_1 = E_3 - E_2$, worin E_3 den Motor, E_2 den Generator betrifft. Die effektive Leistung der Hilfsdynamo sei $L_1 = E_1 J$, die effektive Leistung des Generators ist $E_2 J$, die dem Motor zugeführte Leistung $E_3 J$, dann ist für den Generator

$$\eta_2 = \frac{E_2 J}{E_2 J + L_2 + \frac{L_1}{2}},$$

für den Motor

$$\eta_3 = \frac{E_3 J - \frac{L_1}{2}}{E_3 J + L_3},$$

worin L_2 und L_3 wieder, wie oben, die durch die Felderregung zugeführte Leistung zu Generator bezw. Motor bedeutet.

4. Einige Methoden mit Parallelschaltung der zusammengekuppelten Prüfmotoren, deren Besprechung hier zu weit führen würde, da dieselben weniger gebräuchlich sind. Hierzu gehört die von Kapp angegebene sinngemäße Abänderung seiner obigen Methode[1]) sowie die Methode von Hutchinson.[2])

[1]) Vergl. Grawinkel u. Strecker, 4. Aufl. S. 163.
[2]) Vergl. Blondel-Dubois, II. Bd. S. 368 f.

Die deutschen Normalien für elektrische Maschinen enthalten auch eingehende Bestimmungen über die Angaben und die Methoden zur Bestimmung des Wirkungsgrades, die im folgenden im Wortlaut wiedergegeben werden:

„§ 34. Der Wirkungsgrad ist das Verhältnis der abgegebenen zur zugeführten Leistung. Er kann durch direkte Messung der Leistungen oder indirekt durch Messung der Verluste bestimmt werden. Die indirekten Methoden sind leichter durchzuführen, durch Beobachtungsfehler weniger beeinflußt und aus diesen Gründen in der Regel vorzuziehen. Bei Angabe des Wirkungsgrades ist die Methode zu nennen, nach welcher er bestimmt werden soll, beziehungsweise bestimmt wurde, wozu ein Hinweis auf den entsprechenden Paragraphen dieser Normalien genügt.

„Die Angabe des Wirkungsgrades soll sich stets auf die dem normalen Betriebe entsprechende Erwärmung beziehen.

„Der Wirkungsgrad ist unter Berücksichtigung der Betriebsart (vergl. §§ 4, 5, 6) anzugeben.

„Der Wirkungsgrad ohne besondere Angabe der Belastung bezieht sich auf die normale Belastung.

„Die für Felderregung nötige und im Feldrheostat verlorene Leistung ist als Verlust in Rechnung zu ziehen.

„§ 37. Die direkte elektrische Methode: Diese Methode kann angewendet werden bei Motorgeneratoren, Umformern und Transformatoren, indem man die abgegebene sowie zugeführte Leistung durch elektrische Messungen ermittelt. Zwecks Verwendung gleichartiger Meßinstrumente empfiehlt es sich bei dieser Methode, gleichartige Maschinen oder Transformatoren paarweise zu prüfen.

„§ 38. Die indirekte elektrische Methode: Sind zwei Maschinen gleicher Leistung, Type und Stromart vorhanden, so werden sie mechanisch und elektrisch derart gekuppelt, daß die eine als Generator, die andere als Motor läuft. Der Betrieb des Systems erfolgt durch Stromzuführung von einer äußeren Stromquelle aus in der Weise, daß nur die zur Deckung der Verluste nötige Leistung zugeführt und gemessen wird. Der Betriebszustand der beiden Maschinen ist so einzuregulieren, daß der Mittelwert zwischen der dem Motor zugeführten und der vom Generator abgegebenen Leistung so nahe als möglich gleich ist der normalen Leistung der einzelnen Maschine. Dieser Mittelwert wird durch Messung bestimmt. Die zur Deckung der Verluste nötige Leistung kann auch mechanisch zugeführt und elektrisch gemessen werden. Ist bei diesen Messungen Riemenübertragung nicht zu vermeiden, so sind die dadurch verursachten Verluste entsprechend zu berücksichtigen.

„Die vorstehend beschriebene Methode ist auch bei Transformatoren anwendbar, sofern dieselben in Bezug auf Leistung, Spannung und Frequenz identisch sind. Der in etwaigen Hilfsapparaten entstehende Verlust ist sinngemäß zu berücksichtigen.

„§ 39. Die direkte Bremsmethode: Diese Methode ist im allgemeinen bei kleineren Motoren brauchbar, kann aber für einen kleineren Generator, der sich als Motor betreiben läßt, auch verwendet werden, doch müssen dann die Verhältnisse so gewählt werden, daß die magnetische und mechanische Beanspruchung, Tourenzahl und Leistung während der Prüfung möglichst wenig von den entsprechenden Größen bei der Benutzung als Generator abweichen.

„§ 40. Die indirekte Bremsmethode: Ist ein Generator bezw. Motor von entsprechender Leistung vorhanden, dessen Wirkungsgrad bei verschiedenen Belastungen genau bekannt ist, so kann dieser als Bremse bezw. als Antriebsmotor benutzt werden.

„Wird hierbei eventuell eine Riemenübertragung verwendet, so ist der dadurch entstehende Verlust zu berücksichtigen.

„§ 41. Leerlaufsmethode: Bei Leerlauf als Motor wird der Verlust, welcher zum Betriebe der Maschine bei normaler Tourenzahl und Feldstärke in eingelaufenem Zustande auftritt, bestimmt. Dieser stellt den durch Luft-, Lager- oder Bürstenreibung, Hysteresis und Wirbelströme bedingten Verlust dar, dessen Änderung mit der Belastung nicht berücksichtigt wird. Durch elektrische Messungen und Umrechnungen wird der Verlust durch Stromwärme in Feld-, Anker-, Bürsten- und Übergangswiderstand bei entsprechender Belastung ermittelt, wobei bezüglich des letzteren auf die Bewegung und die richtige Stromstärke, bezüglich der ersteren auf den warmen Zustand der Maschine Rücksicht zu nehmen ist. Bei asynchronen Motoren können die Verluste im Sekundäranker anstatt durch Widerstandsmessungen durch Messung der Schlüpfung bestimmt werden. Ein etwaiger bei normalem Betriebe in einem Vorschaltwiderstand für die Feldwickelung auftretender Verlust ist mit in Rechnung zu ziehen. Diese Methode ist auch sinngemäß für Transformatoren verwendbar.

„Die Summe der vorstehend erwähnten Verluste wird als „meßbarer Verlust“ bezeichnet. Als Wirkungsgrad wird angesehen das Verhältnis der Leistung zur Summe von Leistung und „meßbarem Verlust“.

„§ 42. Hilfsmotormethode: Stellen sich der direkten Ermittelung des Verlustes für Luft-, Lager- und Bürstenreibung, sowie

Hysteresis und Wirbelströme in gewissen Fällen Schwierigkeiten entgegen, oder ist eine gleichartige Stromquelle, wie die zu untersuchende Maschine nötig hat, nicht vorhanden, so kann der Verlust für Luft- und Lagerreibung, sowie Hysteresis und Wirbelströme durch einen Hilfsmotor festgestellt werden. Die Feststellung des Verlustes für Luft-, Lager- und Bürstenreibung, sowie Hysteresis hat dann dadurch zu geschehen, daß man die dem antreibenden Motor zugeführte Leistung bei normaler Erregung der zu untersuchenden Maschine feststellt und davon die im Hilfsmotor, sowie die in der eventuellen Riemenübertragung entstehenden Verluste abzieht. Die Verluste im Hilfsmotor sind durch Leerlauf des Hilfsmotors bei gleicher Tourenzahl und Spannung wie während des ersten Versuches festzustellen, sowie durch die Belastung hinzukommende Verluste in Feld, Anker, Bürsten und Übergangswiderstand durch elektrische Messungen entsprechend den Angaben unter § 41 zu bestimmen. Im übrigen ist bezüglich der zu untersuchenden Maschine genau wie in § 41 zu verfahren und ist auch der Wirkungsgrad in gleicher Weise definiert.“ —

Um die einzelnen Verluste im Motor voneinander zu trennen, gibt es verschiedene Verfahren. Bei der oben unter 1. angezogenen Schaltung geht man so vor, daß man den Hilfsmotor eicht, um aus der ihm zugeführten Leistung jede abgegebene Leistung zu kennen. Läßt man dann den Motorgenerator ohne Felderregung und ohne Bürsten laufen, so stellt man durch Ablesung am Hilfsmotor die sämtlichen Reibungs- und Luftwiderstandsverluste fest (allerdings stets mit Einschluß des Riemenverlustes zwischen Hilfsmotor und Motorgenerator!). Wiederholt man die Messung mit angelegten Bürsten, so ist die Differenz des gefundenen Wertes gegenüber dem vorher ermittelten Werte die Bürstenreibung. — Wenn man dann den Motorgenerator mit Fremderregung laufen läßt, kann man für verschiedene Erregungen die Verluste messen und derart die Eisenverluste entsprechend den jeweiligen Umdrehungszahlen ermitteln.

Andere Verfahren zur Trennung der Verluste wurden durch Kapp,[1]) Hummel[2]) und Dettmar[3]) angegeben. Von der letzteren Methode sei nur kurz der Vorgang zusammengestellt:

Miß Wattverbrauch des Motors bei konstantem Erregerstrom und variabler Spannung, d. h. variabler Umdrehungszahl, und zwar für verschiedene Werte des Erregerstromes. Dies gibt, von der

---

[1]) ETZ 1891, S. 553.
[2]) ETZ 1891, S. 515.
[3]) ETZ 1899, S. 203.

Spannung abhängig aufgetragen, eine Kurvenschar durch den Nullpunkt. Daraus ermittle eine Kurvenschar für den Wattverbrauch bei konstanter Umdrehungszahl abhängig von der Spannung für mehrere Werte über und unter der normalen Umdrehungszahl. Durch Verlängerung dieser letzteren Kurven bis zur Nullordinate ergibt sich der (nach Dettmar nicht konstante) Reibungsverlust für diese Werte der Umdrehungszahl. Trägt man diese Reibungsverluste abhängig von der Umdrehungszahl auf, so gibt dies eine ansteigende Kurve. Mißt

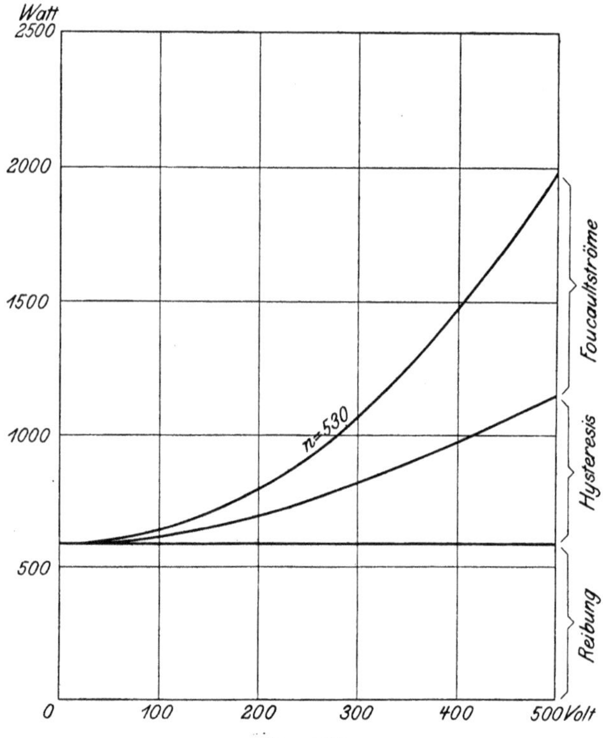

Fig. 167.

man dann die Stromstärke bei konstanter Erregung und verschiedener Spannung, so gibt dies eine ansteigende Gerade als Funktion der EMK, subtrahiert hiervon die durch Division mit der zugehörigen Spannung aus der Reibungskurve sich ergebende Stromstärke des Reibungsverlustes, so ergibt dies wieder eine Gerade. Der Rest ist der Verlust durch Foucaultströme und Hysteresis; da die Stromstärke des Hysteresisverlustes konstant ist und die Foucaultströme bei der Spannung Null selbst verschwinden, so kann man durch eine Parallele zur Abscisse durch den Schnittpunkt mit der Nullordinate diese Verlustströme trennen. Um die Verlustenergie zu finden, multipliziert man die gefundenen Stromwerte mit den zugehörigen Spannungen und trägt dieselben entweder für konstante Erregung als Kurvenschar durch den Nullpunkt oder für konstante Umdrehungszahl als Kurvenschar über der der Reibung entsprechenden Parallelen zur Abscissenlinie auf (vergl. Fig. 167). — Die Begründung und nähere Erläuterung dieser Methode findet man in der angezogenen Quelle. Schließlich sei noch der auf die Trennung der Verluste bezügliche Paragraph der deutschen Normalien für elektrische Maschinen wörtlich angeführt:

„§ 44. Trennungsmethode: Bei Maschinen, die nur unter Benutzung von fremden Lagern arbeiten können, ist der Wirkungsgrad ohne Rücksicht auf Reibung in folgender Weise zu bestimmen. Der Verlust für Hysteresis und Wirbelströme wird elektrisch festgestellt dadurch, daß die Maschine in ähnlicher Weise wie bei der Leerlaufsmethode, als Motor laufend, untersucht wird. Um den Verlust für Luft-, Lager- und Bürstenreibung von dem Verlust für Hysteresis und Wirbelströme trennen zu können, ist in folgender Weise zu verfahren: Die Maschine muß bei mehreren verschiedenen Spannungen mit normaler Tourenzahl in eingelaufenem Zustande untersucht werden, und zwar soll man mit der Spannung so weit wie möglich nach unten gehen, jedoch auch Beobachtungswerte bei normaler Spannung und wenn möglich bei 25 $^0/_0$ höherer Spannung aufnehmen. Diese Beobachtungswerte sind graphisch aufzutragen und es ist die erhaltene Kurve so zu verlängern, daß der bei der Spannung „Null“ auftretende Verlust ermittelt werden kann. Dieser Wert gibt den Reibungsverlust an und ist von dem bei normaler Spannung beobachteten Leerlaufsverlust in Abzug zu bringen. Der Rest ist als Verlust für Hysteresis und Wirbelströme anzusehen, dessen Änderung mit der Belastung nicht berücksichtigt wird. Die übrigen Verluste sind entsprechend § 41 elektrisch zu ermitteln. Die Summe von Hysteresis- und Wirbelstromverlust, sowie die Verluste durch Stromwärme in Feld, Anker, Bürsten und deren Übergangswiderstand bei Belastung werden als „meßbarer Verlust“ bezeichnet und wird als der Wirkungsgrad das Verhältnis der Leistung zur Summe von Leistung und „meßbarem Verlust“ angesehen.

„Die Ermittelung des Hysteresis- und Wirbelstromverlustes kann auch mittels Hilfsmotor vorgenommen werden.“ —

Schaltungsprüfungen. Von den Schaltungsprüfungen ist in den Kreis unserer Betrachtungen zu ziehen:

die Prüfung der Zusammenschaltbarkeit zweier Motoren zu Serie-Parallelschaltung für zweckentsprechendes Zusammenarbeiten, die Prüfung richtiger Widerstandsabstufung der Serie- und Parallelschaltung für stoßfreies Anfahren.

Das erstere Prüfverfahren ist nötig, weil sonst ein Motor mehr als der andere leisten und sich dadurch nach kurzer Zeit bis zu einer unzulässigen Temperatur erhitzen würde, wie näher erörtert in Teil III und IV. Dieses ungleiche Verhalten zweier gleich gebauter und unter gleichen Arbeitsbedingungen arbeitender Motoren beruht meist auf ungleichen magnetischen Eigenschaften des Konstruktionsmaterials, wodurch die durch die Motoren entwickelten gegenelektromotorischen Kräfte nicht übereinstimmen und die verschiedene Belastung der Motoren hervorrufen. Man kann diese Ungleichheit praktisch sehr einfach feststellen, indem man beide Motoren auf dieselbe Vorgelegewelle, die in die Achslager des einen Motors montiert werden kann, in Serienschaltung arbeiten läßt. Sind ihre magnetischen Eigenschaften übereinstimmend, so wird jeder Motor die halbe Klemmenspannung besitzen, im anderen Falle nicht (siehe Teil III, S. 108ff.). Die Ablesung der Spannung kann entweder an einem umschaltbaren Voltmeter oder auch an einem Differentialvoltmeter, welches nur eine etwaige Differenz der Spannungen anzeigt, erfolgen. Als Grenze für die Zusammenschaltbarkeit zweier Motoren mit nicht ganz gleichen magnetischen Eigenschaften sollte eine zehnprozentige Spannungsdifferenz angesehen werden. Es ist dabei empfehlenswert, den Versuch- bis zu Voll- und Überbelastung auszudehnen. Bei Anwendung der Parallelschaltung für den Versuch mißt man die Ungleichheit der Stromstärken bei sonst ganz gleichen Bedingungen. Findet sich eine unzulässige Ungleichheit, so wird es in den meisten Fällen ratsam sein, die Motoren nicht zusammenzuschalten. Nur im Notfall wird man den magnetischen Kreis desjenigen Motors, der zu wenig Strom oder Spannung nimmt, durch Zwischenlegen isolierender Teile zwischen die beiden Gehäusehälften schwächen.

Ein Wagen kann selbst vom besten Fahrpersonal nicht stoßfrei in Fahrt gebracht werden, wenn nicht die Widerstände angenähert in der im III. Teil erläuterten Weise abgestuft sind. Die Prüfung dieser Abstufung geschieht einfach durch Widerstandsmessung nach einem der bereits erwähnten Verfahren. Diese Kontrolle kann statt im Prüfraum auch eventuell erst nach dem Einbau im Wagen selbst vom Fahrschalter aus vorgenommen werden. Jedenfalls empfiehlt sich aber die Widerstandsprüfung vor der ersten Inbetriebsetzung des Wagens, um die Motoren vor Schaden zu bewahren.

Messungen im Wagen. Im Wagen wird man solche Messungen der Motoren vornehmen, die ihrer Natur nach im Prüfraum nicht oder wenigstens nicht unter denselben Arbeitsbedingungen ausgeführt werden können, Messungen, welche die Beziehungen zwischen Motor und Wagen festlegen. Es sind dies die Messungen des Strom-, Leistungs- und Arbeitsverbrauches und zwar für jeden Kilometer Fahrt, für das Anfahren, auf Steigungen, der Einfluß von Fehlern im Motor auf den Stromverbrauch, die Ermittelung des Traktionswiderstandes des Wagens und Berechnung des Gesamtwirkungsgrades aus den vorhergenannten Messungen.

Man könnte zweifelhaft sein, ob Messungen, welche die Wechselbeziehungen zwischen Motor und Wagen betreffen, in den Rahmen dieses Buches gehören, da ihr Zweck nur im Studium des Gesamtbetriebes bestehen kann. Jedoch beruht die Art und Weise der Messungen teils auf den inneren Eigenschaften des Motors teils können die Messungsergebnisse auch sehr wohl auf die Beurteilung des Motors zurückwirken, so daß es den Verfassern angebracht erschien, diese Messungen hier mit aufzunehmen.

Die Messungen von Strom-, Leistungs- und Arbeitsverbrauch im Wagen ergeben, wie die Erfahrung lehrt, gegenüber den im Prüfraum für den Motor ermittelten Werten nicht unwesentliche Erhöhungen der Werte. Es liegt dies einmal an der ungünstigen Arbeitsweise der Bahnmotoren im Wagen, da dieselben selbst bei peinlicher Instandhaltung des ganzen Triebwerkes doch unter Verunreinigungen und starker Abnutzung einzelner Teile zu leiden haben. Hierzu kommt bei jeder Erschütterung ein Arbeitsverlust infolge der elastischen Aufhängung der Motoren.

In Hinsicht auf die Abgabe in der Zentrale würde es ausreichen, den Strombedarf allein festzustellen, da sich daraus unter Berücksichtigung der nötigen Klemmenspannung des Generators, die sich aus anderen Gesichtspunkten bestimmt, die Leistung der Generatoren von selbst ergibt. Da aber die Wagen durch ihre stetige Ortsveränderung mit in Grenzen bis etwa $10^0/_0$ wechselnden Klemmenspannungen der Motoren laufen, ist es bei diesen Messungen unerläßlich, entweder gleichzeitig Strom und Spannung oder Strom und Leistungsabnahme abzulesen, um genaue Resultate in Hinsicht auf die Fahrt zu erhalten.

Was die Instrumente betrifft, die man im Wagen verwendet, so ziehen die Amerikaner Instrumente mit Skala vor, die stark gedämpft sind und daher schnell und ohne Schwingungen sich auf den jedesmaligen, oft wechselnden Wert einstellen. Bei den starken Erschütterungen, die die Instrumente im bewegten, allseitig abgefederten Wagen erleiden, sind aber natürlich Ungenauigkeiten und Fehler in den Ablesungen unvermeidlich. In Europa, insbesondere in Frankreich, wo die Fabrikation von Präzisionsinstrumenten in hoher Blüte steht, zieht man selbstregistrierende Instrumente vor. Die Genauigkeit der Aufzeichnungen dieser letzteren leidet aber gleichfalls an dem oben erwähnten Fehler, da die selbstregistrierenden Instrumente wegen der nicht unbedeutenden Reibung des Schreibstiftes am Papier nicht zu stark gedämpft sein dürfen, um ein Haftenbleiben des Stiftes am Papier zu vermeiden. Kleine Vibrationen sucht man von den Instrumenten fernzuhalten durch Aufstellen derselben auf Gummiklötze oder durch elastische Aufhängung. Ihre Schaltung erfolgt in den Hauptstromkreis vor den Kontroller, der Wattstundenzähler muß hinter den Hauptausschalter gelegt werden, damit sofortige Ausschaltung im richtigen Augenblick erfolgen kann.

Die Geschwindigkeit mißt man gleichzeitig und zwar am einfachsten, indem man die Versuchsstrecke vorher abmißt und etwa alle 50 oder 100 m ein Zeichen anbringt, dessen Passieren mit einer genauen Uhr mit Sekundeneinteilung festgestellt wird. Es sind dadurch Streckenlänge und Zeitintervall zur Berechnung der Geschwindigkeit bekannt. Als Zeichen für die Streckeneinteilung sind auch die Oberleitungsmaste sehr bequem verwendbar, da ihre Streckenkotierung nach den Plänen aufs genaueste vorgenommen werden kann. Die Gleichmäßigkeit der Zeitablesung hängt nur von der Geschicklichkeit und Zuverlässigkeit des Ablesenden ab. Man verwendet deshalb wohl auch registrierende Instrumente für die Aufzeichnung von Zeit und Strecke, obgleich die Benutzung derselben auf einem Motorwagen stets mit Unbequemlichkeiten verknüpft ist. Als solche Vorrichtungen sind die folgenden zu nennen:

Die drehende Bewegung einer Registriertrommel wird von der Wagenachse aus durch hohe Übersetzung hergeleitet, die Zeit wird von einem Uhrwerk aus durch einen Elektromagnet notiert, oder umgekehrt, das Uhrwerk dreht die Trommel und ein Tourenzähler markiert durch einen Elektromagnet die zurückgelegte Strecke, indem er nach je etwa 100 Touren einen Kontakt schließt.

Verschiedene Tachometer zeigen direkt die Geschwindigkeit an. Entweder beruhen sie auf der Wirkung eines Zentrifugalregulators, oder auf der Klemmenspannung einer kleinen, auf der Achse sitzenden Dynamomaschine oder auf dem der Geschwindigkeit proportionalen Drucke einer kleinen Rotationspumpe, die auf die Achse gesetzt wird.

Die Messungen werden sich zweckmäßig für jede Wagen- und jede besondere Ausrüstungstype erstrecken auf:

den mittleren Strombedarf eines Wagens unter normalen und besonderen Umständen,

den Stromstoß beim Anfahren d. h. bei Beschleunigung bezw. beim elektrischen Bremsen d. h. bei Verzögerung,

den Strombedarf beim Befahren von Steigungen und die erreichbare Geschwindigkeit.

Strombedarf bei normalen Bedingungen. Über die Widerstände, die der Wagen beim Fahren zu überwinden hat, kann auf Teil I verwiesen werden. Zur Ermittelung normaler Stromwerte wird man alle die dort erwähnten Punkte insoweit berücksichtigen müssen, als man Gewicht darauf legt, allgemein giltige Werte zu erhalten; man benutzt daher einen Gleisteil ohne starke Kurven und Steigungen in gutem Zustande, achtet darauf, daß kein Gegenwind herrscht und die Schienen nicht besonders schlüpfrig sind.

Beim Fahren in der Ebene macht man einige Dauerversuche für jede Kontroller-Schaltstufe, auf der es gestattet ist, dauernd zu fahren. Insbesondere wird der Versuch mit ausgeschalteten Widerständen in Serie- sowie in Parallelschaltung angestellt werden müssen, um richtige Zahlenwerte für den Leistungsverbrauch bei verschiedenen Geschwindigkeiten zu erhalten.

Wenn durch diese Messungen der normale Strombedarf für verschiedene Geschwindigkeiten festgestellt ist, kann man den Einfluß gewisser anormaler Umstände untersuchen, wie starker Gegenwind, Widerstand von Kurven mit kleinem Radius, Widerstand von schlecht verlegtem Gleis, Einfluß schlechter Bedienung der Fahrkurbel, Fahren bei geringerer Spannung infolge großer Entfernung von der Zentrale, Fahren mit nur einem Motor, Einfluß gewisser Schäden im Motor auf den Stromverbrauch, Messungen, die für den speziellen Fall mehr oder weniger Interesse haben werden, über die sich aber allgemein keine Anhaltspunkte geben lassen. Als Resultat derartiger Messungen sei im folgenden eine Tabelle des Strombedarfes bei verschiedenen Schaltstufen und verschiedenen Schäden eines 30pferdigen Motors wiedergegeben:[1])

Tabelle 14.	Stromstärke in Ampère: Schaltstufen: 1	2	3	4	5	6	7	8	9
Normale Stromstärke	68	35	26	23	20	68	71	63	52
Strombedarf bei zu geringem Vorschaltwiderstand	100	22	27	27	22	120	70	65	60
Strombedarf bei beschädigter Feldwickelung	120	97	85	84	82	130	100	95	90
Strombedarf bei Ausschaltung des 2. Motors	140	110	90	64	50	—	—	—	—
Strombedarf bei Ausschaltung des 1. Motors	160	130	100	80	82	—	—	—	—

[1]) Vergl. Herrick, Electric railway handbook, S. 62.

Tabelle 14 beweist uns, daß bei den Versuchsfahrten auf den einzelnen Schaltstellungen zu lange verweilt wurde. Immerhin ist aber der Vergleich der unter den verschiedenen Bedingungen gemessenen Stromstärken interessant, da er sehr anschaulich darlegt, in welchem Maße dieselben in den einzelnen Fällen zunehmen. Aus der vierten Messung ist ersichtlich, daß der erste Motor völlig fehlerlos läuft, so daß die Stromerhöhung bei der dritten Messung ausschließlich durch den zweiten Motor, mit welchem die fünfte Messung ausgeführt wurde, verschuldet worden ist.

Um einen Mittelwert für den Arbeitsverbrauch beim Anfahren für bestimmte Beschleunigung zu erhalten, wird man die Messungen wiederholt auf ein und demselben Gleisstück anstellen. Es muß dann, richtige und gleichmäßige Bedienung des Fahrschalters vorausgesetzt, der Wagen bei jedem Versuch dieselbe Strecke in gleicher Zeit zurücklegen. Der Wattstundenzähler muß sofort bei vollständiger Ausschaltung der Widerstände, d. h. beim Übergang auf die letzte Kontrollerstufe ausgeschaltet werden. Die Beschleunigung γ wird dann einfach aus der zurückgelegten Strecke s und der Zeit t berechnet. Es ist $\gamma = \frac{2s}{t^2}$ in m/Sek.². Der Arbeitsverbrauch beim Anfahren erstreckt sich allerdings, streng genommen, noch weiter bis zu dem Augenblick, wo die der höchsten Geschwindigkeit entsprechende Stromstärke erreicht wird. Nach der Erreichung der letzten Kontrollerstufe, d. h. nach Ausschaltung des ganzen Vorschaltwiderstandes, nimmt aber die Beschleunigung schnell ab. (Siehe Teil III, S. 126 ff.) Dehnt man daher die Messung über diesen Punkt hinaus aus, so ist die erwähnte einfache Berechnungsweise der Beschleunigung nicht mehr angängig, man müßte vielmehr für den letzten Teil die Kurve der Beschleunigung aufnehmen, was ohne besondere Apparate sehr schwierig ist.

Ein Apparat zur Messung der Beschleunigung wurde von Kapp erfunden. Derselbe gibt sehr genaue Resultate, ist leicht einzubauen und wenig kostspielig. Er besteht aus einem mit einer Flüssigkeit gefüllten U-förmigen Rohr, dessen horizontaler Teil im Wagen parallel zu den Schienen befestigt wird. Ist l die Länge des Rohres in horizontaler Richtung und h die zu beobachtende Niveaudifferenz der Flüssigkeit in den beiden Schenkeln, so gilt

$$\frac{\gamma}{g} = \frac{h}{l}.$$

Die Genauigkeit der Ablesungen gibt Kapp[1]) mit einer Fehlergrenze an, welche beträgt:

[1]) Kapp, Elektrotechn. Zeitschrift 1900, S. 579.

0 bis 0,8 % bei 0,4 m/Sek.-Beschleunigung bezw. Verzögerung,
0,2 bis 0,6 % bei 0,75 „ „ „ „
0,8 bis 1,0 % bei 1,4 „ „ „ „

Eine Dämpfung des Apparates kann beliebig durch Beschränkung der Rohrweite oder besser durch ein Drosselventil erzielt werden.

Durch einen Schwimmer läßt sich dieser Apparat auch zu einem registrierenden ergänzen.

Einen anderen registrierenden Apparat[1]) kann man sich herstellen, indem man die Schwingungen eines in Richtung der Gleisachse frei schwingenden Pendels am oberen Ende durch einen Schreibstift auf einen Papierstreifen registriert. Die Graduierung des Papierstreifens erfolgt zweckmäßig nach den zugehörigen Ausschlagwinkeln des Pendels, da $\operatorname{tg}\alpha = \frac{\gamma}{g}$. Ob dieses Instrument sich genügend dämpfen läßt, um praktisch wirklich brauchbare Zahlen im Betriebe zu liefern, dürfte zweifelhaft erscheinen. Beide Apparate haben den Nachteil, daß sie nicht die Beschleunigungen direkt an einer Skala zeigen können, da der Nullpunkt der Skala sich natürlich in Steigungen je nach dem Grade derselben verschiebt.

Alle diese Versuche, die für das Anfahren besprochen wurden, können auch für die Messungen der elektrischen Bremswirkung, der vom Motor wiedergewonnenen Energie und der Bremsverzögerung, Verwendung finden.

Dasselbe läßt sich von den Messungen auf wechselnden Steigungen sagen; für das Ablesen von elektrischen Instrumenten bei Leistungs- und Strommessungen auf solchen muß man besonders darauf achten, die Ablesungen nicht in gleichen Zeit- bezw. Streckenintervallen vorzunehmen, sondern die Gefällwechselpunkte dafür zu berücksichtigen. Um den mittleren Wert der Zugkraft zu bestimmen, müssen hierbei alle Messungen auf Hin- und Rückfahrt ausgedehnt werden, sowohl um die gegenseitigen Steigungs- und Gefällverhältnisse auszugleichen, als auch zum Ausgleich einer etwaigen höheren Lage des Endpunktes der Versuchsstrecke gegenüber dem Anfangspunkt.

Schließlich erübrigt es noch, aus allen diesen Messungen die Zugkraft am Zughaken des Wagens, den gesamten Bahnwiderstand und den Gesamtwirkungsgrad des Wagens zu bestimmen.

Da die Zugkraft des Motors so gut wie geradlinig mit zunehmender Stromstärke wächst (vergl. Teil III, S. 81), so genügen zwei Messungen, um die Beziehung zwischen Zugkraft und Strom genügend genau festzulegen. Dann kann man einmal die Stromstärke ohne Anhängewagen und dann mit Anhängewagen messen,

[1]) Herrick, Electric railway handbook, S. 61.

und die zugehörigen Zugkräfte bestimmen. Die Differenz dieser beiden Werte ist dann die Zugkraft des Wagens am Zughaken gemessen, und stellt also den Widerstand der Bewegung für den Anhängewagen vor. Diese Methode ist jeder mechanischen Zugkraftmessung am Wagen selbst unbedingt vorzuziehen, sowohl aus Gründen der größeren Genauigkeit als auch was Annehmlichkeit der Messung betrifft.

Eine andere Methode stützt sich auf die Messung der Beschleunigung z. B. mit dem Apparat von Kapp. Multipliziert man den nach obigem erhaltenen Wert der Beschleunigung mit der Masse des Wagens, so erhält man die Zugkraft Z desselben am Zughaken, da $Z = \frac{\gamma}{g} G$, worin G das Wagengewicht bedeutet. Diese Zugkraft am Zughaken vermehrt um den Bewegungswiderstand gibt die gesamte vom Motor entwickelte Zugkraft.

Um den Bewegungswiderstand zu messen, kann man sich gleichfalls des Kappschen Zugkraftmessers bedienen, indem man die Verzögerung beim Auslaufen des Wagens in horizontaler Gleisstrecke mißt. Findet man den Wert der Verzögerung zu γ m pro Sek.^{2}, so ist der Traktionskoeffizient $\zeta = 1000 \frac{\gamma}{g}$ oder rund 100 γ kg pro t Wagengewicht. Man kann also mit diesem Apparat die gesamte vom Motor abgegebene Zugkraft beim Anfahren sowie auf Steigungen messen.

Behandlung vor Inbetriebsetzung. Im V. Teile, welcher sich mit der Bauart der Bahnmotoren befaßt, mußte zu wiederholten Malen die Art der Behandlung des Motors während des Betriebes als ausschlaggebend für gewisse Konstruktionseigentümlichkeiten desselben angeführt werden. Es ist gerade dieser Punkt für den Bahnmotor außerordentlich bezeichnend, da derlei Rücksichten bei keiner anderen Maschine so in den Vordergrund treten. Der Grund für diese weitgehende Rücksichtnahme auf die Bedienung des Motors bei seiner konstruktiven Ausgestaltung liegt in seiner ungünstigen örtlichen Anordnung verbunden mit außerordentlich schwieriger Arbeitsweise.

Unter diesen Umständen wird es nicht unwichtig erscheinen, auf seine Behandlung ausführlicher einzugehen; kann man doch den Bahnmotor vergleichen mit dem Lebensnerv eines belebten Wesens; durch sein Versagen wird nicht nur das lebendige Triebwerk selbst seine guten Dienste einstellen, sondern sofort zu seiner eigenen Fortschaffung noch fremde Betriebsmittel für sich in Anspruch nehmen und dadurch den Organismus des Gesamtbetriebes in Mitleidenschaft ziehen. Es muß daher auf zweckentsprechende Bedienung des Motors doppelte Sorgfalt verwendet werden und zwar vom ersten Einbau bis zur völligen Abnützung.

Regeln für den Einbau. Dem Einbau muß eine eingehende Besichtigung und Prüfung des Motors vorausgehen und zwar unter Zerlegung desselben in seine wesentlichen Bestandteile, da später im Betriebe selbst eine derartig gründliche Zerlegung durch Bauart und Anordnung mit Umständlichkeiten verknüpft ist. Nach dem Aufklappen wird das Gehäuse sorgfältig gereinigt, wobei man besonders auf Entfernung etwaiger Blechreste oder Unterlagscheiben, die von der Fabrikation her erfahrungsgemäß sich oft versteckt vorfinden, zu achten hat, da solche kleine Eisenstücke, wenn sie von den Magneten angezogen werden, leicht Schaden anrichten können. Beim Herausheben des Ankers ist die jedem geübten Monteur elektrischer Maschinen gewohnte Vorsicht zu beobachten, daß der Anker am besten mittels der Welle angehoben und, auch nur vorübergehend, auf ihr mittels kleiner Holzböcke gelagert wird. Ist sein Anheben am Umfang des Ankerkörpers unvermeidlich, so geschieht dies durch einen breiten Gurt und seine Lagerung dann auf elastischer Unterlage, wofür gewöhnlich weicher Filz verwendet wird. Der Kollektor wird sauber abgeschliffen, und zwar nicht mit Schmirgel-, sondern mit feinem Sand- oder Glaspapier, ohne daß irgendwelche Riefen davon entstehen dürfen. Die Bürsten müssen zylindrisch abgeschliffen werden, damit sie mit ihrer vollen Fläche den Kollektor berühren. Am einfachsten geschieht dies auf dem Kollektor selbst, indem man Schmirgelleinwand mit der rauhen Seite nach oben auf den Kollektor legt.

Vor dem Zusammensetzen des Gehäuses versäume man nicht, die Stoßflächen der beiden Hälften mit einem leicht klebenden Stoffe, wie Lack oder Firnis, zu bestreichen, um diese durch Abhobeln gut aufeinanderpassenden Flächen gegen das Eindringen von Staub abzudichten. Nach dem Verschrauben des Gehäuses muß sich der Monteur stets selbst vergewissern, daß alle Muttern genügend fest angezogen sind und überall gesichert sind, sei es durch eine federnde Unterlegscheibe, durch Gegenmutter oder Splint. Auch Überdrehen des Schraubengewindes durch allzufestes Anziehen der Muttern ist betriebsgefährlich, da bei den fortwährenden Erschütterungen des Motors das Gewinde stark beansprucht wird. Zum eigentlichen Einbau des Motors in das Untergestell werden zuerst die Lagerschalen der Achslager sorgfältig nachgeschabt, bis die obere Lagerschale mindestens auf $^2/_3$ ihrer Fläche voll aufliegt, was sich durch Einreiben des Achsschenkels mit schwarzer Tusche und probeweises Auflegen der Schale feststellen läßt. Es ist dagegen nicht ratsam, das Lager auf seiner ganzen Fläche anliegen zu lassen und die Achse allzu stramm zu umfassen, da sonst eine unzulässige Erwärmung der Lagerschale im Betriebe eintreten kann. Wenn der Motor schmäler ist, als der lichte Raum zwischen den Achsnaben beträgt, setzt man, um ihm keinen seitlichen Spielraum zu lassen, feste Stellringe seitlich neben die Achslager, wobei aber zur Vermeidung schädlicher Reibung auf jeder Seite etwa $^1/_2$ mm Spielraum gelassen werden sollte. Wird die Einsetzung solcher Stellringe unterlassen, so wird der Motor infolge seiner elastischen Aufhängung bei jeder Erschütterung seitliche Bewegungen ausführen, wodurch sich die Achslager bald auslaufen und die Zahnräder ungleichmäßig abnutzen werden, so daß Brüche von Zähnen, die sich gegenseitig eingefressen haben, unvermeidlich werden.

Schließlich müssen auch die Lager mittels durchfließenden Petroleums gereinigt, die Schmierkissen und Zöpfe sorgfältig gekämmt, mit Öl getränkt und die Fett- und Ölbehälter gefüllt werden.

Kontrollprüfung vor dem Einbau. Zur Kontrolle, ob der Motor betriebsfähig ist, sind folgende Prüfungen empfehlenswert. Das Wichtigste ist, bevor man den Motor unter Spannung setzen kann, festzustellen, ob jeder Teil des Motors, der isoliert sein soll, genügende Isolation gegen Erde besitzt. Hierzu wird ein einfacher Klingelapparat benutzt, welcher aus einem kleinen Magnetinduktor mit Kurbel in fester Hintereinanderschaltung mit einer elektrischen Klingel besteht. Wird der eine Pol desselben an Erde bezw. an das Gehäuse gelegt, so kann durch Drehen der Kurbel unter gleichzeitigem Anlegen des anderen Poles an alle auf Erdschluß zu untersuchenden Punkte sehr schnell festgestellt werden, ob ein solcher irgendwo vorhanden ist. Man untersucht auf diese Weise die Feldspulen und den Kollektor und damit die Ankerwickelung. In zweiter Linie muß dann festgestellt werden, ob der Anker nicht bei Transport und Lagerung Feuchtigkeit aufgenommen hat. Man stellt zu diesem Zwecke die Isolation der einzelnen Teile gegen Erde und der Spulen untereinander fest. Dies kann natürlich nach genaueren Methoden geschehen. Für die hier erwähnten Kontrollmessungen genügen aber vollständig die im Handel erhältlichen einfachen Apparate, deren Wirkung oben bereits erwähnt wurde, sogenannte Isolationsmesser, die den Isolationswiderstand direkt durch den Ausschlag eines Galvanometers abzulesen gestatten, sobald man nur die Klemmen des Apparates mit den Stellen verbindet, zwischen welchen die Isolation kontrolliert werden soll. Man tut gut, auf diese Weise die Isolation zwischen den Lamellen des Kollektors und dem Ankerkörper, zwischen Kollektor und Erde sowie zwischen Feldspulen und Erde festzustellen. Bei feuchten Motoren wird man sehr geringe Isolationswiderstände finden. Als Minimum für betriebsfähigen Zustand pflegt der Praktiker etwa 75000 Ohm anzunehmen. Bei niedrigerem Werte wird dann erst eine genauere Messung nötig sein.[1]) Gut ausgetrocknete Motoren müssen 1 bis 1,5 Megohm Isolationswiderstand besitzen.

Weiterhin ist es dringend anzuraten, für jeden Motor durch genaue Widerstandsmessung den Widerstand des Ankers und der Magnetspulen festzustellen und in ein Betriebsbuch einzutragen, da man diese Zahlen nicht bloß für die Montage der Motorwagen, Abgleichung der Widerstandsstufen bei allen Wagen u. s. w. benötigt, sondern dadurch auch ein vorzügliches Mittel zur Feststellung von Fehlern und schädlichen Veränderungen stets in der Hand hat, z. B. sollen die Feldspulen im Laufe des Betriebes nie einen geringeren Widerstand aufweisen als 5 % unter dem ursprünglich festgestellten Wert, da sonst ein Kurzschluß unter einigen Windungen zu vermuten ist.

Gut ist es auch, die Richtigkeit der Verbindungen zwischen den einzelnen Feldspulen zu kontrollieren. Da jedoch in den meisten Fällen eine Kontrolle durch den Augenschein nichts besagt, weil der Wicklungssinn durch die Lage der Endklemmen nicht unzweifelhaft richtig festgestellt werden kann, die Wickelung selbst aber meist nicht zu sehen ist, wird diese Kontrolle am besten mit Starkstrom vorgenommen und der Wicklungssinn durch eine Magnetnadel bei jedem Pol festgestellt. Ebenso muß auch dort, wo die örtlichen Verhältnisse es erlauben, möglichst schon vor dem Einbau festgestellt werden, ob zwei Motoren zufriedenstellend zusammenarbeiten, um für Serie-Parallelschaltung Verwendung finden zu können. Hierüber findet man unter „Schaltungsprüfungen“ das Nähere.

Behandlung im normalen Betrieb. Bedienung durch das Fahrpersonal. Bevor wir auf die Bedienung des Motors selbst eingehen, möge an dieser Stelle mit einigen Worten die Frage gestreift werden, die von Fachvereinigungen vielfach schon erörtert worden ist, ob der Wagenführer eines elektrischen Motorwagens ein Handwerker mit Monteurschulung sein soll oder ob geschulte Kutscher ohne Handwerkerausbildung, die sich Geistesgegenwart im Getriebe großstädtischen Verkehrs sowie sichere Entfernungsschätzung angeeignet haben, vorzuziehen sind. Jedoch wollen wir dieser Frage nur insoweit näher treten, als es sich um die Bedienung der Motoren handelt.

Es wird bei Abwägung der Wichtigkeit der weiterhin noch zu

---

[1]) Vergl. oben Isolationsmessungen.

entwickelnden Grundsätze für die richtige und zweckentsprechende Bedienung der Bahnmotoren das Ergebnis einleuchten, daß die Anforderungen sparsamen Stromverbrauches, richtiger Fahr- und Bremsschaltung der Motoren, richtiger Erkenntnis aller Erscheinungen im Betriebe und genauer Befolgung der Vorschriften auch bei auftretenden Fehlern eine weitgehende Schulung des Fahrpersonals erfordern, die weder dem Handwerker mit Monteurschulung noch dem geschulten Kutscher ohne Handwerkerausbildung von vornherein eigen ist. Es ist wohl zuzugeben, daß sowohl gelernte Handwerker als gelernte Kutscher Eigenschaften mitbringen, die sie für den Wagenführerdienst geeignet machen. Die wesentlichen Kenntnisse der Bestandteile, der Bedienung und Wirkungsweise der Motoren im Betriebe sind aber so wichtig, daß eine gewissenhafte Spezialausbildung des Personals im Sinne der folgenden Erörterungen unabweislich nötig ist, bevor man ihnen die selbständige Bedienung eines Wagens anvertrauen darf. In dieser Erkenntnis gehen auch die großen deutschen Bahngesellschaften vor, indem sie, dem Beispiele der amerikanischen Praxis folgend, Wagenführerschulen mit Demonstrationsunterricht an Wagenmodellen und eingehendem theoretischen Unterricht eingeführt haben.

Die Bedienungsweise der Motoren durch das Fahrpersonal möge genau in der Reihenfolge erörtert werden, in welcher der Monteur bezw. Wagenführer Gelegenheit dazu erhält, angefangen von der Übergabe eines neu montierten Wagens, der zum erstenmal in Betrieb gesetzt wird.

Bei der ersten Inbetriebsetzung des Wagens muß vor allem festgestellt werden, ob die Polschaltung der beiden Motoren übereinstimmt. Es wird sich dies am einfachsten ergeben, wenn man je einen Motor ausschaltet und die Drehrichtung des anderen Motors durch Einschalten feststellt. Damit ist auch die richtige Einschaltung der Kontroller in bezug auf Vorwärts- und Rückwärtsfahrt des Wagens zu kontrollieren möglich. Ist die Schaltung falsch, so werden die beiden Klemmen des Ankers oder auch der Magnetpole am Kontroller miteinander vertauscht. Sind beide Motoren für sich richtig geschaltet, so probiert man die Serie-Parallelschaltung der doppelten Ausrüstung durch alle Schaltstufen hindurch und zwar mit jedem der beiden Kontroller. Bei der ersten Fahrt ist es ratsam, bei offenen Fußbodenöffnungen und aufgeklappten Motordeckeln zu fahren, um den Kommutator beobachten zu können. Feuert derselbe stark, geht die Sicherung durch oder läuft der Wagen beim Einschalten überhaupt nicht an, während die anderen Wagen laufen oder die Lampen brennen, d. h. während Spannung in der Oberleitung vorhanden ist, dann muß irgend ein Fehler vorliegen, dessen Auffindung weiter unten besprochen wird.

Die richtige Betätigung des Kontrollers ist weiterhin der wichtigste Gesichtspunkt, um den Motor vor Schaden zu bewahren. Aber gerade hierin muß die Unterweisung eine besonders gründliche und vorwiegend praktische sein, da kaum ein Meßinstrument geschaffen werden kann, das dem Gefühl des Wagenführers zu Hilfe kommen könnte. Die Fahrkurbel muß nämlich mit kurzem Ruck von Stufe zu Stufe in solchen Zeitabständen fortgeschaltet werden, daß die Geschwindigkeit des Wagens möglichst gleichmäßig ohne Stöße zunimmt; die Kurbel darf nie auf anderen als bestimmten, je nach Schaltungsweise der Kontroller von vornherein festgelegten Schaltstellungen dauernd stehen bleiben, das Ausschalten des Stromes von irgend einer Schaltstellung aus muß stets in einer einzigen kurzen Drehbewegung bis zur Null- d. h. Ausschaltstellung vorgenommen werden. Die Schnelligkeit der Aufeinanderfolge der stufenweisen Einschaltung ist streng genommen völlig unabhängig von jeder anderen Rücksicht als der der erlangten Geschwindigkeit des Wagens, insbesondere unabhängig von der Länge des zurückgelegten Weges, von der Beschaffenheit der Schienen, ob schlüpfrig oder trocken, unabhängig von entstehenden Fahrthindernissen oder notwendig werdender beschleunigter Fahrt. Wenn aber auch diese alleinige Rücksichtnahme jede besondere Vorschrift überflüssig macht, ist es doch nützlich, dem Wagenführer zu sagen, daß die Zeitfolge des Weiterschaltens von Stufe zu Stufe geringer werden soll. Wenn z. B. im Anfang bei normalen Fällen zwei Sekunden verstreichen sollen, um von der ersten zur zweiten Schaltstellung überzugehen, so dürfte das Zeitintervall bei der letzten Schaltstufe etwa nur die Hälfte betragen.

Dies gilt sowohl für die Serien- als die Parallelschaltstellungen der Kurbel und zwar sowohl für die Fahrt- als die elektrischen Bremsschaltungen.

Sind diese für die Betätigung der Motoren besten Vorschriften im großstädtischen Verkehr auch nicht jederzeit durchführbar, so sollte doch durch reichliche Übung dem Personal ein richtiges Gefühl dafür beigebracht werden, bei welcher Geschwindigkeit eine jede Schaltstufe des Kontrollers mit der nächsten vertauscht werden darf. Ist diese Einsicht beim Personal einmal erreicht, so wird dasselbe auch im stande sein, selbst zu beurteilen, auf welche Schaltstufe die Kurbel nach dem Ausschalten sofort unmittelbar wieder eingeschaltet werden darf, wenn der Wagen noch eine Geschwindigkeit besitzt. Es kann auf diese Weise vermieden werden, daß die Einschaltung auch in diesem Falle ruckweise wie beim Anfahren erfolgt, wodurch nur Zeit nutzlos vergeudet wird. Andererseits ist aber das unmittelbare Einschalten auf eine zu hohe Schaltstufe für den Motor infolge zu hohen Stromverbrauches einigermaßen gefährlich, so daß das Personal, so lange es nicht das richtige Gefühl für die notwendige Geschwindigkeit, die jeder Schaltstufe entspricht, besitzt, besser doch unter Opferung der Zeit, nie anders als beim Anfahren mit Zeitabständen von Stufe zu Stufe schalten sollte. Besonders wichtig ist auch die Schulung des Fahrpersonals in der richtigen Betätigung der Fahrkurbel auf Steigungen, welche natürlich entsprechend langsamer vorgenommen werden muß als in der Ebene. Nicht ratsam ist das Anhalten auf starken Steigungen und in scharfen Kurven, weil zur Anfahrt höhere Energiebeträge notwendig sind. Völlig unzulässig ist das Einschalten der Motoren, solange die Bremsen des Wagens noch angezogen sind, sowie Anziehen der Bremsen, so lange der Strom noch nicht ausgeschaltet ist, da auf jeden Fall eine unnütze Vergeudung der Energie die Folge wäre, allenfalls bei unvorsichtiger Betätigung der Bremse sogar der Motor schweren Schaden erleiden kann. Im allgemeinen sollte auch das Reversieren des in Bewegung befindlichen Wagens verboten werden. Wo man mangels besser wirkender Bremsen das Reversieren in Fällen der Gefahr erlaubt, muß doch stets ein Ausschalten des Stromes dem Reversieren vorhergehen, da sonst der Motor unbedingt sofort hauptsächlich durch die unzulässige Stromstärke zerstört werden würde. Die Befolgung dieser letzteren Vorschrift ist bei modernen Fahrschaltern schon durch deren Bauart unvermeidlich gemacht, da bei ihnen die Reversierwalze stets in solche mechanische Abhängigkeit von der Fahrwalze gebracht ist, daß die erstere nur bewegt werden kann, wenn sich die letztere in Ausschaltstellung befindet. Wird die Gegenstrombremsung für Gefahrbremsung zugelassen, so muß sehr langsam geschaltet werden, da sonst die Räder sofort rückwärts zu drehen beginnen und dadurch einen noch geringeren Widerstand am Gleise finden, als wenn der Wagen betriebsmäßig gebremst würde. Auf der ersten Schaltstellung wird die Geschwindigkeit des Wagen mit einem Ruck vernichtet werden, d. h. eine außerordentlich große Verzögerung entstehen, bei der zweiten Schaltstellung der Wagen zum Stillstand kommen, bei der dritten würde er bereits rückwärts laufen. Dies sollte jedenfalls vermieden werden. Es läßt sich daher im allgemeinen sagen, daß bei Reversierung nie über die zweite Schaltstellung hinausgegangen werden sollte, zumal stets die Gefahr naheliegt, daß durch den Stromstoß die Sicherung durchschmilzt und dann der Wagen, z. B. auf einer starken Steigung, plötzlich dieses so außerordentlich wirksamen Bremsmittels völlig verlustig geht.

Wenn die Räder sich beim Anfahren infolge schlüpfriger Schienen oder zu geringen Adhäsionsgewichtes auf derselben Stelle zu drehen beginnen, dann muß Sand vor die Räder gestreut werden. Genügt dies nicht, so muß die Fahrkurbel auf Null zurückgedreht und das Anfahren langsam nochmals von Anfang an versucht werden. Dies muß so lange wiederholt werden, dagegen darf nicht auf höhere Schaltstufen gegangen werden, bis der Wagen sich in Bewegung setzt. Tritt das Gleiten der Räder während der Fahrt beim Weiterschalten der Fahrkurbel ein, so kann nach Ausschalten des Stromes die Fahrkurbel sofort wieder auf die der jeweiligen Geschwindigkeit entsprechende Schaltstellung, d. h. für gewöhnlich wieder auf die kurz vorher verlassene Stellung gebracht werden. Im übrigen hat der Wagenführer wie beim stillstehenden Fahrzeug vorzugehen.

Die Handhabung der elektrischen Gebrauchsbremse erfolgt zweckmäßig genau so wie die Bedienung der Fahrkurbel, d. h. es muß zur Vermeidung stoßweiser Änderungen der Geschwindigkeit bei jeder Stellung eine bestimmte Verminderung der Geschwindigkeit abgewartet werden. Als eine besondere Vorsichtsmaßregel[1]) wird auf den langen Gefällen von San Francisco mangels einer elektrischen Bremsung die Handbremse stark angezogen und gleichzeitig die Fahrkurbel auf die erste Fahrschaltstellung gebracht, damit die Räder sich ständig drehen und nicht bis zur Gleitung festgebremst werden können. — Im allgemeinen wird man zur Schonung der Motoren neben der elektrischen Bremsung stets auch die Handbremsung gleichzeitig benutzen. In starken Gefällen soll die Geschwindigkeit nie 10 km/Std. überschreiten, sonst ist sofort die Handbremse anzuziehen und Sand zu streuen.

Die Rücksichtnahme auf den Stromverbrauch ist wichtig, nicht so sehr für die Beanspruchung des einzelnen Motors, als für die Wirtschaftlichkeit des Betriebes und für die Vermeidung des Durchschmelzens der Streckensicherungen und des Herausspringens der Automaten. Es ist in scharfen Kurven, auf großen Steigungen und bei Beförderung großer Lasten in mehreren Anhängewagen nur, wenn unbedingt nötig, anzuhalten, nicht mit Parallelschaltung der Motoren zu fahren und hauptsächlich das gleichzeitige Anfahren mehrerer Wagen am selben Orte zu vermeiden. Insbesondere ist der letztere Umstand aufs peinlichste nach Verkehrsstockungen in Großstädten zu beachten, wenn sich ganze Wagenreihen in dichter Aufeinanderfolge angesammelt haben. Es wäre bei Nichtbeachtung dieser Vorschrift unmöglich, das Kabelnetz und die Stationsmaschinen vor schweren Schäden zu bewahren oder, wenn alle Stromsicherungen und Automaten richtig funktionieren, den Betrieb wieder in Ordnung zu bringen. — Auch die möglichste Ausnützung der lebendigen

---

[1]) Blondel-Dubois, Band II, S. 340.

Kraft des Wagens vor dem Anhalten und die Zurücklegung möglichst großer Strecken ohne Strom und weitgehende Ausnützung der Gefälle ist für die Wirtschaftlichkeit des Betriebes außerordentlich wichtig. In Amerika wurden Vergleichsmessungen angestellt zwischen dem Stromverbrauch und Spannungsabfall bei Handhabung des Kontrollers durch bestgeschultes und weniger gut geschultes Personal, und es wurde eine mittlere Ersparnis von 20% an Stromkosten, in besonderen Fällen aber sogar eine Vergeudung von 40 bis 60% festgestellt. Man hat dort sogar, um „die Charakteristik des Wagenführers“ aufzunehmen, ein besonderes Instrument verwendet, ein Kalorimeter, das durch den die Hauptleitung des Wagens durchfließenden Strom geheizt wird. Es besteht aus einem mit Quecksilber gefüllten Blechbehälter, welcher mit einer Spule umwickelt und mit schlechten Wärmeleitern sorgfältig umhüllt wird. Die Werte werden durch ein Thermometer abgelesen. Über genauere Messungen des Wattstundenverbrauches berichtet Volkers.[1]) Hiernach ergab ein Preisfahren bei guten Fahrern 250, bei minderguten Fahrern bis 350 Wattstunden, im ganzen eine Ersparnis von ca. 30% an Energie gegenüber dem normalen Durchschnittswert.

Als besondere Verhaltungsmaßregeln sind hier noch zu nennen, daß der Führer sich genau über die lichte Höhe der Motoren über Straßenoberkante zu informieren hat, um beurteilen zu können, inwieweit er Hindernisse, die sich nicht leicht beseitigen lassen, allenfalls überfahren darf, ohne daß die Motoren dieselben streifen. Allerdings reichen die allgemein verwendeten Bahnräumer stets tiefer herab als die Motoren. Doch kann eine Beschädigung der dem Notfall dienenden Bahnräumer unter Umständen in Kauf genommen werden, eine Beschädigung der Motoren dagegen niemals.

Durch überschwemmte Straßen darf der Führer nur fahren, wenn er sicher ist, daß die Lagerunterkante des Motors noch nicht vom Wasser erreicht wird.

Nicht unerwähnt darf die strenge Vorschrift bleiben, daß der Wagenführer niemals, auch nicht beim einfachen Rückenkehren, die Fahrkurbel auf dem Kontroller aus der Hand lassen darf, ohne sie abzunehmen. Ebenso muß es eingeschärft werden, daß wenn die Kontrollerwalze auf irgend einer Schaltstufe hängen bleibt und sich nicht vorwärts noch rückwärts drehen läßt, jede Gewaltanwendung zu vermeiden ist, vielmehr sofort durch den Notausschalter die Unterbrechung des Stromes vorgenommen werden muß. Früher, bevor man jeden Wagen mit Automaten und bequem erreichbarem Handausschalter ausrüstete, galt allerdings in einem

---

[1]) ETZ 1901, S. 483.

solchen Notfalle noch die Regel, die Handbremse so fest anzuziehen, bis der Wagen steht. Doch wird dadurch der Motor so gefährdet, daß ein gewissenhafter Betriebsleiter dies heutzutage nicht mehr dulden wird.

Wir fügen des allgemeinen Interesses halber an dieser Stelle die einschlägigen Bestimmungen der Dienstanweisung der Großen Berliner Straßenbahn im Wortlaut bei:

Fahr-Vorschriften.

„a) Es darf nur auf Kraft geschaltet werden, wenn die Handbremse gelöst und die Bahn frei ist.

„b) Das Schalten beim Anfahren geschieht ruckweise; es ist auf Stellung 1 und 5 so lange zu verweilen, als Zeit gebraucht wird, eine zweistellige Zahl auszusprechen und auf den übrigen Stellungen so lange, als Zeit gebraucht wird, eine einstellige Zahl auszusprechen.

„Nur die Stellungen 5 und 9 dürfen dauernd benutzt werden.

„Bei denjenigen Wagen, deren Schaltapparate nicht 9, sondern nur 7 Stellungen zulassen, sind die für die Stellungen 5 und 9 gegebenen Vorschriften sinngemäß auf die Stellungen 4 und 7 anzuwenden.

„Der Fahrer muß beim Anfahren darauf achten, daß der Motorwagen folgt und die Räder nicht schleifen, anderenfalls ist auszuschalten und wieder neu einzuschalten.

„c) Steigungen und schlüpfriges Gleise, sowie jedes Anfahren in Krümmungen bedingen ein langsames Weiterschalten.

„d) Im belebten Stadtinnern ist ruhig und möglichst nur auf Stellung 5 zu fahren; ohne besonderen Grund ist nicht auszuschalten.

„Bei zugelassener durchschnittlicher Fahrgeschwindigkeit bis 10 Kilometer für eine Stunde ist im allgemeinen überhaupt nur bis Stellung 5 zu schalten; bei zugelassener größter Fahrgeschwindigkeit ist auf Stellung 9 nur dann überzugehen, wenn ein Verweilen von mindestens sechs Sekunden darauf möglich ist.

„Auf freier Strecke, wo größere Fahrgeschwindigkeit zugelassen ist, ist auf Stellung 9 ruhig zu verweilen; es ist auszuschalten, sobald der Wagen genügende Kraft hat, um bis zur nächsten Haltestelle zu gelangen.

„Ist ein längeres Verweilen auf Stellung 9 nicht möglich, weil die höchste Fahrgeschwindigkeit überschritten wird, so ist auszuschalten und sofort schnell wieder auf Stellung 5 einzuschalten.

„e) Beim Schalten ist genau zu beachten, daß die Stellungen richtig getroffen werden, weil sonst die Anlasserfinger, auch Übergangspunkte beschädigt werden und Anlasser- (Kontroller-)brände eintreten können.

„f) Das Ausschalten hat stets schnell zu erfolgen und muß so frühzeitig geschehen, daß der Wagen langsam an die Haltestelle herankommt.

„g) Beim Durchfahren unter Abteilungsösen ist auszuschalten.

„h) Wird während der Fahrt z. B. unter Abteilungsösen ausgeschaltet, so muß das erneute Einschalten schnell vorgenommen werden.

„i) Das scharfe Heranfahren an Haltestellen und das hierdurch erforderliche erhöhte Bremsen unter Zuhilfenahme des Sandstreuers ist zu unterlassen. Es muß daher rechtzeitig ausgeschaltet werden.

„Die Feststellung des Wagens muß so sanft erfolgen, daß z. B. eine freistehende Person auf dem Wagen nicht aus ihrer Stellung gerückt wird.

„Bewegt sich der Wagen nicht der eingeschalteten Stellung entsprechend vorwärts, oder drehen sich die Räder auf der Stelle, so ist sofort auszuschalten und unter Benutzung des Sandstreuers langsam wieder einzuschalten und erst auf höhere Stellungen zu gehen, wenn der Wagen willig folgt.

„k) Wird bei eingeschalteter Fahrkurbel die Fahrt des Wagens langsamer, dann ist sofort auszuschalten und nach der Ursache zu forschen.

„l) Bereitet das Anfahren auf einer größeren Steigung Schwierigkeit, so hat der Schaffner Sand vor die Triebräder zu streuen, bis die Schwierigkeit überwunden ist.

„In Krümmungen ist gemäßigt und stromlos einzufahren, aber hierauf rechtzeitig wieder so einzuschalten, daß die Fahrgeschwindigkeit des Wagens sich nicht erheblich vermindert.

„Das Anhalten in Krümmungen ist nur zur Vermeidung von Unfällen und Zusammenstößen gestattet.

„m) Auch unter Luftweichen, Krümmungen und Kreuzungen ist langsam und möglichst stromlos zu fahren und hat der Schaffner die Leine zu führen.

„n) Ist die Stange vom Leitungsdraht abgeglitten, so ist vom Schaffner sofort das Notsignal zu geben, wenn er sich im Inneren des Wagens befindet, alsdann ist die Stange schnell niederzuziehen und erst nach dem Anhalten wieder an den Draht anzulegen. Befindet sich der Schaffner zur Zeit des Abgleitens der Stange auf der hinteren Plattform, dann hat er sofort die Stange herabzuziehen, alsdann das Haltezeichen zu geben und nach dem Anhalten die Stange an den Draht zu legen.

„o) Sollte es vorkommen, daß der auf „Kraft“ geschaltete Anlasser (Kontroller) nicht ausgeschaltet werden kann, dann ist der

Hauptausschalter vom Fahrer sofort auszuschalten und der Wagen mit der Handbremse zum Stehen zu bringen.

„Bei plötzlicher Erkrankung des Fahrers ist der Ausschalter vom Schaffner auszuschalten und durch Anziehen der Bremse der Wagen zum Stehen zu bringen.

„p) Ein gewaltsames Rückwärtsschalten der Fahrkurbel ist untersagt.

„q) Hat sich der Anlasser (Kontroller) auf einem Bremskontakt festgeklemmt, so darf kein gewaltsames Zurückdrehen angewendet werden. Der Wagen muß alsdann geschoben werden, nachdem ein Stück Pappe zwischen Bremsfinger und Segment eingeschoben ist.

„r) Bei Wagen, die geschleppt werden, muß die Stange herabgezogen werden.

Bremsvorschriften.

„a) Die Handbremse darf nie angezogen werden, wenn auf „Kraft“ geschaltet ist, und ebenso darf nicht geschaltet werden, wenn die Räder mittels Handbremse festgestellt sind.

„b) Vor jedem Abfahren von den Endpunkten ist daher dafür Sorge zu tragen, daß die Bremsen gelöst sind, und hat auch während der Fahrt der Schaffner sich wiederholt davon zu überzeugen, daß nicht etwa durch Unbefugte die Handbremse der hinteren Plattform festgestellt worden ist.

„c) Betriebsbremsung. Der Fahrer schaltet behufs Anhaltens oder Verminderung der Fahrgeschwindigkeit zuerst auf die erste Brems-(kontakt-)stellung und zieht gleichzeitig die Handbremse fest an, um dann, soweit es noch notwendig ist, auf die zweite, dritte, vierte und letzte Brems-(kontakt-)stellung zu gehen. Hierdurch wird erreicht, daß das Halten ohne Rucken und Stoßen vor sich geht.

„d) Sollten beim Bremsen die festgestellten Räder über die Schienen gleiten, so ist der Sandstreuer anzuwenden, jedoch dürfte bei vorschriftsmäßiger Ausführung der Betriebsbremsung dieser Fall kaum eintreten. Beim Anhalten auf Steigungen oder im Gefälle ist die Handbremse stets fest anzuziehen und darf erst wieder gelöst werden, nachdem vom Schaffner das Zeichen zur Weiterfahrt gegeben ist, damit der Wagen nicht bei länger dauerndem Aufenthalt infolge Nachlassens der elektrischen Bremse ins Rollen gerät.

„e) Gefahrbremsung. Bei nahender Gefahr ist die Gefahrbremsung vorzunehmen und zwar:

dritte Brems-(kontakt-)stellung — drei,
Handbremse fest — Hand,
Sandstreuer — Sand,
letzte Brems-(kontakt-)stellung — Schluß,

wodurch der Wagen schnellstens zum Stillstand kommen wird.'

„Die Strombremse wirkt nur, wenn Fahrrichtung und Stellung des Umschalthebels übereinstimmen.

„f) Eine zweite Gefahrbremsung ist der Gegenstrom.

Griffe: Fahrkurbel „Nullstellung“, Umschalthebel rückwärts, Fahrkurbel auf die erste bezw. zweite Fahr-(kontakt-)stellung, Sandstreuer.

„Hierdurch werden die Triebräder des Wagens rückwärts gedreht, die Reibung auf den Schienen durch Sand erhöht und der Wagen zum schnellen Halten gebracht.

„Wirksamer Gegenstrom kann aber nur bei mäßiger Geschwindigkeit angewendet werden, denn bei größerer Geschwindigkeit löst nicht selten der selbsttätige Ausschalter aus und wird dadurch das plötzliche Halten vereitelt.

„g) Nur wenn die elektromagnetische Bremse versagt und in Gefahrsfällen bei mäßiger Geschwindigkeit darf Gegenstrom angewendet werden.

„h) Bei Anwendung der Handbremse ist die Sperrklinke mit dem rechten Fuße festzustellen.

„i) Nicht, oder mangelhaft bremsende Wagen sind sofort aus dem Betriebe zu ziehen.“ —

Schmierung der Motoren. Die Schmierung der Motoren erstreckt sich auf die Achslager, die Ankerlager und die Zahnräder, abgesehen davon, daß der Kollektor mit einer leichten Schicht Vaseline überzogen wird. Die Meinungen der Fachleute über die Zweckmäßigkeit der einzelnen Schmiermittel für diese verschiedenen Schmierstellen gehen noch stark auseinander. Im wesentlichen handelt es sich bei dieser Streitfrage immer darum, ob Fett- oder Ölschmierung vorzuziehen ist. Die Fettschmierung wird oberhalb der zu schmierenden Stelle angebracht und wirkt dadurch, daß das Fett durch Erwärmung an der Oberfläche flüssig wird und der zu schmierenden Stelle selbst zufließt, während die Ölschmierung allgemein als Dochtschmierung, selten als Ringschmierung angewendet wird. Die Ringschmierung, die ja bei Dynamomaschinen üblich geworden ist, hat sich ihrer Natur nach für Bahnmotoren nicht allgemein einführen können. Man führt als Grund dafür an, daß durch die Erschütterungen des Motors der Ring in schleudernder Bewegung das Öl zu sehr verspritzt, ohne eine richtige Schmierung des Wellenzapfens gewährleisten zu können. Es muß dieser Einwand jedoch wohl nicht für alle Fälle stichhaltig sein, da Örlikon bei seinen neueren Konstruktionen wieder durchwegs Ringschmierlager verwendet, wie dies früher z. B. bei einem Rieter-Motor versucht worden war. Die Dochtschmierung besteht darin, daß der Docht selbsttätig das Öl ansaugt und durch Berührung mit der zu schmierenden Stelle abstreift. Sowohl die Fett als die Öldochtschmierung haben ihre Vor- und Nachteile.

Konsistentes Mineralfett, wie es für diese Zwecke verwendet wird, hält vor allen Dingen sehr sauber, und zwar sowohl nach innen, indem es keinen Staub durchläßt, als nach außen, indem es nicht herausgeschleudert wird und daher auch nicht die Straßen beschmutzt. Dagegen ist sein Preis etwa doppelt so hoch als der gleichwertigen Mineralöles. Außerdem wird von Geyl, Frankfurt a. Main, als wesentlicher Nachteil der Graphitbeimischung beim schwarzen Fett angeführt, daß die kleinen Graphitteilchen als Schleifmittel wirken und die Lagerschalen sehr schnell unbrauchbar machen. Die Ankerlager auf der Zahnradseite seien infolgedessen nur 10000, die Ankertriebe nur 15000 km gelaufen, während man bei Ölschmierung für dieselben Teile 50000 km erreichen könne. In bezug auf ihre Schädlichkeit für Ankerwickelung und Magnetspulen dürften sowohl Fett als Öl in ihren nachteiligen, zerstörenden Wirkungen gleichwertig sein. Gegen das Eindringen von Öl in das Gehäuse wendet man, wie schon oben (S. 246) erwähnt, alle möglichen Vorsichtsmaßregeln, wie Ankerhauben, Tropf- und Schleuderscheiben, Abflußkanäle u. s. w. an. Fett dagegen ist steifer und dringt nicht so leicht ein. Ist es durch Unachtsamkeit aber einmal in größerer Menge angehäuft, so übersteigt es auch alle derartigen Abwehrmittel. Der beste und allbewährte Vorgang gegen Verunreinigung des Gehäuses ist es stets, die Ankerlager ganz außerhalb des Gehäuses oder wenigstens mit direktem Abfluß zur Erde auf der Gehäuseseite zu konstruieren.

Der Vorteil der Fettschmierung, daß das Fett nur an der Oberfläche bei Erwärmung flüssig wird, kann übrigens leicht zu einem Nachteil werden, wenn der Fettbehälter aus konstruktiven Rücksichten so weit abliegen muß, daß die Erwärmung für die Schmelzung des Fettes nicht ausreicht. Ein praktisches Hilfsmittel für solche Fälle ist von Blondel-Dubois[1]) erwähnt. Man lege in den Zuführungskanal vom Fettbehälter zur Welle ein Kupferstäbchen, welches durch seine größere Leitfähigkeit die Wärme von der Welle und dem Lager gut auf das Fett zu übertragen imstande ist. Am Kopfe erhält das Kupferstäbchen kleine Flügel, die in das Fett eingedrückt werden. Bei Verwendung dieses Hilfsmittels ist besonders darauf zu achten, daß das Fußende des Stäbchens auch stets die Welle oder Lagerschale berührt. Man kann dann zuverlässig auf einen ununterbrochenen Zufluß des Fettes rechnen.

Von Freunden der Ölschmierung wird als wichtig angeführt:

---

[1]) Blondel-Dubois, Bd. II, S. 345.

der geringere Preis (etwa 27 bis 31 Mark pro 100 kg), die größere Sparsamkeit im Verbrauch, die es ermöglichen soll, im Hochsommer die Ausgaben für Öl auf 0,19 Pfennig pro Wagenkilometer herabzudrücken. Die Beschmutzung der Straßen mit Öl ist aber unbedingt ein großer Nachteil; allerdings soll sich derselbe durch gewissenhafte Abdichtung aller Fugen auf ein Minimum beschränken lassen. — Übrigens wurde bereits oben erwähnt, daß man neuerdings meist beide Schmierarten gleichzeitig benutzt, indem man die Fettschmierung als eine Reserve bei Versagen der Ölschmierung und Warmwerden der Lager auffaßt.

Es erübrigt noch die Anforderungen zu besprechen, die man an die käuflichen Schmiermaterialien stellen soll. Bei Bestellung von Mineralschmieröl ist es empfehlenswert, sich an die genauen Lieferungsbedingungen zu halten, die von der preußischen Staats-Eisenbahnverwaltung vorgeschrieben werden, und geben wir deren wesentliche Punkte hier wieder.

Das Mineralschmieröl soll bei 20° C. das spezifische Gewicht 0,9 bis 0,94 besitzen und sein Flüssigkeitsgrad bezogen auf destilliertes Wasser von 20° C. soll beim Sommeröl 40 bis 60, beim Winteröl 25 bis 45 betragen. Zur Feststellung des Flüssigkeitsgrades ist das Englersche Viskosimeter zu verwenden, welches ein Gefäß von 240 cm^3 ist und unten eine so bemessene Ausflußöffnung besitzt, daß 200 cm^3 destilliertes Wasser von 20° C. eine Minute zum Ausfließen gebrauchen. Der Flüssigkeitsgrad des Öles wird dann nach Minuten der Ausflußzeit für 200 cm^3 bei 20° C. gemessen. Bei Erhitzung auf 160° C. soll das Sommeröl und bei 145° C. das Winteröl noch keine entflammbaren Dämpfe entweichen lassen. Das Sommeröl soll bei —5° C., das Winteröl bei —20° C. noch so fließen, daß es bei einem Überdruck von 50 mm Wassersäule in einem 6 mm im Lichten weiten Glasrohr 10 mm pro Minute steigt. Das Öl soll wasserfrei und frei von Mineralsäuren sein, darf organische Säuren höchstens 0,3 % enthalten, nur schwachen Geruch besitzen, soll sich im Verhältnis von 1 : 40 Raumteilen in Petroleumbenzin von 0,67 bis 0,70 spezifischem Gewicht vollkommen lösen lassen, in einem Probierglas von 20 mm lichter Weite eine klare hellbraune Lösung und nach 24stündigem Stehen nur Spuren von Niederschlag zeigen. Das Öl darf keine fremdartigen Beimengungen enthalten und selbst nach längerem Lagern keinen Bodensatz bilden, auch darf es kein Trocknungsvermögen besitzen, d. h. in dünnen Lagen längere Zeit den Einwirkungen der Luft ausgesetzt, weder verharzen, noch zu einer firnisartigen Schicht eintrocknen.[1])

Für Fett finden alle möglichen Surrogate und Mischungen

---

[1]) Über einen Prüfapparat für Lageröle vgl. Dettmar ETZ 1902, S. 741.

Verwendung, welche mit Vorsicht auf ihre Brauchbarkeit geprüft werden sollten. Folgende Zusammensetzung soll ein gutes Eisenbahnfett geben: 100 kg Talg geschmolzen und gemischt mit 75 kg Palmöl, darauf abgekühlt auf 30^0 C. und vermischt mit einer Lösung von 30 kg Soda in 15 kg Wasser. Für schwereres Sommerfett wird mehr Talg im Verhältnis zum Öl verwendet, z. B. 225 kg Talg mit 140 kg Öl. Nach eintägigem Gebrauche muß übrigens jedes Fett in seinem Behälter durch Zusatz von Öl angefeuchtet werden, damit es nicht zu steif wird. Besser als die Neutralisierung der Säure durch Pottasche oder Soda ist es wohl, ganz säurefreie Materialien zu verwenden. — Der Erstarrungspunkt liegt meist zwischen 35 und 40^0 C., soll aber nicht unter 33^0 C. liegen.

Betriebsmäßige Revisionen. Da die Bahnmotoren im Betriebe schwer zugänglich sind, sind regelmäßige Revisionen derselben in den Betriebspausen von außerordentlicher Wichtigkeit. Die Revisionstermine müssen ganz genau innegehalten werden, da sie für den inneren Betrieb dieselbe Wichtigkeit besitzen, wie der Fahrplan für den äußeren Betrieb, denn Unterlassungssünden sind schwer wieder einzuholen und Sparsamkeit an dieser falschen Stelle kann große Geldausgaben durch eher nötigen Ersatz und schnellere Abnutzung einzelner Teile verursachen, und durch fortgesetzte Vernachlässigung kann, was sich nicht sofort, sondern erst nach geraumer Zeit zeigt, das lebendige Triebwerk überhaupt unbrauchbar werden und seine völlige Erneuerung erforderlich machen. — Damit der Revision volle Aufmerksamkeit geschenkt wird, ist es gut, für jeden Motorwagen und jeden Motor, ebenso wie dies bei den Staatseisenbahnen für die Dampflokomotiven geschieht, besondere Aufzeichnungen zu führen, in welchen jede eingehendere Revision vorgemerkt, die Anzahl der durchlaufenen Kilometer und der Grad der Abnutzung oder sonstige sich zeigende Schäden, die Grund zu größeren Reparaturen geben, eingetragen werden. Es ist auch gut, wenn der Termin der letzten oder nächsten größeren Revision an den Wagen selbst angeschrieben wird.

Als Zeitintervall gilt, daß die Besichtigung der Schmiergefäße, das Aufweichen des Fettes durch Ölaufguß und Besichtigung des Kollektors in jeder größeren Betriebspause, mindestens aber täglich einmal, die Reinigung der Schmiergefäße und ihre Auswaschung mit Petroleum alle acht Tage, spätestens alle vierzehn Tage, Kontrolle der Abnutzung der Lagerschalen je nach der Leistung der Motoren nach einer bestimmten Anzahl durchlaufener Kilometer, größere Revisionen des Inneren der Motoren mit Aufklappen des Motors, Besichtigung des Ankers und der Zahnräder und, wenn nötig, Ausbau des Motors alle zwei bis drei Monate, verbunden möglichst mit einer Revision seiner elektrischen Eigenschaften erfolgen soll.

Über die kleinen, zuerst erwähnten Revisionen ist dem oben unter „Behandlung vor Inbetriebsetzung“ Gesagten, soweit es sich auf die Schmiergefäße, das Anziehen der Schrauben, die Bürsten und den Kollektor bezieht, nur hinzuzufügen, daß ein verschmierter Kollektor auf zu weiche Bürsten schließen läßt. Man untersucht die Härte der Bürsten mit dem Messer, welches nicht schneiden darf, sondern die Bürste zerbröckeln muß. Sind die Bürsten dagegen zu hart, so daß sie den Kollektor ritzen, so kocht man sie in heißem Paraffin. Die Kontrolle des Auslaufens der Lagerschalen wird ein vorsichtiger Betriebsleiter nach je 5000 durchlaufenen Wagenkilometern anstellen lassen. Da die Abnutzung ziemlich proportional der Leistung vor sich geht, kann man auch, wenn stets dieselben Lagerschalen und dieselben Schmiermittel angewendet werden, unter Verzicht auf irgend eine Kontrolle, die durch Erfahrung bekannte Leistung der Lagerschalen abwarten, um dieselben zu erneuern. Unzulässige Abnutzung der Lagerschalen hat aber schwere Nachteile im Gefolge, wie Streifen des Ankers an den Magnetpolen und Beschädigung der Bandagen, der Wickelung und der Zähne des Ankerkörpers. Außerdem nimmt das magnetische Feld eine Ungleichmäßigkeit an, wodurch der Anker an die unten liegenden näheren Pole stärker angezogen wird, als an die oberen Pole mit größerem Luftzwischenraum. Durch Schlagen der Ankerwelle in ihren Lagern wird auch ein ruhiger Gang der Zahnradübertragung und eine gleichmäßige Abnutzung der Zähne unmöglich. Man läßt daher bei einem Luftzwischenraum von 3 bis 3,5 mm zwischen Anker und Polschuh eine größte Abnutzung der Lager nur von 2 bis 2,5 mm zu. Beim Motor GE 800, der $^1/_8{}''$ Luftzwischenraum besitzt, wird sogar bloß 1,6 mm Abnutzung zugelassen. Man mißt diese geringen Abnutzungen, wenn die Lagerschalen des eingebauten Motors von außen zugänglich sind, am einfachsten durch das Einschieben eines spitzen Keiles, dessen Dicke in Millimeter nach Art einer Skala auf ihm markiert ist (vergl. Fig. 168). Meist sind aber die Lagerschalen von außen nicht ohne weiteres zugänglich, man befolgt dann zweckmäßig folgende praktische Regeln. Nützt sich die obere Lagerschale ab, so nimmt man sie nach geeigneter Entlastung des Lagers durch Stützung des Motors heraus und vergleicht sie mit einem Gips-, Kitt- oder Wachsabdruck, welchen man erhält, wenn man ein derartiges plastisches Material an die Stelle der Lagerschale fest

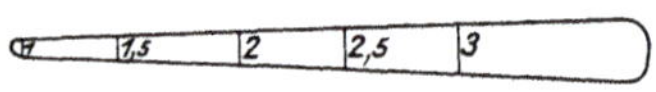

Fig. 168.

unter den Lagerdeckel einspannt. Ist die untere Lagerschale der Abnutzung unterworfen, dann hebt man mit einem aus 3 bis 4 mm starkem Stahlblech bestehenden Haken die Ankerwelle an die obere Lagerschale an und bestimmt die Größe der derart möglichen Verschiebung.

Besitzt das Gehäuse, wie hier und da ausgeführt, zwei gegenüberliegende Öffnungen in gradliniger Verlängerung des Luftzwischenraumes zwischen Pol und Anker an einem möglichst tiefgelegenen Punkte, so ist das einfachste Mittel die Feststellung der Lagerabnutzung durch das Auge und Durchschauen nach einem gegenübergehaltenen Lichte (Fig. 169). Auch ein Keil nach Fig. 168 ist hier verwendbar.

Die größeren Revisionen des Innern der Motoren machten im ersten Entwickelungsstadium der Motorkonstruktion große Schwierigkeiten, da der Motor durch Zerlegung in seine einzelnen Teile: Oberteil, Anker und Unterteil vollständig ausgebaut werden mußte. Später ging man allgemein dazu über, die Motoren so zu konstruieren, daß es möglich war, ohne sie auszubauen, sie direkt über der Revisionsgrube nach unten aufzuklappen. Die neueste Entwickelung geht aber wiederum dahin, den Ausbau des Motors als Ganzes, also ohne Zerlegung in seine Einzelteile, so bequem zu machen, daß man den Ausbau bei jeder größeren Revision vorzieht. (Man war zu diesem Verfahren bei den schon mehrfach auf den Markt gekommenen Stirnschildmotoren direkt genötigt.) Zur Ersparung an Reservewagen baut man in diesem Falle sogleich Reservemotoren ein, um nicht den ganzen Wagen während der größeren Revisionen aus dem Betrieb ziehen zu müssen. Es müssen dabei aber bei doppelter Ausrüstung des Wagens stets beide Motoren ausgewechselt werden, es müßte denn unzweifelhaft feststehen, daß der neu einzubauende Reservemotor in magnetischer und elektrischer Beziehung zu dem anderen bereits eingebauten Motor für Serie-Parallelschaltung passend ist (vergl. hierüber oben S. 295 und 296).

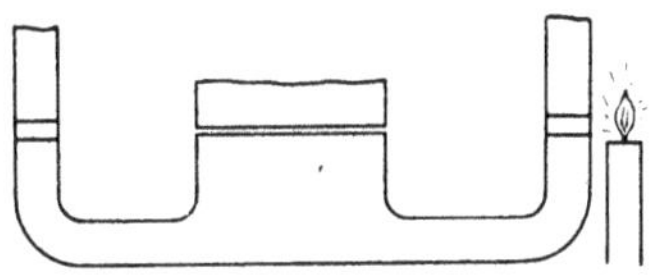

Fig. 169.

Die erste Methode muß heutzutage für normale Fälle als veraltet gelten; in speziellen Fällen, wo die Konstruktionsbedingungen ihre Anwendung unvermeidlich machen, wird man sie als kleineres Übel mit in Kauf nehmen müssen. Die zweite und dritte Methode wurden schon gelegentlich der Gehäusekonstruktionen oben eingehend besprochen. Es erübrigt daher bloß noch auf den Arbeitsvorgang bei denselben zurückzukommen.

Für die Zerlegung der Motoren in ihre einzelnen Teile bei der ersten Methode wird es stets ratsam sein, den Wagenkasten vorher abzuheben, um denselben bei den Montagearbeiten nicht zu beschmutzen oder zu beschädigen. Dasselbe wird der Fall sein, wenn der Ausbau des Ankers aus dem aufgeklappten Gehäuse oder des kompletten Motors infolge seiner Achslagerkonstruktion (vergl. S. 242) nach oben erfolgen muß. Man verwendet zwar auch kleine Bockgerüste mit Flaschenzug im Innern des Wagenkastens hierfür oder auch geeignete Drehkrane, die direkt in das Wageninnere hineinreichen. Jedoch wird dabei ein elegant ausgestatteter Wagenkasten stets Schaden leiden. Wird der Anker aus dem nach unten aufgeklappten Gehäuse oder der komplette Motor nach unten ausgebaut, so ist es leicht, durch Unterschieben eines Karrens mit vertikal verstellbarer Tischplatte die schweren Stücke herabzulassen, ohne den Wagen selbst irgendwie zu beschädigen. Für den Transport der Anker muß dem Werkstattspersonal wiederholt größte Vorsicht vor Beschädigung der Isolation eingeschärft werden. Der Anker darf nur durch seine Welle getragen werden und darf nur in Ausnahmefällen auf den Ankerkörper, dann aber nur auf weiche Filzunterlage gelegt werden. Man hat daher für den Transport der Anker meist spezielle Karren oder Tragbahren, die die beiden Wellenstümpfe stützen. Der Anker darf dagegen nie über den Fußboden fortgerollt werden.

Ein eigenartiges Verfahren beim Ausbau der Motoren, welches bei der städtischen Straßenbahn in Frankfurt a. M. in Verwendung ist, beruht darauf, daß alle Motoren die genau gleich konstruiert und aufgehängt sind, für den Ausbau mit einer kleinen Hilfsachse von 120 mm Laufraddurchmesser versehen werden können. Diese Hilfsachse wird unter den Nasenaufhängungspunkt der Motoren gebracht und dort mittels eines schmiedeisernen Stückes und einer einzigen Schraube befestigt. Es ist dadurch ermöglicht, den Motor samt Zahnradübertragung und Wagenachse fortzurollen. Bei diesem Verfahren soll das Auswechseln der doppelten Motorausrüstung einschließlich Reinigung der Untergestelle und Kontroller nur ein bis zwei Stunden in Anspruch nehmen, da der Wagenkasten samt daran hängendem Untergestell von den Laufachsen und Motoren abgehoben und auf die genau gleich konstruierten Reservelaufachsen und Reservemotoren wieder herabgelassen wird.

Schließlich mögen noch einige Fingerzeige für die Revisionen selbst, d. h. die mechanische und elektrische Kontrolle aller Teile, gegeben werden, jedoch nur insoweit, als der Stoff nicht unter Fehlerbestimmung (S. 328) behandelt wird, d. h. genauere Messungen innerer Fehler betrifft.

Beim Gehäuse wird sich die mechanische Kontrolle hauptsächlich auf die stark beanspruchten Aufhängungsteile erstrecken, auf etwaige Risse, auf die Elastizität der Federn, auf das Vorhandensein von Muttersicherungen und federnden Unterlagscheiben u. s. w.

Bei Anker und Magnetspulen kann sich eine mechanische Kontrolle natürlich bloß auf die Oberfläche der einzelnen Teile erstrecken. Für gewöhnlich begnügt man sich auch damit, es ist aber sehr ratsam, durch einen sehr einfachen Versuch sich davon zu überzeugen, daß auch elektrisch diese Teile noch unversehrt und brauchbar sind. Der Versuch braucht nur in einer Messung der Widerstände der einzelnen Teile zu bestehen. Hat man, wie dies auf S. 305 für den Einbau empfohlen wurde, für jeden Motor diese Widerstände von vornherein notiert, so läßt sich mit einem Blick übersehen, ob Anker oder Magnetspulen im Inneren Schaden gelitten haben. Auf diese Weise können kleine Schäden leicht beseitigt werden, während bei Unterlassung derartiger Kontrolle sehr bald infolge eines Kurzschlusses oder zu schwachen Feldes der Anker oder die Feldspulen durchgeschlagen, der Kollektor verschmort werden oder der ganze Motor zu Grunde gehen kann. Ein anderes Verfahren besteht darin, daß man den Motorwagen auf einen Gleisstrang bringt, dessen Oberleitung und Schienen vom übrigen Netz isoliert werden können; in die doppelpolige Speiseleitung schaltet man ein Voltmeter in Serie zum Wagen, löst die Erdverbindung der Motoren, schaltet den Kontroller ein und beobachtet den Ausschlag des Voltmeters. Differiert dieser Ausschlag bei einer Revision merklich gegen den bei der vorhergehenden, so genügt diese Feststellung, um die Notwendigkeit einer Reparatur zu beweisen, ohne daß man einer quantitativen Bestimmung des Fehlers benötigt. Es ist selbstverständlich, daß man auch die Isolation der Ankerspulen messen wird. Findet man einen niedrigen Isolationswiderstand, so empfiehlt es sich, zuerst zu versuchen, ob er durch Trocknung des Ankers nicht erhöht werden kann. Erst wenn dieser Versuch mißlungen ist, wird der Schaden durch Reparatur beseitigt werden müssen.

Beim Kollektor wird das Hauptaugenmerk darauf zu richten sein, ob derselbe nicht unrund gelaufen oder ungleichmäßig (konisch) abgenutzt ist. Gegebenenfalls muß er abgedreht werden. Die Bürsten dürfen nicht allzuweit abgenützt werden, da sonst der Federdruck des Bürstenhalters nachläßt.

Die Zahnräder müssen auf der ganzen Zahnbreite glatt poliert aussehen. Anderenfalls ist die Ankerachse nicht der Wagenachse parallel, ein Übelstand, der vermehrte Lagerreibung erzeugt. Der

Zahnradschutzkasten ist von Sand und Staub und anderen Fremdkörpern sorgfältig zu reinigen.

Auftretende Fehler, ihre Feststellung und Beseitigung. Verhalten des Fahrpersonals beim Auftreten von Fehlern. Wenn das Fahrpersonal auf der Strecke merkt, daß am Wagen irgend etwas nicht in Ordnung ist, so muß es soweit vorgeschult sein, um aus den Symptomen sich Rechenschaft geben zu können, wo der Fehler liegt, ob es erlaubt ist, den Fehler sofort gutzumachen und wenn nicht, ob und wie der Wagen weiterzubefördern ist. Gerade weil vom Fahrpersonal nicht eine handwerksmäßige Ausbildung verlangt werden soll, muß die Schulung demselben ermöglichen, sich über die erwähnten Fragen klar zu werden. Irgend eine sachliche Reparatur auf Strecke sollte dagegen zum mindesten dem Fahrpersonal verboten und schon durch die Art des mitzuführenden Werkzeuges vereitelt werden. Es empfiehlt sich jedem Wagen mitzugeben:

1 Schraubenwinde, 1 englischen Schlüssel, 1 Hammer, 1 Universalzange, 1 Schraubenzieher, 1 Satz Bürsten und Sicherungseinsätze, 1 Satz Bürstenhalterfedern, Sandpapier zum Reinigen des Kontrollers, eine Rolle Isolierband, 1 biegsames Kabel von 1—2 m Länge, 1 Öllampe.

Den Ort des Fehlers wird der geschulte Wagenführer häufig entweder durch irgend ein Geräusch erkennen oder am Lauf des Wagens merken. Das Ohr des Wagenführers wird durch Schulung und Gewöhnung leicht im stande sein, die verschiedenen Geräusche, die bei Defekten auftreten, zu unterscheiden, wenn sie überhaupt laut genug sind, um bis zu ihm zu dringen. Besonders charakteristisch ist das Zischen des Kollektors beim Funken, das in regelmäßigen Abständen erfolgende Rumpeln der Zahnräder, wenn ein Zahn gebrochen oder ein Fremdkörper zwischen die Zähne festgeklemmt ist, das kreischende Geräusch der schleifenden Räder, wenn sich die Zahnräder fest ineinander gefressen haben, das singende Geräusch der Zahnräder, wenn die Räder bei schlüpfrigen Schienen an Ort und Stelle „schleudern", das knallartige Geräusch beim Herausspringen des Automaten, ein ähnlicher aber dumpferer Knall beim Durchgehen der Sicherungen, das starke Klappern von losen Eisenteilen, wenn die Federn der Motoraufhängung zu nachgiebig geworden oder Muttern und Verschraubungen sich gelockert haben und dergleichen mehr.

Dringen diese Geräusche aber im Lärm des Straßenverkehrs nicht bis zum Ohr des Wagenführers, so muß er bei einiger Aufmerksamkeit sehr bald am unregelmäßigen Lauf des Wagens merken, daß derselbe eine Veränderung erfahren hat oder wenigstens nicht mehr seiner Führung bei einer Schaltungsänderung folgt. Seine erste Sorge muß dann sein, festzustellen, wo der Fehler liegt. Nehmen wir den einfachsten Fall vorweg, daß der Wagen beim Einschalten des Fahrschalters nicht anfährt.

Der erste Gedanke wäre natürlich, ob überhaupt Spannung vorhanden ist oder etwa der Fehler auf der Strecke liegt; dies kann durch Einschalten der Beleuchtung festgestellt werden. Ist Spannung vorhanden, dann muß der Fehler im Wagen liegen, und zwar ist dann der Motorstromkreis entweder unterbrochen oder er enthält einen Erdschluß oder Kurzschluß. Eine Stromunterbrechung in den Ausschaltern, Sicherungen oder durch Entgleisung der Trolleyrolle, kann sofort durch den Augenschein festgestellt werden; sind diese Teile aber in Ordnung, so muß die Unterbrechung in den Motoren, Kontrollern oder Widerständen liegen, und zwar im Kontroller dann, wenn der eine Kontroller ganz normal funktioniert, der andere dagegen nicht, in den Widerständen dann, wenn der Wagen auf den ersten Schaltstellungen nicht anfährt. Ob die Unterbrechung im Stromkreise des einen Motors entstanden ist, kann man einfach feststellen, indem man den Kontroller auf Parallelschaltung bringt. Wenn sich dann der Wagen in Bewegung setzt, kann man leicht durch Ausschaltung eines Motors im Fahrschalter feststellen, welcher Motorstromkreis die Unterbrechung enthält. Es ist dann ratsam, diesen Motor ganz ausgeschaltet zu lassen, damit nicht etwa an der Unterbrechungsstelle, wenn sie unter Spannung belassen wird, ein Erdschluß entstehen kann, der dann größeren Schaden anrichten würde, während von vornherein die Unterbrechung einfach im Bruch einer Bürstenhalterfeder, Abheben der Bürste, Bruch eines Kabels oder im Lockern irgend welcher Kontakte oder Klemmen im Kontroller, im Bruch einer Lötstelle u. s. w. innerhalb des Motorstromkreises zu bestehen braucht, ohne daß von vornherein ein innerer Defekt in Anker oder Magnetspule vermutet werden müßte.

Ob der Fehler an durch Sand unterbrochenem Schienenkontakt liegt, läßt sich leicht feststellen, indem man, natürlich in Fahrtrichtung hinter dem Rade, ein Stück Eisen zwischen Rad und Schiene hält. Der Wagen wird dann, falls der vermutete Fehler vorliegt, anfahren. Sollte der seltene Fall eintreten, daß durch den Bruch mehrerer Schienenverbindungen die Rückleitung beider Schienen unterbrochen ist, so stellt man dies fest durch Anlegen des biegsamen mitzuführenden Kabels an Untergestell und nächste Schiene. Nebenbei sei bemerkt, daß das biegsame Kabel in derselben Weise bei Entgleisungen des Wagens gute Dienste leistet. Alle diese Versuche zur Feststellung der Fehlerstelle lassen sich natürlich auch anwenden, wenn der Wagen aus voller Fahrt plötzlich durch eine Stromunterbrechung zum Stehen kommt. Geschieht das Versagen des Wagens jedoch durch einen Kurz- oder Erdschluß im Motor, so ist es nötig, die Revisionsklappen des Motors zu öffnen, um festzustellen, ob starkes Funken, Verschmoren des Kollektors oder ein Brandgeruch auf einen inneren Fehler schließen lassen, und den betreffenden Motor auszuschalten. Bei jeder Öffnung der Motorklappen muß der Wagenführer peinlich darauf bedacht sein, keine Fremdkörper in das Motorgehäuse fallen zu lassen, sowie bei feuchtem Wetter das Eindringen von Wasser auf jede Weise zu vermeiden.

Hat sich der Wagenführer vergewissert, wo der Fehler liegt, dann ist er im stande zu beurteilen, inwieweit ihm seine Dienstvorschrift gestattet, den Fehler selbst zu beheben oder ob er sonst auf irgend eine Weise den Wagen für den Transport durch fremde Hilfe vorzubereiten hat. Es richtet sich natürlich nach den örtlichen Verhältnissen, dem durchschnittlichen Bildungsstand der Angestellten u. a., dem allgemeinen Straßenverkehr und dem Straßenbahnverkehr im besonderen, inwieweit die Vorschriften einer Selbsthilfe des Wagenführers Raum geben sollen. In großen Städten mit dichtem Straßenverkehr wird der Wagen zur Vermeidung einer Verkehrsstockung, die nach wenigen Minuten schon außerordentlich fühlbar wird, sofort ohne viel Versuche außer Betrieb gesetzt und von einem folgenden Wagen auf ein in der Nähe befindliches totes Gleis oder in die nächste Remise zur Feststellung des Fehlers durch speziell vorgebildete Handwerker abgeschoben werden. Bei langen Überlandbahnen dagegen muß der Wagenführer, soweit er irgend dafür geschult werden kann, im stande sein, in den durch die Vorschrift genau festzulegenden Grenzen seinen Wagen wieder betriebsfähig zu machen.

Die Grenzen für diese Selbsthilfe ergeben sich ohne weiteres durch die Möglichkeit, die Leute vorzubilden. Es sollte aber stets als äußerste Grenze zur Vermeidung größerer Schäden daran festgehalten werden, daß der Wagenführer nie berechtigt sein soll, aus seinem Gutdünken heraus die Konstruktion selbst zu bearbeiten oder größere Teile auszubauen. Wie schon erwähnt, wird man diese Grenzen ohne weiteres durch die Mitgabe beschränkten Werkzeugvorrates aufstellen können. Es wird daher dort, wo der übrige Verkehr und sonstige Verhältnisse es zulassen, die Abhilfe von Fehlern, kurz zusammengestellt, bestehen in:

1. Feststellen des Ausrüstungsteiles, in dem der Fehler entstanden ist.

2. Einsetzen frischer Sicherungen, nachdem die Trolleystange

von der Oberleitung abgezogen worden ist. Geht die Sicherung dann nochmals durch, dann ist dieser Versuch nicht mehr zu wiederholen.

3. Fortsetzung der Fahrt mit einem Motor, nachdem im Kontroller die dort vorgesehene Ausschaltklinke geöffnet ist. Ist eine solche nicht vorgesehen und geschieht die Ausschaltung durch Lösen einer Kabelverbindung im Kontroller, so ist besondere Anweisung nötig, damit das gelöste Kabelende keinen Erdschluß hervorzurufen vermag.

4. Auswechseln von Bürsten bei Beschädigung oder Zerstörung derselben, gegebenenfalls Einsetzen neuer Bürstenhalterfedern.

5. Umwickeln sichtbarer Erdschluß- oder Kurzschlußstellen an irgend welchen Kabelleitungen durch Isolierband.

6. Festziehen loser Schraubenmuttern.

7. Reinigen von Kontrollerfingern und Segmenten, Festziehen von losen Kontrollerteilen.

8. Sandstreuen bei schlüpfrigen Schienen.

9. Ausbauen des Zahnradschutzkastens und des großen Zahnrades, wenn die Zahnräder sich so fest ineinander gefressen haben, daß sonst ein Rollen der Wagenachse zur Fortschaffung des Wagens unmöglich.

10. Benutzung eines biegsamen Kabels als Rückleitung bei Entgleisungen oder ungenügender Rückleitung.

11. Aufhängen des Motors durch Stricke oder Hölzer, wenn ein Aufhängungsteil gebrochen ist und der Motor sonst am Pflaster schleifen würde.

Andere, auch kleinere Fehler, die den Wagen nicht betriebsunfähig machen, sollen dagegen von der Abhilfe durch den Wagenführer selbst grundsätzlich ausgeschlossen sein und von ihm bloß der vorgesetzten Stelle möglichst bald gemeldet werden.

Die einschlägigen Bestimmungen der Dienstanweisung der Großen Berliner Straßenbahn, die wegen der unangenehmen Folgen jeder Betriebsstörung bei der großen Verkehrsdichte in Berlin besonders vorsichtig abgefaßt sind und daher Interesse erregen werden, lauten wörtlich folgendermaßen:

„Verhalten im allgemeinen bei Betriebsstörungen. Nach Behebung größerer Störungen dürfen aufgefahrene Wagen nicht auf einmal abgelassen werden, weil der plötzlich eintretende große Stromverbrauch ein Aussetzen des Stromes zur Folge haben kann. Es hat daher der Hintermann erst einzuschalten und anzufahren, wenn der Vordermann wieder in voller Fahrt und mindestens

15 m entfernt ist. Keinesfalls darf einige Minuten lang über die fünfte Fahrstellung hinaus eingeschaltet werden.

„Betriebsunfähige Wagen. Es ist vorerst zu untersuchen, weshalb der Wagen versagt; kann dieses aber nicht sofort festgestellt werden, so wird angekuppelt und ohne Zeitversäumnis bis zum Endpunkt bezw. bis zu Umfahrungen oder unbenutzten Gleisen geschleppt, wo genauere Untersuchungen vorgenommen werden sollen.

„Betriebsunfähige, jedoch noch fahrbare Wagen sind nach dem nächstgelegenen Bahnhofe, nicht nach dem etwa weiter entfernten Heimatbahnhof zu schaffen.

„Versagt ein Wagen, weil ein Anker durchgeschlagen, oder feuert ein Motor stark oder ist ein Kammrad gebrochen, so ist der beschädigte Motor auszuschalten und der Wagen mit einem Motor bis zum nächsten Bahnhofe zu fahren und dort außer Betrieb zu stellen.

„Bleibt ein Wagen auf der Straßen- oder Gleiskreuzung stehen, so ist nicht bis zum Herankommen des nächsten Wagens zu warten, sondern mit der Brechstange ein Vorwärtskommen zu versuchen, um die Kreuzung möglichst schnell frei zu machen.

„Ein Zug darf nicht geschoben werden, wenn der Anhängewagen nicht mit Pufferstangen versehen ist. In solchen Fällen ist der Anhängewagen zu entfernen und einem anderen Kraftwagen mitzugeben.

„Im Notfall darf auch ein Kraftwagen einen Anhängewagen über eine Linie hinwegnehmen, auf welcher für gewöhnlich Anhängewagen nicht gestattet sind.

„Das Ziehen, besonders aber das Schieben eines Kraftwagens durch einen anderen Kraftwagen muß in der vorsichtigsten Weise bewirkt werden. Die Geschwindigkeit muß in solchen Fällen in mäßigen Grenzen gehalten werden.

„Bei Achs- und Radbrüchen sind die nächsten Bahnhofsschlosser herbeizurufen und ist bis zu deren Eintreffen der Wagen, wenn irgend tunlich, auf unbenutzte Gleisanlagen zu schaffen, sonst aber muß unverzüglich abgelenkt werden. Ist eine Achse warm gelaufen, so ist der Wagen in mäßiger Geschwindigkeit weiter zu fahren und sobald wie möglich außer Betrieb zu setzen. Wird vor Aussetzen des Wagens eine Endhaltestelle erreicht, so ist die heiße Achsbuchse mit Wasser zu kühlen.

„Wenn andere Wagen fahren, der eigene aber beim Einschalten nicht anläuft, so können folgende Hinderungsgründe vorliegen:

1. Rolle steht unter der Sektions-(Abteilungs-)öse oder ist vom Leitungsdraht abgeglitten,

2. der selbsttätige Ausschalter ist ausgeschaltet, oder die Ausschalter sind nicht gehörig geschlossen,
3. Bleisicherung ist durchgebrannt, oder liegt nicht richtig an,
4. Widerstand ist durchgebrannt,
5. Sand, Schmutz, Schnee oder Eis liegt so dick auf den Schienen, daß keine Berührung da ist.

„Stehen hingegen sämtliche Wagen still und haben die Oberleitungswagen kein Licht bezw. brennt dieses nicht beim Einschalten, so ist kein Strom vorhanden.

„Ist Kurzschluß im Anlasser (Kontroller) entstanden, so muß der Wagen nach dem nächstliegenden Bahnhof geschoben oder gezogen werden. Keinesfalls darf der Anlasser zur Fahrt benutzt werden.

„Sind die Widerstände durchgebrannt, so fährt der Wagen nicht auf die ersten Fahrstellungen an und bremst auch entsprechend später. Der Wagen darf daher nicht selbsttätig weiter fahren, sondern er ist anzukuppeln und nach dem nächsten Bahnhof zu schaffen.

„Steht die Rolle unter der Abteilungsöse, dann ist die Stange umzulegen und ein Stück vorwärts zu fahren.

„Beim Versagen der Oberleitung müssen Stromsammlerwagen ohne Leitung fahren und haben vor und hinter sich liegende Oberleitungswagen mitzunehmen. Mehr als drei Wagen dürfen jedoch nicht zusammengekuppelt werden, wenn nicht Motorbeschädigungen am Stromsammlerwagen entstehen sollen. Auch darf nicht über die fünfte Fahrstellung hinaus geschaltet werden, besonders wenn Steigungen zu befahren sind.

„Fuhren Stromsammlerwagen beim Versagen der Stromzuführung auf Ladung, so muß diese Schaltung sogleich in Fortfall kommen, weil sonst die in den Stromsammlern aufgespeicherte Elektrizität nach der Oberleitung hin entströmt.

„Steht ein Oberleitungswagen, dessen Räder z. B. an Baustellen auf versandeten Schienen keine Berührung mit den Schienen haben, still, so ist das Eingleisungskabel anzuwenden, nachher aber die betreffende Stelle von Schmutz etc. freizumachen.

„Wagenbrände jeder Art sind zunächst durch Abziehen der Stange und durch Ausschalten der Hauptausschalter, sowie des Handrades einzudämmen und können dann leicht durch Ausdrücken oder Ausgießen behoben werden. Wieder einzuschalten aber ist verboten und muß der Wagen nach dem nächsten Bahnhof geschleppt werden.

„Bei Wagenbränden sind die Türen sofort zu öffnen (die Vordertür des Motorwagens durch den Fahrer). Die Schaffner haben dann die Fahrgäste zum ruhigen Verlassen der Wagen aufzufordern und ihnen hierbei behilflich zu sein." —

Merkmale und genaue Feststellung der Fehler. Um die bereits erörterten Fehler und ihre Lage behufs Reparatur genauer feststellen zu können, auch kleinere Fehler, die nicht sofort den Wagen oder Motor betriebsunfähig machen, ermitteln zu können, sind einige Messungen erforderlich, die im folgenden noch zu erwähnen sind. Dieselben unterscheiden sich von den oberflächlichen Feststellungsverfahren durch das Fahrpersonal dadurch, daß sie mehr Zeit und Zuverlässigkeit erfordern und daher von geschultem Personal in Werkstatt oder Prüfraum vorgenommen werden müssen. Eine Unregelmäßigkeit in Feld, Anker oder Kollektor wird sich zuerst stets durch Feuern der Bürsten bemerklich machen, und es wird wichtig sein, aus diesem Merkmal die richtigen Schlüsse zu ziehen.

Das Feuern der Bürsten läßt, wenn die Bürsten gut anliegen und die Bürstenhalter völlig in Ordnung sind, auf Fehlerquellen: in Anker, Feldspulen oder Kollektor schließen.

Anker. Bei der Unterbrechung eines Stromkreises im Anker ist der Motor noch nicht betriebsunfähig, da nur geschlossene Wickelungen, d. h. Anker mit wenigstens zwei Stromkreisen für Bahnmotoren verwendbar sind. Es wird aber eintretenden Falles der Anker dadurch, daß die Parallelschaltung des zweiten Stromkreises fortfällt, doppelten Widerstand haben. Ein besonders starkes Funken tritt dann beim Passieren derjenigen Lamellen unter der Bürste auf, zwischen denen die Spule unterbrochen ist. Es ist daher ein derartiger Fehler leicht an der durch starke Funken eingetretenen Beschädigung bestimmter Kollektorlamellen zu erkennen und die Stelle festzulegen. Sollte dieses Anzeichen sich noch nicht deutlich genug bemerkbar gemacht haben, so läßt sich die Fehlerstelle durch Widerstandsmessung zwischen den beiden Lamellen, an welche jede Spule angeschlossen ist, genauer bestimmen. Solche Spulenbrüche kommen für gewöhnlich dort vor, wo die Spule an den Kollektor gelötet wird und das Kupfer durch wiederholtes Löten schon brüchig geworden ist. Weiterhin sind die Stellen, wo die Spule aus der Nut heraustritt und zum Übergang von Nut zu Nut oder zum Kollektor scharf abgebogen wird, besonders häufige Bruchstellen.

Kurz- und Erdschluß im Anker läßt den Ankerstrom so stark anwachsen, daß die Bürsten infolge zu großer Stromdichte funken. Die Leistung des Motors sinkt trotz der größeren Stromstärke, wegen des auftretenden Spannungsabfalles, der Wagen nimmt aus demselben Grunde eine geringere Geschwindigkeit an, auch wegen der starken Sättigung des Feldes. Bei Kurzschluß üben außerdem die kurzgeschlossenen Windungen, die wie die Windungen eines Generators wirken, einen Bremseffekt aus. Bei Erdschluß tritt unter allen Umständen eine außerordentliche Schwächung des Magnetfeldes auf, wenn, wie dies üblich ist, der eine Pol desselben an Erde liegt. Der Wagen wird unter diesen Umständen zum Stehen kommen, auch wenn der etwa vorhandene Wagenautomat nicht funktioniert hat. Zur genauen Feststellung der Lage des Kurzschlusses kann wiederum eine Widerstands- bezw. Isolationsmessung benutzt werden. Liegt der Motor an Betriebsspannung, so läßt sich, wie weiter oben Seite 280 erwähnt, die Spannung zwischen je zwei, vier oder sechs benachbarten Lamellen durch ein Voltmeter zweckmäßig mit Vorschaltung von fünf Glühlampen messen und dadurch die Lage des Kurzschlusses bestimmen. Eine andere Methode, die Kurzschlußspule zu bestimmen, die in Amerika zum Zwecke größter Zeitersparnis üblich ist, besteht in der Verwendung eines auf einem fahrbaren Gerüst verstellbar montierten, halbmondförmigen, mit einer Spule bewickelten Eisenkernes, der zum direkten Anlegen an den Anker zylindrisch bearbeitet ist (vergl. Fig. 170). Der Eisenkörper wird innen nach der Ankerrundung, außen in geeigneter Weise abgerundet und ist in der Mittellinie 100 mm stark. Die Erregerspule erhält für normale Ankergrößen 1210 Windungen von 1,83 mm Drahtdurchmesser von doppelt besponnenem Draht. Die Erregerspule wird mit Wechselstrom gespeist, so daß ein pulsierendes Feld den Eisenkern durchsetzt, welches durch den Ankerkörper geschlossen wird. Der an den Apparat angelegte Anker wird mit der Hand so lange durch Drehung verstellt, bis ein über ihn gelegter Blechstreifen zu vibrieren anfängt. Es beweist dies, daß die eine Seite der Kurzschlußspule im Wechselfeld liegt, die andere Seite sich dagegen noch

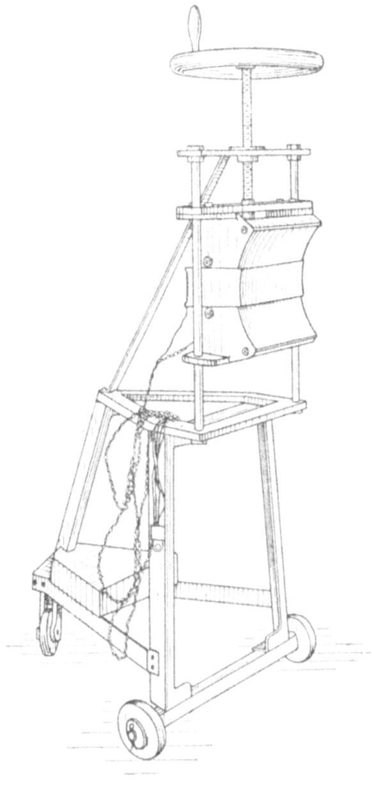

Fig. 170.

außerhalb befindet. In dieser Lage erzeugt nämlich die Kurzschlußspule, die gleichsam einen geschlossenen Stromkreis der sekundären Wickelung eines Transformators bildet, außerhalb des Wechselfeldes ein mit der Spule verkettetes Streuungsfeld, dessen Lage durch Vibrieren des Bleches sich zu erkennen gibt. Dreht man den Anker in derselben Richtung weiter, so wird die andere Seite der Kurzschlußspule aus dem Felde des Transformators heraustreten und dieselbe Wirkung hervorbringen. Dadurch wird also die Lage der Kurzschlußspule genau festgelegt. — Die Untersuchung eines Ankers auf Kurzschluß soll durch dieses Verfahren nur eine Minute Zeit erfordern. Den zur Erregung des Transformators benötigten Wechselstrom kann man durch einen mit Schleifringen versehenen abgenutzten Bahnmotor erzeugen.

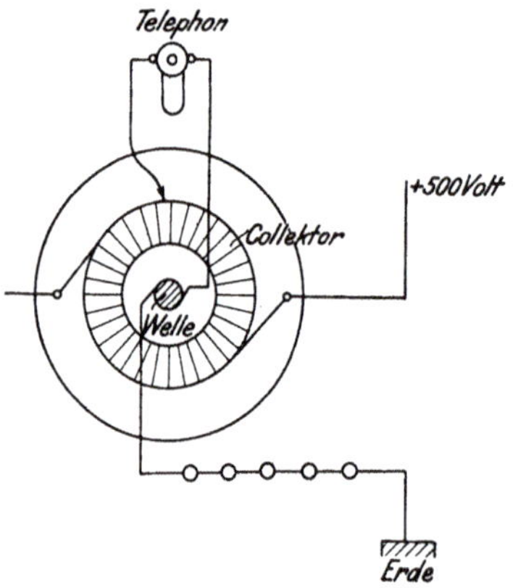

Fig. 171.

Um die Lage des Erdschlusses im Anker festzustellen, ist die Anwendung des Klingelapparates das einfachste Mittel, aber natürlich nur dann verwendbar, wenn die Kollektorverbindungen gelöst sind. Eine für alle Fälle zweckmäßige Schaltung ist dagegen in Fig. 171 dargestellt. Die eine Bürste wird an den positiven Pol einer 500 Volt-Zuleitung gelegt, der Ankerkörper mit Hintereinanderschaltung von fünf Glühlampen geerdet, die eine Klemme eines Telephons an den Ankerkörper, die andere Klemme desselben der Reihe nach an die Kollektorlamellen gelegt. Man wird dann an zwei Lamellen gelangen, bei welchen das Knacken im Telephon ganz oder nahezu verschwindet; zwischen diesen Lamellen liegt die geerdete Spule. An Stelle des Telephons läßt sich auch ein allerdings viel weniger fein empfindliches Voltmeter benutzen. Es liegt dann die geerdete Spule zwischen den Lamellen, die den kleinsten Ausschlag des Voltmeters geben.

Feldwickelung. Ein Kurz- bezw. Erdschluß in den Magnetspulen erzeugt ein geschwächtes Feld, und dadurch steigt der Strom gleichfalls unzulässig an, so daß Feuern der Bürsten und Verschmoren des Kollektors eintritt. Ähnliche Folgen werden auch eintreten, wenn die Magnetspulen nicht richtig miteinander verbunden werden, so daß ihre Wirkung sich gegenseitig aufhebt, sowie wenn der magnetische Fluß in der Schnittebene des Gehäuses durch irgend einen Grund beträchtlich gestört ist. Über unzulässige Belastungsverschiebungen bei ungleichmäßiger Feldstärke zweier zusammenarbeitender Motoren wurde bereits in Teil III und IV eingehend berichtet.

Ein Erdschluß läßt sich mit dem Telephon nach der in Fig. 172 dargestellten Schaltung feststellen. Die eine Klemme der Magnetspulen wird an den positiven Pol einer 500 Volt-Zuleitung gelegt, das Gehäuse mit Hintereinanderschaltung von fünf Glühlampen geerdet, eine Klemme des Telephons an das Gehäuse gelegt und mit der anderen Klemme jede Verbindung zweier Magnetspulen untersucht. Zwischen den Stellen, bei denen das geringste Knacken zu hören ist, liegt der Erdschluß. Da das Telephon ein sehr empfindliches Instrument ist, gibt diese Methode ein recht zuverlässiges Ergebnis. Ein anderes Verfahren ist dasjenige, nach Abschalten der einzelnen Feldspulen fünf Glühlampen bei Oberleitungsspannung der Reihe nach mit einer jeden Spule in Serie zu schalten. Diejenige Spule, bei der die Glühlampen aufleuchten, besitzt Erdschluß. Natürlich führt bei abgeschalteten Spulen auch die Anwendung des Klingelapparates oder eine Widerstandsmessung zum Ziele. Vor jeder Messung ist darauf zu achten, daß die Magnetspulen gänzlich von Erde abgeschaltet sind, also auch die an das Gehäuse des Motors gelegte Erdklemme gelöst ist.

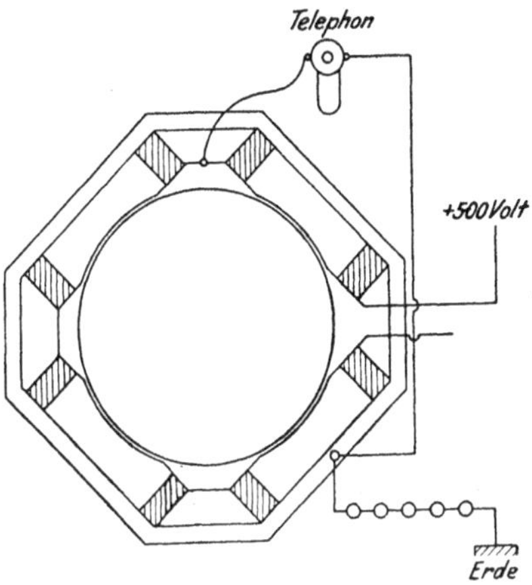

Fig. 172.

Um einen Kurzschluß innerhalb der Spule nachzuweisen, ist dagegen nur die genaue Feststellung des Widerstandes durch Messung geeignet. Bei einer solchen ist es ratsam, die Spule, wenn sie ausgebaut ist, mechanisch zusammenzupressen, z. B. durch Darauftreten, da auf diese Weise benachbarte Leiter in innigere Berührung kommen und bei zerstörter Isolation der Fehler sich eher zeigen muß. Auch ist es gut, die Spule vor der Widerstandsmessung anzuwärmen, da die Isolation gerade in heißem Zustande versagen könnte, während in kaltem Zustande ein Kurzschluß sich nicht nachweisen läßt.

Kollektor. Die Schäden am Kollektor, die aus konstruktiven Mängeln, der Dicke der Isolationsschichten, herstammen, wurden bereits im Teil V, S. 221 erörtert. Nutzen sich die Isolationsschichten schneller ab als die Lamellen, so füllen sich die entstehenden Spalten mit Kohlenstaub und bilden Kurzschluß zwischen den Lamellen. Ist es nun in einem solchen Falle nicht möglich, die Kurzschlußstelle sofort durch den Augenschein festzustellen, so benutzt man dieselben Untersuchungsmethoden wie zur Feststellung eines Kurzschlusses zwischen Ankerspulen. Um aber diesen letzteren vom Kurzschluß zwischen den Lamellen selbst unterscheiden zu können, schließt man bei Anwendung der Spannungsmessung zwischen einer Anzahl Lamellen die benachbarten Lamellen untereinander kurz. Ändert sich dann der Ausschlag des Voltmeters beträchtlich, so liegt der Kurzschluß in der Wickelung, wenn nicht, so liegt er im Kollektor. Verwendet man die (oben unter Ankerfehlern S. 329) erwähnte Transformatormethode, so ergibt sich ein Kurzschluß zwischen den Lamellen, wenn das Blech nicht bloß an zwei, sondern an vier Punkten zu vibrieren beginnt. Dies kommt daher, daß bei einem Kurzschluß im Kollektor nicht zwei Drahtlagen ein und derselben Spule, sondern zwei benachbarte Spulen zum geschlossenen Stromkreis der Sekundärwickelung eines Transformators werden.

Ragen die Isolationsschichten durch geringere Abnutzung über die Lamellen hervor, so kommen die Bürsten in vibrierende Schwingungen und werden gleichfalls mit Funkung laufen. Einen ähnlichen Einfluß übt auch der Fall, daß durch Lockerung der Kollektorbüchse eine Lamelle über die Zylinderfläche des Kollektors vorsteht oder darunter zurückliegt. In allen diesen Fällen ist Abdrehen des Kollektors erforderlich. Ein Überspringen der Funken von Bürste zu Bürste kann eintreten, wenn die Kohle der Bürsten zu weich ist und der Kollektor vom schmierigen Kohlenstaub geschwärzt wird. Es hilft auch hierbei bloß gründliche Reinigung und allenfalls Abdrehen des Kollektors.

Ebenso ist ein oft vorkommender Fehler, daß der Kollektor Erdschluß erhält. Es ist dies nicht zu verwundern, da in demselben blanke spannungführende Teile direkt benachbart der geerdeten Ankerwelle liegen. Es wird daher der Stärke der Isolation an dieser Stelle von den Konstrukteuren erhöhte Aufmerksamkeit geschenkt. Trotzdem kommt es häufig vor, daß durch kleine Befestigungsschräubchen Erdschluß vermittelt wird. Dasselbe geschieht leicht bei der Bürstenbrücke, einem trägerartigen Befestigungsteile, welcher die unter voller Klemmenspannung stehenden Bürstenhalter trägt und am geerdeten Gehäuse selbst befestigt ist. Da derartige Erdschlüsse innerhalb der Konstruktion liegen und durch Funkenüberspringen herrührende Brandstellen meist von außen nicht zu sehen sind, ist es nur dem mit der inneren

Bauart dieser Teile genau Vertrauten möglich, solche Fehler zu entdecken; die Abhilfe muß im Auseinandernehmen der einzelnen Teile und sorgfältigster Isolierung bestehen. — Schlechtes Anliegen der Bürsten am Bürstenhalter äußert sich, da die kleinen entstehenden Fünkchen dem Auge leicht entgehen, am deutlichsten durch Erhitzung der Bürstenhalter.

Abgesehen vom Feuern der Bürsten ist ein Merkmal für einen in falschem Zusammenschalten bestehenden Fehler auch, wenn ein Motor allein sich unzulässig erwärmt, während die anderen mit ihm zusammengeschalteten und zusammenarbeitenden Motoren gleicher Bauart und Größe auffallend kalt bleiben. Es beweist dieser Umstand, daß der betreffende Motor überanstrengt wird, und daß derselbe die anderen Motoren entlastet. Es ist dies, wie im Teil III und IV erörtert, stets eine Folge ungleicher magnetischer Eigenschaften der zur Serien-Parallelschaltung verkuppelten Motoren. Wir haben bereits oben ein Verfahren zur Prüfung der Motoren vor dem Einbau auf die Möglichkeit ihres Zusammenarbeitens angegeben.

Tritt aber der oben erwähnte Fehler ein, so bleibt nichts anderes übrig, als das magnetische Feld der zu wenig leistenden Motoren durch Unterbrechung des magnetischen Flusses in den Schnittebenen des Gehäuses mittels Einlegen von Blechstreifen, Seidenpapier oder dergleichen zu schwächen. Um die Unterschiede der Leistungen unter den verkuppelten Motoren genauer festzustellen, befolgt man zweckmäßig das oben (S. 296) erwähnte Verfahren.

Unterhaltung und Reparatur. Den Merkmalen und Verfahren zur Feststellung von Fehlern in Anker oder Feldspulen, wie sie bisher behandelt wurden, mögen noch einige Worte über die Reparatur der Spulen folgen. Für gewöhnlich wird die Beseitigung der Fehler im Ersatz der ganzen Spule bestehen müssen, gleichgültig ob ein Kurz-, Erdschluß oder eine Kupferunterbrechung vorliegt, da man nie feststellen kann, ob nicht in derselben Spule zwei gleichartige Fehler gleichzeitig vorliegen. Würde man daher dieselbe Spule nach mühseliger Reparatur weiter verwenden, so könnte sich dann nach vollem Einbau bald wieder der zweite Fehler zeigen. Außerdem wird auch die Reparatur, einer Ankerspule zum wenigsten, meist teurer als der Ersatz durch eine neue Spule. Im allgemeinen wird man daher keine anderen Schäden als Drahtbrüche in der Nähe des Kollektors, wo der Draht ganz frei zugänglich und neu gelötet und isoliert werden kann, reparieren. Daß der Einbau einer einzigen neuen Spule bei modernen nach Eickemeyer oder gerade gewickelten Spulen stets möglich ist, dürfte schon bei Besprechung der Spulenformen genügend ausführlich dargelegt sein.

Aus untenstehender Figur ist der Gang eines derartigen Verfahrens ersichtlich (Fig. 173). Die Einfachheit der Reparaturen bei einer derartigen Wickelung gegenüber denjenigen bei Ring- und älteren Trommelwickelungen ist augenscheinlich. Trotzdem ist auch eine derartige Reparatur nur bei äußerster Vorsicht und bei geübten und sehr geschickten Handwerkern von gutem Erfolge begleitet, da die Isolation der herauszuhebenden Spulen sehr leicht selbst beschädigt wird, so daß in der Regel doch der ganze Anker neu bewickelt werden muß. Das letztere dürfte in großen Betrieben, wo man in einer mit allen Hilfsmitteln versehenen Werkstatt ohnedies billiger arbeiten kann, das einzig empfehlenswerte und auch durchgängig gebräuchliche Verfahren sein.

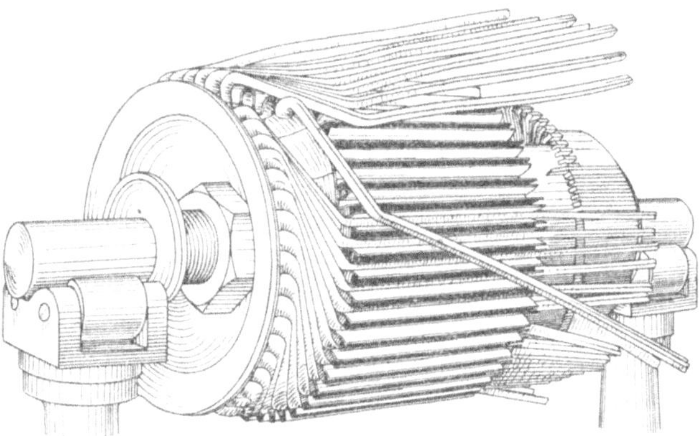

Fig. 173.

Eine Ankerwickelung, deren Isolationswiderstand merklich, aber nicht plötzlich abnimmt, kann vor dem Durchschlagen noch durch folgendes Verfahren bewahrt werden:

Den in einem Trockenofen bei nicht mehr als 50° C. zur Austrocknung und zum besseren Aufsaugen von Flüssigkeiten 2 bis 3 Stunden lang vorgewärmten Anker, bestreicht man mehrmals mit einer Isolierflüssigkeit, und zwar bei Papier- oder Zellstoffisolation mit Asphaltlack, bei Mika- oder Leinwandisolation mit Firnis oder Schellack, welcher in reinem Alkohol gelöst sein muß, da Holzgeist schlechte Resultate gibt. Nach dem letzten Anstrich wird der Anker 4 Stunden lang bei etwa 65° C. getrocknet. Durch dieses Verfahren wird die Güte der Isolation von neuem wiederhergestellt, indem die Spulen die Flüssigkeit ansaugen.

Nach einer Neubewickelung muß der Anker natürlich ebenso wieder schellackiert und im Trockenofen getrocknet werden. Die

Ankerwelle kann bei Beschädigung leicht entfernt werden, wenn der Ankerkörper auf einer Buchse, nicht unmittelbar auf der Welle sitzt. Ist das letztere der Fall, dann muß der Ankerkörper durch eine hydraulische Presse, wie ein Rad von der Achse, gepreßt werden. Ein Erhitzen der Ankerwelle für kleine Reparaturen derselben ohne Abziehen des Ankerkörpers darf nur unter sorgfältiger Verpackung der dem Feuer zugekehrten Ankerstirnseite geschehen, da sonst die Isolation der Ankerwickelung Schaden leiden würde.

Wenn bei einer bestimmten Kollektorkonstruktion wiederholt Erdschlüsse, sei es zur Ankerwelle, sei es direkt zum dicht benachbarten Gehäuse vorkommen, so daß der Motor plötzlich stehen bleibt (die Amerikaner nennen dies das „bucking“ [Bocken] der Motoren), so empfiehlt es sich der Isolation des Kollektors durch zusätzliche Isolationen, z. B. einen Ring aus Isoliermaterial vor die Stirnseite des Kollektors, Umwickeln des Kollektors am Rande mit Isolierband, Einlegen von Glimmer in innere Hohlräume und dergleichen nachzuhelfen. Ähnlich repariert man auch Bürstenbrücken, die wiederholt Erdschluß durch ihre Befestigungsschrauben erzeugen, durch Umwickeln der Gefahrstellen mit Glimmer. — Eine häufig zu wiederholende Reparatur ist das Abdrehen des Kollektors, sobald er unrund geworden ist, und sorgfältigste Reinigung desselben, das Auswechseln einzelner Lamellen des Kollektors, die durch starke Funken ausgebrannt wurden, Erneuerung der Segeltuchkappen und Bandagen, wenn sie durch das allzu lange Laufen der Ankerlager die Polschuhe gestreift haben und beschädigt wurden u. s. w.

Als vorläufige Abhilfe für einen Unterbrechungsfehler in der Ankerwickelung ist noch anzuführen, daß man die der unterbrochenen Spule zugehörigen Kollektorlamellen im Notfalle durch Zusammenlöten provisorisch miteinander verbinden kann.

Vom Gehäuse sind nur wenige Teile einer Abnutzung unterworfen; es sind besonders die geblätterten Polschuhe, namentlich diejenigen, welche an den Polspitzen Lücken aufweisen, sowie die Lager und die Deckel der Schmier- und Revisionsöffnungen. Bei den Polschuhen wird es sich stets bloß um äußere mechanische Beschädigungen handeln, die sich durch Ausbau des neuerdings stets mit Bolzen angeschraubten Polschuhes und Reparatur leicht beseitigen lassen. Dasselbe gilt für die vielen Verschlußdeckel, die meist Schnappfedern, Flügelmuttern, Dichtungen u. s. w. erhalten und deren gewissenhafte Instandhaltung für die Reinlichkeit des Motors nicht unwichtig ist.

Schließlich ist noch auf die Reparatur der Lagerschalen selbst zurückzukommen. Es wurde bereits bei der Bauart der

Lager erwähnt, daß die in der Reparatur billigeren Weißmetalllager hohen Verschleiß und geringe Lebensdauer aufweisen. Auch mit Weißmetall ausgegossene Bronze- bezw. gußeiserne Lager haben dieselben Nachteile, sie sind aber doch allgemein verwendet, da ihre Erneuerung außerordentlich einfach so vorgenommen werden kann, daß ausgelaufene Lagerschale und ein kurzes Stück Rundeisen von Wellenstärke zusammengesteckt in zwei Abschlußstirnscheiben die vollständige Gußform für das Ausgießen der Lager ergeben.

Als Normallegierung gilt etwa folgende Zusammensetzung zur Erzielung geringster Reibung in den Lagern:

Zinn	80 %
Antimon	15 %
Kupfer	$4\frac{1}{2}$ %
Blei	$\frac{1}{2}$ %

Vielfach ist es neuerdings üblich, massive Bronzelager, die teuer aber dauerhafter sind, zu verwenden. Wenn sie zu sehr abgenutzt sind, werden sie eingeschmolzen und mit einem Zusatz frischen Metalls neu gegossen. — Es ist für diese Reparaturarbeiten sehr angenehm, nur mit einem Modell arbeiten zu brauchen, wenn beide Lager gleich lang sind. Obgleich das an der Kollektorseite liegende Lager viel weniger stark beansprucht wird, als das Lager an der Triebseite, werden deshalb doch in den Fällen, bei denen die Spurweite nicht möglichste Breitenbeschränkung vorschreibt, beide Lager gleich lang konstruiert.

Kosten der Unterhaltung und Abnutzungsdauer. Wenn die Verfasser hier den Kostenaufwand in Betrachtung ziehen wollen, so sind sie sich wohl bewußt, daß kaum ein anderer Punkt von verschiedenen örtlichen und besonderen Verhältnissen so sehr abhängen dürfte als der Geldpunkt. Trotzdem erschien es angebracht, hier denselben zu streifen, da die Unterhaltungskosten der Motoren eine sehr wichtige und bereits in Fachkreisen der Betriebsleiter viel erörterte Rolle für die Beurteilung der Wirtschaftlichkeit des elektrischen Betriebes und der Gestehungskosten des gefahrenen Wagenkilometers spielen. Es müssen aber die angeführten Zahlen natürlich als angenäherte Mittelwerte aufgefaßt werden; für gewisse Werte wird dagegen überhaupt bloß eine ungefähre obere oder untere Grenze angegeben werden können, da die Erfahrungszahlen der verschiedenen Gesellschaften sehr voneinander abweichen.

Man müßte bei diesen Kosten unterscheiden zwischen den eigentlichen Ausgaben für Instandhaltung der Motoren und den Kosten der Erneuerung nach völliger Abnutzung, die sich dann je nach der Abnutzungsdauer mehr oder weniger für jeden geleisteten Wagenkilometer fühlbar machen. Diese sorgfältige Unterscheidung kann aber praktisch nicht durchgeführt werden, und man muß sie fallen lassen, wenn man die hierüber erhältlichen Zahlen verwenden will.

Über die Abnutzungsdauer für die einzelnen Konstruktionsteile ist man noch hauptsächlich auf Zahlen aus der amerikanischen Praxis angewiesen, da der elektrische Bahnbetrieb in Europa noch zu jung ist, als daß die vorliegenden kurzen Erfahrungen veröffentlicht worden wären. Die amerikanischen Angaben werden aber nicht ohne weiteres auf hiesige Verhältnisse anwendbar sein. In Amerika wird viel schneller gefahren und weniger angehalten als hier. Es dürfte deshalb das Material höhere Kilometerleistung aufweisen, da es nicht so stoßweise in kurzen Zeitintervallen als bei den europäischen Verhältnissen in Anspruch genommen wird. Der Zeit nach dürfte die Abnutzung dagegen schneller vor sich gehen, da, wie gesagt, das Material in gleicher Zeit unverhältnismäßig (etwa 50 %) höhere Leistungen aufzuweisen hat, und durch den schlechten Zustand des amerikanischen Straßenpflasters auch bedeutend mehr durch Staub und Schmutz in Mitleidenschaft gezogen wird. In Deutschland sind bei Straßenbahnen die Haltestellen im Durchschnitt nicht mehr als 150—200 m voneinander entfernt. Es kommen sogar infolge der großen Rücksichtnahme auf Publikum, Polizei und den übrigen Verkehr an Plätzen, Abzweigstellen u. s. w. auch Haltestellen in 30—50 m gegenseitiger Entfernung vor. Es ist natürlich, daß unter derartigen Umständen bei gleichzeitig großer Verkehrsdichte der Wagen eine fortwährende Stauung derselben an den Haltestellen die Folge ist, so daß ein ankommender Wagen, bevor er an die Haltestelle selbst zu gelangen vermag, 3—5mal neu anfahren muß. Hierunter leidet die Kilometerleistung des lebendigen Triebwerkes um so mehr, als bei diesem 3—5maligen Anfahren meist nur eine Strecke von 25—30 m zurückgelegt wird, so daß natürlich die Abnutzung für jeden Wagenkilometer eine unverhältnismäßig hohe sein muß.

Die tägliche Leistung eines Wagens wird hier im allgemeinen 120—150 km betragen und selten 160 km überschreiten, während in Amerika eine solche von 200—250 km die übliche ist.

Eine amerikanische Rundfrage[1]) erzielte folgende Angaben für die durchschnittliche Abnutzungsdauer, wobei pro Tag 200—250 km als Durchschnittswerte der täglich geleisteten Wagenkilometer gesetzt wurden:

[1]) Vergl. Street Railway Journal, Jahrgang 1896.

Stahlzahnräder:	95000 km =	14—18 Monate,
Gußzahnräder:	50000 km =	7—9 „

Nach dem Betrieb der Consolidated Traction Co.:

Stahlzahnräder:		11—12 Monate
Gußzahnräder:		5—6 „
Stahltrieb:		4—8 „
Weißmetallankerlager:	15—30000 km =	3—6 „
Weißmetallachslager:	30—50000 km =	6—8 „
Kohlenbürsten:	4500 km =	20 Tage.

Nach Angaben der Thomson-Houston-Gesellschaft:

Stahlzahnräder:	10—12 Monate
Kollektor:	12—18 „
Achslager:	4—6 „
Kohlenbürsten:	1 Monat.

Siemens & Halske geben an, daß die großen Zahnräder ihrer Bahn Behrenstraße — Treptow in Berlin erst nach etwa 400000 Wagenkilometern ausgewechselt werden brauchten. — Tabelle 15 gibt übrigens in sehr deutlicher Weise das gegenseitige Verhältnis der

Tabelle 15.

	Prozent jeder Art Reparatur von den Gesamt-Reparaturen der elektrischen Ausrüstung
Anker	24,6
Kontroller	5,7
Beleuchtung	2,7
Kabel-Verbindungen	13,5
Bürstenhalter	22,2
Widerstände	1,4
Verschiedenes	4,6
Trolley	21,9
Feld	3,1
Blitzableiter	0,3
	100,0

Reparaturbedürftigkeit der einzelnen Motor- und sonstigen Ausrüstungsteile an, woraus sich ergibt, daß Anker, Bürstenhalter und Trolley 70 $^0/_0$ aller Reparaturen erfordern, und daß das Feld den Kabelverbindungen und dem Kontroller noch an Reparaturbedürftigkeit nachsteht. Diese Zahlen beziehen sich auf Angaben über die einzelnen Durchschnittsergebnisse bei einer großen amerikanischen Straßenbahn-Gesellschaft, ebenso die Ankerreparaturen in Tabelle 16.

Tabelle 16.

	Prozent jeder Art Ankerreparaturen von der gesamten Anzahl Ankerreparaturen
Abdrehen	77,0
Erdschluß	7,1
Spulen-Unterbrechung	6,2
Durchbrennen	4,3
Segeltuchkappen	0,7
Ölring	1,5
Kurzschluß	0,8
Kommutator lose	0,4
Neuer Kommutator	0,1
Welle verbogen	0,2
Bandagen	1,3
Welle lose	0,4
	100,0

Was die Kosten selbst für die Unterhaltung der ganzen elektrischen Ausrüstung anbelangt, so gibt die

Metropolitan Street Railway Co. New York[1]) für das Jahr

$$1897/98:\ 0{,}42\ \frac{\text{cents}}{\text{car-mile}} = 1{,}1 \text{ Pf. pro Wgkm,}$$

$$1898/99:\ 0{,}47\ \frac{\text{cents}}{\text{car-mile}} = 1{,}2 \text{ Pf. pro Wgkm,}$$

$$1899/00:\ 0{,}62\ \frac{\text{cents}}{\text{car-mile}} = 1{,}6 \text{ Pf. pro Wgkm;}$$

die Tramway in Marseille[2]) für die Motoren allein

Mai 1894: 2,7 Pf. pro Wgkm,
Juni 1894: 3,0 Pf. pro Wgkm;

die Straßenbahn in Hannover 1895 für die Motoren einschließlich Zahnradübersetzung:

1,1 Pf. pro Wgkm;

die Tramway in Brüssel:

1,2 Pf. pro Wgkm;

die Trambahn in München und die Straßenbahn in Hamburg[3]) für die Unterhaltung des gesamten lebendigen Triebwerkes, bestehend aus Untergestell und Motoren:

2,2 Pf. pro Wgkm,

[1]) Zeitschrift für Kleinbahnen 1901, S. 145.
[2]) Blondel-Dubois, Bd. II, S. 361.
[3]) Mattersdorff, Zeitschrift für Kleinbahnen 1902, Maiheft.

im Mittel von etwa 5 Jahren, für Hamburg[1])
für zweiachsige Motorwagen 1,9 Pf.,
für vierachsige Motorwagen 3,3 Pf.

Siemens & Halske garantierten in einem besonderen Falle, bei dem gutes Asphalt-Straßenpflaster und gut verlegtes Gleis vorhanden war, für die Unterhaltung des lebendigen Triebwerkes $2^1/_4$ Pf. pro Wagenkilometer auf 5 Jahre, einschließlich der Schmier- und Putzmaterialien, jedoch ausschließlich aller Reparaturen infolge von Unfällen, und diese Garantie wurde nicht unbedeutend unterschritten. Schließlich erwähnen wir noch die Betriebsergebnisse einiger deutschen Straßenbahnen, allerdings für das erste bezw. erste und zweite Betriebsjahr nach Betriebseröffnung, d. h. also für einen Zeitraum, in dem die Unterhaltungskosten naturgemäß noch gering sind (vgl. Tabelle 17), außerdem amerikanische Betriebsergebnisse, geordnet nach Motortypen, welche einen interessanten Einblick in das Steigen der Unterhaltungskosten mit zunehmender Motorgröße gewähren. Die aus Tabelle 18 sich ergebenden Mittelwerte betragen 1,8—2,9 Pf. für die elektrische Ausrüstung und 1 Pf. für das Untergestell (vgl. Tabelle 18).

Tabelle 17.

Straßen-bahn-Betrieb	Betriebs-dauer seit Be-triebser-öffnung	Kosten der Unterhaltung und Reparatur in Pf. pro Wagenkilometer für					
		rollendes Material	lebendiges Triebwerk	Löhne für Reparatur	Motor-Reparatur	Material Schmier-	Material Putz-
Erfurt . . .	2 Jahre	1,54	0,86	0,17	0,21	0,02	0,02
Lüttich . .	$^1/_2$ „	1,93	0,24	—	0,05	0,07	0,10
Elbing . . .	$1^1/_2$ „	2,76	1,23	0,33	0,66	0,02	0,08
Bremen . .	$1^3/_4$ „	2,90	1,92	0,34	0,71	0,09	0,04
Elberfeld . .	$1^1/_4$ „	3,88	2,07	0,55	0,96	0,09	0,08
Leipzig . .	1 „	1,58	—	—	—	—	—

An Einzelpreisen wäre zu erwähnen:

	Mk.
Material für 1 Magnetspulenerneuerung . .	30
Löhne für 1 Magnetspulenerneuerung . .	80
Löhne für Auswechslung eines Triebes . .	8—10
Material für Lagerschalen à	12—15
Material (Glimmer) für Kommutatoren pro Kilogramm	20
Material und Löhne für Ankerwickelung .	200
Jährliche gewöhnliche Reparatur eines Ankers ohne Neubewickelung oder größere Arbeiten	100

[1]) Vellguth, Mitteilung des Vereins d. Str. u. Kl. V. 1900, November.

Tabelle 18.

Reparaturkosten für das lebendige Triebwerk in Pf. pro Wagenkilometer.[1])

Motorausrüstung	Untergestell	für die elektr. Ausrüstung Cts. p. car-mile 1900	1901	Pf./Wagenkm 1900	1901	für das Untergestell Cts. p. car-mile 1900	1901	Pf./Wagenkm 1900	1901
G. E. 800	Peckham Standard	0,68	0,75	1,81	2,0	0,4	0,34	1,06	0,90
"	Brill 21 C . . .	0,73	0,74	1,94	1,97	0,24	0,11	0,64	2,93
"	Peckham, Brill .	—	0,71	—	1,89	—	0,23	—	0,61
G. E. 1000	Peckham 14 D 8 Brill	0,95	0,82	2,52	2,18	0,34	0,38	0,90	1,00
"	Brill 27 D . . .	—	1,06	—	2,82	—	0,39	—	1,04
G. E. 1200	Brill 23 . . .	1,14	1,06	3,03	2,82	0,54	0,64	1,44	1,70
G. E. 57	Brill 27 D . . .	0,98	0,51	2,61	1,36	0,37	0,46	0,98	1,22
"	" . . .	0,78	0,87	2,07	2,32	0,41	0,5	1,10	1,33
"	Peckham Spezial	0,99	0,88	2,63	2,34	0,45	0,48	1,20	1,28
"	Brill 27 G . . .	0,4	0,61	1,06	1,62	0,21	0,37	0,56	0,98
G. E. 57	Peckham 14 B 3	0,24	0,41	0,64	1,09	0,12	0,23	0,32	0,61
"	Brill 27 D . . .	0,77	0,67	2,05	1,78	0,22	0,19	0,58	0,50
Westinghouse 3	Peckham, Brill .	0,97	0,85	2,58	2,36	0,34	0,34	0,90	0,90
	" " .	1,35	0,78	3,60	2,08	0,41	0,20	1,10	0,53
	Brill 21 C . . .	1,06	1,07	2,82	2,85	0,27	0,22	0,72	0,58
Mittelwert für G. E. 800	Peckham- oder Brill-Untergestelle			1,92				1,0	
" 1000				2,50					
" 1200				2,92					
" 57				1,8					
Westinghouse 3				2,7					

Im folgenden geben wir zum Vergleich ein Verzeichnis der in einer amerikanischen Reparaturwerkstatt durchschnittlich festgestellten Kosten,[2]) bei deren Beurteilung man natürlich auf die dortigen höheren Lohnsätze Rücksicht nehmen muß; andererseits kann man aus einigen sehr niedrigen Angaben deutlich erkennen, wie gut eingerichtet die dortigen Werkstätten mit Werkzeugmaschinen und wie gut vorbereitet die nötigen Prüfversuche dort sein müssen, ein Umstand, der bei uns besondere Beachtung verdient.

Anker und Feld:	Mk.
Aus- und Einbau eines Ankers . .	4,00
Aus- und Einbau einer Feldspule .	0,75
Aus- und Einbau eines Bürstenhalters	0,20

[1]) Street Railway Review, 15. Apr. 1902 Nr. 4, S. 223; 1 Pf. pro Wagenkilometer ca. gleich 2,66 cents per car-mile.

[2]) Street Railway Review 1902, No. 4, S. 228.

	Mk.
Aus- und Einbau eines Bürstenhalters und -Brücke	0,15
Aus- und Einbau einer Bürstenfeder	0,04
Aus und Einbau eines Deckels . .	0,20
Reinigung des Ankerkörpers . . .	2,00
Isolieren und Wickeln	8,50—20,00
Aufsetzen des Kollektors	1,20
Verbindung herstellen	3,00—8,50
Lötung herstellen	1,00—2,00
Anbringen von Kappen, Bandagen .	3,50—5,00
Herstellen von Kappen, 10 Stück für	0,35
Wickeln einer Ankerspule	0,065
Bekleben derselben mit Isolierband .	0,10
Pressen, Eintauchen u. s. w., 100 Spulen für	1,70
Abdrehen der Ankerwelle auf Leitspindeldrehbank	9,00
Abdrehen der Ankerwelle auf kleiner Drehbank	10,00
Wiederherstellen der Verbindungen zum Kollektor	8,00—13,00
Änderung von Verbindungen . . .	3,50
Abdrehen des Kollektors . . .	0,70
Reinigen	0,40
Prüfung auf Kurzschluß	0,085
Neuwickeln einer Feldspule . . .	2,75
Einhüllen derselben mit Mika, Bestreichen mit Isolierflüssigkeit . .	2,00

Lager:

Ersatz der Ankerlager	3,20
Anbringen der Lager auf dem ausgewechselten Anker	0,12
Achslager neu anbringen	0,25
Achslagerdochte, pro Stück . . .	0,25
Ausgießen der Ankerlager am Kommutatorende	0,20
Ausgießen der Ankerlager am Triebende	0,30
Nacharbeiten der Ankerlager am Kommutatorende	0,10
Nacharbeiten der Ankerlager am Triebende	0,12

	Mk.
Nacharbeiten der Achslager, obere Hälfte	0,12
Nacharbeiten der Achslager, untere Hälfte	0,09
Schaben der Achslagerschalen . . .	0,12
Drehen der Achslagerschalen . . .	2,00
Revision des Luftzwischenraumes:	
Ausblasen u. s. w. je nach der Motorkonstruktion für Westinghouse-Motoren	1,30
Ausblasen u. s. w. je nach der Motorkonstruktion für General Electric-Motoren	3,00
Trieb und Zahnrad:	
Ersatz des Triebes unter dem Wagen	1,35
Ersatz des Zahnrades unter dem Wagen	2,65
Ersatz des halben Zahnradschutzkastens	0,35
Ersatz des ganzen Zahnradschutzkastens	0,70
Einbringen des Zahnrades	2,20
Ausbauen des Zahnrades	0,40
Nachbohren des Zahnrades	1,25
Abschneiden eines unbrauchbaren Triebes	0,20
Abpressen eines guten Triebes . .	0,40
Aufpressen des Triebes	0,20
Aufpressen einschließlich Entfernung des alten Triebes	0,30

Werkstatteinrichtung und Magazin. Der Vollständigkeit halber sollen den vorigen Angaben noch die Anforderungen hinzugefügt werden, die für eine zweckentsprechende Unterhaltung der Motoren an die Einrichtung der Werkstatt und an die Ausstattung des Magazins gestellt werden müssen. Hierbei sind wie bei den Unterhaltungskosten örtliche Verhältnisse von ausschlaggebender Bedeutung, wie Größe des Bahnbetriebes und Art des verwendeten elektrischen Materials. Eine bedeutende Verschiebung dieser Anforderungen wird auch die Organisation des Werkstattbetriebes im besonderen Falle hervorrufen können. Es sind daher die folgenden Angaben nur als Anhaltspunkte für die etwa normal in Betracht kommenden Anschaffungen aufzufassen. Als typische Beispiele für derartige größere Anlagen können die Einrichtungen der Werkstattsbahnhöfe in Hamburg und Bockenheim bei Frankfurt a. M. gelten.

Sowohl in der Wagenhalle selbst für Revisionen als im Werkstattsraum für Montagen sieht man Gruben unter den Gleisen vor, die in Hamburg 1,2 m, in Bockenheim 1,5 m unter Schienenoberkante tief sind. Dieselben müssen eine gute Entwässerung be-

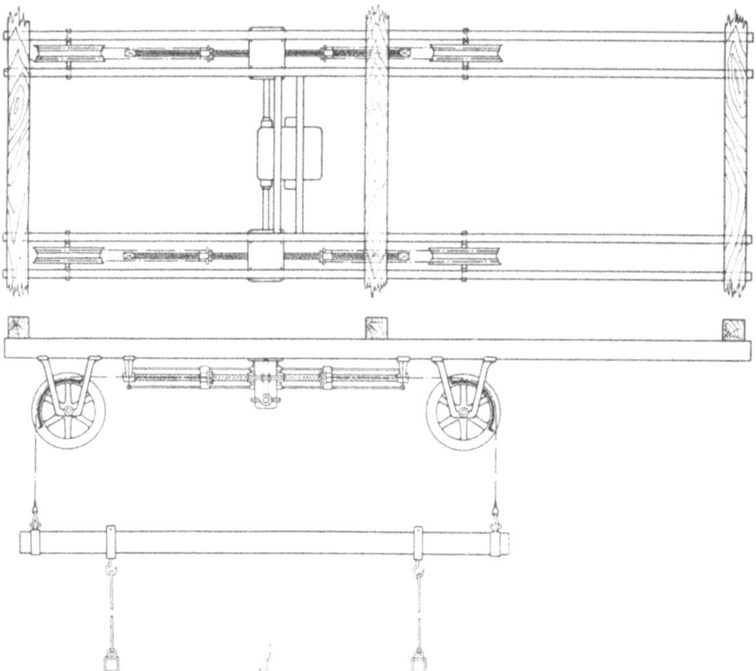

Fig. 174.

sitzen, da Eindringen von Feuchtigkeit einen der schlimmsten Übelstände für elektrische Motoren bedeutet.

Ist für den Ausbau der Motoren ein Abheben des Wagenkastens ohne oder mit Untergestell erforderlich, so müssen Hebemaschinen, wie Lokomotivwinden oder Aufzüge (vgl. Fig. 174), vorhanden sein.

Für den Transport der ausgebauten Motoren bezw. Motorteile zur Werkstatt, hat man bei größeren modernen Werkstattsanlagen Schmalspurbahnen oder Laufkatzen, die auf Schienen an der Decke laufen, in den Revisionsgruben hydraulische oder elektrische Grubenaufzüge, zwischen den Gleisen elektrische Schiebebühnen.

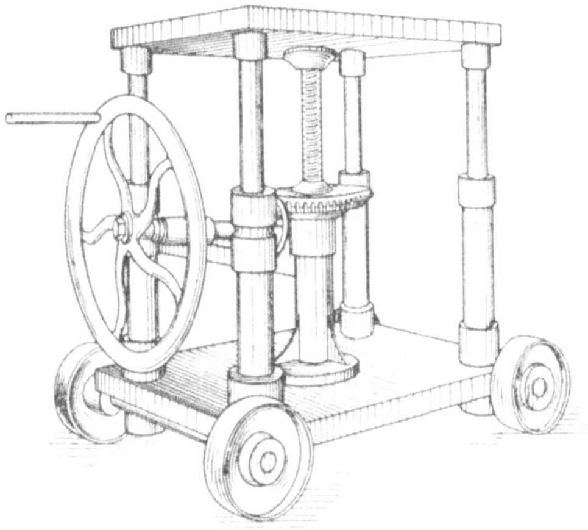

Fig. 175.

Als Beispiel eines Karrens mit verstellbarer Vertikalspindel geben wir in Fig. 175 und 176 übliche Konstruktionen, von denen die erstere für den Transport vollständiger Motoren, die letztere für Anker bestimmt ist. Fig. 177/178 zeigt die Konstruktion der Allgemeinen Elektrizitäts-Gesellschaft für eine feststehende Aufzugsvorrichtung mit Winde und zugehörigem Transportkarren.

In der Werkstatt selbst muß eine Leitspindeldrehbank vorhanden sein, deren Spitzenhöhe groß genug ist, um den größten

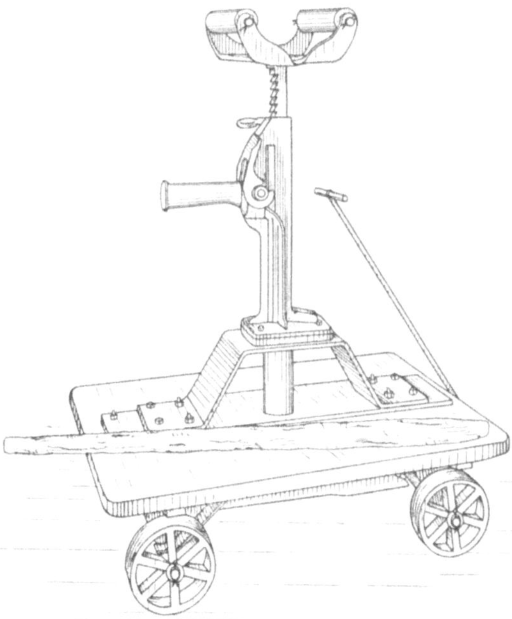

Fig. 176.

Motoranker aufspannen zu können; außerdem benötigt man natürlich einer Bohrmaschine und Räderdrehbank. Können die Motortriebe

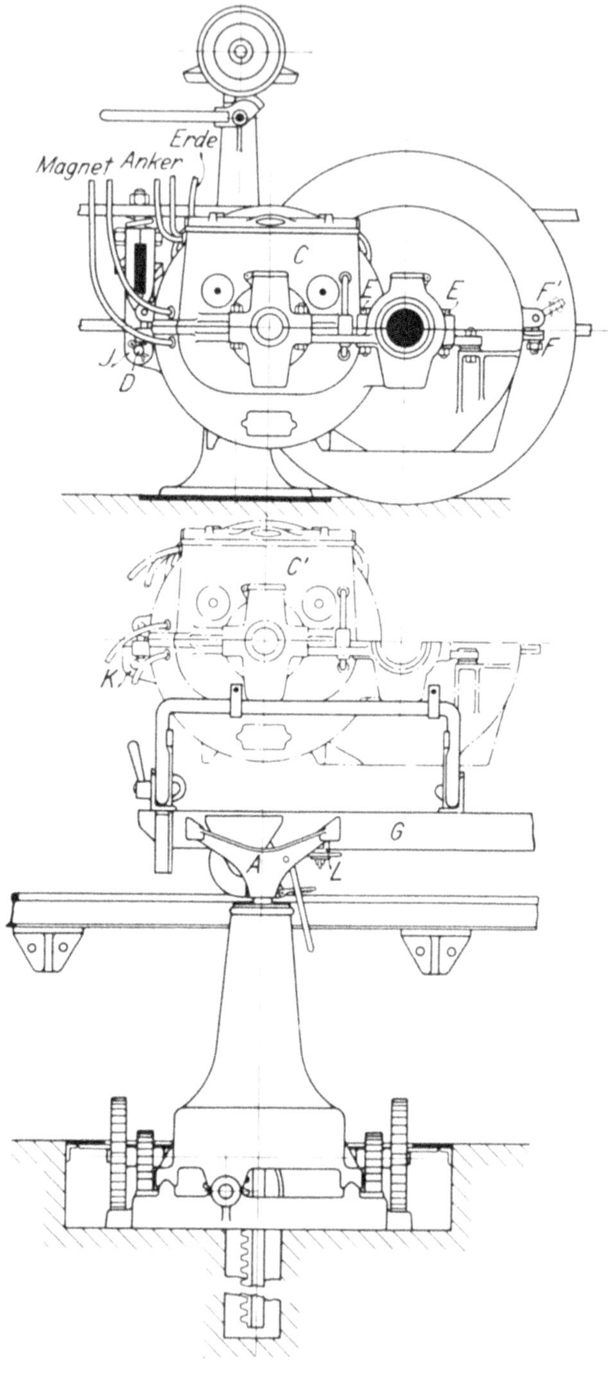

Fig. 177. A. E. G.-Hebevorrichtung.

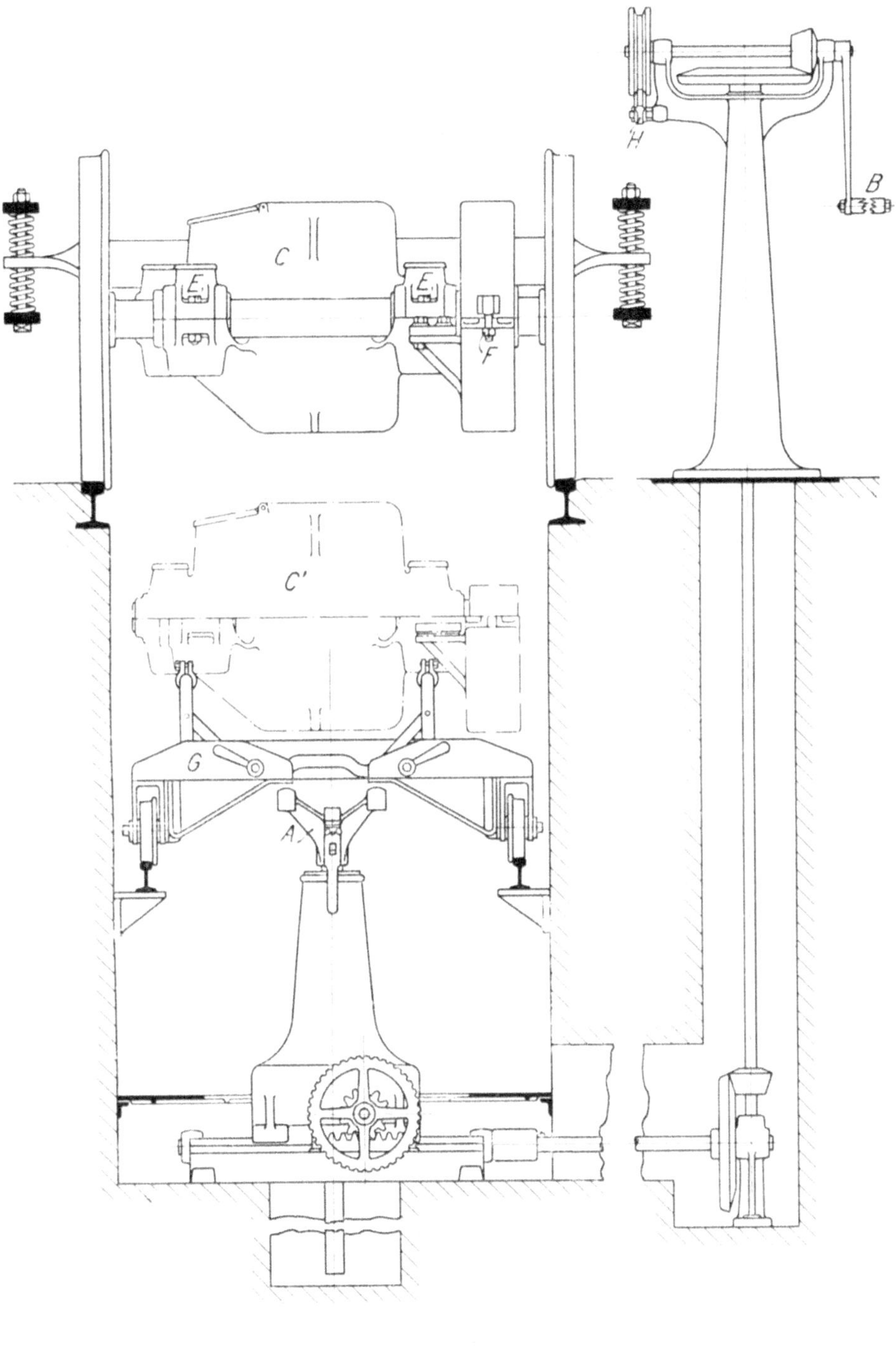

Fig. 178. A. E. G.-Hebevorrichtung.

und Kommutatoren nur maschinell von der Ankerwelle abgezogen werden, so braucht man eine hydraulische Presse, und zwar besser mit elektrisch angetriebener Pumpe als mit Handhebel. Für die Ankerwickelei sind Ankerwickel- und Feldspulenwickelmaschinen mit Schablonen, sowie ein Trockenofen vorzusehen. Der Trockenofen muß entlüftet werden, wenn die Luft feucht und dumpf geworden ist. Er wird durch trockene Luft oder elektrisch geheizt. Einen Bottich zum Eintauchen von Ankern und Spulen in isolierende Flüssigkeit stellt man in die Nähe der Trockenöfen. Eine kleine Metallgießerei für das Ausgießen bezw. Einschmelzen und Neugießen

Fig. 179.

von Lagerschalen wird in größeren Reparaturwerkstätten nicht fehlen dürfen. — Um gebrauchten Spulendraht wieder verwenden zu können, konstruierten sich amerikanische Ingenieure besondere Maschinen (vgl. Fig. 179), welche die mittels Erhitzung erweichte äußerste Hülle des Drahtes durch Messer abkratzen und durch Isolierband ersetzen.

Die ganze Werkstattseinrichtung braucht bloß aus je einer der genannten Maschinen zu bestehen, so lange nicht mehr als etwa 30 Wagen vorhanden sind. Für die doppelte Anzahl Wagen wird man bereits 2 Leitspindeldrehbänke und 2 Bohrmaschinen, 2 Wickelmaschinen benötigen; bei 100 Wagen dürfte bereits eine zweite, und bei mehr als 200 Wagen eine dritte Räderdrehbank notwendig sein. In ähnlicher Weise, aber immer je nach der Organisation der ganzen Werkstattsarbeit, vermehren sich dann auch die anderen benötigten Maschinen.

Da die betriebsmäßigen Abkühlungspausen häufig nicht ausgedehnt genug sind, um eine entsprechende Abkühlung der Motoren zu ermöglichen, verwendet man in Amerika zu diesem Zwecke komprimierte Luft, die übrigens auch zum Reinigen der Motoren, namentlich zum Ausblasen der Wickelung dienen kann.

Mehrere Klingelapparate werden zweckmäßig in gewissem Abstande an der Werkbank zum Untersuchen von Schaltungen und Auffinden von Erdschlüssen fest angebracht. Für Wechselstrom prüfmethoden sieht man einen abgenutzten, mit Schleifringen versehenen Bahnmotor als Generator vor, sowie einen Transformator zur Erzielung höherer Spannungen.

Der Vorrat von Reserveteilen, den das Magazin enthalten soll, wird sehr von der Güte des elektrischen Materials abhängen. Als ein unumgängliches Mindestmaß, im Falle Nachlieferungen leicht erhältlich sind, als Augenblicksbedarf für etwa 20 oder weniger Wagen, muß vorhanden sein:

- 2 Satz Ankerspulen, d. h. Spulen für zwei komplette Wickelungen,
- 2 Stück Reservekollektoren,
- 10 Satz Bürsten,
- 5 Satz Bürstenhalterfedern,
- 2 Satz Bürstenhalter mit Brücke, bezw. Befestigungsbolzen,
- 8 Satz Lagerschalen,
- 1 Satz Feldspulen mit etwaigen Spulenhaltern,
- 1 Stück Reserveanker,
- 2 Satz Aufhängefedern mit Bolzen und Splinten,
- 1 Zahnrad,
- 2 Triebe,
- 1 Radschutzkasten.

Bei mehr als 50 in Betrieb laufenden Motoren wird man auch stets etwa 2 % komplette Motoren in Reserve haben, vorausgesetzt, daß nicht das eingeführte Revisionsverfahren, wie es auf S. 320 erwähnt wurde, von vornherein eine bestimmte Anzahl Reservemotoren verlangt.

VII.

Übersicht ausgeführter Motortypen der verschiedenen Konstruktionsfirmen.

Die grundlegenden Angaben für diesen Abschnitt wurden mit einigen Ausnahmen, für welche die Quelle, wenn möglich, besonders angegeben wird, den Verfassern direkt von den Firmen selbst mitgeteilt und erstrecken sich auf folgende 19 Gesellschaften:

1. Allgemeine Elektrizitäts-Gesellschaft, Berlin,
2. Brush Electrical Engineering Co. Ltd., London,
3. Electricité et Hydraulique, Charleroi,
4. English Electric Mfg. Co., Preston, Vertreter: Dick, Kerr & Co., London,
5. Ganz & Co., Budapest,
6. Helios Elektrizitäts-Aktiengesellschaft, Köln-Ehrenfeld,
7. Elektrizitäts-Aktiengesellschaft vorm. Kolben & Co., Prag,
8. Gebr. Körting, Körtingsdorf bei Hannover,
9. Fr. Krizik, Prag,
10. Elektrizitäts-Aktiengesellschaft vorm. W. Lahmeyer & Co., Frankfurt a. M.,
11. Lorain Steel Co., Johnstown, Pa.,
12. Maschinenfabrik Örlikon, Örlikon bei Zürich,
13. Aktiengesellschaft vorm. Joh. Jacob Rieter & Co., Winterthur,
14. Elektrizitäts-Aktiengesellschaft vorm. Schuckert & Co., Nürnberg,
15. Siemens und Halske, Aktiengesellschaft, Berlin,
16. Stanley Electric Mfg. Co.
17. Union Elektrizitäts-Gesellschaft, Berlin,
18. Frühere Walker Co., Cleveland (Ohio),
19. Westinghouse Electric and Mfg. Co., Pittsburg.

Eine Übersicht über fast sämtliche in diesem Teil behandelte Motoren gibt Tabelle 19, worin die normale Leistung, Tourenzahl und das Gewicht, sowie das Verhältnis $\frac{\text{PS}}{\text{Touren}} = x$ und $\frac{\text{kg}}{x} = \frac{\text{kg} \times \text{Touren}}{\text{PS}}$ angegeben ist. Es geht aus dieser Tabelle die gegenseitige Abhängigkeit der beiden letztgenannten Verhältniszahlen hervor, wie dieselbe graphisch in Fig. 62 bereits oben gegeben wurde. Fig. 180 zeigt die angenäherten Grenzen dieser Beziehungen an. — Die weiteren Angaben über die Fabrikate mögen für jede Firma nach folgenden Gesichtspunkten getrennt werden:

α) Einige prägnante Eigenschaften, typische Schnittzeichnungen und Ansichtsfiguren (hierzu Tafel I—XI);

β) Gewichte und Leistungen der einzelnen Typen;

γ) Abmessungen in mm mit zugehörigen Maßskizzen.

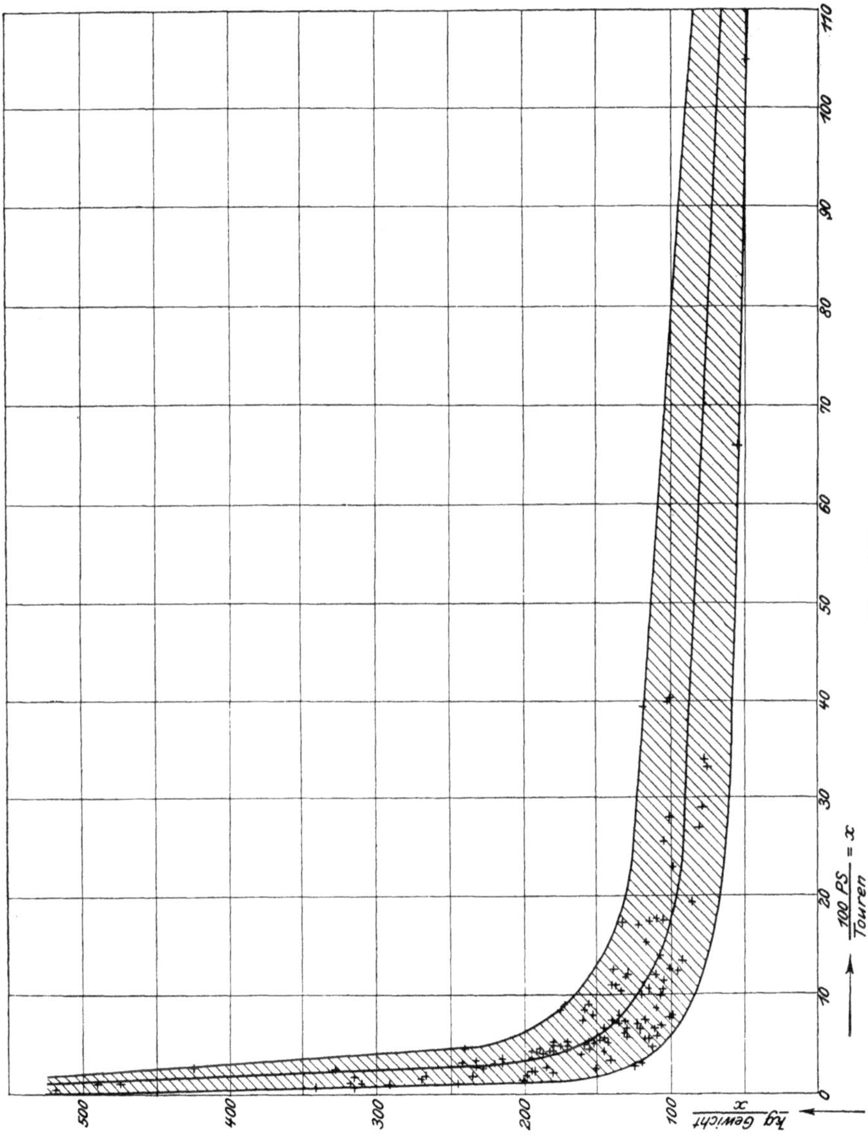

Fig. 180.

Die verschiedenen Fabrikate sind durch die Schnittzeichnungen auf Tafel I—XI, sowie die Figuren genügend deutlich dargestellt; es werden daher für α) wenige Worte der Erläuterung genügen;

für β) und γ) geben wir nur Tabellen, die ohne jede weitere Besprechung verständlich sind. Zu jeder Maßtabelle gehört die entsprechende Maßskizze.

Tabelle 19.

PS = Stundenleistung, n = Umdrehungen pro Minute, kg = Gewicht des Motors ohne Zahnrad und Zahnradschutzkasten, l = langsam laufend, s = schnell laufend.

Firma	Type	PS	Umdrehungszahl n	Gewicht kg	$\frac{100\ PS}{n}$ = x	$\frac{kg}{x}$
1. Allgemeine Elektrizitäts-Gesellschaft, Berlin	AB 50	35	490	750	7,1	106
	51	20	350	650	5,7	114
	51	25	420	650	5,95	109
	51	30	550	650	5,45	119
	52	50	500	1075	10,0	107,5
	53	35	530	730	6,6	111
	54	4	560	205	0,7	292
	54	4	620	205	0,65	315
	54	4	700	205	0,6	341
	55	8	600	270	1,34	202
	55	8	620	270	1,3	208
	55	8	725	270	1,1	245
	56	12	500	360	2,4	150
	56	12	600	360	2,0	180
	57	16	400	480	4,0	120
	57	21	550	480	3,8	126
	58	12	490	456	2,45	186
	58	16	490	456	3,26	140
2. Electricité et Hydraulique, Charleroi	EHT I	10	550	430	1,82	236
	II	20	500	642	4,0	161
	III	30	520	750	5,8	129
	IIIb	35	440	790	8,0	99
	IV	28	410	824	6,8	122
	V	50	400	1200	12,5	96
3. English Electric Mfg. Co. Preston (Dick, Kerr & Co).	2 A 4	26	540	732	4,8	153
	3 A 4	37	490	895	7,6	118
	100	110	570	1640	19,4	85
4. Ganz & Co., Budapest	T. 8	15	560	400	2,68	150
	T.M. 8	15	—	—	—	—
	T. 16	25	450	650	5,6	116
	T.M. 16	25	520	538	4,8	112
	T. 20	—	560	720	—	—
	T. 25	—	580	935	—	—
	T. 35	55	750	960	7,35	131
5. Helios, E. A. G., Köln-Ehrenfeld	St.M. 4	4	800	260	0,5	520
	7	7	750	460	0,94	490
	12	12	750	500	1,6	313
	20	20	675	640	3,0	214
	30	30	620	870	4,84	180
	50	50	600	1440	8,3	174
	75	75	580	2200	13,0	170

Firma	Type	PS	Umdrehungszahl n	Gewicht kg	$\frac{100\ PS}{n} = x$	$\frac{kg}{x}$
6. Gebr. Körting, Körtingsdorf	E.M. 1	10	450	430	2,22	194
	$1^1/_2$	15	600	570	2,5	228
	2	25	600	820	4,2	196
	3	40	530	1200	7,5	160
	8	45 / 90	320 / 640	1500	14,0	107
7. Fr. Krizik, Prag	M.V. 35	35	500	852	7,0	122
	50	50	500	1202	10,0	120
8. E. A. G. vorm. W. Lahmeyer & Co., Frankfurt a. M.	S.Tr. I	16	570	650	2,8	232
	II	24	515	720	4,65	155
	III	35	515	880	6,8	130
	XI	24	515	—	4,65	—
	XII	14,5	600	—	2,4	—
9. Lorain Steel Co., Johnstown	No. 16 l.	21	420	—	5,0	—
	16 s.	25	525	—	4,75	—
	18	25	550	364*)	4,55	80*)
	20	30	607	370*)	4,95	75*)
	22	32	580	—	5,5	—
	28	40	720	—	5,55	—
	34	50	625	600*)	8,0	75*)
10. Maschinenfabrik Örlikon, Örlikon bei Zürich.	T.M. 5	20	480	600**)	4,17	144
	8	35—40	420	900**)	9,5	95
	20	150—200	430	2700**)	46,5	58
	30	220	645	2600	34,0	77
11. E. A. G. vorm. Schuckert & Co., Nürnberg	A.B. 80	24	450	750	5,3	142
	82	29	430	960	6,7	144
	85	35,5	450	1200	7,9	152
	86	49	450	1540	10,9	141
	75	9,5	750	337	1,26	269
	63	13	750	465	1,74	267
	76	22	750	625	2,94	425
	69	33,5	750	1065	4,46	239
	73	54	600	1550	9,0	172
	77	85	500	2100	17,0	123
	79	125	450	2850	28,0	102
	62	130	330	4750	39,5	120
12. Siemens & Halske A. G., Berlin	D 14/8,5 s	8,5	810	325	1,05	310
	gD 14/15	13	560	500	2,34	213
	D 14/20 l	19	540	760	3,53	215
	D 14/20 s	22	700	760	3,14	242
	cD 17/18 l	22	520	815	4,23	192
	cD 17/18 s	27	770	815	3,5	233
	cD 17/24 l	27	530	930	5,1	182
	D 17/30 l	39	430	1400	9,1	154
	cD 19/30	68	570	1550	12,0	129
	cD 19/30	65	720	1550	11,8	132
	D 150	100	570	2000	17,6	114
	D 200	155	610	2670	25,5	105
	D 25/50	180	450	4100	40,0	102
	D 25/50	210	520	4100	40,5	101

*) mit Zahnrad- u. Zahnradschutzkasten. — **) ohne Trieb.

Firma	Type	PS	Umdreh-ungszahl n	Gewicht kg	$\frac{100\ PS}{n} = x$	$\frac{kg}{x}$
13. Union E. G., Berlin	GE 800 B/E 4	20	500	810	2,47	329
	B/E 6	13,5	300	810	4,5	180
	D/F 3	32	620	880	5,16	170
	D/F 4	25	—	880	—	—
	GE 1200 C/D 4	28	275	1354	10,2	133
	GE 52 A/B 4	27	625	785	4,32	182
	A/B 5	23	500	785	4,6	171
	A/B 6	20	400	785	5,0	157
	GE 57 A/B/D/E 2	50	580	1350	8,6	157
	3	52	430	1350	12,1	111
	GE 58 A/B 4	37	470	1055	7,9	134
	A/B 6	25	330	1055	7,6	139
	GE 60 A/B 4	27,4	700	760	3,9	195
	A/B 6	19,8	490	760	4,05	188
	GE 61 A 4	38	510	1100	7,5	147
	U 21 A	20,8	675	675	3,08	220
	U 22 A/B 3	50	465	1240	10,75	115
	4	46	375	1240	12,3	101
	6	27	200	1240	13,5	92
	GE 73 A 2	86	490	1820	17,5	104
	GE 51 B 2	80	640	1720	12,5	138
	GE 55 A 1	166	500	2460	33,2	74
	GE 56 A 1	200	190	5220	105	50
	GE 65 A 1	243	370	3700	66	56
	NWP 2½ — 6	5	505	315	0,99	318
	10	8	805	315	0,995	317
	LWP 5 — 6	8	395	390	2,02	193
	10	15	765	390	1,97	198
14. Walker Co., Cleveland	2 N	20	400	—	5,0	—
	33 N	28	600	814	4,7	174
	33 S	28	600	845	4,7	180
	44 A	30	550	—	5,45	—
	55 N	32,5	—	—	—	—
	55 S	32,5	—	—	—	—
	100 S	55	525	1190	10,5	105
	15 L	75	580	1800	13,0	138
	20 L	95	660	—	14,4	—
	25 L	130	750	2290	17,3	132
15. Westinghouse Electric & Mfg. Co., Pittsburg	12 A	25	510	832	4,9	170
	46	25	420	660	6,0	110
	12 A	30 l	540	870	5,6	155
	12 A	30 s	680	832	4,4	189
	49 B	30	380	800	7,9	101
	69	30	545	780	5,5	142
	49	35	575	800	6,1	131
	68	40	565	960	7,1	135
	80	40	—	890	—	—
	38 B	45	520	960	8,7	110
	56	55	475	1222	11,6	105
	70	75 l	260	2270	29,0	78
	76	75	490	1800	15,3	118
	70	100 s	435	2270	23,0	99
	78	100	565	1940	17,7	110
	50 C	150	550	2210	27,3	81

1. **Allgemeine Elektrizitäts-Gesellschaft, Berlin** (Tafel I). Gehäuse: Zylindrisch, vollkommen geschlossen, horizontal geteilt, mit Scharnieren versehen, Bürstenhalter mit Bolzen direkt an Stirnseite des Gehäuses befestigt, zwei handgroße Reinigungsöffnungen unten, eine breite Öffnung über den Bürstenhaltern, Polschuhe angeschraubt durch Stehbolzen, die in eingesetztes Metallstück eingeschraubt sind, Außenlager, sämtliche Lager mit Babittmetall ausgegossen.

Fig. 181. Motor AB 50 der Allgemeinen Elektrizitäts-Gesellschaft.

Feldspulen: auf Preßspanhülsen gewickelt, nach der Gehäuseform gekrümmt, durch Anschrauben des Polschuhes festgehalten, unter dem Polschuh zur Aufnahme des Druckes starke Fiberscheiben (vgl. Fig. 181).

Anker: mit Längs- und Querventilation.

Aufhängung: untere Hälfte der Achslager an die untere Gehäusehälfte angegossen, der Motor hängt also in seinen Achslagern an den Deckeln derselben, ist daher zum Herablassen in die Montagegrube eingerichtet. Hierzu Tabelle 20, 21 u. 22.

Tabelle 20.

Straßenbahnmotoren der Allgemeinen Elektrizitäts-Gesellschaft, Berlin.

1	2	3	4	5	6	7	8	9	10	11	12	13	14	15	16	
Motor-Type	Gewicht des Motors kg	Gewicht d. Motors m. Zahnrad u. Zahnrad-schutzkasten kg	Leistung normal PS[1])	Umdrehungen normal pro Min.	Spannung Volt	Stromstärke normal Amp.	Stromstärke maximal Amp.	Zulässige Überlastung für eine Minute in bezug auf Kommutation %	Dauer-leistung[2]) bei 500 Volt %	Dauer-leistung[2]) bei 400 Volt %	Dauer-leistung[2]) bei 300 Volt %	Durchschnittl. Stromstärke für normalen Betrieb Amp.[3])	Kleinste Spur in mm	Übersetzung normal	Kleinster Laufrad-Φ in mm	Bemerkungen
AB 50	750	877	35	490	500	62	50 % Überlastung	150	40	47	50	22	1150	1:3,37	800	[1]) Dauerleistung während 1 Stunde bei 75° C. Temperaturerhöhung, durch Widerstände gemessen.
AB 51	650	784	20	350	220	82		125	40	47	50	—	1000	1:4,5	800	
AB 51	650	784	25	420	500	45		125	40	47	50	16	1000	1:4,5	800	
AB 51	650	777	30	550	500	53		125	40	47	50	18	1000	1:3,37	800	[2]) Maximalerwärmung von 75° C.
AB 52	1075	1233	50	500	500	88		150	40	47	50	31	1250	1:3,24	840	[3]) Gültig für maximal 60° C. Temperaturerhöhung.
AB 53	730	851	35	530	500	62		125	40	47	50	21	1000	1:3,37	800	
AB 59			100		500	170							1435			im Bau begriffen.
AB 60			150		500	250							1435			

Tabelle 21.

Spezialmotoren für Schmalspur der Allgemeinen Elektrizitäts-Gesellschaft, Berlin.

1	2	3	4	5	6	7	8	9	10	11	
Motor-Type	Gewicht des Motors kg	Gewicht d. Motors mit Zahnrad und Zahnrad-schutzkasten kg	Leistung normal PS[1])	Umdrehungen normal pro Min.	Spannung Volt	Stromstärke normal Amp.	Stromstärke maximal Amp.	Kleinste Spur in mm	Übersetzung normal	Kleinster Laufrad-Φ in mm	Bemerkungen
AB 54	205	240	4	560	110	34	50 % Überlastung	450	1:5,12	500	[1]) Radschutzkasten aus Stahlblech. [2]) Dauerleistung 1 Stunde bei 75° C. Temperaturerhöhung, durch Widerstände gemessen.
54	205	240	4	620	220	17		450	1:5,12	500	
54	205	240	4	700	500	7,4		450	1:5,12	500	
55	270	318	8	600	110	67		500	1:5,63	550	
55	270	318	8	620	220	33,5		500	1:5,63	550	
55	270	318	8	725	500	14,7		500	1:5,63	550	
56	360	438	12	500	220	49		650	1:5,6	600	
56	360	438	12	600	500	21,5		650	1:5,6	600	
57	480	585	16	400	220	66		680	1:5,3	700	
57	480	585	21	550	500	38		680	1:5,3	700	
58	456	518[1])	12	490	220	50		500	1:5,3	700	
58	456	518[1])	16	490	500	29		500	1:5,3	700	

Maßtabelle 22.

Bahnmotoren der Allgemeinen Elektrizitäts-Gesellschaft, Berlin.

1	2	3	4	5	6	7	8	9	10	11	12	13	14	15	16	17	18	19	20	21	22	23	24	25	26
Motor-Type	Größte Breite	Motorbreite ohne Zahnrad mit Lagern	Motor-Höhe (Φ)	Mitte Laufachse bis Ende Motor	Ankermitte bis Mitte Spur[1])	Mitte Motor bis Mitte Wagenachse	Bedeutung der Bezeichnungen siehe Maßskizze Fig. 182.																		
	A	B	C	D	E	F	G	H	I	K	L	M	N	O	P	Q	R	S	T	U	V	W	X	Y	Z
AB 50	1036	881	600	729	36	351	145	165	216	167	175	115	43	536	500	174	307	303	340	360	152	115	340	435	200
51	908	753	584	721	44	351	145	119	202	140	160	104	28	476	432	174	307	303	332	360	144	115	330	315	190
52	1152	986	625	739	48	377	157	172	262	225	167	140	20	600	552	197	306	307	362	364	162	125	390	470	240
53	936	781	600	701	20	351	145	127	196	155	172	109	22	478	458	174	307	303	350	360	152	115	340	313	200
57	639	514	548	604	79	333	120	59	175	150	105	25		359	280	—	295	295	242	337	—	100	280	194	165
58	454	355	548	604	42	333	94	149		206				248	206	—	295	295	274	335	—	80	227	96	135

[1]) E ist nur giltig für die kleinste Spur. W bedeutet Zahnbreite. O — P = E.

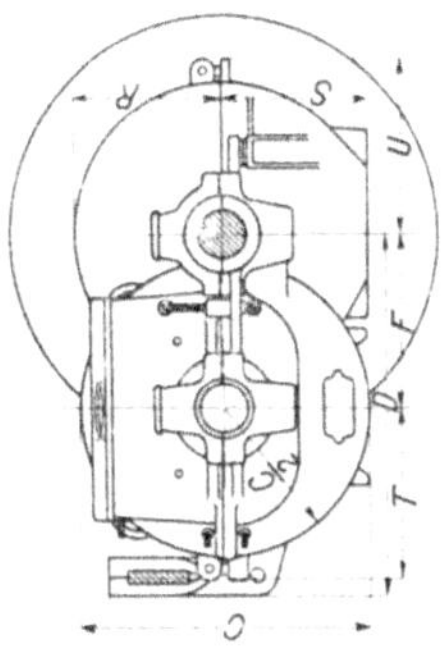

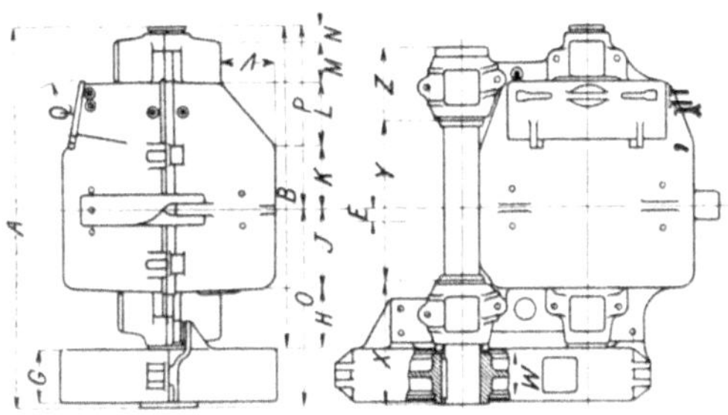

Fig. 182.
Zugehörig zur Maßtabelle 22.

Tabelle 23.

Bahnmotoren der Brush Electrical Engineering Co. Ltd. London.

1	2	3	4	5	6	7	8	9	
Motor-Type	Gewicht ohne Zahnrad und Zahnrad-schutzkasten kg	Anker-gewicht kompl. **ohne** Trieb kg	Gewicht mit Zahnrad u. Zahnrad-schutzkasten kg	Normale Leistung in PS.	Umdreh-ungen pro Min.	Minimale Spurweite in mm	Größtes Über-setzungs-Verhältnis	Kleinster Laufrad-Durch-messer in mm	Bemerkungen
800 A	795	272	908	18	335	1067	5 : 1	762	Die Leistung Ziffer 5 gilt für 1 Std. Dauerbe-lastung und 46° Übertemperatur.
800 B	750	281	862	18	335	1067	5 : 1	762	
1000 B	795	191	895	31	510	1067	5 : 1	762	
1200 B	976	254	1067	42	500	1220	5 : 1	762	

Maßtabelle 24.

Bahnmotoren der Brush Electrical Engineering Co. Ltd. London.

1	2	3	4	5	6	7	8	9	10	11	12	13	14	15	16	17	18	19	20	21	22	23	24	25	26	
Motor-Type	Größte Breite	Breite ohne Zahn-rad-schutz-kasten	Motor-Höhe	Mitte Lauf-achse bis Ende Motor	Mitte Spur-weite bis Mitte Anker	Mitte Lauf-achse bis Mitte Motor	entsprechend Maßskizze Fig. 183 und 184.																			
	A	B	C	D	E	F	G	H	I	K	L	M	N	O	P	Q	R	S	T	U	V	W	X	Y	Z	
800 A	1000	829	590	680	—	343	171	—	—	—	—	295	295		337	368	311	311	1048	—	—	511	171	422	171	Skizze Fig. 183
800 B	997	845	590	686	5	343	152	70	262	494		295	295	76	242	368	318	313	1054	190	114	502	—	265	296	
1000 B	997	851	616	727	0	343	146	173	183	342	153	305	311	67	321	378	305	321	1105	152	152					Skizze Fig. 184
1200 B	1098	952	635	730	—	343	146	171	232	394	155	317	317	70	317	378	305	321	1108	197	197					

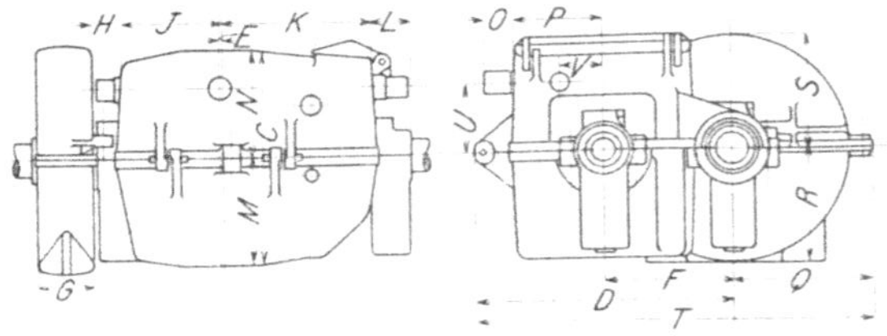

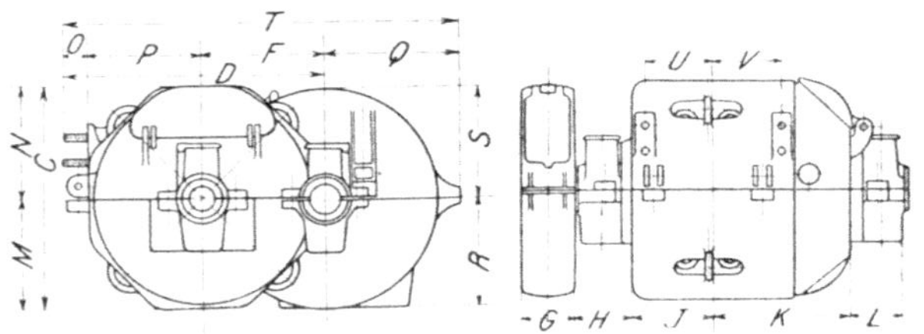

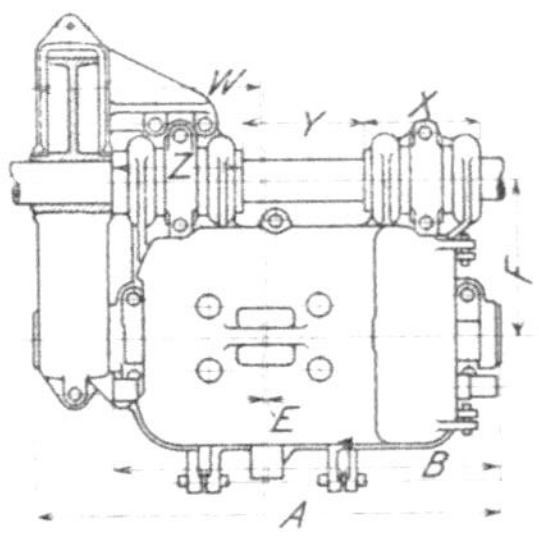

Fig. 183.
Zugehörig zur Maß-
tabelle 24.

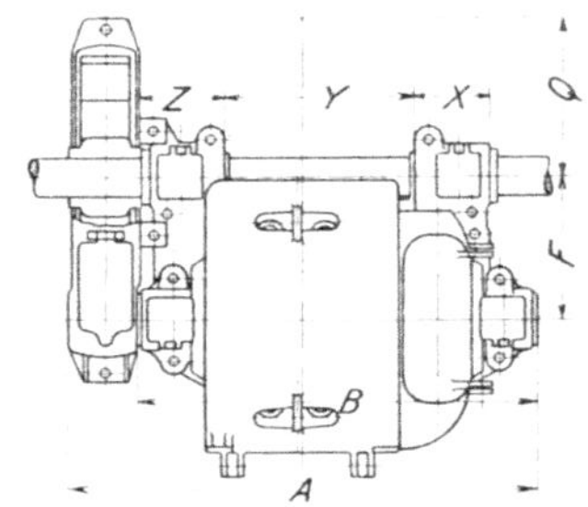

Fig. 184.
Zugehörig zur Maß-
tabelle 24.

2. **Brush-Electrical Engineering Co. Ltd., London.** Die kleineren Motortypen haben vertikal angeordnete Erreger- und horizontale Folgepole, die größeren Typen sind achtseitig geformt und besitzen vier Erregerpole. Hierzu Tabelle 23 u. 24.

3. Electricité et Hydraulique, Charleroi. Gehäuse: wie unter 1, jedoch ältere Motoren mit angegossenen Polschuhen, Bleche

Fig. 185. Motor der Electricité et Hydraulique.

der Polschuhe einst in der Mittellinie aufgeschlitzt, Gehäusekappe am Kollektorkopf mit Scharnieren abklappbar, Ankerlager mit

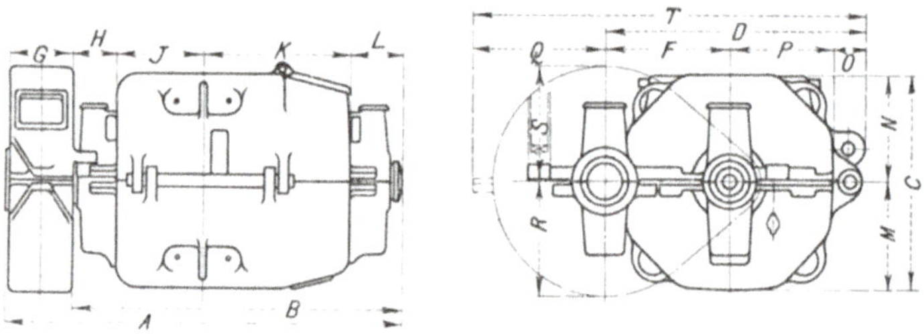

Fig. 186. Zur Maßtabelle 26 gehörend.

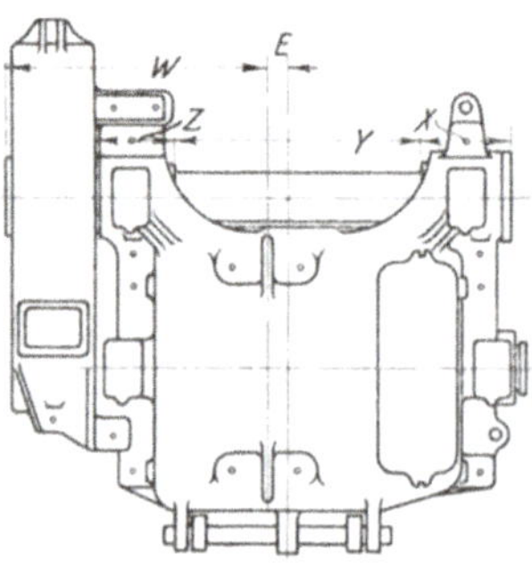

Babittmetall ausgegossen, Achslager aus Bronze.

Feldspulen: sitzen fest auf den angeschraubten Polschuhen.

Anker: ohne Ventilation mit schmaler Segeltuchkappe am Kollektor, die Spulen werden in die mit Mikanit verkleidete Nut eingebettet (vgl. Fig. 185).

Aufhängung: Achslager vertikal geteilt. Motor öffnet sich nach unten, wobei Anker hängen bleiben kann. Hierzu Tabelle 25 u. 26.

Tabelle 25.

Bahnmotoren der Electricité et Hydraulique, Charleroi.

1	2	3	4	5	6	7	8	9	10	11	
Motor-Type	Gewichte in kg: Motor ohne Zahnrad und Zahnradschutzkasten	Gewichte in kg: Anker komplett	Gewichte in kg: Motor mit Zahnrad und Zahnradschutzkasten	Normale Leistung in PS	Umdrehungen pro Minute bei der Leistung nach Ziffer 5	Normale Stromstärke in Amp. der Leistung Ziffer 5 entsprechend	Maximale Stromstärke in Bezug auf Kommutation	Normales Übersetzungsverhältnis	Minimale Spurweite in m/m	Minimaler Laufrad-Φ bei 75 mm lichter Höhe zu S.O.	Bemerkungen
EHT I	430	84	525	10	550	20	40	1 : 4,71	750	650	Die Angaben unter Ziffer 5 gelten für 70° C. Temperaturerhöhung über die umgebende Luft
T II	642	149	788	20	500	37	74	1 : 4,85	1000	770	
T III	750	179	900	30	520	52	104	1 : 4,85	1000	770	
T III b	790	197	940	35	440	60	120 } d. h. 100% Überlastung	1 : 4,85	1216	770	
T IV	824	203	980	28	410	52	104	1 : 4,85	1216	770	
T V	1200	340	1417	50	400	85	170	1 : 4,85	1440	840	

Maßtabelle 26.

Bahnmotoren der Electricité et Hydraulique (Dulait), Charleroi.

1	2	3	4	5	6	7	8	9	10	11	12	13	14	15	16	17	18	19	20	21	22	23	24	25	26
Motor-Type	Größte Breite des Motors	Breite ohne Zahnrad	Motor-Höhe	Mitte Laufachse bis Ende Motor	Mitte Anker bis Mitte Spur	Mitte Laufachse bis Mitte Ankerwelle	entsprechend Maßskizze Fig. 186.																		
	A	B	C	D	E	F	G	H	I	K	L	M	N	O	P	Q	R	S	T	U	V	W	X	Y	Z
EHT I	700	—	450	590	2	280	—	—	158	272	82	225	225	—	—	—	250	250	—	—	—	351	—	—	—
T II	898	—	540	715	32	347	—	—	190	325	108	270	270	—	—	—	310	310	—	—	—	465	—	—	—
T III	910	—	590	715	0	347	—	—	190	350	105	295	295	—	—	—	—	—	—	—	—	455	—	—	—
T III b	935	—	590	800	4	347	—	—	200	360	110	295	295	—	—	—	—	—	—	—	—	465	—	—	—
T IV A	993	—	590	715	3	347	—	—	210	370	128	295	295	—	—	—	310	310	—	—	—	495	—	—	—
T V	1216	—	640	805	50	385	—	—	265	455	148	320	320	—	—	—	345	345	—	—	—	613	—	—	—

4. **English Electric Mfg. Co., Preston** (Tafel II). Gehäuse: wie unter 1, jedoch in angenäherter Achteckform, daher Feldspulen eben, Polschuhe angeschraubt mit durchgehenden Bolzen, ventiliert in den Ebenen der Ankerradialventilation. Ankerlager aus Bronze, Achslager mit Weißmetall ausgegossen, gleichzeitig Fett- und Ölschmierung, Bürstenhalterbrücke aus Hartholz.

Feldspulen: auf Bronzerahmen aufgeschoben, durch Anschraubung der Polschuhe festgehalten.

Anker: Längs- und Querventilation, Kollektor von besonders großem Durchmesser, fertige Ankerspulen in nackte Nut eingelegt.

Aufhängung: Achslageroberhälfte an die obere Gehäusehälfte angegossen, also ist Motor nach oben herauszuheben und nach unten aufklappbar. Hierzu Tabelle 27 u. 28.

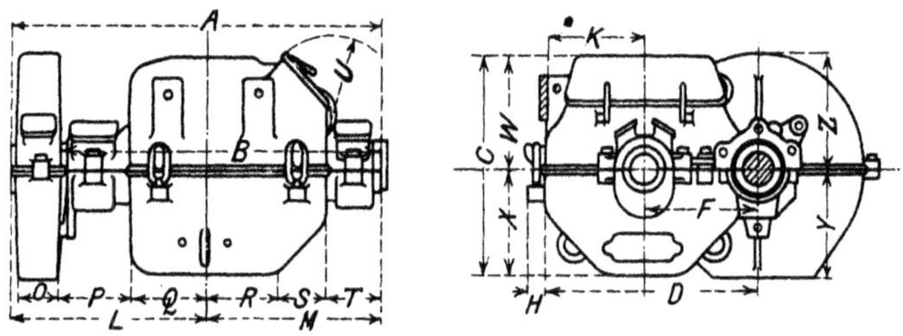

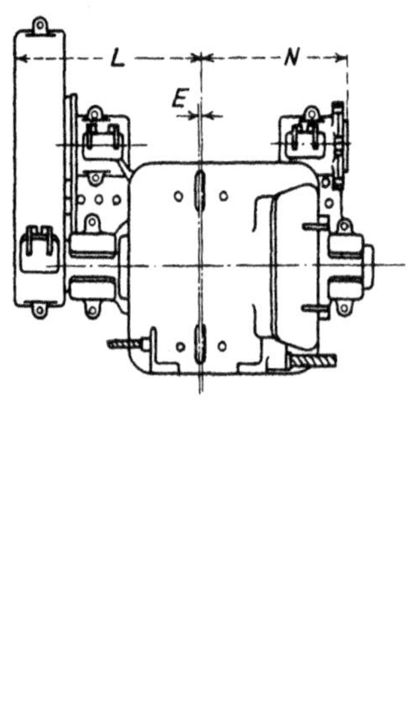

Fig. 187.

Zugehörig zur Maßtabelle 28.

Tabelle 27.

Bahnmotoren der English Electric Mfg. Co. Preston (Dick, Kerr & Co.).

1	2	3	4	5	6	7	8	9	10	11	
Motor-Type	Gewichte in kg: Motor ohne Zahnrad und Zahnrad-schutzkasten	Gewichte in kg: Anker komplett	Gewichte in kg: Motor mit Zahnrad und Zahnrad-schutzkasten	Normale Leistung in PS.	Normale Stromstärke in Amp. entsprechend d. Leistg. Ziffer 5	Stromstärke in Amp. für 24stünd. Dauerbelastung	Umdrehungen pro Min. bei der Leistung Ziffer 5	Normales Übersetzungsverhältnis	Minimale Spurweite in mm	Minimaler Laufrad-Durchmesser in mm	Bemerkungen
2 A 4	732	225	890	26	46	25	540	14 : 71	1000	760	Die Leistung Ziff. 5 gilt für einstündige Belastung und 75° C Temperaturerhöhung über die umgebende Luft
3 A 4	895	269	1050	37	66	32	490	15 : 69	1000	760	
100	1640	—	1820	110	175	—	570	19 : 53	1435	834	

Maßtabelle 28

der English Electric Mfg. Co.

Motor-Type	Grösste Breite	Motorbreite ohne Zahnrad	Motorhöhe	Mitte Laufachse bis Ende Motor	Ankermitte bis Wagenmitte	Mitte Motor bis Mitte Wagenachse	Siehe Maßskizze Fig. 187.																	
	A	B	C	D	E	F	G	H	I	K	L	M	N	O	P	Q	R	S	T	U	V	W	X	Y	Z
A Nr. 25	1134	959	600	654	10	360	267	60	294	292	609	516	457	152	210	233	194	151	171	222	146	305	294	325	333
A Nr. 35	1150	995	632	667	8	356	267	60	311	308	609	546	452	152	210	238	229	143	175	241	165	321	311	321	327

5. **Ganz & Co., Budapest** (Tafel III). Gehäuse: ältere Type in scharf ausgeprägter Achteckform, mit ebenen Feldspulen,

Fig. 188. Motor von Ganz & Co.

die in Rahmen eingelegt und mit vier das Gehäuse durchdringenden Bolzen befestigt werden (vgl. Fig. 188).

Anker: früher nicht ventiliert, ohne Bandagen (vgl. Fig. 189), moderne Type (Tafel III) mit ventiliertem Anker.

Aufhängung: wie unter 4. Hierzu Tabelle 29 u. 30.

Fig. 189. Motor von Ganz & Co.

Maßtabelle 29.

Bahnmotoren von Ganz & Co., Budapest.

1	2	3	4	5	6	7	8	9
Motor-Type	Größte Breite	Motorbreite ohne Zahnrad	Motorhöhe	Mitte Laufachse bis Ende Motor	Minimale Spurweite	Zulässiger ⌀ des Laufrades	Breite der Zahnräder	Teilkreis-⌀ der Zahnräder
	A	B	C	D				
T 8		680	610	715	760	700	70	119/578
TM 16 schnelllfd.		899	600	645	1000	700	110	112/546
T 16		915	615	715	1000	700	110	120/585
T 20		1110	615	715	1200	700	125	120/585
T 25		1257	620	725	1435	700	150	150/555
T 35		1252	740	865	1435	850	150	221/663

Tabelle 30.

Bahnmotoren von Ganz & Co. Elektrotechnische Fabrik, Budapest.

1	2	3	4	5	6	7	8	9	10	11	12	
Motor-Type	Gewichte in kg: Motor ohne Zahnrad und Zahnschutzkasten	Gewichte in kg: Anker mit Welle und Kollektor	Gewichte in kg: Motor mit Zahnrad und Zahnradschutzkasten	Normale Leistung in PS bei 50° C. Übertemperatur	Normale Leistung in PS bei 75° C. Übertemperatur	Umdrehungen pro Min. bei der Leistung Rubrik 5	Maximale Stromstärke in Bezug auf Kommutation	Dauerleistung in PS bei 75° C. Übertemperatur	Normales Übersetzungsverhältnis	Minimale Spurweite mm	Minimaler Laufraddurchmesser	Bemerkungen
T 8	400	220	750	10	15	560	etwa das Doppelte des norm. Wertes.	6,5	1 : 4,875 = 14 : 68	760	700	Die normale Leistung unter Ziffer 5 und 6 bezieht sich auf einstündigen Betrieb, die Dauerleistung Ziffer 9 auf 12—24stündigen Betrieb. Die maximale Stromstärke (Ziffer 8) wird nur momentan zugelassen.
TM 8	—	205	—	10	15	—		—	—	—	—	
T 16	650	317	1000	18	25	450	etwa das 3fache v. normalen Wert	14	16 : 78 = 1 : 4,875	1000	700	
TM 16	538	290	888	18	25	520	etwa das Doppelte des normalen Wertes	—	16 : 78 = 1 : 4,875	1000	700	
T 20	720	387	1120	25	—	560		—	16 : 78 = 1 : 4,875	1200	700	
T 25	935	460	1335	30	—	580		—	20 : 74 = 1 : 3,7	1435	700	
T 35*)	960	550	1560	45	55	750		29	26 : 78 = 1 : 3	1435	850	*) Auch für Vollbahnen.

6. **Helios Elektrizitäts-Aktiengesellschaft, Köln-Ehrenfeld.** (Tafel IV). Gehäuse: kreisrund geformt mit angegossenen Polen, Feldspulen durch angeschraubte Halter zwischen den Polen be-

Fig. 190. Motor der Helios E.-A.-G.

festigt, Bürstenhalter durch radiale Bolzen direkt an das Gehäuse befestigt (vgl. Fig. 190).

Anker: nicht ventiliert, Ankerlager außerhalb des Gehäuses, bei St. M. 30 unter den Kollektor hineinreichend.

Aufhängung: wie unter Nr. 4.

Hierzu Tabelle 31 und 32.

Tabelle 31.

Bahnmotoren der Helios E. A. G., Köln.

1	2	3	4	5	6	7	8	9	10	11	
Motor-Type	Gewicht des Motors in kg: Ohne Zahnrad u. Zahnradschutzkasten	Gewicht des Motors in kg: Mit Zahnrad u. Zahnradschutzkasten	Gewicht des Motors in kg: Anker-Gewicht	Normale Leistung in PS[1]	Normale Umdrehungszahl pro Min.	Dauerleistung in PS[2]	Maximale Stromstärke in Amp.[3]	Normales Übersetzungsverhältnis	Minimale Spurweite in mm	Minimaler Raddurchmesser in mm	Bemerkungen
StM 4	260	310	80	4	800	25 % der normalen Leistung unter Ziffer 5	Das 2,5 bis 3-fache des der normalen Leistung (Ziffer 5) entsprechenden Wertes	1 : 3,87	600	500	[1]) Normale Belastung bei einstündigem Betrieb für 60—65° C. Temperaturerhöhung.
StM 7	460	560	120	7	750			1 : 3,88	700	600	[2]) Dauerleistung bei 24-stündigem Betrieb für 60—65° C. Temperaturerhöhung.
StM 12	500	625	156	12	750			1 : 3,86	700	650	[3]) Giltig für stoßweise Beanspruchung.
StM 20	640	800	180	20	675			1 : 5	1000	800	
StM 30	870	1130	292	30	620			1 : 3,73	1435	900	
StM 50	1440	1850	500	50	600			1 : 4,85	1435	950	
StM 75	2200	2800	800	75	580			1 : 2,7	1435	970	

Maßtabelle 32.

Bahnmotoren der Helios E. A. G., Köln.

1	2	3	4	5	6	7	8	9	10	11	12	13	14	15	16	17	18	19	20	21	22	23	24	25	26	
Motor-Type	Größte Breite des Motors	Breite ohne Zahnrad	Motor-Höhe	Mitte Laufachse bis Ende Motor	Mitte Anker bis Mitte Untergestell	Mitte Laufachse bis Mitte Ankerwelle	entsprechend Maßskizze Fig. 191.																			
	A	B	C	D	E	F	G	H	I	K	L	M	N	O	P	Q	R	S	T	U	V	W	X	Y	Z	Gehäuse-Form im Querschnitt
StM 4	540	456	390	374	10	219	84	—	—	—	—	195	195	—	155	230	195	195	619	85	155	275	120	225	120	viereckig
StM 7	681	581	450	628	21	273	100	—	173	273	—	225	225	160	195	280	240	240	908	—	—	330	—	—	—	do.
StM 12	650	540	555	667	—	292	110	—	—	—	—	250	250	—	250	—	260	260	—	—	—	330	130	280	130	rund
StM 20	932	788	560	784	53	336	144	138	200	300	130	280	280	—	280	375	322	322	1158	—	—	475	—	—	—	do.
StM 30	930	760	600	840	70	355	170	—	—	—	—	300	300	170	315	360	320	320	1200	—	—	500	190	355	190	achteckig
StM 50	1225	975	690	1051	55	451	250	—	—	—	—	345	345	255	345	450	405	405	1501	—	—	640	215	495	215	do.
StM 75	1260	1040	740	970	15	510	240	100	310	250	260	370	370	60	400	450	400	400	1360	260	200	650	230	590	230	do.

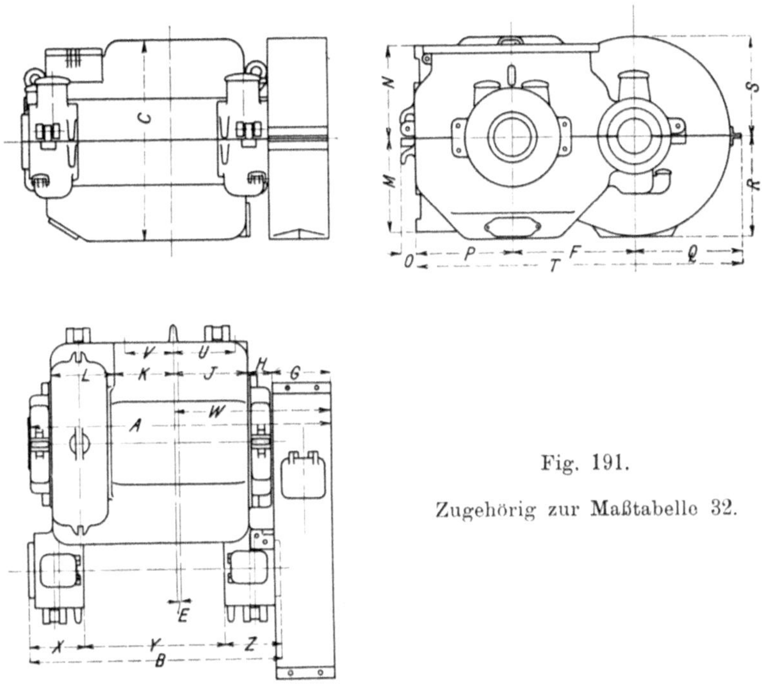

Fig. 191.

Zugehörig zur Maßtabelle 32.

9. Elektrizitäts-Aktiengesellschaft vorm. Kolben & Co., Prag. Gehäuse: kreisrund geformt mit angegossenen Polschuhen, Bürstenhalter am Gehäuse angeschraubt (Fig. 192).

Fig. 192. Motor der E. A. G. vorm. Kolben & Co.

Feldspulen: in Formen aus Vulkasbest gewickelt, mit zwei durchgehenden Bolzen an das Gehäuse befestigt (vgl. Fig. 193).

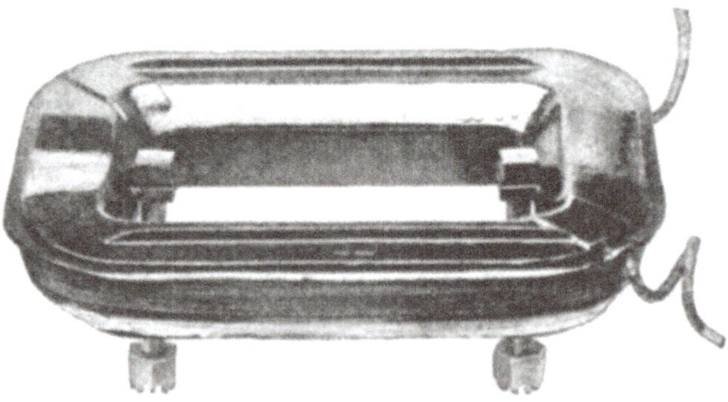

Fig. 193. Feldspule.

Anker: in der Radialrichtung nicht ventiliert, dagegen Längsventilation vorhanden. Hierzu Tabelle 33 u. 34.

Tabelle 33.

Bahnmotor der E. A. G. vorm. Kolben & Co., Prag-Vysoçan.

1	2	3	
T-Motor-Type	Motorgewicht mit Zubehör	Normale Leistung	
TM 25	880	25	

Maßtabelle 34.

Bahnmotor der E. A. G. vorm. Kolben & Co., Prag-Vysoçan.
Hierzu Skizze 194.

1	2	3	4	5	6	7
Motor-Type	Größte Breite	Motorbreite ohne Zahnrad mit Lagern	Motorhöhe (⌀)	Mitte Laufachse bis Ende Motor	Ankermitte bis Wagenmitte	Mitte Motor bis Mitte Wagenachse
	A	B	C	D	E	F
TM 25	1158	—	608	722	12	374

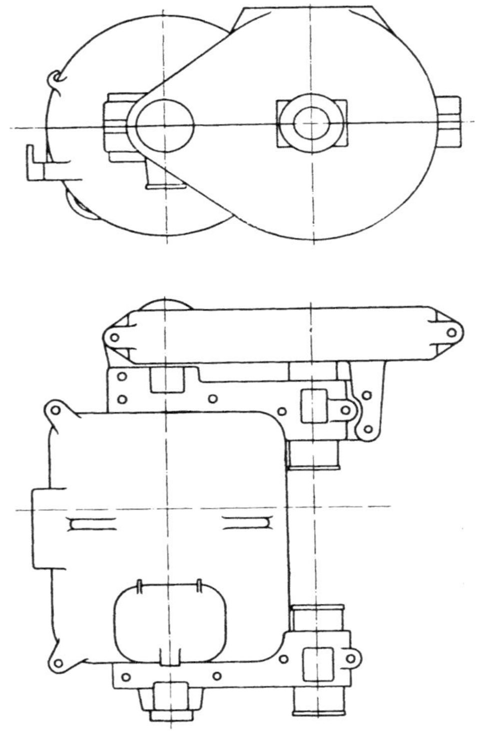

Fig. 194.
Zugehörig zur Maßtabelle 34.

Tabelle 35.

Bahnmotoren von Gebr. Körting, Körtingsdorf b. Hannover.

1	2	3	4	5	6	7	8	9a	9b	10	11	12
Motor-Type	Motorgewicht ohne Zahnrad u. Schutzkasten	Ankergewicht	Motorgewicht mit Zahnrad u. Schutzkasten	Leistung für intermitt. Betrieb PS.	Leistung für Dauerbetrieb PS.	Größte Stromstärke, für welche der Kommutator ausreicht Amp.	Normale Drehzahl	Übersetzungsverhältnis Normales	Übersetzungsverhältnis Maximales	Minimale Spurweite	Minimaler Raddurchmesser	Bemerkungen
EM 1	430	130	490	10	5	90	450	4,2	5,1	600	600	Die Angaben unter Ziffer 5 gelten im Sinne der Maschinen-Normalien d. Verbandes Deutsch. Elektr. für größte Temperaturzunahme unter 70° C., die Angaben unter Ziffer 6 gemäß § 18 der Masch.-Norm. für Temperaturzunahme um 50° bezw. 60° C. Die maximale Stromstärke in bezug auf Funkung beträgt das Dreifache des normalen Stromes für minutenlange Überlastung.
EM $1^1/_2$	570	150	690	15	7,5	150	600	4,5	6,0	1000	750	
EM 2	820	220	960	25	12	150	600	4,55	6,0	1000	800	
EM 3	1200	370	1370	40	20	150	530	4,5	6,0	1100	850	
EM 8	1500	550	1675	45/90	22/45	240/480	320/640	4,0	5.5	1435	900	} Spezial-Type mit 2 Kommutatoren.

Maßtabelle 36.

Bahnmotoren von Gebr. Körting, Hannover.

1	2	3	4	5	6	7	8	9	10	11	12	13	14	15
Motor-Type	Größte Breite	Motorbreite ohne Zahnrad	Motor-Höhe	Mitte Laufachse bis Ende Motor	Ankermitte bis Wagenmitte	Mitte Motor bis Mitte Wagenachse	Maßskizze Fig. 195.							
	A	B	C	D	E	F	G	H	I	K	L	M	N	O
EM 1	545	435	520	544	—	234	260	647	213	426	—	—	—	400
EM $1^1/_2$	890	—	480	—	—	—	—	740	—	—	—	—	—	—
EM 2	910	770	630	870	—	400	315	1110	395	702	325	160	220	630
EM 3	970	—	640	—	—	—	—	1150	—	—	—	—	—	—
EM 8	1350	—	760	—	—	—	—	1240	—	—	—	—	—	—

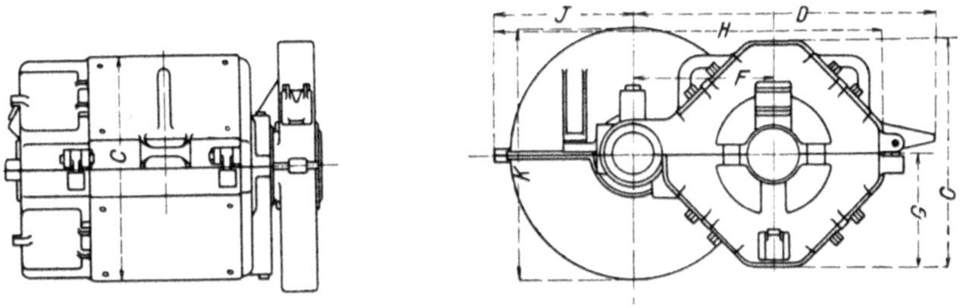

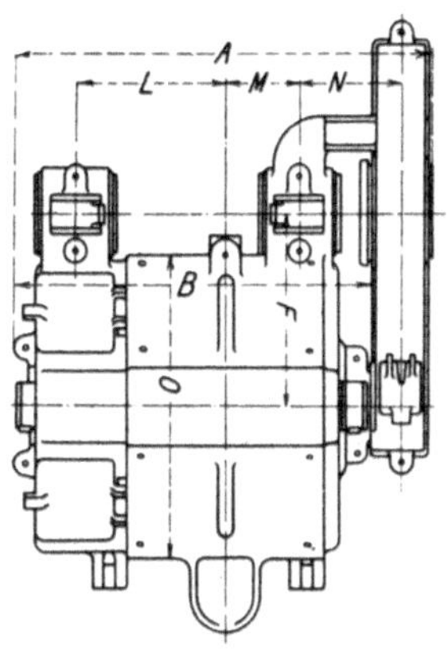

Fig. 195.

Zugehörig zur Maßtabelle 36.

7. **Gebr. Körting, Körtingsdorf bei Hannover.** Gehäuse: angenähert achteckig, Kollektoransatz des Gehäuses mit vier großen Öffnungen.

Feldspulen mit je vier durchgehenden Bolzen befestigt.

Hierzu Tabelle 35 u. 36.

Tabelle 37.

Bahnmotoren von Fr. Krizik, Prag-Karolinenthal.

1	2	3	4	5	6	7	8	9
Motor-Type	Gewicht in kg			Normale Leistung in PS	Normale Umdrehungszahl pro Min.	Maximale Stromstärke in bezug auf Kommutation	Übersetzungsverhältnis	Bemerkungen
	Motor ohne Zubehör	Anker	Motor mit Zubehör					
MV 35	852	216	1010	35	500	47	1 : 5	Normale Leistung gilt für 50—60° C. Übertemperatur
MV 50	1202	305	1380	50	500	68	1 : 5	

Maßtabelle 38.

Bahnmotoren von Fr. Krizik, Prag.

1	2	3	4	5	6	7	8	9	10	11	12	13	14	15	16	17	18	19	20	21	22	23	24	25	26
Motor-Type	Größte Breite	Motorbreite ohne Zahnrad mit Lagern	Motorhöhe (⌀)	Mitte Laufachse bis Ende Motor	Ankermitte bis Wagenmitte	Mitte Motor bis Mitte Wagenachse	Bedeutung der Bezeichnungen siehe Maßskizze Fig. 196.																		
	A	B	C	D	E	F	G	H	I	K	L	M	N	O	P	Q	R	S	T	U	V	W	X	Y	Z
MV 35	1047	857	575	678	—	332	60	100	58	575	355	460	1033	117	584	157	55	355	467	290	177	310	300	110	—
MV 50	1081	937	640	737	—	360	70	90	—	640	372	—	—	—	686	130	—	372	492	325	—	322	328	—	320

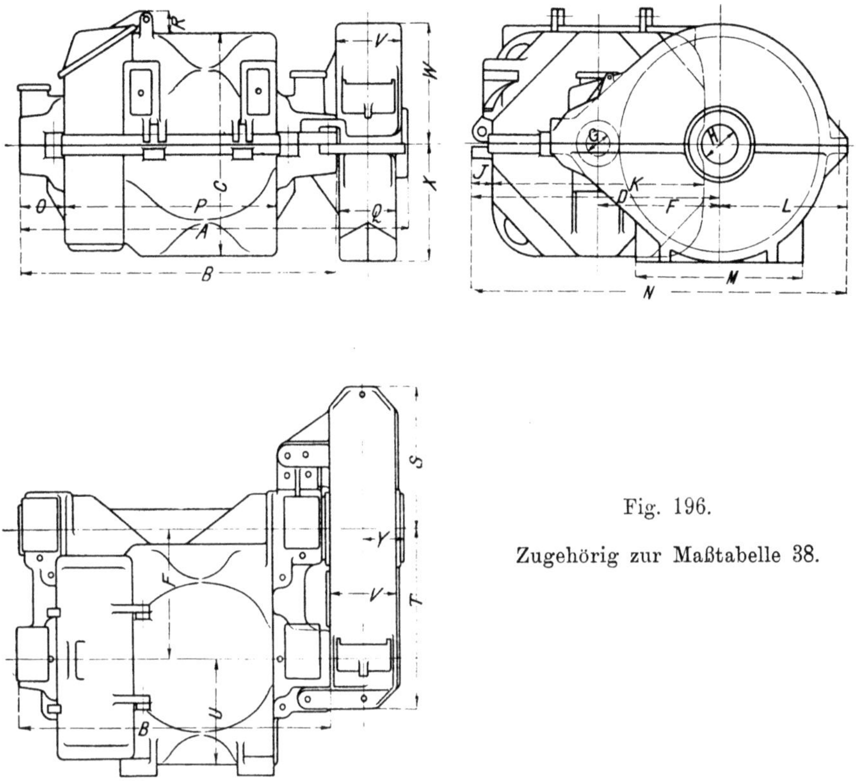

Fig. 196.

Zugehörig zur Maßtabelle 38.

8. **Fr. Krizik, Prag** (Tafel XI). Eigenartige Anordnung eines Motors in einem Drehgestell mit Schmalspur. Motor liegt mit seiner Mittellinie parallel zur Gleisachse außerhalb der Räder, völlig steif mit dem Drehgestell verschraubt, Übersetzung durch Kegelräder direkt zur Achse; zweipoliger Motor mit einem Folgepol nach System Fischer-Hinnen; Teilung des Gehäuses diagonal.

Hierzu Tabelle 37 u. 38.

10. **Elektrizitäts-Aktiengesellschaft vorm. W. Lahmeyer & Co., Frankfurt a. M.** Gehäuse: angenähert achteckig geformt, Polschuhe laminiert, mit durchgehenden Bolzen angeschraubt, Ankerlager, in großen Stirnschilden untergebracht, liegen außerhalb des Gehäuses (Fig. 197), Bürstenbrücke mit Bürstenhaltern, Fett- und Ölschmierung.

Fig. 197. Motor der E.-A.-G. vorm. W. Lahmeyer & Co.

Anker: nicht ventiliert, Bandagen nicht direkt unter den Polen, Kollektorseite der Wickelung durch Segeltuchkappe bedeckt, die andere Stirnseite des Ankers durch Ankerhaube mit Rand von kleinerem Durchmesser, als der Anker-Durchmesser ist, unterstützt.

Aufhängung: wie unter Nr. 4.

Hierzu Tabelle 39 u. 40.

Tabelle 39.

Bahnmotoren der E. A. G. vormals W. Lahmeyer & Co., Frankfurt a. M.

1	2	3	4	5	6	7	8	9	10
Motor-Type	Gewicht in kg: Motor ohne Zahnrad und Zahnrad-schutzkasten	Gewicht in kg: Anker komplett	Gewicht in kg: Motor mit Zahnrad und Zahnrad-schutzkasten	Normale Leistung in PS	Normale Undrehungs-zahl pro Min.	Maximales Über-setzungs-verhältnis	Minimales Über-setzungs-verhältnis	Minimale Spurweite in mm	Be-merkungen
STr I	650	160	755	16	570	1 : 6	1 : 3,3	750	
STr II	720	210	878	24	515	1 : 5,55	1 : 3	1000	
STr III	880	290	1100	35	515	1 : 5	1 : 3	1000	
STr XI	—	183*)	—	24	515	1 : 5,3	1 : 3,5	700	*) ohne Trieb
STr XII	—	120*)	—	14,5	600	1 : 6	1 : 3,5	600	

Maßtabelle 40.

Bahnmotoren der E. A. G. vorm. W. Lahmeyer & Co.

1	2	3	4	5	6
Motor-Type	Achs-Abstand	Mitte Motor-welle bis Mitte Auf-hängung	Mitte Laufrad-achse bis Unterkante Schutzkasten	Mitte Motor-welle bis Unterkante Motor	Mitte Laufrad-achse bis Außenkante Schutzkasten
STr I	348	400	320	280	380
II	360	420	325	300	384
III	360	425	325	310	375
XI	315	330	280	280	385
XII	280	300	260	250	310

11. **Lorain Steel Co., Johnstown, Pa.** Gehäuse: völlig kreisrund geformt. Polschuhe laminiert und angeschraubt.

Feldspulen: von Rahmen gehalten, am Gehäuse angeschraubt.

Anker: mit Längs- aber nicht mit Radialventilation versehen, Kollektorverbindungen eingestemmt, nicht eingelötet.

Aufhängung: wie unter Nr. 4.

Hierzu Tabelle 41 u. 42.

Tabelle 41.

Bahnmotoren der Lorain Steel Co. in Johnstown Pa., U. S. A

1	2	3	4	5	6	7
Motor-Type	Gewicht mit Zubehör	Normale Leistung PS.	Normale Umdrehungszahl	Übersetzungsverhältnis	Minimale Spurweite mm	Minimaler Laufrad Φ mm
Nr. 16 langsam	—	21	420	1 : 3,74 1 : 5,41	785	762
Nr. 16 schnell	—	25	525	1 : 3,74 1 : 5,41	785	762
Nr. 18	364	25	550	1 : 4,78 1 : 4,06	1000	762
Nr. 20	370	30	607	1 : 4,78 1 : 4,06 1 : 5,38	1000 1000 1000	762 762 762
Nr. 22	—	32	580	1 : 4,93	1435	762
Nr. 28	—	40	720	1 : 4,93	1435	762
Nr. 34	600	50 Stundenleistung bei 75° C. Übertemperatur.	625	1 : 5,28	1435	762

Maßtabelle 42.

Bahnmotoren der Lorain Steel Co.

1	2	3	4	5	6	7	8	9	10	11	12	13	14	15	16	17	18	19	20	21	22	23	24	25	26
Motor-Type	Größte Breite des Motors	Breite ohne Zahnrad	Motor-Höhe	Mitte Laufachse bis Ende Motor	Mitte Anker bis Wagenmitte	Mitte Laufachse bis Motormitte	Entsprechend Maßskizze Fig. 198.																		
	A	B	C	D	E	F	G	H	I	K	L	M	N	O	P	Q	R	S	T	U	V	W	X	Y	Z
Nr. 16	729	611	616	635	7	346	118	75	182	131	170	289	327	48	289	359	310	316	1042	120	176	363	178	265	178
„ 18 „ 20	932	792	569	640	—	343	140	127	198	154	168	283	286	48	298	356	313	313	1052	151	250	465	254	265	254
„ 22	1248	1102	597	730	24	351	143	216	221	195	216	279	318	32	330	356	310	310	1081	149	273	—	305	406	305
„ 28	1218	1043	—	686	24	351	143	437		—	—	—	—	—	—	356	310	310	1042	—	—	—	305	406	305

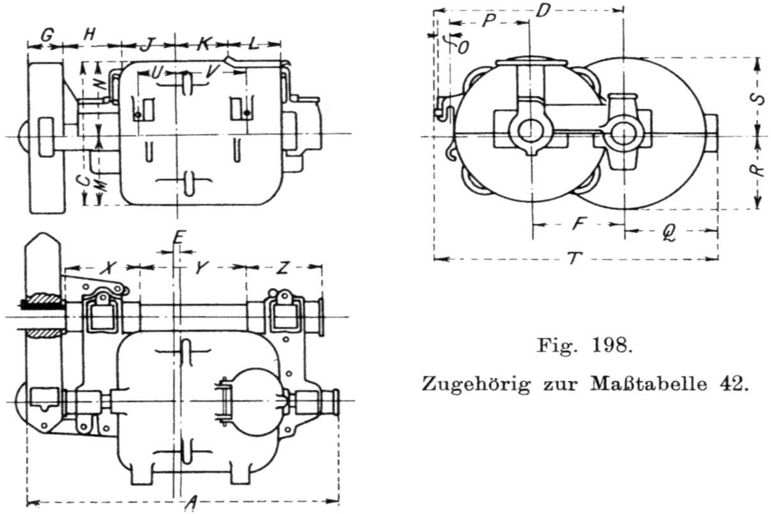

Fig. 198.

Zugehörig zur Maßtabelle 42.

12. **Maschinenfabrik Örlikon** (Tafel V). Ältere Type mit Ringanker.

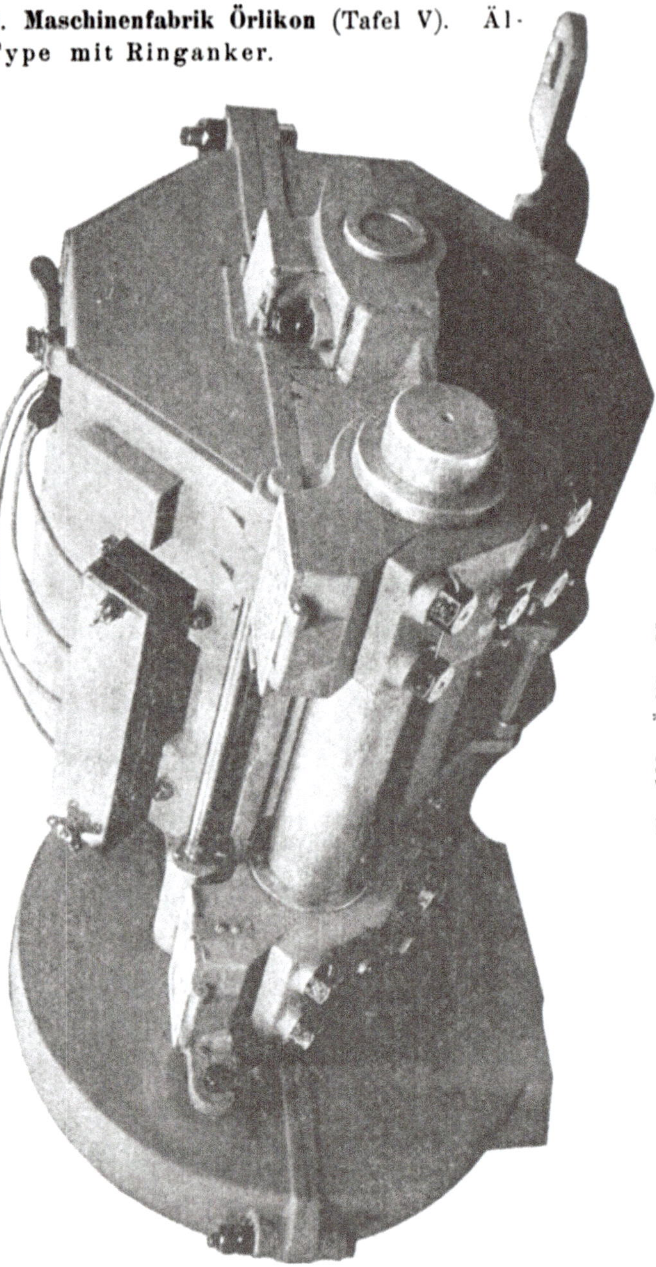

Fig. 199. Örlikon-Motor, ältere Type.

Gehäuse: achteckig, oberhalb der Mittellinie horizontal geteilt (vgl. Fig. 199 u. 200), Ankerlager fest am Unterteil, Deckel derselben besonderes Werkstück.

Feldspulen: durch je vier Bolzen am Gehäuse befestigt.

Aufhängung: ähnlich wie unter Nr. 4, jedoch schiefe Schnittlinie der Achslager.

Fig. 200. Örlikon-Motor, ältere Type.

Moderne Type:

Gehäuse: achteckig, in der Mittellinie geteilt, mit laminierten Polschuhen, die mit Stehbolzen am Gehäuse befestigt sind, Stehbolzen durch eingesetztes Metallstück im Polschuh befestigt, Bürstenhalterbrücke eingesetzt, sämtliche Lager ausgegossen, Schmierung durch Öl oder Fett, Ankerlager mit Schmierringen.

Fig. 201. Örlikon-Motor, neue Type.

Feldspulen: durch Polschuh festgehalten, völlig eben geformt, liegen in Bronzerahmen wie unter 11.

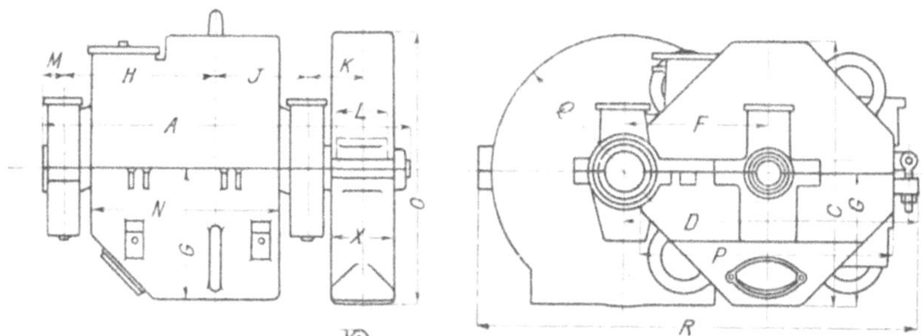

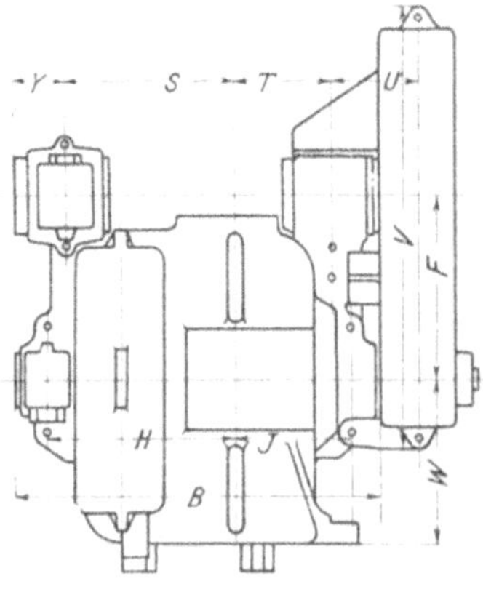

Fig. 202.

Zugehörig zur Maßtabelle 44.

Anker: radial nicht ventiliert, beide Stirnseiten mit Segeltuchkappen geschützt, Nuten gefräst.

Aufhängung: wie unter 4, d. h. nach unten aufklappbar (vgl. Fig. 201). Hierzu Tabelle 43 und 44.

Tabelle 43.

Bahnmotoren der Maschinenfabrik Örlikon.

1	2	3	4	5	6	7	8	9	10
Motor-Type	Gewichte in kg: Motor ohne Zahnrad, Schutzkasten und Trieb	Gewichte in kg: Anker komplett	Gewichte in kg: Motor mit Zahnrad und Zahnradschutzkasten	Normale Leistung in P S	Umdrehungen pro Min. bei der Leistung Ziffer 5	Maximale Stromstärke in bezug auf Kommutation	Normales Übersetzungsverhältnis	Minimale Spurweite in mm	Bemerkungen
TM 5	600	150	790	20	480	Das 1,8fache des norm. Wertes (TM 5 und TM 8)	1 : 5	1000	Die angegebene Normalleistung (Ziffer 5) bezieht sich auf einstündig. Betrieb bei 75° C. Übertemperatur
TM 8	900	240	1050	35—40	420		1 : 5	1000	
TM 20	2700	840	3050	150—200	430	Das Doppelte des der norm. Leistung entsprech. Wertes (TM 20 und TM 30)	—	1435	
TM 30	2600 mit Trieb	765	3000	220	645		—	1435	

Maßtabelle 44.

Bahnmotoren der Maschinenfabrik Örlikon.

1	2	3	4	5	6	7	8
Motor-Type	Größte Breite	do. ohne Zahnradschutzkasten	Motorhöhe	Mitte Laufachse bis Motorende	Mitte Motoranker bis Mitte Wagen	Mitte Motor bis Mitte Wagenachse	Mitte Welle bis tiefsten Punkt des Motors
	A	B	C	D	E	F	G
TM 5	880	—	610	720	17	342	305
TM 8	932	780	640	750	48	354	320
TM 20	1300	1090	905	1100	71 gilt nur für kleinste zulässige Spur	525	450

Columns 9–26: Bezeichnungen entsprechend der Maßskizze Fig. 202.

1	9	10	11	12	13	14	15	16	17	18	19	20	21	22	23	24	25	26
Motor-Type	H	I	K	L	M	N	O	P	Q	R	S	T	U	V	W	X	Y	
TM 5	360	220	128	—	63	445	620	610	630	1060	323	183	165	830	—	—	—	—
TM 8	425	240	126	115	65	—	—	698	640	1150	395	210	156	—	350	152	95	—
TM 20	590	310	—	—	—	—	—	—	886	1580	575	295	215	—	—	209	110	—

13. Aktiengesellschaft vorm. Joh. Jacob Rieter & Co., Winterthur. Moderne Type (vgl. Fig. 203) achteckig geformt, mit angeschraubten Polschuhen, Stirnschildankerlagern.

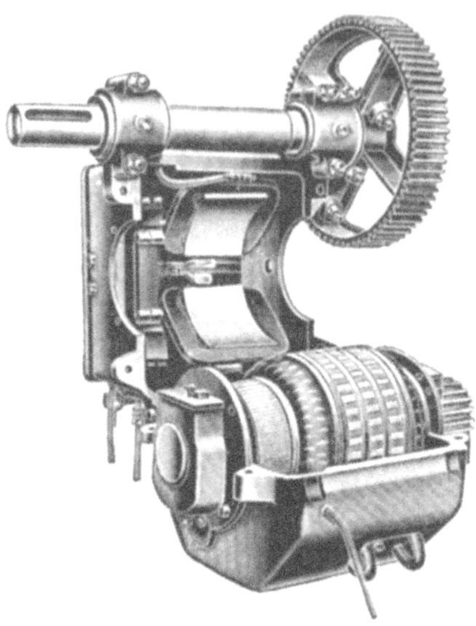

Fig. 203. Rieter-Motor.

14. Elektrizitäts - Aktiengesellschaft vorm. Schuckert & Co., Nürnberg (Tafel VI).

Straßenbahntype:

Gehäuse: achteckig geformt, in der Mittellinie geteilt, Anbringung der Achslager wie unter 4, Revisionsöffnung über dem Kollektor groß genug, um die komplette Bürstenhalterbrücke herausheben zu können, Revisionsgucklöcher vorhanden zur Revision des Luftzwischenraumes, Ankerlager mit Weißmetall ausgegossen, auf der Kollektorseite einteilig, auf der Triebseite zweiteilig, Schmierung Fett oder Öl (Fig. 204).

Fig. 204. Schuckert-Motor AB 65.

Fig. 205. Schuckert-Motor AB 63.

Feldspulen durch angeschraubte Polschuhe festgehalten.

Schutzkasten aus schmiedeeisernem Blech gepreßt, Motor kann ohne Öffnung des Zahnradschutzkastens aufgeklappt werden.

Spezialmotoren:

Gehäuse: würfelförmig, zwei bezw. vier Magnetspulen, jedoch stets vier Pole; bei großen Motoren seitlich zylindrische Deckel,

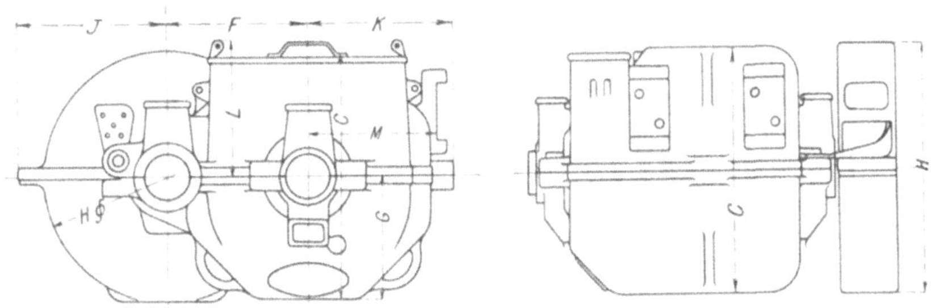

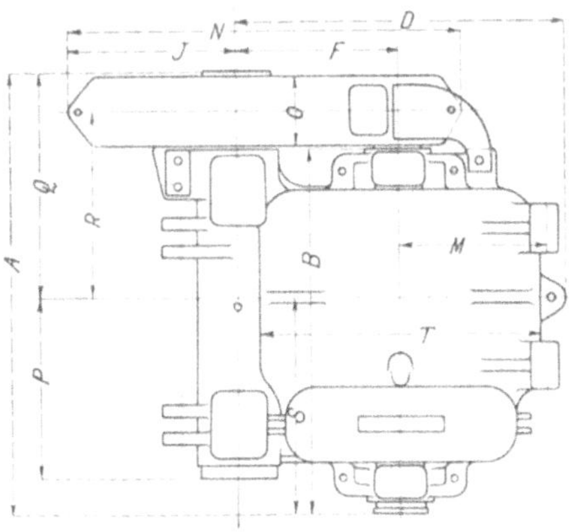

Fig. 206.
Zugehörig zur Maßtabelle 45.

Schmierung bei großen Motoren Fett und Öl, bei kleineren bloß Öl, kleinere Motoren zum Abheben nach oben, größere zum Herablassen nach unten eingerichtet (Fig. 205).

Hierzu Tabelle 45 u. 46.

Maßtabelle 45.

Bahnmotoren der Elektrizitäts-Aktiengesellschaft vorm. Schuckert & Co., Nürnberg.

1	2	3	4	5	6	7	8	9	10	11	12	13	14	15	16	17	18	19	20	21	22
Motor-Type	Größte Breite	Größte Breite ohne Zahnradschutzkasten	Motor-Höhe	Mitte Laufachse bis Motorende	Mitte Motoranker bis Mitte Wagen	Mitte Motor bis Mitte Wagenachse	Bezeichnungen entsprechend der Maßskizze Fig. 206.														
	A	B	C	D	E	F	G	H	I	K	L	M	N	O	P	Q	R	S	T	U	V
AB 80	898	743	590	688	22	340	295	602	359	348	320	310	832	146	374	460	384	439	590		
AB 82	940	776	600	694	41	340	300	602	359	354	320	310	—	146	400	499	421	441	600		
							Bezeichnungen entsprechend der Maßskizze Fig. 207.														
AB 75	451	333	524	513	90	233	264	360	350	260	79	106	328	—	—	—	—	—	—	—	—
AB 63	—	457	606	590	—	282	303	410	—	303	55	—	457	—	—	—	—	—	—	—	—
AB 76	690	—	636	600	2	334	318	450	—	318	108	—	—	—	—	—	—	—	—	—	—
							Bezeichnungen entsprechend der Maßskizze Fig. 208.														
AB 73[1])	1260	1100	620	800	35	360	160	—	—	—	—	310	310	—	375	—	298	291	—	200	200

[1]) Motor für Milano-Monza.

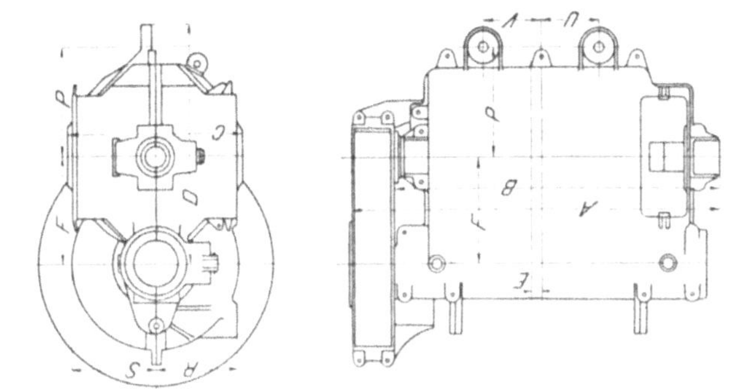

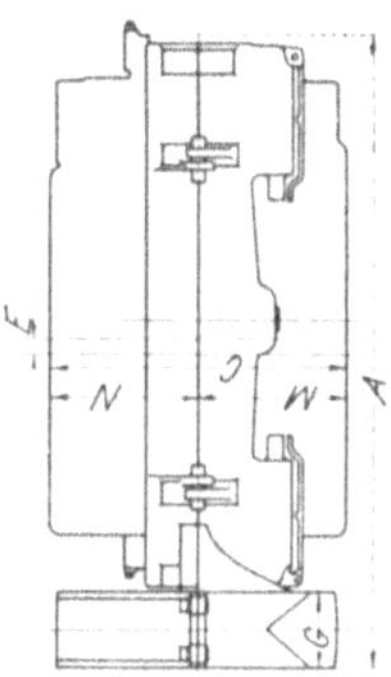

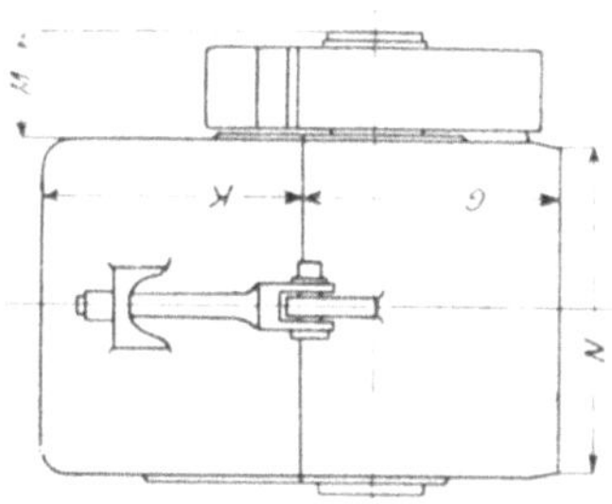

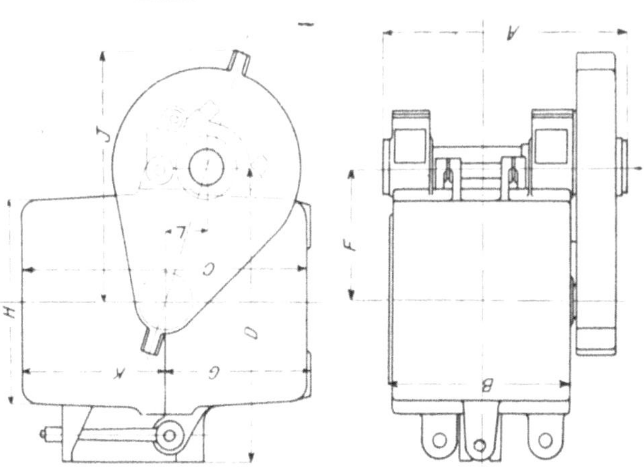

Fig. 207. Fig. 208.

Zugehörig zur Maßtabelle 45.

Tabelle 46.

Bahnmotoren der Elektrizitäts-Aktiengesellschaft vorm. Schuckert & Co., Nürnberg.

1	2	3	4	5	6	7	8	9	10	
Motor-Type	Gewicht in kg: Motor ohne Zahnrad und Zahnradschutzkasten	Anker mit Kollektor, Welle und Trieb	Motor mit Zahnrad und Zahnradschutzkasten	Normale Leistung in PS.	Umdrehungen pro Min. bei der normalen Leistung	Maximale Stromstärke in bezug auf Kommutation	Dauerleistung in PS.	Minimale Spurweite in mm	Normales Übersetzungsverhältnis	Bemerkungen
AB 80	750	200	850	24 bei $n = 450$ 29 „ $n = 580$	500 u. 650	85	9,5 bei $n = 850$ 11 „ $n = 1100$	960	$14:66 \left(\frac{1}{4,7}\right)$	Straßenbahnmotoren.
„ 82	960	255	1050	29 „ $n = 430$ 36 „ $n = 570$	480 u. 630	110	11 „ $n = 800$ 14 „ $n = 1050$	1000	$14:66 \left(\frac{1}{4,7}\right)$	
„ 85	1200	315	1350	35,5 „ $n = 450$ 44,5 „ $n = 580$	500 u. 650	130	14 „ $n = 850$ 16 „ $n = 1100$	1435	$15:69 \left(\frac{1}{4,6}\right)$ $16:68 \left(\frac{1}{4,25}\right)$	
„ 86	1540	430	1700	49 „ $n = 450$ 63 „ $n = 580$	500 u. 650	184	19 „ $n = 850$ 22 „ $n = 1100$	1435	$15:69 \left(\frac{1}{4,6}\right)$ $16:68 \left(\frac{1}{4,25}\right)$	
„ 75	337	—	375	9,5	750	auf die Dauer einiger Minuten etwa der dreifache Wert der Normalleistung entsprechenden Stromstärke	etwa 25% der unter Ziffer 5 angegebenen Normalleistung	450	—	Spezielle Lokomotiv- u. Hauptbahnmotoren.
„ 63	465	86,3	525	13,0	750			600	—	
„ 76	625¹)	175	920²)	22,0	750			750	—	
„ 69	1065¹)	—	1575²)	33,5	750			1000	—	
„ 73³)	1550	—	1780	54	600			1435	—	
„ 77	2100	—	2400	85	500			1435	—	
„ 79	2850	—	3200	125	450			1435	—	
„ 62	4750	—	4750⁴)	130	330			1435	—	

Bemerkungen: Sämtliche Leistungsangaben beziehen sich auf 70° C. Übertemperatur und 500 Volt Klemmenspannung; für einstündigen Betrieb gilt die normale Leistung, für 24-stündigen Betrieb die Dauerleistung.

¹) Ohne Vorgelegebock. ²) Mit doppelter Übersetzung. ³) Motor für Milano-Monza. ⁴) Direkt auf der Achse sitzend.

Fig. 209. Siemens & Halske-Motor B 17/30.

15. **Siemens & Halske Aktiengesellschaft, Berlin** (Tafel VII). Ältere Typen, die nicht mehr gebaut werden:

Type A: ungeteiltes, geschlossenes Gehäuse, vier bewickelte Pole, deren Schenkeldrähte von der Hand in das Gehäuse eingewickelt wurden, Anker mit Handwickelung.

Fig. 210. Siemens & Halske-Motor B 17/30.

Type B: Gehäuse geteilt nach schräg liegender Teilfuge, vier Pole, davon zwei unbewickelte Folgepole, Erregerpole besondere,

Fig. 211. Siemens & Halske-Motor B 25/48 (Barmer Bergbahn).

angeschraubte Werkstücke, die zum Festhalten der Feldspulen dienen. Anker ursprünglich mit Hand-, neuerdings mit Schablonenwickelung (Fig. 209—212). Dieselbe Type vertikal geteilt (Fig. 213 u. 214).

Fig. 212. Siemens & Halske-Motor B 25/48 (Barmer Bergbahn).

Type C: zweipolige, nicht in weitere Anwendung gekommene Versuchskonstruktion.

Fig. 213. Siemens & Halske-Motor B 26/35.

Fig. 214. Siemens & Halske-Motor B 28/44 (Wannseebahn).

Fig. 215. Siemens & Halske-Motor D 17/30 (Berliner Hochbahn).

Type D: moderne Normalkonstruktion.

Gehäuse: angenähert achteckig, horizontal geteilt, lamellierte, angeschraubte Polschuhe, welche die Feldspulen festhalten, Bürstenhalterbrücke eingesetzt, Achslager am Oberteil (Fig. 215).

Fig. 216. Siemens & Halske-Motor bD 17/24.

Anker: nicht ventiliert, breite Nuten, Schablonenwickelung, Schmierung bei normalen Größen Fett oder auch Öl, bei größeren Motoren Öl.

Für Spezialzwecke gelten die nur konstruktiv verschiedenen Typen bD, cD (vgl. Fig. 216 u. 217) und gD (vgl. Fig. 126), welch

Fig. 217. Siemens & Halske-Motor cD 17/18 (vgl. Tafel VII).

letztere mit Stirnlagerschilden versehen möglichst schmal für geringe Spurweiten konstruiert sind, sogar unter Verzicht auf die Aufklappbarkeit, wobei die Bürstenhalter direkt durch Bolzen an dem glockenartigen Stirnlagerschild, aber am Zylinderumfang befestigt. (Hierzu Tabelle 47—49.)

Tabelle 47.

Siemens & Halske Aktiengesellschaft, Berlin.

Gleichstrom-Bahnmotoren.

Motor-Type	Normale Leistung in PS	Umdrehungen pro Minute bei der Normalleistung	Betriebsspannung in Volt	Gewicht in kg: des Motors ohne Zahnrad und Zahnradschutzkasten	Gewicht in kg: des Ankers	Gewicht in kg: des Motors samt Zahnrad und Zahnradschutzkasten	Größte Übersetzung	Minimale Spurweite	Bemerkungen
				ca.	ca.	ca.			
D 14/8,5 s	8,5	810	500	325	75	385	7,5	450	g-Motoren sind Motoren gedrängter Bauart. (Für Grubenbahnen etc.)
gD 14/15 l	13	560	500	500	75	600	7,5	560	
gD 14/15 s	19	690	500	500	75	600	7,5	560	
D 14/20 l	19	540	500	760	142	900	6,72	900	
D 14/20 s	22	700	500	760	142	925	6,72	900	
cD 17/18 l	22	520	500	815	175	925	7,3	900	
gD 17/18 l	22	520	500	780	175	900	7,3	685	
cD 17/18 s	27	770	500	815	175	925	7,3	900	
gD 17/18 s	27	770	500	780	175	900	7,3	685	
cD 17/24 l	27	530	500	930	225	1200	5,44	1000	
cD 17/24 s	42	570	500	930	225	1200	5,44	1000	
D 17/30 l	39	430	500	1400	308	1560	4,8	1435	
D 17/30 s	48	580	500	1400	308	1560	4,8	1435	
D 17/30	52	800	750	1400	308	1560	4,8	1435	
cD 19/30	68	570	600	1550	352	1750	4,2	1435	
cD 19/30	85	720	750	1550	352	1750	4,2	1435	
D 150	100	370	600	2000	550	2250	4,5	1435	
D 150	125	710	750	2000	550	2250	4,5	1435	
D 200	155	610	750	2670	700	2900	4,5	1435	
D 25/50	180	450	600	4100	1000	4800	4,7	1000	Spezialkonstruktion für Bergbahnen.
D 25/50	210	520	750	4100	1000	4800	4,7	1000	

Maßtabelle 48.

Bahnmotoren

von Siemens & Halske, Aktiengesellschaft, Berlin.

Bezeichnungen entsprechend Maßskizze Fig. 218.

Motor-Type	A	E	F	G	H	I	K	L	M	N	O	P	R	X	Y	Z
D 14/20	900	15	324	390	255	686	590	375	257	257	375	275	290	750	118	85
cD 17/18	830	40	348	420	290	718	615	400	293	298	350	325	315	800	107	85
cD 17/24	900	10	348	470	325	750	615	400	300	303	375	325	315	800	100	85
D 17/30	1240	5	348	450	282	772	560	400	310	314	540	324	315	800	110	85
cD 19/30	1240	40	396	495	270	825	605	445	335	335	490	345	345	850	110	85

Maßtabelle 49.

Grubenbahnmotoren

von Siemens & Halske Aktiengesellschaft, Berlin.

Bezeichnungen entsprechend Maßskizze Fig. 219.

Motor-Type	A	E	F	G	H	I	K	L	M	N	O	P	R	S	T	U	V	W	X	Y	Z
D 14/8,5	465	2,5	306	—	—	623	—	325	233	233	180,5	—	295	295	167	219	231	265	650	92	30
gD 14/15	530	8	324	145	157	625	490	350	257	257	219,5	285	309	317	203	252	267	290	700	93	41
gD 17/18	685	32,5	348	185	180	670	590	375	296	296	250	325	327	339	260	333	307	340	750	79	48

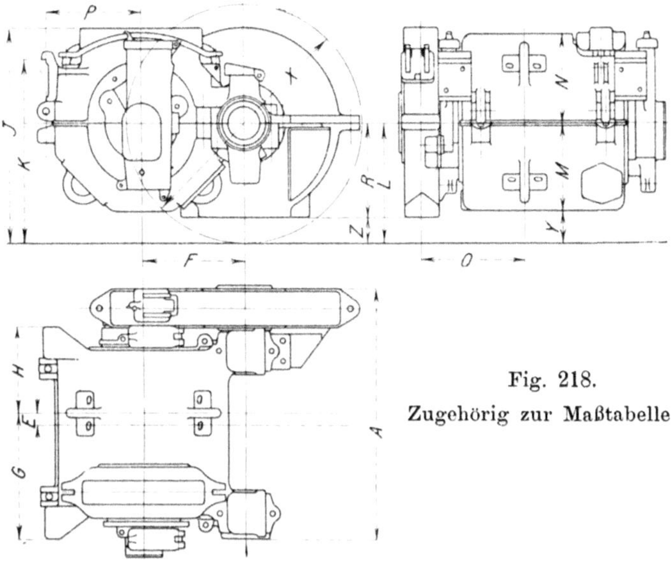

Fig. 218.
Zugehörig zur Maßtabelle 48.

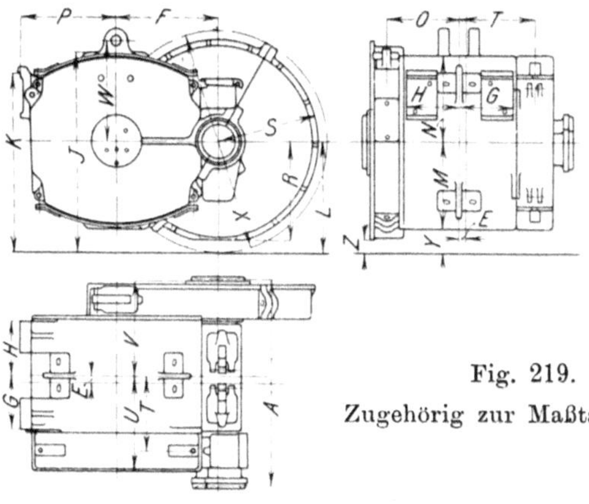

Fig. 219.
Zugehörig zur Maßtabelle 49.

16. **Stanley Electric Mfg. Co.** Ventilierter Anker, ventilierte Pole, zwei ventilierte Gehäusebodendeckel, nach unten aufklappbar, Feldspulen aus Draht mit rechteckigem Querschnitt, Öffnungen des Gehäuses mit Schwamm gegen Eindringen von Staub geschützt.

Type SKC 401 $37^1/_2$ PS normal, Übersetzung 1:4,6 maximal, 1:2,82 minimal. (Sämtliche Angaben nach Street Railway Journal 1902, Oktober, S. 422.)

17. **Union Elektrizitäts-Gesellschaft, Berlin** (Tafel VIII). Ältere Typen, die nicht mehr gebaut werden. Zweipolige Motoren mit einer Erregerspule (WP-Type) und halboffene Gehäuse (SRG-Type).

Moderne Typen:

Type GE 800—1200, vierpolige Type mit zwei Erregerpolen und zwei Folgepolen, würfelförmiges Gehäuse, horizontal geteilt mit angegossenen Polschuhen.

Feldspulen: mit je vier Bolzen befestigt, in Rahmen eingelegt.

Fig. 220. Union-Motor GE 52. (Vgl. Tafel VIII.)

Fig. 221. Union-Motor U 22.

Anker: mit Segeltuchkappen, nicht ventiliert.

Aufhängung: Motor öffnet sich nach oben, Achslager an untere Gehäusehälfte angegossen, Motor zum Herablassen eingerichtet.

Type GE 52, vierpoliges, achteckiges Gehäuse mit vier Erregerpolen, horizontal geteilt, mit durchgehenden Bolzen angeschraubte laminierte Polschuhe.

Anker ventiliert, mit Segeltuchkappen.

Aufhängung: Motor öffnet sich bei GE 52 nach oben (Fig. 220).

Type GE 57—61 wie die vorigen, jedoch schmäler konstruiert, die Motoren öffnen sich nach oben oder unten, oder das Gehäuse ist ungeteilt und der Anker wird seitlich herausgenommen.

Type U 21—22 (Fig. 221). Gehäuse mit großen Lagerschilden, würfelförmig, mit vier Feldspulen und laminierten Polschuhen, die angeschraubt sind, diagonal geteilt. Motor öffnet sich nach unten, Achslager mit vertikaler Teilfuge.

Type GE 65—73, Vollbahntypen. Gehäuse nicht geteilt, würfelförmig, Anker wird seitlich herausgenommen, laminierte Polschuhe angeschraubt, vier Feldspulen, Achslager mit vertikaler Teilfuge (Fig. 123). (Hierzu Tabelle 50 u. 51.)

Tabelle 50.

Bahnmotoren der Union-E.-G., Berlin.

1	2	3	4	5	6	7	8	9	10
Motor-Type	Gewicht ohne Zahnrad u. Zahnradschutzkasten	Ankergewicht kg	Normale Leistung PS.	Normale Umdrehungszahl per Min.	Minimale Spurweite mm	Übersetzungs-Verhältnis	Raddurchmesser mm	Aufklappbar nach	Bemerkungen
GE 800 B/E 4	810	265	20	500	1000	1:4,786	762	oben	
„ 6	810	265	13,5	300	1000	1:4,78	762		
„ D/F 3	880	265	32	620	1000	1:4,78	762		
„ 4	880	265	25	—	1000	1:4,78	762		
GE 1200 C/D 4	1354	430	28	275	1435	1:3,5	762	unten	
GE 52 A/B 4	785	165	27	625	1435	1:4,78	762	unten	
„ 5	785	165	23	500	1435	1:4,78	762		
„ 6	785	165	20	400	1435	1:4,78	762		
GE 57 A/B D/E 2	1350	—	50	580	1000	1:4,31	838	A/B unten	
„ 3	1350	—	52	430	1000	1:4,31	838	D/E oben	
GE 58 A/B 4	1055	222	37	470	1000	1:3,94	800	unten	
„ 6	1055	222	25	330	1000	1:4,6	800		
GE 60 A/B 4	760	222	27,4	700	915	1:4,79	800	A unten	
„ 6	760	222	19,8	490	915	1:4,79	800	B oben	
GE 61 A 4	1100	222	38	510	600	1:5,33	838	ungeteilt	
U 21 A 4	675	128	20,8	675	750	1:4,785	762	unten	
U 22 A/B 3	1240	280	50	465	1000	1:3,94 1:4,6	800	schräg geteilt	
„ 4	1240	280	46	375	1000	1:3,94 1:4,6	800		
„ 6	1240	280	27	200	1000	1:4,6	800		
GE 73 A 2	1820	—	86	490	1435	1:3,45	1000	ungeteilt	
GE 51 B 2	1720	400	80	640	1435	1:2,27 1:4,31	1000	unten	
GE 55 A 1	2460	—	166	500	1435	1:2,48	1000	ungeteilt	
GE 56 A 1	5220	—	200	190	1435	Keine Übersetzung	1067	unten	
GE 65 A 1	3700	—	243	370	1435	1:4,1	1000	ungeteilt	

Lokomotiv-Motoren.

NWP 2½—6	315	90	5	505	460	1:4,14			Bei 1:5,75 Übersetzung minimale Spur 500 mm.
„ 2½—10	315	90	8	805	460	1:4,14			
LWP 5—6	390	116	8	395	600	1:4,286			
„ 5—10	390	116	15	765	600	1:4,286			

Maßtabelle 51.

Bahnmotoren der Union-E.-G., Berlin.

1	2	3	4	5	6	7	8	9	10	11	12	13	14	15	16	17	18	19	20	21	22	23	24	25	26
Motor-Type	Größte Breite	Motorbreite ohne Zahnrad	Motor-Höhe	Mitte Laufachse bis Ende Motor	Ankermitte bis Wagenmitte	Mitte Motor bis Mitte Wagenachse	Entsprechend Maßskizze Fig. 222.																		
	A	B	C	D	E	F	G	H	I	K	L	M	N	O	P	Q	R	S	T	U	V	W	X	Y	Z
GE 800	926	777	567	668	20	343	149	90	240	329		284	283	90	235	—	302	300	—	—	—	—	163	350	172
GE 52	1164	993	559	673	14	343	146	210	214	229	178	270	289	60	270	365	302	311	1038	230	365	582	203	441	203
GE 58	937	778	657	749	—	355	144	119	195	172	178	311	346	64	330	360	311	314	1109	235	210	463	203	297	203

Schmalspur-Bahnmotoren entsprechend Maßskizze Fig. 223.

1	A	B	C	D	E	F	G	H	I	K	L	M	N	O	P	Q	R	S	T	U	V	W	X	Y	Z
GE 61	549	426	708	754	3	402	123	159		267		352	356	—	362	403	357	357	1167	178	203	282	178	70	178
U 21	680	530	580	683	—	343	150	—	253	313		295	—	45	295	350	305	305	1033	—	—	366	—	—	—
U 22	870	702	645	731	—	356	168	258		419		321	324	—	321	—	—	—	—	279	324	426	164	338	175

Schmalspur-Bahnmotoren entsprechend Maßskizze Fig 224.

1	A	B	C	D	E	F	G	H	I	K	L	M	N	O	P	Q	R	S	T	U	V	W	X	Y	Z
NWP $2^1/_2$	403	313	467	448	16	—	92	0	140	173	0	195	271	—	195	—	—	—	—	—	—	—	102	98	102
LWP 5	545	435	489	467	6	241	110	0	184	206	—	206	283	235		—	—	—	—	—	—	—	—	—	—

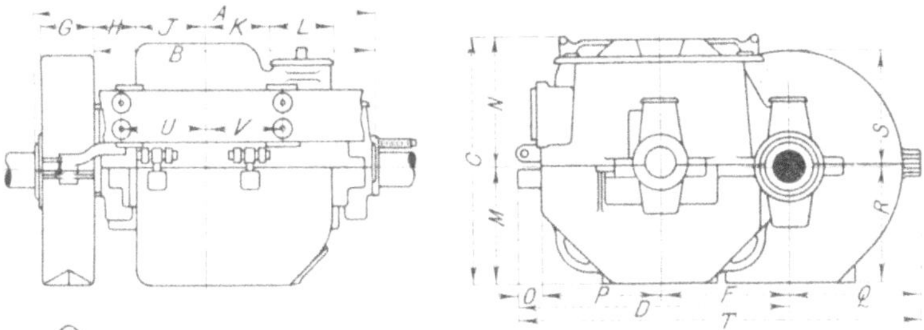

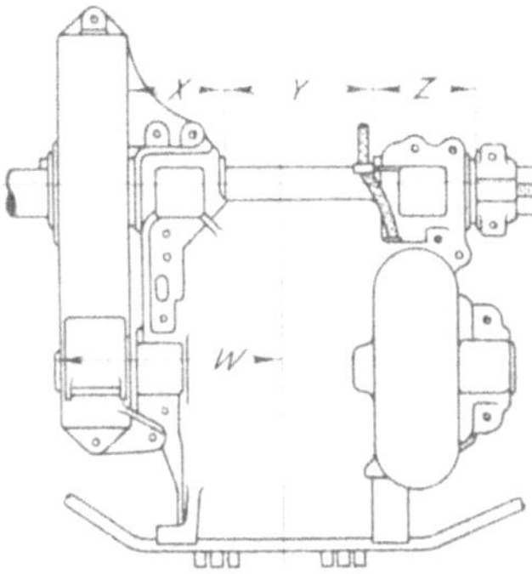

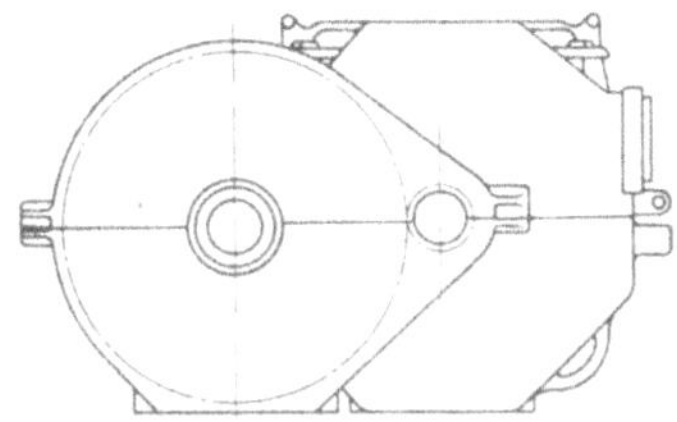

Fig. 222.
Zugehörig zur Maßtabelle 51.

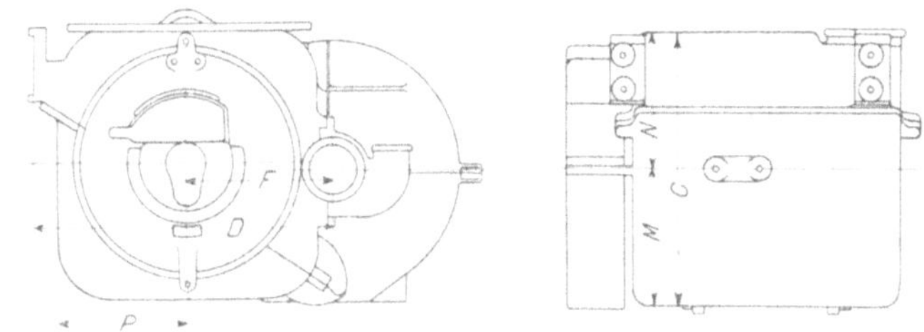

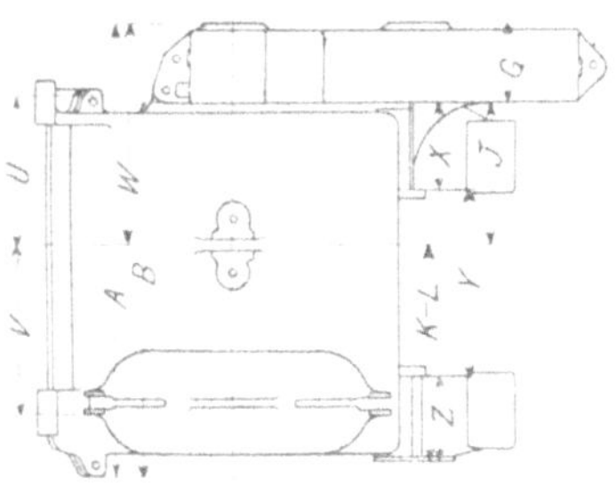

Fig. 223.

Zugehörig zur Maßtabelle 51.

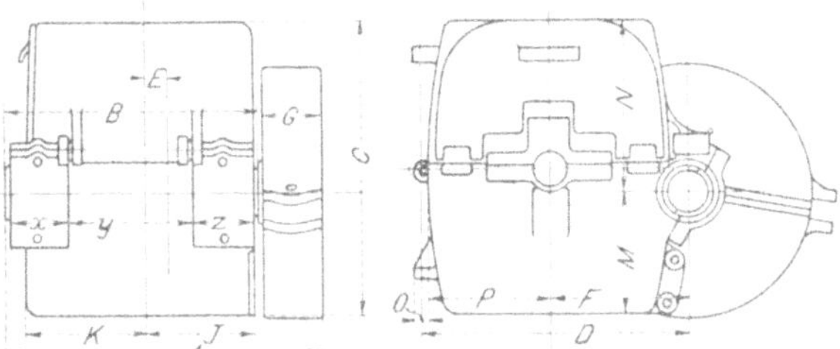

Fig. 224. Zugehörig zur Maßtabelle 51.

Fig. 225. Walker-Motor Nr. 33.

18. **Frühere Walker Co., Cleveland (Ohio).** (Tafel IX). Da diese Gesellschaft nicht mehr besteht, haben nur diejenigen Konstruktionen hier ein Interesse, die auf den europäischen Markt gekommen sind. Es sind dies die Typen 2, 3 und 5, 33 und 55.

Gehäuse: angenähert achteckig oder rund, vier Feldspulen,

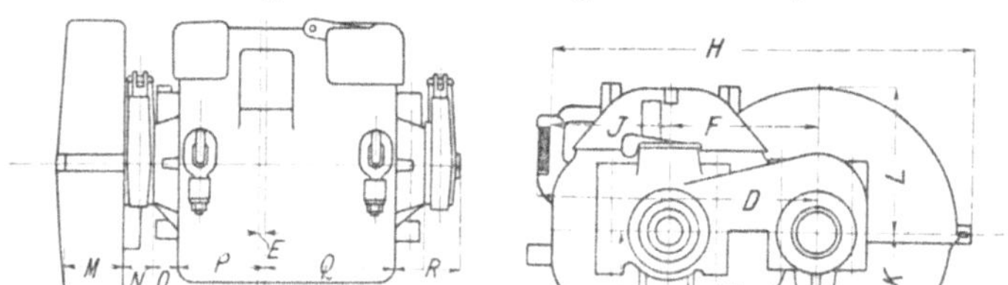

Fig. 226. Zur Maßtabelle 53.

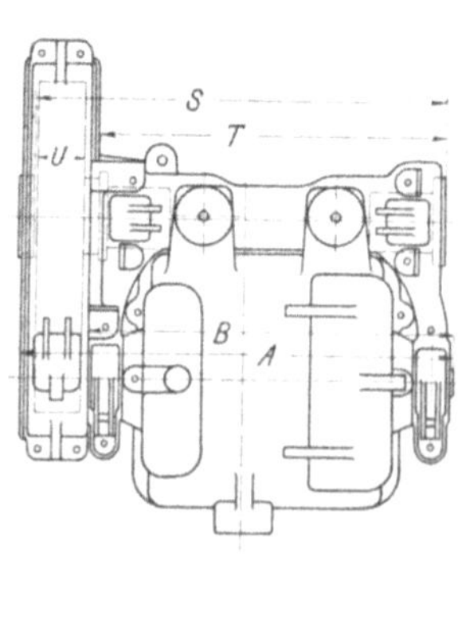

eingegossene Polschuhe, bei Nr. 33 und 55 laminiert, Bürstenhalterbrücke eingesetzt, Anker bei Nr. 33 und 55 ventiliert, gerade Spulen mit Ankerhaube als Stütze, Segeltuchkappen.

Aufhängung: früher Schwingen- (vgl. Fig. 225), später Nasenaufhängung, Motor nach unten aufzuklappen. (Hierzu Tabelle 52 u. 53.)

Tabelle 52.

Bahnmotoren der früheren Walker Co., Cleveland (Ohio).

1	2	3	4	5	6	7	8	9
Motor-Type	Gewicht kg			Normale Leistung in PS	Umdrehungen pro Min.	Minimale Spurweite	Übersetzungsverhältnis	Bemerkungen
	Motor ohne Zubehör	Anker	Motor mit Zubehör					
2 N	—	—	814	20	400	785	1 : 5,41 = 17 : 92	Die Angaben der Ziffern 2—4, 6, 8 und 9 sind aus Tabelle 85, Dawson, pocket book, S. 1078, Ausg. 1901 entnommen.
33 N	814	185	942	28	600	1000	1 : 4,78 = 14 : 67	
33 S	845	185	990	28	600	1435	1 : 4,78 = 14 : 67	
44 A	—	—	1020	30	550	1435	1 : 4,78 = 14 : 67	
55 N	—	—	—	32,5	—	1000	—	
55 S	—	—	—	32,5	—	1435	—	
100 S	1190	340	1380	55	525	1435	1 : 3,90 = 19 : 74	
15 L*)	1800	475	2020	75	580	1435	1 : 3,29 = 17 : 56	*) mit 2 Folgepolen
20 L*)	—	—	2130	95	660	1435	1 : 3,37 = 16 : 54	
25 L	2290	630	2510	130	750	1435	1 : 4,4 = 15 : 66	

Maßtabelle 53.

Bahnmotoren der früheren Walker Co., Cleveland (Ohio).

1	2	3	4	5	6	7	8	9	10	11	12	13	14	15	16	17	18	19	20	21
Motor-Type	Größte Breite	Motorbreite ohne Zahnrad	Motorhöhe	Mitte Laufachse bis Ende Motor	Ankermitte bis Wagenmitte	Mitte Motor bis Mitte Wagenachse	entsprechend Maßskizze Fig. 226.													
	A	B	C	D	E	F	G	H	I	K	L	M	N	O	P	Q	R	S	T	U
2 N 750	737	—	—	654	—	346	—	—	—	—	—	—	—	—	—	—	—	—	—	—
33 N	933	780	606	647	16	343	273	997	279	305	321	136	70	60	200	306	145	889	746	102
55 N	933	746	613	684	27	350	302	1032	302	—	327	148	95		234	335	105	—	—	114
5 S	1065	881	581	647	—	343	267	991	279	305	325	152	84	62	225	348	154	1065	881	114

19. Westinghouse Electric and Mfg. Co., Pittsburg (Tafel X). Älteste Type: Type 3 und 12 A mit gußeisernem Gehäuse

Fig. 227. Westinghouse-Motor, ältere Type 12 A.

ohne Polschuhe, vier Feldspulen mit je vier Bolzen an dem Gehäuse befestigt (Fig. 227), Anker nicht ventiliert, 14 Bandagen, Bürstenhalterbrücke.

Fig. 228. Westinghouse-Motor 50 C.

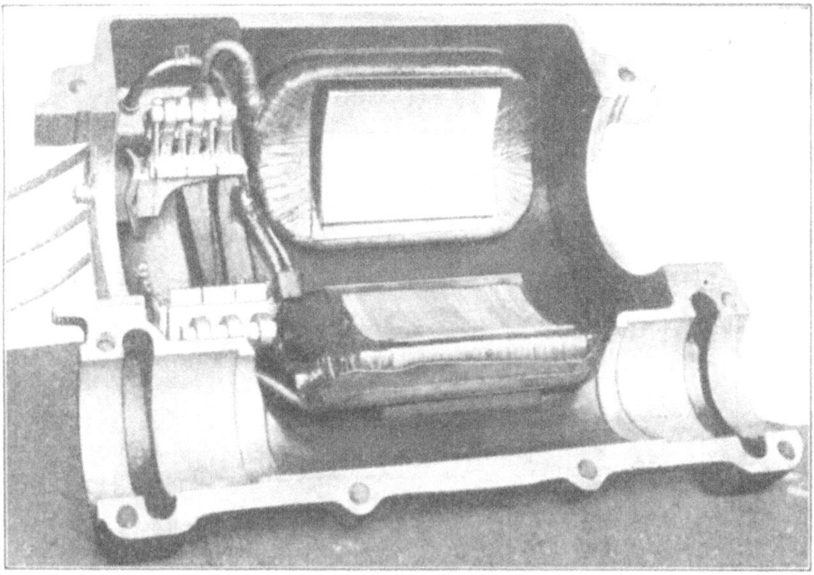

Fig. 229. Westinghouse-Motor 50 C.

Neuere Typen, Nr. 38 B u. s. w. (Fig. 228—230). Gehäuse angenähert achteckig, laminierte Polschuhe eingegossen, von Nr. 56

Fig. 230. Anker zum Westinghouse-Motor 50 C.

ab eingeschraubt, vier Feldspulen, ventilierter Anker, Motor öffnet sich nach oben oder unten, Bürstenhalter direkt an Stirnseite des Motors mit Bolzen befestigt. (Hierzu Tabelle 54—56.)

Tabelle 54.
Bahnmotoren der Westinghouse Electric and Manufacturing Co., Pittsburg.

1	2	3	4	5	6	7	8	9	10	11	12	13	14	
Motor-Type	Gewichte in kg: Motor ohne Zahnrad und Zahrad-schutzk.	Gewichte in kg: Anker	Gewichte in kg: Motor mit Zahnrad und Zahnrad-schutz-kasten	Normale Leistung in PS	Umdrehungen pro Min. bei der normalen Leistung	Maximale Strom-stärke in bezug auf Kommutation	Dauerleistung in Amp. bei 300 V.	Dauerleistung in Amp. bei 400 V.	Minimale Spurweite in mm	Übersetzungs-verhältnis maxi-mal	Übersetzungs-verhältnis mini-mal	Gewicht der kompletten Aus-rüstung (kg) m. 2 Motoren und 2 Kon-trollern	Gewicht der kompletten Aus-rüstung (kg) m. 4 Motoren und 2 Kon-trollern	Be-merkungen
12 A	832	165	1000	25	520	ca. 160 % der Leistung Ziffer 5	21	20	1067		20 : 62	2400	4660	Die normale Leistung gilt für eine Übertemperatur von 75° C.
46	660	175	850	25	420		20	19	1000		18 : 64	2050	3950	
12 A langsam laufend	870	—	1030	30	545		25	23	1067					
12 A	832	158	1000	30	680		25	23	1067	14:68	20 : 62	2400	4660	
49 B	800	200	870	30	357		23	22	1067		18 : 64	2150	4300	
69	780	175	885	30	545		25	23	1105		24 : 58	2350	4550	
49	800	200	870	35	600		30	28	1067		18 : 64	2230	4200	
68	960	230	1030	40	570		35	33	1180		24 : 58	2720	5200	
80	890	—	—	40	520		34	32	1067		—	2680	4930	
38 B	960	238	1080	45	520		37	35	1067	18:64	24 : 58	2830	5200	
56	1222	327	1360	55	475		50	46	1435		36 : 46	3380	6300	
62	1220	—	—	60	510		50	46	1435	18:68				
70 langsam laufend	2270	612	2400	75	260		60	55	1435	18:70	30 : 58	5800	12000	

76	1800	390	1940	75	490		60	55	Normalspur 1435 mm	22 : 60	30 : 52	4850	9 850	*) Bei geschlossenen Gehäusedeckeln.
70	2270	612	2400	100	435		85	80		26 : 62	30 : 58	6100	12 450	**) Bei offenen Gehäusedeckeln.
78	1940	151	2080	100	565		80 90	75*) 85**)		16 : 68	20 : 54	5420	11 170	1) Mit speziellem Zahnradschutzkasten.
50 C	2250	670	2400	150	550		120 140	115*) 135**)		19 : 52 17 : 54[1])	25 : 46	5350	11 000	

Spezielle Lokomotiv- und Grubenbahnmotoren.

												Dauerleistung in Amp. bei 200V.	bei 150V.	
54	460			10	435		—	—	702	14 : 64		25	27	Werden für 220 und 500 Volt gewickelt.
57	1130			50	440		42	40	847	14 : 68		80	85	
58	990			35	460		32	30	822	14 : 68		—	—	
59	640			25	475		22	21	679	14 : 68		50	53	
60	530			15	460		15	14	698	14 : 64		31	33	
61	475			10	560		11	10	544	14 : 56		24	26	
64	—			7,5	530		7,5	7	504	15 : 60		17	18	
66	—			10	330		8,5	8	—	14 : 64		19	21	
73	—			8	360		8	7,5	—	14 : 56		18	20	
74	1100			37,5	375		34	32	824	14 : 68		68	72	

Maßtabelle 55.

Westinghouse-Bahnmotoren.

Straßenbahnmotoren.[1]

Motor-Type	A	B	C	F	G	H	I	K	L	M	N
12 A	985	860	595	320	925	600	300	615	125	625	505
12 A	1060	880	595	345	950	595	297	615	180	650	500
12 A	1060	880	595	345	950	595	297	615	180	650	475
38 B	1095	940	620	345	995	685	305	615	155	655	520
46	930	770	585	345	950	585	293	630	160	660	465
49	1035	955	595	345	955	595	298	630	160	660	505
49	990	875	595	345	955	595	298	630	115	660	505
49 B	1025	860	595	345	995	595	298	630	165	660	435
50 C	1330	1165	735	360	1065	825	413	685	165	650	680
56	1235	1065	610	345	965	610	305	630	170	650	595
62	1230	1070	610	375	1010	610	305	655	160	700	560
68	1090	930	595	385	955	565	283	630	160	660	545
68 C	1090	930	630	345	955	930	315	595	160	640	545
69	1010	850	565	345	940	565	283	630	160	660	505
70	1315	1155	750	445	1165	750	375	690	160	790	675
76	1200	1045	710	410	1060	710	355	640	155	730	615
77	1285	970				1270	486				665
80											

[1] Die Bezeichnungen entsprechen der Maßskizze Fig. 231.

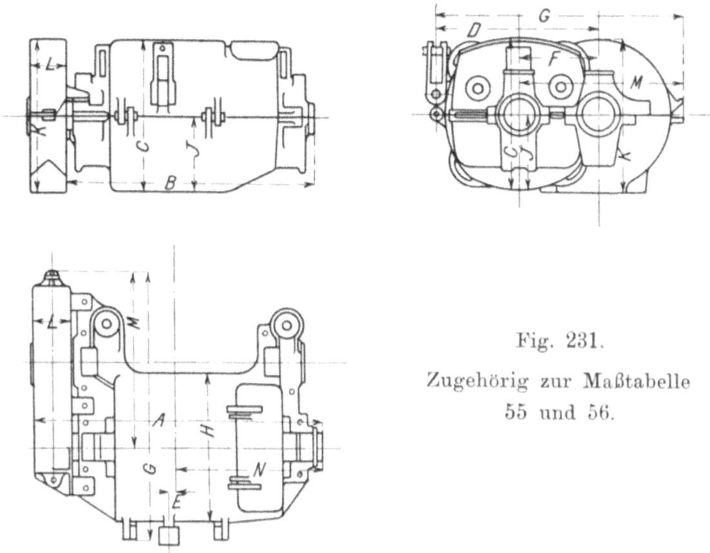

Fig. 231.
Zugehörig zur Maßtabelle 55 und 56.

Maßtabelle 56.

Westinghouse-Bahnmotoren.

Grubenbahnmotoren.[1]

Motor-Type	A	B	C	F	G	H	I	K	L	M	N
66	690	490	505	330	965	505	253	595	100	680	345
73	530	440	555	345	895	555	278	515	90	600	280
64	430	350	430	345	780	555	278	420	75	505	210
54	690	490	510	330	965	510	255	595	100	680	345
61	530	440	555	345	895	555	278	515	90	600	280
67	685	585	430	330	975	430	215	595	100	680	355
60	685	585	570	330	975	570	285	595	100	680	355
65	675	575	610	345	1030	610	305	630	100	715	350
59	675	570	610	345	1030	615	308	630	105	715	350
75	805	690	665	345	1055	665	333	630	115	715	450
58	805	690	665	345	1055	665	333	630	115	715	450
74	805	690	685	345	1055	685	345	630	115	715	445
79	805	690	685	345	1055	685	345	630	115	715	445
57	805	690	685	345	1055	685	345	630	115	715	445

[1]) Die Bezeichnungen entsprechen der Maßskizze Fig. 231.

Übersicht der Buchstabenbezeichnung.

a = Adhäsionskoeffizient, sonst Maßstabszahl.
α = Verhältniszahl.

B = Anzahl Kraftlinien per cm^2.
b = Maßstabszahl.

c = Maßstabszahl.

D = Radstand.
d = Achsschenkeldurchmesser.
δ = Hebelarm der rollenden Reibung.
δ = Luftspalt.
D_a = Ankerdurchmesser.
D_f = Drehmoment der gleitenden Reibung.
d_r = Raddurchmesser.

E = Betriebsspannung.
e = Gegen-EMK.
E_a = Klemmenspannung des Ankers.
E_g = Spannung des Motors, wenn er als Generator läuft.
ε_1 = Wirkungsgrad für das Drehmoment.
ε_2 = Wirkungsgrad für die Umdrehungszahl.
$\varepsilon_3 = \frac{e}{E}$ elektrisches Güteverhältnis.
η = Gesamtwirkungsgrad des Motors einschließlich Übersetzung.
η_1 = Wirkungsgrad des Motors ohne Übersetzung.
η_2 = Wirkungsgrad des Zahngetriebes.

F = Vorderfläche des Motorwagens.
f = Koeffizient der gleitenden Reibung.
Φ = Kraftlinienzahl pro Pol.
φ = Übersetzungsverhältnis.

G = Wagengewicht in t.
G_1 = Wagengewicht weniger Gewicht der Radsätze.

G_a = Adhäsionsgewicht.
g = Beschleunigung der Erdschwere.
γ = Beschleunigung.

h = Wellendurchbiegung + Lagerabnutzung.

J, i = Stromstärke.
J_a = Ankerstrom.
J_m = Erregerstrom.
$J_1 J_2$ = Anfahrströme.
i_o = Leerlaufstrom.

k = Proportionalitätsfaktor.

L = Selbstinduktionskoeffizient.
L_{PS} = Leistung in Pferdestärken.
l = Länge.

M = Masse.
M_d = Drehmoment des Ankers.
M_{dt} = Theoretisches Drehmoment des Ankers.
m_1 = Masse des Wagenrades.
m_2 = Masse des Motorankers.
μ = Zapfenreibungskoeffizient.

N = Anzahl der wirksamen Ankerleiter.
N_s = Anzahl der Ankerspulen.
n = Umdrehungszahl des Ankers.
n_t = Umdrehungszahl des Zahntriebes.
n_z = Umdrehungszahl des Zahnrades.

P = remskraft.
p = nzahl der Magnetpole.
p_1 = nzahl paralleler Stromkreise im Anker.

q = ıerschnitt.

R = Gesamtwiderstand des Motors.
R_a = Ankerwiderstand.
R_b = Bremsvorschaltwiderstand.

R_c = Halbmesser der Gleiskurven.
R_m = Feldspulenwiderstand.
R_v = Vorschaltwiderstand für das Anfahren.
R_ξ = Motorwiderstand bei geänderter Wickelung.
r = Radhalbmesser.
r_z = Halbmesser des Zahnradteilkreises.
r_t = Halbmesser des Zahntriebteilkreises.
ϱ_1 = Trägheitshalbmesser des Rades.
ϱ_2 = Trägheitshalbmesser des Ankers.

S = Spurweite.
S_p = Polquerschnitt.
s = Zurückgelegter Weg.
s = Feldspulenwindungszahl.
σ = Spielraum zwischen Radspur und Schienenspur.

T = Zeit des Kurzschlusses einer Spule während der Kommutation.
T_b = Tangentialkraft in den Bandagen.
t = Zeit.
t_s = Zeit, welche beim Anfahren verstreicht, bis die Motoren auf diejenige Geschwindigkeit gekommen sind, welche der reinen Serienschaltung entspricht.
t_p = Zeit, welche beim Anfahren verstreicht, bis die Motoren auf diejenige Geschwindigkeit gekommen sind, welche der reinen Parallelschaltung entspricht.

τ = Übertemperatur.
τ_0 = Anfängliche Übertemperatur.

v = Geschwindigkeit.
v_p = Geschwindigkeit bei Parallelschaltung.
v_s = Geschwindigkeit bei Serienschaltung.
v_g = Geschwindigkeit des Motors, wenn er als Generator läuft.

W = Verluste.
W_a = Verluste beim Anfahren.
W_h = Verlust durch Hysteresis.
W_{ha} = Verlust durch Hysteresis im Anker.
W_{hz} = Verlust durch Hysteresis in den Zähnen.
W_p = Verluste beim Anfahren während der Parallelschaltung.
W_r = Verluste durch Reibung.
W_s = Verluste beim Anfahren während der Serienschaltung.
W_w = Verlust durch Wirbelströme.
W_{wz} = Verlust durch Wirbelströme in den Zähnen.
w = Bahnwiderstand.
w_b = Bahnwiderstand infolge der Beschleunigung.
w_c = Bahnwiderstand infolge von Bahnkrümmungen.
w_l = Bahnwiderstand infolge der Luftverdrängung.
w_r = Bahnwiderstand infolge der rollenden Reibung.
w_s = Bahnwiderstand infolge von Steigungen oder Gefällen.
w_z = Bahnwiderstand infolge der Achslagerreibung.

ξ = Verhältniszahl.

Z = Zugkraft.
Z_m = Magnetischer Zug.
ζ = Reibungs- oder Widerstandskoeffizient, Traktionskoeffizient.

Namen- und Sachregister.

Druck von Oscar Brandstetter in Leipzig.

Additional material from Die Bahnmotoren für Gleichstrom,
ISBN 978-3-642-52520-9, is available at http://extras.springer.com

GPSR Compliance

The European Union's (EU) General Product Safety Regulation (GPSR) is a set of rules that requires consumer products to be safe and our obligations to ensure this.

If you have any concerns about our products, you can contact us on ProductSafety@springernature.com

In case Publisher is established outside the EU, the EU authorized representative is:

Springer Nature Customer Service Center GmbH
Europaplatz 3
69115 Heidelberg, Germany

Batch number: 10682325

Printed by Printforce, the Netherlands